ÄTNA

Der höchste aktive Vulkan Europas

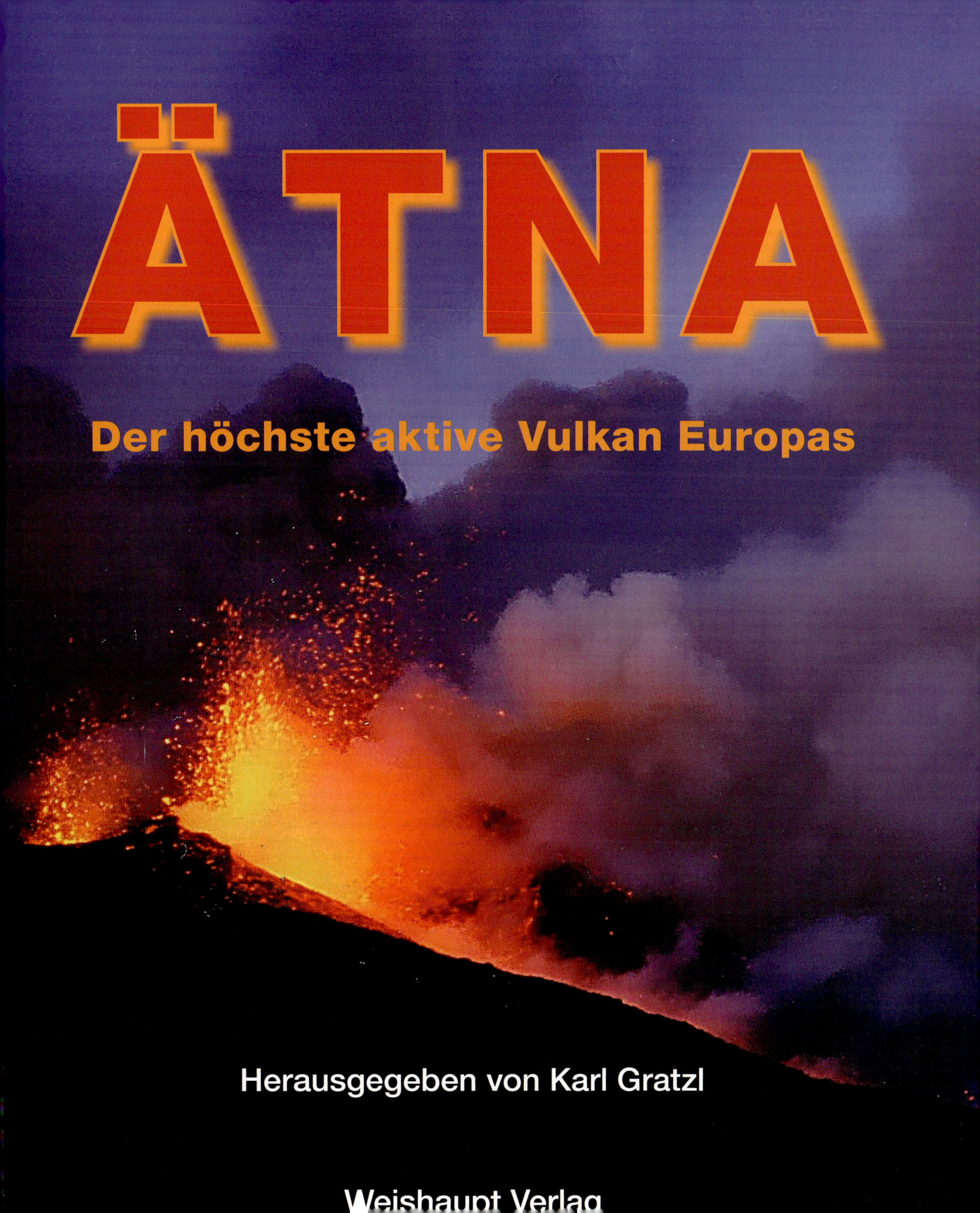

Herausgegeben von Karl Gratzl

Weishaupt Verlag

Schutzumschlag-Vorderseite und Seite 1: Strombolianische Tätigkeit (Auswurf von Pyroklastika) über einer Eruptionsspalte nahe dem Monte Calcarazzi (2 100 m; Juli 2001). (Foto: S. Caffo)
Schutzumschlag-Rückseite (Insert): Linguaglossa am Fuße des Ätna. (Foto: G. Kastberger)

Gedruckt mit Unterstützung
des Amtes der Steiermärkischen Landesregierung, Abt. Wissenschaft und Forschung
und der Karl-Franzens-Universität Graz.

ISBN 978-3-7059-0348-7
1. Auflage 2012

Tel.: 03151-8487, Fax: 03151-84874
e-mail: verlag@weishaupt.at
e-bookshop: www.weishaupt.at

Druck und Bindung: Druckerei Theiss GmbH, A-9431 St. Stefan. Printed in Austria.

Inhalt

Einführung

Der Ätna, Europa und die Vulkane

Gerhard Karl Lieb

Kein Attribut wird – wie auch im Titel dieses Buches – dem Ätna so oft zugesprochen wie jenes, dass er der höchste Vulkan Europas sei. Doch trifft dieser Superlativ überhaupt zu? Um sich der Beantwortung dieser Frage zu nähern, ist zuerst die Feststellung der Gipfelhöhe des Ätna notwendig, was gar nicht eindeutig möglich ist, weil diese je nach der vulkanischen Aktivität im Gipfelbereich zwischen 3 300 und 3 350 m schwankt. So etwa erscheint in der 2007 aufgelegten vierten Ausgabe der „Carta escursionistica altomontana Mt. Etna“ 1:25 000 (das ist die genaueste käuflich erwerbbare topographische Karte vom zentralen Bereich des Vulkans) 3 321 m als höchste eingetragene Höhenkote.

Abb. 1: Der Ätna ist nicht unbedingt der höchste, durch seine Dimensionen und seine kulturelle sowie sozioökonomische Bedeutung aber sicherlich einer der bemerkenswertesten Vulkane Europas – hier von Westen (aus den Madoníe) gesehen. (Foto: G. K. Lieb)

Manche Bergsteigerinnen und Bergsteiger werden hierauf sofort einwenden, dass die „Ehre“ des höchsten Vulkans doch dem Elbrus (5642 m) gebühre, da er dem jüngsten Mainstream in der Frage nach den höchsten Gipfeln der Kontinente („seven summits“) zu Folge ja auch der höchste Berg Europas sei. Dagegen wiederum mag man einwenden, dass der Kaukasus denn doch nicht zu Europa gehöre. Unabhängig davon werden manche Reisende an den höchsten Berg einer der beliebtesten europäischen Ferieninseln denken: der Pico de Teide (3718 m), höchster Gipfel der Kanareninsel Teneriffa und Spaniens, gilt schließlich auch wie der Elbrus als aktiver Vulkan und überragt den Ätna ebenfalls deutlich. Vulkanologisch versierte Personen schließlich könnten noch den Beerenberg auf der norwegischen Insel Jan Mayen ins Spiel bringen: Dieser erreiche zwar nur eine Gipfelhöhe von 2277 m über dem Meer, sitze aber – entsprechend seiner geotektonischen Position auf dem Mittelatlantischen Rücken dem umliegenden Tiefseeboden auf und sei von dort aus gerechnet etwa 6000–7000 m hoch (Bøe 1992). Ähnlich wird auch häufig argumentiert, wenn man den Mauna Loa (4169 m) auf Hawaii zum höchsten Vulkan der Erde machen möchte – auf diese Weise könnte man übrigens auch den Pico de Teide noch ein gutes Stück erhöhen.

Also, wird man Geographinnen und Geographen fragen, ist der Ätna jetzt der höchste Vulkan Europas oder nicht? Die Gefragten werden die Antwort wohl oder übel offen lassen müssen: Ob man den Elbrus oder den Teide bevorzugt, hängt letztlich davon, wie man Europa begrenzt, und hierfür gibt es zwar Vorschläge von geographischer (und anderer) Seite, aber keine allgemein verbindlichen Regeln (Fassmann 2002, Lichtenberger 2005). Nimmt man etwa das eindeutig definierte Territorium der Europäischen Union, dann ist tatsächlich der Teide und nicht der Ätna der höchste Vulkan Europas. Die Geographinnen und Geographen können aber dem zweiten Einwand, Vulkanbauten von irgendeinem untermeerischen Niveau aus in ihrer Höhe zu bestimmen, das formale Argument entgegensetzen, dass es nun einmal üblich sei, absolute Höhen in Metern über dem Meeresspiegel anzugeben.

Der Ätna ist unabhängig von seiner Höhe der wohl meist beachtete und im Laufe der Geschichte am häufigsten literarisch gewürdigte Vulkan Europas, was nachzuzeichnen ja eines der Hauptziele dieses Buches ist. „Konkurrenz“ erhält er diesbezüglich eigentlich nur durch zwei – deutlich niedrigere – Vulkane, nämlich den Vesuv (1281 m) bei Neapel und die Hekla (1491 m) auf Island (vgl. dazu Gratzl 2000). Beide verdanken ihre Berühmtheit und Mythifizierung ihren katastrophalen Ausbrüchen in historischer Zeit, wobei die Hekla bis weit in die Neuzeit hinein als „Eingang zur Hölle“ galt (Kellerer-Pirklbauer u. Eulenstein 2003).

Vulkane sind aber keineswegs nur durch ihre Aktivität Orte bzw. Objekte besonderer Wahrnehmung, sondern auch die zahllosen Relikte erloschener vulkanischer Aktivität stellen in ihren jeweiligen Umgebungen meist besondere Landmarken dar, die auch Anlass zu unterschiedlichen Interaktionen mit menschlichen Aktivitäten gegeben haben. Beispiele hierfür können weltweit und aus vielen Gebieten Europas beigebracht werden, denkt man etwa an die Insel Santorin (Griechenland), an markante Berggestalten wie etwa die Chaine des Puys in Zentralfrankreich, nach Krafft 1984 (Bd. 2, S. 60) *„bestimmt der schönste Vulkankomplex Europas“* (was freilich ein weiterer diskussionswürdiger Superlativ ist), oder an die zahlreichen Regionen, die dank des früheren vulkanischen Geschehens ein besonders einprägsames, vielgestaltiges Landschaftsbild bekommen haben – wie etwa die Eifel mit ihren Maaren (Deutschland), das südoststeirische Vulkangebiet (Österreich) oder die Vulkankegel im Nationalpark Balaton-Oberland (Ungarn).

Die Ursache für die Auffälligkeit auch erloschener und schon stark abgetragener Vulkane (sogenannter „Vulkanruinen“) ist die Widerstandsfähigkeit des vulkanischen Gesteins. Dieses wird in der Regel weniger stark von der Verwitterung und Abtragung angegriffen als die umgebenden Gesteine – mit dem Ergebnis, dass sich die Reste des einstigen Vulkanismus markant und einprägsam, mitunter sogar in bizarren Formen (z.B. Burg Trosky, Tschechien) über ihre Umgebung erheben. Vulkane bleiben also noch einige Millionen Jahre nach ihrem Erlöschen als besondere, augenfällige, zur (künstlerischen und literarischen) Auseinandersetzung anregende Elemente der Landschaft bestehen. Ja, und schließlich sind sie auch als regionale Wirtschaftsfaktoren in den meisten europäischen Staaten, sei es – wie meist – als Tourismusattraktionen, zur Gewinnung von Baumaterial in Steinbrüchen (eine Funktion, die manchen Vulkanberg schon hat verschwinden lassen) oder durch besondere Standortbedingungen für die Landwirtschaft (etwa spezielle vulkanische Terroirs im Weinbau).

Und der Ätna? Ist er womöglich gar nichts Besonderes? Nein, ganz im Gegenteil: Er ist derjenige Vulkan Europas, der all diese angesprochenen Aspekte in geradezu perfekter Ausprägung besitzt und erlebbar macht. Er ist ein Bergriese sondergleichen – so etwa beträgt der Basisdurchmesser des Vulkanbaus rund 40 km und somit das doppelte des Vesuv (Pichler 1984, S. 50). Er hat wohl schon in prähistorischer Zeit die Aufmerksamkeit der Menschen an sich gezogen, er kann gefährlich sein, bietet aber auch gute Voraussetzungen für Besiedlung und wirtschaftliche Aktivitäten, er ist Objekt künstlerischer Begierde und touristischer Inszenierung ebenso wie intensiver Forschung – kurzum, ob der höchste oder nicht, ist er für Europa der Vulkan, an dem wohl alle anderen zu messen sind. Mongibello, wie er auch genannt wird, ein Pleonasmus (sowohl *mon, mons,* lateinisch, als auch *djebel,* arabisch, bedeuten Berg), deutet dies an: Er ist wohl nicht der wörtlichen Bedeutung gemäß der Berg der Berge, sicherlich aber der europäische Vulkan der Vulkane.

Literatur:

Bøe P. (1992): Jan Mayen – an active Norwegian vulcano. In: Møller J. J., Reymert P. K., Steinlien Ø. (Hg.), Earth Science. Univ. of Tromsø, S. 35–42.

Fassmann H. (2002): Wo endet Europa? Anmerkungen zur Territorialität Europas und der EU. In: Mitteilungen der Österreichischen Geographischen Gesellschaft 144, S. 27–36.

Gratzl K. (2000): Mythos Berg. Lexikon der bedeutenden Berge aus Mythologie, Kulturgeschichte und Religion. Verlag Brüder Hollinek, Purkersdorf, 454 Seiten.

Kellerer-Pirklbauer A., Eulenstein J. (2003): Vom „Eingang der Hölle" zum Werbeinstrument: Der Vulkan Hekla auf Island. 1 100 Jahre Interaktion Mensch und Vulkan. In: Mitteilungen der Österreichischen Geographischen Gesellschaft 145, S. 239–262.

Krafft M. (1984): Führer zu den Vulkanen Europas in 3 Bänden. Ferdinand Enke Verlag, Stuttgart, 136 S. + 146 S. + 159 Seiten.

Lichtenberger E. (2005): Europa. Geographie, Geschichte, Wirtschaft, Politik. Wissenschaftl. Buchgesellschaft, Darmstadt, 360 Seiten.

Pichler H. (1984): Italienische Vulkan-Gebiete IV. Ätna, Sizilien. Sammlung geologischer Führer, Band 76, Verlag Gebrüder Borntraeger, Berlin, Stuttgart, 326 Seiten.

Vorgeschichte, Geschichte, Literatur

Zur Vorgeschichte des Ätna

Dr. Valeria Grasso, Catania

Seit urdenklichen Zeiten bot der Ätna den Menschen Zuflucht, fruchtbares Ackerland, grüne Viehweiden und genügend Holz. Aus diesen Gründen reichen die Spuren menschlicher Anwesenheit bis in das frühe Neolithikum (6000 – 5000 v. Chr.) zurück. Die Hänge, an denen menschliche Aktivitäten am klarsten zutage treten, sind jene im Südosten, im Westen und Nordwesten des Berges.

Die südöstlichen Bereiche

Catania

Die heutige Stadt Catania hat zwar wenige, jedoch entscheidende Reste prähistorischer und protohistorischer Perioden aufzuweisen. So wurde eine Siedlung im Mittleren und Späten Neolithikum (Ende des 6. bis zum frühen 5. Jahrtausend v. Chr.) im Gebiet des ehemaligen Benediktinerklosters im Norden Catanias, heute Sitz der Philosophischen Fakultät der Universität (PROCELLI 2003, p. 26), entdeckt. Diese Siedlung existierte möglicherweise noch in der Kupferzeit, wie die Entdeckung von Schichten von ca. 2700 – 2400 (AGODI 2010) zeigen, zu denen wir noch einen Teil der Nekropolis aus der Mittleren und Späten Kupferzeit, die in derselben Gegend ausgegraben wurde, rechnen können. Während der Frühen Bronzezeit (2200 bis 1450 v. Chr.), in Sizilien durch die *facies* (Schicht) von Castelluccio vertreten, die durch die typische bemalte Keramik mit geometrischen und linearen Motiven gekennzeichnet ist, waren die Siedlungen zahlreich, so z.B. jene von Ognina und San Giovanni Li Cuti (im Nordosten der Stadt). Die Zahl der Siedlungen ging in der protohistorischen Zeit (in der Spätphase der Bronzezeit bis zum Beginn der Eisenzeit) auf lediglich zwei zurück: eine erste Siedlung auf eine bereits vorhergehende im ehemaligen Benediktinerkloster, die zweite im nördlichen Bereich der Stadt, in der Gegend von San Paolilli. (PROCELLI 2003, p. 28)

In einigen peripheren Bereichen der Stadt wurden Lavaschächte durch den Menschen der Frühen Bronzezeit benützt, die erforscht worden sind, etwa die Höhlen von Pirandello und Ota oder jene von Chiesa und Marrano in der Gegend von San Gregorio. Eine andere Höhle, die während der Frühen Bronzezeit bewohnt wurde, ist die Domenico Conti-Höhle in San Gregorio, einem Dorf im Nordosten der Stadt. (ALBERGHINA-PROCELLI 2002)

Eine interessantere Situation ergab sich jedoch im Norden der Stadt, im Gebiet von Barriera, wo seit dem Ende des 19.

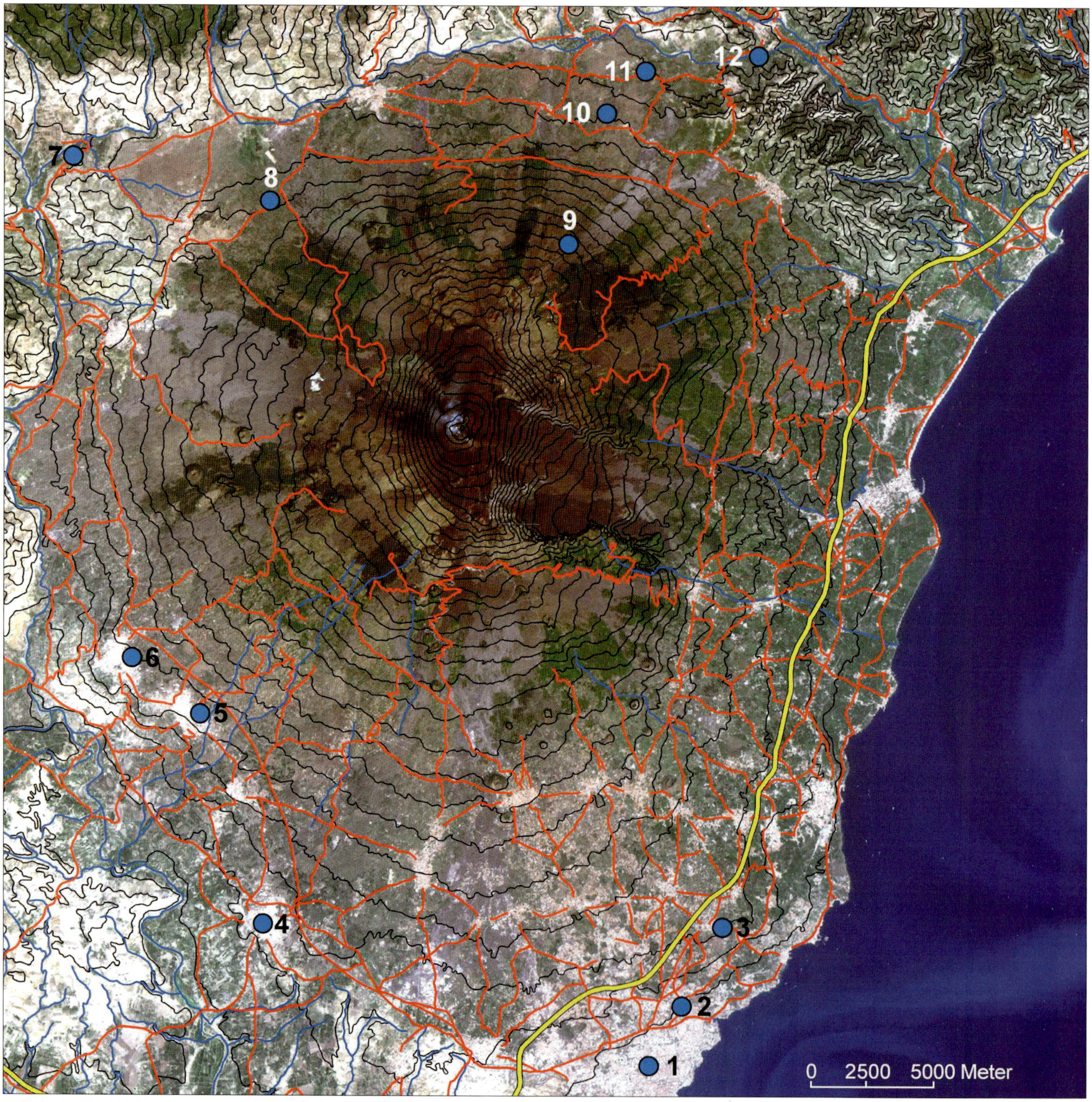

Ätna-Höhlen. (LANDSAT-Aufnahme 1999; Bearbeitung: M. Muick, W. Sulzer)

1 – Catania
2 – Barriera (Höhle von Scuala Enologica oder Basile-Höhle)
3 – S. Gregorio (Domenico-Conte-Höhle)
4 – Paterno
5 – Biancavilla (Scalonazzo- und Spartiviali-Höhle)
6 – Adrano
7 – Bronte (Maniace- und Balze-Soprane-Höhle)
8 – Bronte (Grotta Tartaraci)
9 – Castiglione di Scicilia (Grotte delle Femmine)
10 – Castiglione di Scicilia (Verzella-Höhle)
11 – Castiglione di Scicilia (Melicocchita-Höhle)
12 – Castiglione di Scicilia (Marca-Höhle)

Jahrhunderts natürliche Höhlen gefunden wurden, die die Anwesenheit von Menschen bezeugen. Eine der bekanntesten ist die sogenannte Höhle von Scuola Enologica I oder Basile-Höhle (benannt nach ihrem Entdecker). Es handelt sich um einen 60 m langen Raum, mit Eingang im Westen und einer Engstelle im Osten, die zu einem kleineren Raum führt. Darin sind sechs Feuerstellen gefunden worden, eine davon wurde durch einen Einbruch in der Decke zerstört. Hier wurden Tierknochen und Gefäße gefunden, die der *facies* der Späten Kupferzeit, Malpasso ca. 2700 – 2400 v. Chr. angehören. (ORSI 1898 und 1907; PROCELLI 1982–83, PROCELLI 2007, p. 226) In derselben Höhle wurde Keramik aus der Frühen und Mittleren Bronzezeit gefunden, auch in jener von Scuola Enologica I, wo Fragmente aus der Frühen Bronzezeit dank der Ausgrabungen am Eingang der Höhle ans Licht kamen. Der Rest der Höhle war infolge eines Einbruchs unzugänglich. Außerhalb der Höhlen wurden im Gelände der „Weinschule" (Scuola Enologica) die Reste zweier Rundhütten entdeckt, die Material aus der Frühen und Mittleren Bronzezeit enthielten (*facies* von Thapsos, 1450 bis 1250 v. Chr.)

Aufgrund der Fundumstände scheinen nach einer Eingangsphase der Besiedlung der Höhlen in der Späten Kupfer- und Frühen Bronzezeit die Bewohner nach draußen gezogen zu sein, wobei sie die Höhlen als Speicher für Nahrungsmittel und als Werkstätten für tägliche Verrichtungen benützten. Das konnte aufgrund der *pithoi* zur Aufnahme von Nahrungsmitteln festgestellt werden.

Ebenso in der Gegend von Barriera hat der Archäologe Paolo Orsi gegen Ende des 19. Jahrhunderts fünf Grotten auf dem Besitz von La Porta entdeckt und erforscht. Die Archäologen sprechen von den Höhlen I–V. Sie waren von dem Besitzer vollständig ausgeräumt worden, der die Erde zur Düngung des umliegenden Landes verwendet hatte. Infolgedessen wurden auf den Feldern zahlreiche Keramik-Fragmente gefunden, von denen die meisten der Höhle I entstammten und der *facies* von Malpasso, Castelluccio, Thapsos und der Späten Bronzezeit (1250–900/850 v. Chr.) zugewiesen werden konnten. Auch wurden in der Nähe der Höhlen die Reste von Rundhütten gefunden, die Tierknochen, Aschen und Keramik-Fragmente enthielten. Ein ähnliches Schicksal wie den Inhalten der Höhlen von La Porta war den Höhlen auf dem Besitz von Mangione und Curci (ebenso in Barriera) beschieden, die in der Frühen Bronzezeit benützt worden waren. In der Curci-Höhle fanden sich ebenso Fragmente aus der Mittleren und Späteren Bronzezeit. Anzalone ist eine weitere Höhle in der Gegend mit Funden aus dieser Zeit.

Nuovalucello und Petralia

Zu den bedeutendsten Höhlen an den Abhängen des Ätna im Südosten zählen jene von Nuovalucello und Petralia. Nuovalucello (DI VITA 1955; TINÈ 1960–1961, S. 122–123; PROCELLI 1982–1983; PROCELLI 1992) wurde 1955 während der Errichtung des Priesterseminars in der gleichnamigen Gegend, östlich von Barriera, entdeckt. Es handelt sich um eine Galerie von ca. 150 m Länge, die zwischen dem Ende der Kupfer- und dem Anfang der Frühen Bronzezeit als Nekropole benützt wurde. Die Toten wurden entlang der Wände bestattet. Die typische Bestattungsform im Sizilien dieser Zeit ist das aus dem Felsen gehauene Grab, doch war das in der vom harten Lavagestein bedeckten Gegend des Ätna oft schwer zu realisieren. Anstelle dessen wurden sehr oft die natürlichen Lavahöhlen als Gräber benutzt. Bei der Erforschung der Höhle konnte Zweitbestattung festgestellt werden, wobei die ursprünglichen Knochen vielleicht unter freiem Himmel vom Fleisch getrennt worden waren. (PRIVITERA 1998, S. 544)

In der Nähe dieser Höhle wurde in der Via Cecchi eine andere Höhle gefunden, die ebenfalls Material aus der Frühen Bronzezeit enthielt und als Begräbnisplatz diente. In römischer Zeit wurde sie als Warenlager benützt. (PRIVITERA 2005, S. 63) Die Petralia-Höhle wurde zu Beginn des 20. Jahrhunderts erforscht, wieder in den 1950er-Jahren und nochmals 1992–1993. Die Höhle hat eine Länge von ca. 400 m und zwei Eingänge. Im zentralen Bereich wurden zumindest sieben Gräber mit den Resten von Erwachsenen und Kindern gefunden. Ein Grab enthielt auch eine Frau mit Kind. (PRIVITERA 1998, S. 544). In einem Fall wurden die Reste eines Mannes im Alter von 25–30 Jahren gefunden, dessen Schädel mit Steinen bedeckt war, so als sollten sie ihn beschützen. In einem anderen Fall wurde eine Zweitbestattung festgestellt. Es ist nicht sicher, dass Grabbeigaben für ein bestimmtes Individuum erfolgten. Man fand lediglich einige Meter westlich der Toten einige Gefäße, die mit Bestattungsriten in Verbindung gebracht werden können. Bei diesen Gefäßen handelt es sich meist um Schalen für Flüssigkeiten. In einigen Fällen scheint es, dass diese absichtlich zerbrochen wurden oder umgestülpt zwischen den Steinen gelagert wurden (PRIVITERA 2007a, S. 110). Das geschah wohl, um ihren Wiedergebrauch zu verhindern und ihren symbolischen Wert bei Bestattungsriten zu etablieren. Die Typologie der Gefäße und ihre Verzierungen verweisen auf die *facies* von S. Ippolito (Späte Kupferzeit, ca. 2400–2200 v. Chr.) und auf Castelluccio. In dem Bereich der Höhle, der am nächsten zum zweiten Eingang liegt, fehlen menschliche Überreste, dagegen sind Tierknochen zusammen mit Keramik nachzuweisen, die der fortgeschrittenen Frühen Bronzezeit angehören. (PRIVITERA 1996, S. 598). Vermutlich hat die Höhle in dieser Zeit ihre Funktion gewechselt und nun als Wohnung, Lager und Werkstätte gedient. Im selben Bereich fand man Abgrenzungen mittels Steinen und eine Reihe von Platten, die gegen die Höhlenwand gelehnt waren, um einen abgegrenzten Bereich für irgendwelche Bestattungsriten zu schaffen. Die Funktion als Kultplatz nachzuweisen ist sicherlich am schwierigsten. Entsprechend einiger Forscher (Grifoni Cremonesi 1996) müssen zwei Hauptfaktoren ins Auge gefasst werden: die Wiederholung bestimmter Handlungen und die Abgrenzung zu den Mustern des täglichen Lebens. Die Einfriedung durch Steine könnte diesen Faktoren entsprechen. Die Form einer Lavabank, wobei einige Steinplatten in aufsteigender Form in einer Sektion der Galerie arrangiert waren, wurde von den frühen Forschern als „Altarraum“ bezeichnet. (PALIO-PRIVITERA 2007, S. 234)

Die westlichen Abhänge des Ätna

Die Westabhänge des Ätna sind wohl die an prähistorischen Fundstätten reichsten; bestimmt sind sie auch die am besten erforschten. Die ältesten Funde datieren in das Untere Paläolithikum (CULTRARO 2007a, S. 60) und stammen von Fontanazza (Adrano), von Poggio Monaco und Castellaccio (Paternò), obwohl die Chronologie dieser drei Fundstätten nicht gänzlich gesichert ist. Ins Frühe Neolithikum (6. Jahrtausend v. Chr.) wurden die Funde des Jahres 1994 von San Marco (Paternò) datiert. Hier wurden die Reste von zwei Wänden ausgegraben, die im rechten Winkel zueinander stehen. (MANISCALCO 2005a, S. 53) Nach dieser Phase wurden Gebäudereste in das Späte Neolithikum datiert, die durch eine doppelseitige Wand von 6 m Länge in Nord-Süd-Richtung in verschiedenen Niveaus repräsentiert werden. (IVY, S. 53–54) Östlich der ersten Struktur fand man eine große Mauer aus Lavablöcken, von zumindest 13 m Länge, die Teil eines kreisförmigen Gebäudes bildete, das den Ke-

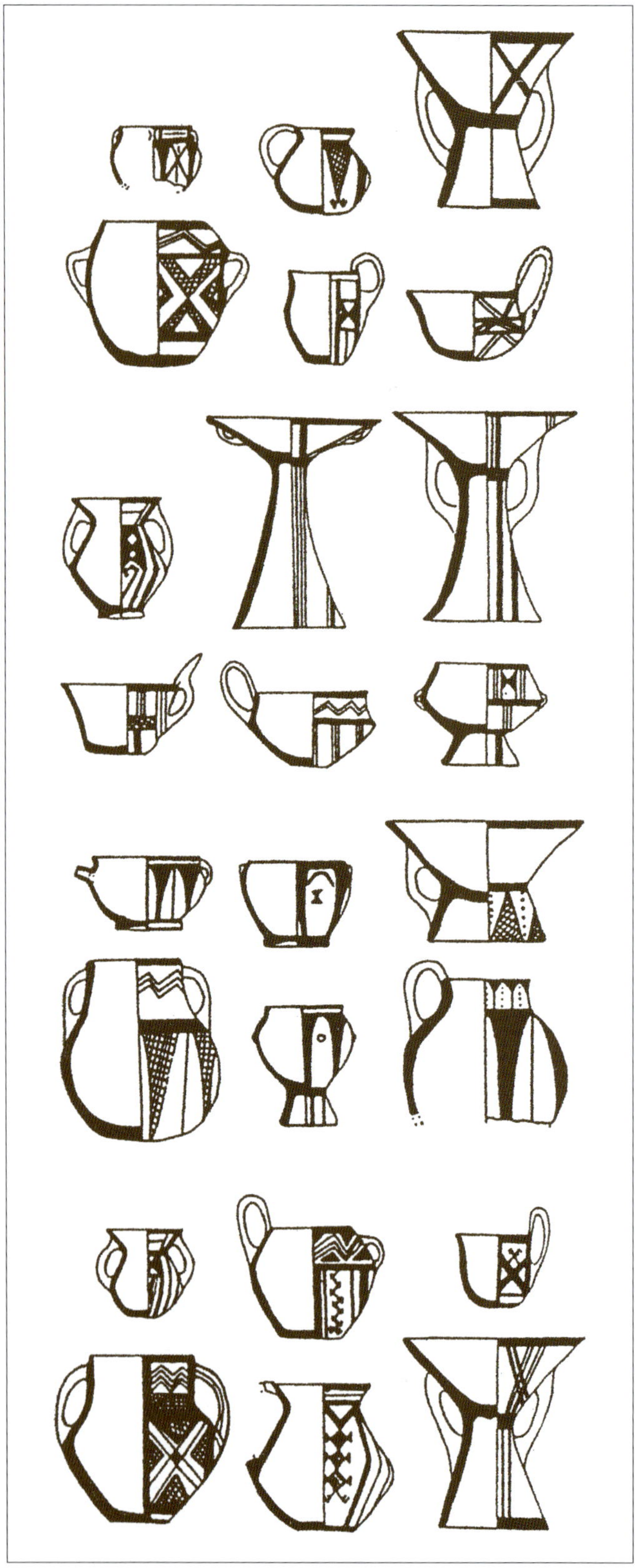

Bemalte Keramik aus der Frühen Bronzezeit, die rund um den Ätna gefunden wurde. Die Abbildung wurde dem Buch von Robert Leighton „Sicily before History“ entnommen. Wir danken dem Autor für die Genehmigung des Wiederabdrucks seiner Fig. 67.

ramik-Funden zufolge in den letzten Abschnitt der *facies* von Castelluccio zugerechnet werden muss. (IVI, S. 55). Die Wand wurde durch ein Grab unterbrochen, dessen ältester Teil aus der Späten Bronzezeit (1250 bis ca. 900/850) stammt. Die Anlage ist eiförmig angelegt und hat ihren Eingang im Süden. Davor befindet sich ein schmaler *dromos* (Eingangsbereich), in dem fünf Bestattungen gefunden wurden, darunter ein Teenager und ein Kind. Vier der Schädel waren auf einem Steinbett platziert. Dieses Grab entspricht in der Höhe den Felsgräbern, die typisch für die Bronzezeit sind. Im Süden der Anlage wurde ein Teil eines ovalen Gebildes, vermutlich aus derselben Periode und wahrscheinlich ebenfalls rituell genützt, gefunden. Nach Meinung der Wissenschaftler war das Grab Teil einer größeren Nekropole, die in Zusammenhang mit einer Ansiedlung auf dem Rocca von Paternò bestand. Überall in der Gegend fanden sich auch Keramik-Fragmente aus dem Mittleren Neolithikum, aus der Kupfer- und der Mittleren Bronzezeit, die eine Kontinuität der Besiedlung zeigen.

Die Reste einer Siedlung sowie eine Nekropole mit Gräbern aus der Neolithischen Periode wurden in der Gegend von Fontanazza (Adrano) gefunden. (GUERRI 1991) Hingegen kommt Keramik aus dem Mittleren Neolithikum aus der heutigen Stadt Adrano (Piazza S. Agostino) und aus dem Bereich von Naviccia (2 km nordwestlich von Adrano). (CULTRARO 2007a, S. 61) In Valcorrente (heute Belpasso) wurden Fragmente aus der neolithischen Periode, *facies* von Stentinello und Diana, gefunden, darüber hinaus auch solche aus der Frühen und Mittleren Bronzezeit. (RECAMI 1985–1986). Keramik aus der *facies* Diana stammt auch aus Biancavilla (Zarbo-Tabana) und Adrano (Via De Felice). (CULTRARO 2007a, S. 61–62)

Die Kupferzeit ist durch eine wichtige Fundstätte bei Adrano repräsentiert. Es ist der niedere Hügel von Poggio Aquila (590 m über Meer) (CAVALIER-CULTRARO 2009), etwa 2 km nordöstlich der Stadt. Bei der Anlage eines neuen Haines für Zitrusfrüchte wurden 1959 zahlreiche Keramik-Fragmente aus der Späten Kupferzeit gefunden und daraufhin Ausgrabungen in die Wege geleitet, die mehrere Gebäudereste erbrachten. Die erste Anlage dieser Siedlung die keine Gebäude zeigten, datierte in die Mittlere Kupferzeit. Daraufhin ergab sich eine elliptische Hütte (A 2) mit einem Durchmesser von 7–8 m, auf deren Boden Keramik aus der Späten Kupferzeit gefunden wurde. Diese Anlage ist wahrscheinlich durch Feuer zerstört worden. Drei Hütten, die Rundhütten A 1, B und C, gehören der letzten Phase im Leben dieser Siedlung an. Sie wurden plötzlich aufgegeben, wie aus den Bodenfunden erkennbar wurde. Auf die Hütte A 1 folgte eine rechteckige Struktur mit runden Kanten, innerhalb derselben bemalte Keramik (schwarz auf rotem Hintergrund) auftauchte, die mit jener aus dem Ende der Kupferzeit vom Typ S. Ippolito (2400 – ca. 2200 v. Chr.) vergleichbar ist. Südlich von A 2, in einem Rücksprung der Lava-Bank, wurden ebenso Fragmente aus dem Mittleren Neolithikum (*facies* Stentinello) entdeckt.

Die Besiedlung des Gebietes dauerte bis zum Ende der Kupferzeit an, also während des Späten Eneolithikums in der *facies* von Malpasso, die in Biancavilla und Adrano nachgewiesen werden konnte.

In der Gegend von Scalonazzo (Biancavilla) kam der Boden einer Hütte aus der Späten Kupferzeit unter einer Schicht, die Keramik aus der Frühen Bronzezeit enthielt, zum Vorschein. (PRIVITERA 2005, S. 62–63) Ca. 1 km südöstlich von Biancavilla wurde 1959 eine längliche Lava-Höhle entdeckt, die Spartiviali genannt wurde. Man fand in ihr lediglich Keramik-Fragmente, die in die Späte Kupfer- und in die Frühe Bronzezeit datiert wurden. (CULTRARO 2007b, S. 222–223)

In der Nähe von Adrano befindet sich auf 1 043 m Seehöhe die „Grotte des Heiligen“ (PRIVITERA 2007d, S. 209–210). Im 12. Jahrhundert diente sie als Eremitage für den hl. Nicola Politi. In der letzten Phase der Kupferzeit hatte sie als Begräbnisplatz gedient. Es handelte sich bestimmt um eine Zweitbestattung, die am Boden der Höhle erfolgte, wo auch eine große Zahl von Keramik-Fragmenten gefunden wurde. Die Zunahme der Nutzung an diesen Hängen des Ätna fällt in die Zeit des Übergangs zwischen dem Ende der Kupfer- und dem Beginn der Frühen Bronzezeit.

In der Scutari-Straße in Biancavilla (ORSI 1930–1931) wurde 1911 eine Höhle entdeckt, welche aus fünf Räumen bestand, die als Begräbnisplatz dienten, wobei die Verstorbenen in Schächten, „*circular shafts* (D 1–1,5 m, up to 1,8 m deep) *lined with stone blocks and probably covered by stone slabs*“ bestattet wurden. (LEIGHTON 1999, S. 125) Während der Erforschung der Höhle wurden auch große Gefäße gefunden, die als *enchytrismòs* für Kinder gedeutet wurden.

Höhlen im Raum Adrano

Die Bestattungsform in Schachtgräbern wurde auch in der Maccarrone-Höhle geübt. Diese Höhle befindet sich ebenfalls in der Nähe von Adrano. Ihre erste Benützung wurde für das Ende des Neolithikums angesetzt, als man sie vielleicht auch zu Kultzwecken aufsuchte. Nachdem sie eine Zeit lang aufgegeben worden war, wurde sie wieder am Ende der Kupferzeit und zu Beginn der Frühen Bronzezeit als Begräbnisstätte benützt, wobei ein Gefäß gefunden wurde, das man als „flache Schale mit einem Henkel" deutete, (CULTRARO 2007a, S. 76) und die man in die Spät-Mykenische und Spät-Helladische Epoche datierte. Darüber hinaus wurden sechs Ketten mit Glasplättchen, eine Bernsteinperle und einige Töpfe gefunden.

Die Pietralunga-Höhle im Norden von Adrano wurde wahrscheinlich in der Späten Kupferzeit (*facies* von Malpasso), sicherlich aber am Ende der Kupfer- und Anfang der Bronzezeit und dann während der mittleren Phase der Frühen Bronzezeit (*facies* von Castelluccio) als Grabstätte verwendet.

Die kleine Spitaleri-Höhle (CULTRARO 2007b, S. 215–218), die nach ihrem Besitzer benannt ist, wurde Ende der 70er-Jahre in den Außenbezirken im Nordwesten von Adrano entdeckt. Darin wurden einige unbeschädigte Krüge gefunden. Obwohl keine menschlichen Knochen vorhanden waren, scheint ihre Funktion als Grabhöhle ziemlich wahrscheinlich. Rund 200 m südlich wurden die Überreste einer Siedlung aus derselben Zeit (Ende Kupfer-, Frühe Bronzezeit) entdeckt.

Die Pellegrini-Höhle (IVI, 211–213) wurde 1956 ebenfalls im Ortsgebiet von Adrano entdeckt, ist jedoch heute unauffindbar. Zwei Räume wurden erforscht. In einem der Räume (A) fand man zumindest zwei Grubenbestattungen, die mit Ocker bestreut waren. Raum B enthielt einige große Gefäße, die man in Zusammenhang mit *enchytrismòs* brachte. Das gesamte Fundgut wurde in das Ende der Kupfer- und in den Beginn der Bronzezeit datiert. In der Gegend von Fogliuta (im Osten von Adrano) wurden Ende der 60er-Jahre zwei Ausgrabungen durchgeführt, die die Überreste eines Dorfes ans Licht brachten, das „villaggio Garofalo" genannt wurde. (CULTRARO 1991–1992) Dabei wurden drei Hütten aufgedeckt, zwei davon Rundhütten (I und III), teilweise unter dem Niveau, und eine (II) größere, länglich ovale, die man in eine fortgeschrittene Phase der *facies* von Castelluccio datierte. Eine zweite Siedlung aus derselben Zeit wurde nördlich davon, in der Gegend von Servaggi entdeckt, wo eine große geschwungene Wand als *„Grenzlinie eines Verteidigungswalls oder als Kennzeichnung für eine Gruppe von Hütten, die zur selben Siedlung gehörten, angesehen wurde."* (CULTRARO 2007a, S. 71)

Etwa 100 m entfernt von dem Dorf Garofalo wurde ein Keramik-Depot gefunden, das in die fortgeschrittene Phase von Castelluccio gestellt wurde. Das Depot wurde nach der Gegend mit Namen „Sapienza" benannt. (CULTRARO 2007b, S. 218–219) Insgesamt handelt es sich um 200 Gefäße, die ineinandergestellt in einem Versteck im Boden gefunden wurden. Das Depot, das nur wenige Meter neben einer Quelle angelegt war, hatte sicherlich eine religiöse Bedeutung (Wasserkult).

Bei Monte Castellaccio (McConnell 1997–1998) in der Nähe von Paternò, wurden die Überreste eines Dorfes aus der Bronzezeit gefunden, auf dem eine Siedlung aus der Frühen Eisenzeit (900/850 – 750 v. Chr.) errichtet wurde. Diese wurde im Laufe der Auseinandersetzungen zwischen Einheimischen und griechischen Kolonisten zerstört. Auf diesem prähistorischen Dorf wurde dann ein weiteres zwischen dem 7. und 6. Jh. v. Chr. aufgebaut.

Der Mendolito-Schatz

Sicherlich die bedeutendste Entdeckung an den Hängen des Ätna stellt jedoch der Bronzefund von Mendolito dar. Mendolito ist eine Lokalität in der Nähe von Adrano, die im 6. Jh. v. Chr. eine bedeutende Siedlung darstellte. Im Jahre 1908 wurde in einem *pithos* zufällig ein 900 kg wiegender Hortfund gemacht, und zwar in der Nähe oder innerhalb einer Gruppe archaischer Häuser. (ALBANESE-PROCELLI 1993) Fast das ganze Material stammt aus dem 8. Jh. v. Chr., doch scheint die Füllung in der zweiten Hälfte des 7. Jhs. erfolgt zu sein, wie einige Fibeln aus der Mitte des 7. Jhs. und der Fehlguss einer Pfeilspitze aus dem letzten Viertel des 7. Jhs. beweisen. (IVI, S. 200). Der Schatz enthielt Gürtel, Waffen (Speerspitzen, Messer, Pfeilspitzen und einen Speer), Werkzeuge (Äxte, Messer, Rasierklingen), Vasen, Schmuck (Ringe, Ketten), Barren, Schrott und Schlacke und ungeformte Metallstücke (*aes rude*). Müller Karpe und Kilian haben im „Schatz von Mendolito" ein „Tempeldepot" vermutet, während Bernabo Brea (IVI, S. 221) von einem „Schatz

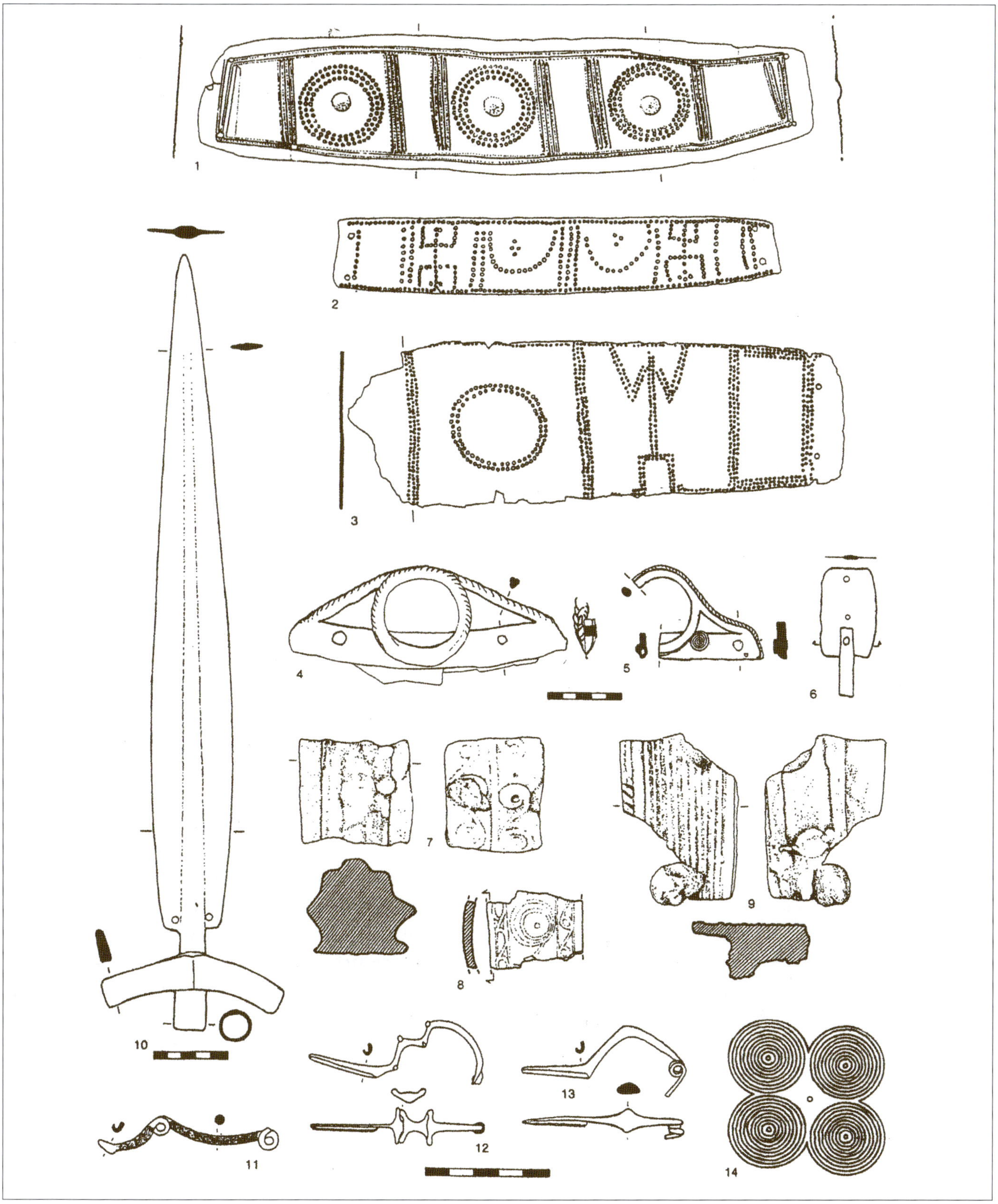

Bronzestücke aus dem Mendolito-Schatz, der in der Gegend von Adrano gefunden wurde. Die Bronze stammt aus dem 8./7. Jh. v. Chr. Die Abbildung wurde dem Buch von Robert Leighton „Sicily before History“ entnommen. Wir danken dem Autor für die Genehmigung des Wiederabdrucks seiner Fig. 133.

eines Heiligtums oder einer Stadt" sprach. R. M. Albanese, der den Schatz untersucht hat, sagt dazu: *„So eine Anhäufung von Bronze spricht für ein Ungleichgewicht zwischen den Lebensstandards der einheimischen Bevölkerung und den griechischen Siedlern der Küste, die ja bereits das überlegene Eisen verwendeten. Der Schatz basiert wohl auf der Annahme, er könnte als Tauschobjekt für die einheimische Bevölkerung gedient haben. Die häufige Anlage von Bronzedepots in der facies von Pantalica IV – Finocchito beweist jedoch die politische Instabilität, die den Konflikt zwischen einheimischer Bevölkerung und den Neuankömmlingen sehr gut erklären könnte."* Die *facies* von Pantalica IV – Finocchito gehört der Eisenzeit an. (IVI, S. 232)

Die Nord- und Nordwesthänge

Die ältesten Spuren stellen jene eines Depots aus dem Mesolithikum (8. bis 7. Jahrtausend v. Chr.) aus der Gegend von Saragoddio bei Bronte dar. (CULTRARO 2007a, S. 60). Darauf folgen die Ergebnisse der Untersuchungen, die in den Sommermonaten 2006 und 2007 durch Forscher der Universität von Durham erfolgten. Dabei wurde speziell an der Nordwestflanke des Ätna der Übergang zwischen menschlicher Besiedlung der Vorzeit und jener aus historisch fassbarer Zeit untersucht. (LEONE et alii 2007, S. 49) Die Forschungen betrafen die Gebiete von Bronte, Maletto und Maniace. Im Norden und Westen von Maletto wurden in der Gegend von S. Venera und Casitta Fragmente aus Neolithischer Zeit und aus der Kupferzeit gefunden. Eine stratigraphische Untersuchung des Übergangs vom Späten Neolithikum zum Eneolithikum wurde in Riparo della Serra (Bronte) gemacht. (CULTRARO 2007a, S. 62). Der einzige Fund, der aufgrund regulärer Ausgrabungstätigkeit gemacht wurde, war jener aus dem Jahr 2005, der in der Gegend von Balze Soprane (Bronte) während der Arbeiten an einer Gas-Pipeline gemacht wurde. Es handelte sich um eine Nekropole aus dem Späten Neolithikum (*facies* von Diana, spätes 5., frühes 4. Jahrtausend). Es wurden dabei drei intakte Gräber von einem Erwachsenen, einem Kind und einem Jüngling ausgegraben. Zwei der Grabstätten enthielten ein Gefäß bzw. zwei intakte Gefäße, ein viertes Grab, das wahrscheinlich die Überreste einer Frau enthielt, wurde beschädigt. Diese Entdeckung ist von großer Bedeutung. Bei der Ausgrabung wurden andere neolithische Schichten angeschnitten, die einen Bezug zu einer zugehörigen Siedlung haben dürften.

Höhlen mit Spuren des frühen Menschen

Von den Höhlen mit menschlichen Spuren gibt es drei an der Nordwestseite (innerhalb des Gebietes von Bronte) und fünf an der Nordseite (im Stadtbereich von Castiglione). Die Balze Soprane-Höhle und die Maniace-Höhle bei Bronte (PRIVITERA 2007c, S. 206–208) sind vermutlich Teil eines Systems von Galerien. Die erste wurde im Mittleren Neolithikum benützt, wie Fragmente einer dreifarbigen Keramik sowie einer mit Ritzdekoration zeigen, sodann in der Bronzezeit, wobei die stärkste Benützung gegen deren Ende nachweisbar ist. Sie wurde als vorübergehender Zufluchtsort benützt.

Die zweite Höhle, die von den ersten Forschern in den 70er-Jahren untersucht wurde, enthielt sehr viel Keramik aus der Frühen Bronzezeit und menschliche Knochen, ein Zeichen, dass sie als Grabhöhle gedient hat. Wenn eine einstige Verbindung der beiden Höhlen nachgewiesen werden könnte, wäre ins Auge zu fassen, dass sich in dieser Höhle der Wechsel von der neolithischen (Funktion als Wohnung im Eingangsbereich) zur frühen bronzezeitlichen Verwendung (Funktion als Grabhöhle im Inneren) vollzogen hat. (PRIVITERA 2007, S. 208)

Die Tartaraci-Höhle (ebenso im Stadtgebiet von Bronte) (PRIVITERA 2007c, S. 205–206) wurde teilweise 1987 ausgegraben. Von dieser Höhle kommen auch zwei neolithische, dreifarbig bemalte Fragmente. Der Rest des umfangreichen Materials datiert in die Späte Kupfer- und Frühe Bronzezeit. Menschliche Knochen wurden nicht gefunden, ein Zeichen, dass sie keine Funktion als Grabhöhle gehabt hat. Desgleichen stammen aus dieser Höhle eine kleine Axt aus Grünstein und zwei Pfeilspitzen aus Feuerstein, ein seltener Fund für Sizilien, jedoch sehr verbreitet im südlichen Italien im Späten Eneolithikum.

Die Marca-Höhle (Castiglione) befindet sich am linken Ufer des Alcantara. Sie wurde teilweise durch den Bau einer Gas-Pipeline zerstört. Die gemeinschaftlichen Grabstätten einer Großfamilie (*extended family*) wurden zusammen mit späteneolithischen und frühbronzezeitlichen Töpfen im unteren Bereich des Flusses gefunden.

Die Femmine-Höhle (PRIVITERA 2007b, S. 201–203) in 1 610 m Seehöhe ist die höchste Höhle am Ätna mit menschlichen Spuren. In ihrem Inneren fanden sich eine Feuerstelle, Fragmente aus der Frühen Bronzezeit sowie Tierknochen.

Abb. 1: Bemaltes Gefäß aus der Höhle von Pietralunga, Frühe Bronzezeit. Museo regionale di Adrano. (Foto: V. Grasso)

Das hier gezeigte Logo versinnbildlicht die „Regione Siciliana, Assessorato dei beni culturali e dell'identità siciliana".

Abb. 2: Bemaltes Gefäß aus der Maccarrone-Höhle, Frühe Bronzezeit. Museo regionale di Adrano. (Foto: V. Grasso)

Abb. 3: Bemalte Sockelvase aus der Maccarrone-Höhle, Frühe Bronzezeit. Museo regionale di Adrano. (Foto: V. Grasso)

Abb. 4: Bemalte Pyxis aus Villaggio Garofalo bei Fogliuta, Frühe Bronzezeit. Museo regionale di Adrano. (Foto: V. Grasso)

Abb. 5: Bemalte Schale aus Villaggio Garofalo bei Fogliuta, Frühe Bronzezeit. Museo regionale di Adrano. (Foto: V. Grasso)

Abb. 6: Einfärbige rote Schale aus Poggio dell'Aquila, Späte Kupferzeit. Museo regionale di Adrano. (Foto: V. Grasso)

Abb. 7: Fragment einer bemalten Sockelvase mit anthropomorpher Figur aus der Tartaraci-Höhle. Museo di Maletto. (Foto: G. Barbagiovanni)

Abb. 8: Bemaltes Glas (?) aus der Tartaraci-Höhle. Museo di Maletto. (Foto: G. Barbagiovanni)

Die hier abgebildeten Objekte wurden mit Erlaubnis der zuständigen Behörde „Regione Siciliana Assessorato dei beni culturali e dell'identità Siciliana, Dipartimento dei beni culturali e dell'identità siciliana" veröffentlicht.

Sie wurde vermutlich als vorübergehender Aufenthaltsort in Zusammenhang mit Schafzucht benützt. In derselben Gegend wurde die Feliciosa-Höhle (PRIVITERA 2007a, S. 105–106) ebenso von Menschen der Frühen Bronzezeit benützt, vermutlich zum selben Zweck, während die Verzella-Höhle als Grabhöhle diente.

Von Randazzo kommen aus der Gegend von Donna Bianca (PRIVITERA 1998, S. 547) Fragmente aus der Zeit von Castelluccio.

Wenige Funde sind an den anderen Hängen dokumentiert, so u.a. fand sich Material aus der Mittleren Bronzezeit (1450–1250 v. Chr.) für Valverde, die Gegend von Casalrosato. (PRIVITERA 1988–1989) Nach einer Unterbrechung von etlichen Jahrhunderten fand sich Material aus dem 8. Jh. v. Chr. Vermutlich handelt es sich dabei um eine Tendenz, die für die letzten Phasen des Bronzezeitalters typisch ist, wobei kleinere Lokalitäten aufgegeben wurden und eine Zentralisierung in größeren Siedlungen erfolgte.

Glossar

Primärbestattung: Ablage eines in anatomischer Hinsicht vollständigen Körpers zum Todeszeitpunkt an jenem Ort, wo die Trennung von Fleisch und Knochen stattfindet.

Sekundärbestattung: Ablage des Skelettes an einem Ort, nachdem die Trennung von Fleisch und Knochen stattgefunden hat. Dabei können entweder alle oder lediglich jene Knochen abgelegt werden, die als bedeutsam gelten.

enchytrismòs: Bestattung in einem Gefäß, das danach verschlossen wird.

facies: In der Vor- und Frühgeschichte verwendeter Terminus für größtenteils materielle Beweise, die es erlauben, eine menschliche Gruppe zu identifizieren. Fehlen manche Elemente, kann man lediglich von Keramik-*facies* oder Begräbnis-*facies* und nicht von archäologischer *facies* sprechen. In der englischsprachigen Fachliteratur wird der Terminus oft durch „*culture*" ersetzt, was von manchen Wissenschaftlern als zu generell betrachtet wird.

Felsgrab: Aus gewachsenem Fels herausgeschlagenes Grab, das für das Sizilien der Metallzeit typisch ist. Es besteht aus einem Raum oder aus mehreren Räumen, in denen Einzel- oder Kollektiv-Bestattungen vorgenommen werden. Felsgräbern kann ein Korridor (*dromos*) vorgelagert sein. Sie können „monumental" oder einfach ausgestattet sein. Der Verschluss kann durch eine Steintür erfolgen. Berühmt sind jene von Castelluccio, in der Gegend von Syrakus, die mit Reliefs verziert sind.

pithos: Griechischer Terminus für ein großes Tongefäß, das vor allem in der Bronzezeit in der Ägäis und in angrenzenden Gebieten verwendet wurde.

Bibliographie

AGODI, S. (2010) – Testimonianze della tarda età del Rame dal vano 8 dell'ex Monastero dei Benedettini, in: „Tra lava e mare. Contributi all' archaiologhia di Catania" (Hrsg.: Branciforti, M.G. und V. La Rosa, S. 63–71, Catania.

ALBANESE-PROCELLI, R.M. (1993) – Ripostigli di bronzi della Sicilia nel Museo Archeologico di Siracusa, Palermo.

ALBERGHINA, F. und E. PROCELLI. (2002) – Rinvenimenti archeologici della grotta Domenico Conti nel territorio di San Gregorio, in: Sic Arc 100, Jg. XXXV, S. 113–123.

CAVALIER, M. und M. CULTRARO (2009) – L'insediamento eneolitico sul Poggio dell'Aquila (Adrano); resultato preliminari, in: „Tra Etna e Simeto. La ricerca archeologica ad Adrano e nel suo territorio, S. 49–64, Palermo.

CULTRARO, M. (1991–1992) – Un insediamento tardo-castelluciano nel territorio di Adrano (Catania), in: RA 10, S. 764–765.

CULTRARO, M. (2007b) – 11 territorio di Adrano e Biancavilla: le grotte Pellegriti, Pietralunga, Maccarrone; il deposita Sapienza, la grotta Spartiviali, in: „In Ima Tartara" (Hrsg. F. Privitera und V. La Rosa), S. 211–223, Palermo.

Di Vita Catania, Catania (Sicilia), in: Fasti Archeologici X, 1955, S. 200.

GRIFONI CREMONESI, R. (1996) – Le grotte e la loro funzione, in: „L'antica età del Bronzo. Atti del Congresso di Viareggio, 9–12 Gennaio 1955" (Hrsg. D. Cocchi Genick), S. 305–311, Firenze.

GUERRI, M. (1991) – Nuovi metodi di indagine: sepoltura stentinelliana in località Fontanazza (Catania), in: „Paolo Orsi e l'archeologia del '900. Atti del Convegno, 12–13 maggio 1990", S. 223–228, Rovereto.

LEIGHTON, R. (1999) – Sicily before history, London.

LEONE, A. et al. (2007) – The Upper Simeto Valley Project. An interim report on the first season, in: „Uplands of ancient Sicily and Calabria" (Hrsg. M. Fitzjohn), S. 49–58.

MANISCALCO, L. (2005a) – Il viaggio preistorico di San Marco, in: „Dall' Alcantara agli Iblei" (Hrsg. F. Privitera und U. Spigo), S. 52–55, Palermo.

MANISCALCO, L. (2005b) – L'età del Bronzo recente presso San Marco, in: „Dall' Alcantara agli Iblei" (Hrsg. F. Privitera und U. Spigo), S. 74–76, Palermo.

McCONNELL, B.E. (1997–1998) – Scavi e ricerche tra Monte Castelllaccio e Poggio Cocola (Paternò tra il 1994–1997, in: Kokalos XLIII–XLIV, II. 1, S. 115–129.

ORSI, P. (1898) – Avanzi di antichissimo villaggio siculo presso Barriera, in: NSc, S. 222–223.

ORSI, P. (1907) – Necropoli e stazioni sicule di transizione. Caverne di abitazione a Barriera presso Catania, in: B.P. I., S. 53–99.

ORSI, P. (1930–1931) – Abitazioni e sepolcri siculi di Biancavilla (Catania) entro caverne di lava, in: B.P. I. 50–1, S. 134–147.

PALIO, O. und F. PRIVITERA (2007) – Il territorio di Catania: la grotta Petralia, in: „In Ima Tartara" (Hrsg. F. Privitera und V. La Rosa) S. 231–236, Palermo.

PRIVITERA, F. (1988–1989) – Valverde: saggi di scavo in contrada Casalrosato, in: BCASicilia, 9–10/3, S. 80–83.

PRIVITERA, F. (1994) – Esplorazione archeologica dell Grotta Petralia, in: Bollettino Accademia Gioenia di scienze Naturali, Bd. 27, n. 348, S. 17–35.

PRIVITERA, F. (1996) – La grotta Petralia a Barriera (Catania), in: „L'antica età del Bronzo. Atti del Congresso di Viareggio, 9–12 Gennaio 1995" (Hrsg. D. Cocchi Genick), S. 598–599, Firenze.

PRIVITERA, F. (1998) – Recent findings in the Prehistory of Monte Etna, in: „Volcanoes and History, Proceedings of the 20th INHIGHEO Symposium, Napoli – Eolie – Catania September 1995" (Ed. N. Morello), S. 543–553.

PRIVITERA, F. (2005) – La preistoria della zona etnea. Le grotte, in: „Dall'Alcantara agli Iblei" (Hrsg. F. Privitera und U. Spigo), S. 61–66.

PRIVITERA, F. (2007) – Le grotte dell'Etna nella preistoria, in: „In Ima Tartara" (Hrsg. F. Privitera und V. La Rosa), S. 91–117, Palermo.

PRIVITERA, F. (2007b) – Il territorio di Castiglione: grotte di contrada Marca a delle Femmine, in: „In Ima Tartara" (Hrsg. F. Privitera und V. La Rosa), S. 201–204, Palermo.

PRIVITERA, F. (2007c) – Il territorio di Bronte: Le grotte Tartaraci, Maniace e Balze Soprane, in: „In Ima Tartara" (Hrsg. F. Privitera und V. La Rosa), S. 205–208, Palermo.

PRIVITERA, F. (2007d) – Il territorio di Adrano: la grotta del Santo, in: „In Ima Tartara" (Hrsg. F. Privitera und V. La Rosa), S. 209–210, Palermo.

PROCELLI, E. (1982–1983) – Gli insediamenti preistorici del territorio di Catania (Doktorarbeit).

PROCELLI, E. (1991–1992) – Considerazioni sul passaggio dall' antica alla media età del Bronzo nella Sicilia orientale: Catania e Naxos, in: RA 10, S. 561–568.

PROCELLI, E. (2003) – Gli approdi catanesi nella preistoria e protoistoria, in: „Il porto di Catania. Storie e Prospettive" (Hrsg. A. Coco und E. Iachello), S. 25–37.

PROCELLI E. (2007) – Il territorio di Catania: le grotte di Barriera, in: „In Ima Tartara" (Hrsg. F. Privitera und V. La Rosa), S. 225–229, Palermo.

RECAMI, E. (1985–1986) – Noticiario. Scilia. Valcorrente (prov. Di Catania), in: Riv. Sc. Pr. XI, S. 426–427.

TINÈ (1960–1961) – Giacimenti dell'età del Rame in Sicilia e la cultura tipo Conca d'Oro, in: B.P. I. 69–70, S. 113–151.

Geschichte, Mythos, Religion

Karl Gratzl

Der Ätna in der Antike

Quellen zur Geschichte Siziliens

Als die Griechen im 8. Jahrhundert v. Chr. mit ihren Schiffen auf Sizilien landeten, fanden sie eine einheimische Bevölkerung vor, die sie mit verschiedenen Namen belegten und die uns von den antiken Quellen überliefert wurden. Es würde den Rahmen dieser Einführung in die Frühgeschichte Siziliens sprengen, wollten wir alle Schriftsteller, die darüber berichteten, hier anführen. Nur die wichtigsten seien genannt: Antiochos, Thukydides, Philistos, Timaios, Polybios, Diodorus Siculus, Strabo und Plinius. Ihnen werden wir bei verschiedenen Gelegenheiten immer wieder begegnen.

Ganz am Anfang steht natürlich Herodot, der schon seit der Antike als „Vater der Geschichte" galt. Er war es, der einen Schlussstrich unter die mythische Zeit setzte und nur das gelten ließ, was er selbst gesehen oder erfahren hatte. Bildeten die Perserkriege das Zentrum der Herodotschen Aussagen, so werden wir erstmals mit Antiochos von Syrakus in die Westgriechische Welt eingeführt. Er sammelte und sichtete das Material aufgrund mündlicher Überlieferung und berichtete nur das, was ihm glaubwürdig erschien. Antiochos lebte im 5. Jahrhundert v. Chr. Sein Werk „Sikelikà" in neun Büchern diente wahrscheinlich Thukydides als Grundlage für seine „Archäologie von Sizilien", worin er die Gründungsdaten der griechischen Kolonien auf Sizilien wiedergibt. (MEISTER 1, 722 f.)

Thukydides wurde um etwa 460 v. Chr. in Athen geboren und starb etwa um 400 v. Chr. ebendort. Als Verwandter des Miltiades war er ein Nachkomme des thrakischen Königsgeschlechts. 429 erkrankte er an der Pest, überwand die Krankheit aber, sodass ihm 424 v. Chr. ein athenisches Geschwader anvertraut werden konnte. Damit agierte er jedoch unglücklich – er kam zu spät zur Rettung von Amphipolis, sodass er wegen Hochverrats zum Tode verurteilt wurde. Um der ungerechten Strafe zu entgehen, ging er in die Verbannung und kam so auch nach Sizilien. 403 v. Chr. nach Athen zurückberufen, widmete er sich ganz seiner „Geschichte des Peloponnesischen Krieges", womit er zum Begründer der wissenschaftlichen Geschichtsschreibung wurde. Er ist also der erste wirkliche Historiker, dessen Berichte zum Teil auf Autopsie beruhen. Thukydides erörterte dabei auch die Beweggründe der handelnden Personen. Aufgrund seiner kritischen Genauigkeit ist ihm daher hohe Glaubwürdigkeit zuzusprechen.

Die Straße von Messina zwischen dem italienischen Festland und der Insel Sizilien ist bekanntlich wegen der dort herrschenden Strömungen seit alters her gefürchtet. Nicht ohne Grund lauerten daher auf die Seefahrer dort die Ungeheuer Skylla und Charybdis. Bradford erinnert daran, dass Thukydides recht hatte, wenn er vom Einströmen des Tyrrhenischen Meeres in das Ionische Meer spricht. (BRADFORD, 169) Auch berichtet Thukydides, dass drei Ausbrüche des Ätna stattgefunden hätten, seit die Griechen auf Sizilien gelandet waren. Er erwähnt auch die Kyklopen und die Laistrygonen, die einst auf der Insel gehaust haben sollen, über deren Verbleib er jedoch nichts wisse. Nach ihnen hätten sich dann die Sikaner auf Sizilien niedergelassen, die aus Iberien von den Ligyern verdrängt worden seien und noch heute im Westen der Insel wohnen würden. Nach der Eroberung von Troja seien dann Bewohner dieser Stadt, die dem Gemetzel entkommen konnten, mit Schiffen nach Sikanien eingewandert, wo man sie Elymer nannte.

Die dritte große Gruppe von Bewohnern, die Sikuler, seien aus Italien eingewandert, hätten die Sikaner in einer großen

Schlacht besiegt und sie nach Süden und Westen verdrängt. Das sei ca. 300 Jahre vor Ankunft der Griechen geschehen. Soweit der Bericht des Thukydides. (Thuk. 6, 2, 1–5)

In die Ära der beiden großen sizilischen Tyrannen Dionysios I. und Dionysios II. fällt die Lebenszeit eines weiteren wichtigen Historikers, die des Philistos von Syrakus (ca. 430 bis 356 v. Chr.). Seine Geschichte Siziliens „Sikelikà" behandelt in mehreren Büchern die Zeit von den mythischen Anfängen bis zum Jahr 363/2 v. Chr. Leider haben sich von seinem Werk nur 76 Fragmente erhalten, was von den Altphilologen besonders bedauert wird, gilt er doch als hervorragender Historiker.

Aber Philistos war nicht nur Historiker, sondern auch Berater des älteren Dionysios, dessen Herrschaft er kräftig unterstützte, doch schließlich verbannt wurde. Erst als der jüngere Dionysios seine Herrschaft antrat, wurde Philistos zurückgeholt, der nun ein alter Mann war, aber dennoch seinem Herrn nützlich sein konnte. Die Syrakusaner hatten den Tyrannen aber satt und nahmen Philistos gefangen und töteten ihn. Angeblich wurde sein Leichnam durch die Straßen der Stadt geschleift und in die Steinbrüche geworfen. (FREEMAN, 216)

Ein weiterer bedeutender westgriechischer Historiker war Timaios von Tauromenion (heute Taormina). Er lebte zwischen 352 und 256 v. Chr. Um 315 v. Chr. wurde er nach der Einnahme seiner Vaterstadt durch Agathokles in die Verbannung geschickt und musste 50 Jahre lang im Exil in Athen verbringen, wo er sein großes Geschichtswerk verfasste. Er starb angeblich im Alter von 96 Jahren. Seine *Sikelikai Historiae* (Sizilische Geschichte) umfasst 38 Bände und schildert die Zeit von den mythischen Anfängen bis zum Tod des Agathokles im Jahre 289/8. Auch von seinem Werk sind nur 164 Fragmente erhalten. Einmal abgesehen von den mythischen Berichten umfasste sein Geschichtsbegriff auch Geographie und Ethnographie, aber er berichtete auch über Kultur und Religion der von ihm beschriebenen Völkerschaften. Er war ein Feind der Tyrannen, ließ aber auch an den Erbfeinden der Westgriechen, den Karthagern, kein gutes Haar. Darüber hinaus betätigte er sich auch als Kritiker seiner Vorgänger auf dem Gebiet der Geschichtsschreibung, wobei er besonders Philistos angriff, was wiederum seinen Nachfolger Polybios veranlasste, ihm nicht nur unzulängliche historische Methodik, sondern auch einen Mangel an Autopsie vorzuwerfen. Dennoch galt er bei den Westgriechen fünf Jahrhunderte lang als *die* Autorität. (MEISTER 12, 575–577)

Polybios aus Megalopolis (ca. 203 bis 120) war einer der 1 000 Achaier (Griechen), die nach dem 3. Makedonischen Krieg von den Römern nach Italien verschleppt worden waren. Erst 17 Jahre später wurde den noch übrigen 300 – unter ihnen Polybios – die Rückkehr in die Heimat gestattet. Über dieses Vorgehen der Römer berichtet ausführlich Pausanias in seinem 7. Buch (10, 7–12). In den *Historiai*, seinem Hauptwerk, berichtet Polybios über die Zeit, als die Römer ihre Weltherrschaft errichteten, also etwa zwischen 200 und 144 v. Chr. Nur etwa ein Drittel der 40 Bücher der „Historien" ist erhalten. Vier Bücher sind sogar erst im 10. Jahrhundert verloren gegangen. Das ist umso bedauerlicher, da Polybios besonders bemüht war, die historische Wahr-

Abb. 1: Scilla, „die sizilianische Klippe" (scoglio Siciliano), in: CARTARI, V. – Imagini delli Dei de gl' Antichi, Venedig 1647, S. 134. In ihrer Rechten hält Scilla das Ruder, in der Linken einen Hundekopf. Bei Homer bewohnt sie eine Höhle, *„die fürchterlich bellende Scilla, deren Stimme hell wie der jungen saugenden Hunde Winseln tönt … das Ungeheuer hat zwölf abscheuliche Klauen und sechs Hälse von unglaublicher Länge auf jeglichem Hals"*. (Homer, Od. 12. Gesang)

heit herauszufinden und seine Glaubwürdigkeit und Zuverlässigkeit außerordentlich hoch einzuschätzen ist. Er lehnt daher Wundergeschichten und fiktive Reden ab, womit er sich an Thukydides orientiert. Das brachte ihm hohes Ansehen auch in der Nachwelt ein. In der Antike beeinflusste er die römischen Schriftsteller Strabon und Livius und noch in der Neuzeit griff Macchiavelli auf ihn zurück. Ja selbst die Geschichtsphilosophie eines Oswald Spengler im 20. Jahrhundert wurde von ihm beeinflusst. (KRYWALSKI, 599)

Einer der interessantesten Schriftsteller für die Geschichte Siziliens ist wohl der Universalhistoriker Diodorus Siculus, der aus Argyrion (heute Agira in Sizilien) stammte und mit seiner *Bibliotheke historike* (Griechische Weltgeschichte) in 40 Büchern ein Werk geschaffen hat, das vom Anbeginn der Welt bis zum Beginn von Caesars Gallischem Krieg (60/59 v. Chr.) bzw. bis 54 v. Chr. reicht. Diodor umfasst damit die gesamte damals bekannte Welt und deren Völker. Vollständig auf uns gekommen sind lediglich die Bücher 1–5 und 11–20, sonst besitzen wir nur Fragmente. Die Schwerpunkte liegen bei der griechischen, sizilischen und römischen Geschichte, wobei er als Quellen neben Ephoros besonders den oben erwähnten Timaios verwendet. Das 19. Jahrhundert hat Diodor nicht besonders geschätzt, man hat ihm vorgeworfen, ein geistloser Kompilator zu sein, auch habe er nur flüchtig exzerpiert und Irrtümer und Widersprüche seiner Vorgänger seien ihm nicht aufgefallen. Erst in letzter Zeit hat eine positivere Beurteilung Platz gegriffen. Besonders die Geschichte Siziliens habe er hervorragend dargestellt. Man müsse ihm auch zugutehalten, dass er für seine Universalgeschichte nicht nur zahlreiche Länder bereist, sondern sich für die Niederschrift 30 Jahre Zeit gelassen habe. Bei der Beurteilung seines Werkes darf man auch nicht vergessen, dass durch ihn sonst verlorene Quellen wie Ephoros und Timaios in ihrer ursprünglichen Textgestalt kaum verändert auf uns gekommen wären. (KRYWALSKI, 160)

Die Bewohner Siziliens vor der Einwanderung der Griechen

Wir können nun daran gehen, unsere zuvor besprochenen Quellen bezüglich der Völkerschaften zu befragen, die vor den Griechen Sizilien bewohnt haben. Der Archäologe Robert Leighton spricht von drei Gruppen: Ausoni (Ausonier), Sikeler (Sikuler) und Morgeten. Wie wir in der Folge sehen werden, sind die Quellen über diese Völker sehr unterschiedlich, um nicht zu sagen es herrsche ein beträchtliches Durcheinander, was die gegenseitigen Beziehungen der Völker Süditaliens und Siziliens anlangt.

Zunächst einmal ist festzustellen, dass das süditalienische Volk der Ausonier seinen Namen von ihrem Stammvater Auson herleitet, der ein Sohn des Odysseus und der Kirke oder der Kalypso gewesen sein soll. Zumindest hat uns das der in Rom um 400 n. Chr. wirkende Grammatiker Servius überliefert. (Serv. Aen 8, 328 bzw. 3, 171)

Nach diesem Auson hat die Wissenschaft eine spät- und endbronzezeitliche Kultur benannt, die sich auf den Liparischen Inseln und in Nordostsizilien feststellen ließ. Durch die sprachwissenschaftlichen Untersuchungen glaubte man annehmen zu können, dass schon, noch bevor sich die Griechen in Sizilien festsetzten, dort eine indoeuropäische Sprache gesprochen wurde, eine Ansicht, der der berühmte sizilische Vorgeschichtsforscher P. Orsi allerdings immer widersprochen hat. (SCHMOLL, 96 ff.)

Befragt man die Vorgeschichtsforscher hinsichtlich der Sikeler, so fällt zunächst auf, dass man sich bisher offenbar nicht einig ist, ob man dieses Volk Sikeler (nach ihrem angeblichen Stammvater Sikelos) oder Sikuler nennen soll. Um die Sache noch komplizierter zu machen, wird auch das Volk der Sikaner als ein Stamm der später auf die Insel gewanderten Sikuler von manchen angesehen. Man verweist dabei auf die Ähnlichkeit der Namen (Siculi und Sicani). Der klassische Sizilien-Reiseführer von Eckart Peterich spricht von den Sikulern, ebenso M. L. Finley u. a., E. A. Freeman hingegen bevorzugt in seiner Geschichte Siziliens die Version Sikeler. Um den Leser nicht noch mehr zu verwirren, haben wir uns dazu entschlossen, in unserem Ätna-Buch von den Sikulern zu sprechen und sie als Einwanderer aus Süditalien anzusehen, die die Insel bereits von den Sikanern besetzt vorfanden. Wir folgen damit auch den Berichten über die Einwanderung der Griechen im 8. Jahrhundert v. Chr., die von drei verschiedenen Völkern sprechen, von den Sikulern im Osten der Insel, von den Sikanern im Westen und von den Elymern im Nordwesten Siziliens. Wir schließen uns damit auch dem Bericht von Thukydides an, den wir als einen bis in unsere heutige Zeit als sehr glaubwürdigen Historiker kennengelernt haben. Doch lassen wir ihn selbst zu Wort kommen:

„Die Sikuler sind aus Italien nach Sizilien gekommen, wo sie von den Opikern aus ihren dortigen Sitzen verdrängt worden waren… Sie kamen in großen Scharen nach Sizilien, besiegten die Sikaner in einer Schlacht und verdrängten sie in den Süden und den Westen der Insel, die infolgedessen nicht mehr Sikanien, sondern Sizilien genannt wurde… Auch hatten sie, seitdem sie nahezu dreihundert Jahre vor Ankunft der Griechen nach Sizilien gekommen waren, den schönsten Teil des Landes in Besitz, und noch jetzt sitzen sie im Innern und Norden der Insel.“ (Thuk. 6, 2)

Thukydides, der am Ende des 5. Jahrhunderts v. Chr. schrieb, hat diese Aussage mit ziemlicher Sicherheit von Antiochos von Syrakus übernommen, den wir auch als ernsthaften Historiker kennengelernt haben und der nur das berichtete, was ihm glaubwürdig erschien. Die Tatsache, dass Thukydides auch über die mythenumwobenen Urbewohner der Insel – die Kyklopen und Laistrygonen – berichtet, erscheint mir die Glaubwürdigkeit des Historikers nicht zu beeinträchtigen, wie dies Finley meint. (FINLEY, 28 f.)

Es bleiben nun nur noch die von Finley erwähnten Morgeten zu besprechen. Auch sie waren wie die Sikuler ursprünglich in Unteritalien ansässig und nannten sich nach ihrem König Morges. Geht es nach Strabon, so sind sie ebenfalls nach Sizilien gewandert. (Strab. 6, 2, 4) In der sizilischen Stadt Morgantina hat sich ihr Name noch erhalten. In Zusammenhang mit der Eroberung der Stadt durch den Sikuler-Führer Duketios im Jahre 459 v. Chr. werden wir noch darauf zurückkommen. Seit 1955 wurden hier große Teile der Stadt von Archäologen freigelegt, wobei alle wesentlichen Elemente einer griechischen Polis zutage kamen: Akropolis, Agora, Gymnasion, Theater etc.

Sehen wir von den mythischen Kyklopen und Laistrygonen einmal ab, so bleiben die von den griechischen Historikern genannten Sikaner als die ersten Siedler der Insel, die dann von den Sikulern besiegt wurden. Sie erscheinen in der Geschichte als der Rest eines Volkes, das von den Invasoren aus den fruchtbaren Küstengebieten der Insel verdrängt wurde und das hauptsächlich in den westlichen Teil Siziliens siedelte. Der bedeutende westgriechische Historiker Timaios hielt die Sikaner für autochthon. Aber nicht nur die Sikuler waren Ursache der Verdrängung, sie mussten auch aus ihrem ursprünglichen Siedlungsgebiet beim Ätna flüchten, da der Vulkan sie mit seinen Ausbrüchen bedrohte, wie wir von Diodorus Siculus erfahren. (Diod. 5, 6, 3) Die moderne Archäologie nimmt an, dass das Kultzentrum der Sikaner in Polizello gelegen war. Inwieweit die minoisch-mykenische Kultur die Sikaner beeinflusst hat, man denke an den Mythos vom Tod des kretischen Königs Minos in Kamikos, ist noch unklar.

Aber es ist in der Antike noch von einem weiteren Volk auf Sizilien die Rede, von den Elymern. Thukydides hielt sie für Nachkommen jener Troer, denen es gelungen war, zu flüchten und nach Unteritalien auszuwandern. Offenbar fanden sie dort keine Zuflucht und mussten vor dem einheimischen Volk der Oinotrer nach Sizilien auswandern. (Thuk. 6, 2, 3) Ab dem 5. Jahrhundert v. Chr. werden sie nicht mehr als eigenständiges Volk erwähnt. Dürftig sind die Hinweise auf ihre Sprache, so auf Münzlegenden der Städte Eryx und Segesta aus dem 5. Jh. v. Chr. und die Inschriften auf Keramik aus dem 8.–6. Jh. v. Chr. Auch für dieses Volk wird heute eine indoeuropäische Sprache aus der italischen Gruppe angenommen. (FINLEY, 28 f.) Die Bewohner von Segesta waren jedenfalls Elymer, die sich öfters mit den Karthagern zusammentaten, um gegen die Griechen der benachbarten Städte zu kämpfen.

Mythos und Dichtung

Doch wenden wir uns nun dem Bereich zu, den uns die Dichter der Antike in Form von Sprachkunstwerken hinterlassen haben. Wir wechseln damit von der Geschichtsschreibung zu Mythos und Legende, wobei wir betonen, unter Mythos eine andere Form der Wirklichkeit zu verstehen, indem das *in illo tempore* Geschehene auf eine andere Ebene gehoben wird. Der große Religionswissenschaftler Mircea Eliade hat meiner Meinung nach die wichtigsten Kriterien des Mythos herausgefiltert. Demnach ist jeder Mythos eine Wiederholung eines Vorganges, wobei die „profane Zeit“ aufgehoben wird und den Menschen in eine „magisch-religiöse Zeit“ hineinstellt. (ELIADE, Rel. 487 f.)

Es wurde schon oft versucht, eine für alle Wissenschaftssparten gültige Definition von Mythos zu finden, was jedoch nur im Ansatz gelungen zu sein scheint. Jedenfalls folgen wir darin nicht dem antiken Begriff von *mythos*, der von den Historikern wie Herodot oder Thukydides gleichsam als Gegensatz zur Historie gesehen wurde. Das logisch-rationale Element ist auch für Platon gegensätzlich zu *mythenhaft*. Auch in der hellenistischen Zeit wird mythenhaft zur Bezeichnung einer „rein fiktionalen Erzählung im Gegensatz zum historischen Bericht verwendet." (GRAF, 634) Mythen handeln von Göttern und Heroen, es gibt aber auch Mythen, die z.B. Naturerscheinungen oder Kulte erklären. Die Wissenschaftler sprechen dann von aitiologischen, also erklärenden Mythen. Wir wollen uns im Zusammenhang mit dem Thema Ätna einige dieser Mythen vergegenwärtigen.

Der Typhon-Mythos

Eine der für uns bedeutenden Mythen ist jene vom hundertköpfigen Giganten Typhoeus oder Typhon, gegen den der Göttervater Zeus kämpfte und schließlich den Ätna auf ihn wälzte. Wenn das Untier schnaube, so bewirke das die Ausbrüche des Vulkans. Wie beliebt dieser Mythos bei den Dichtern der Antike war, beweist die Tatsache, dass Hesiod, Pindar und auch der Dramatiker Aischylos darüber berichten, auch die römischen Dichter Vergil und Ovid behandeln das Thema. In der Aeneis heißt das Untier allerdings Engelades.

Abb. 2: Typhoeus oder Typhon, gegen den der Göttervater Zeus kämpfte und schließlich den Ätna auf ihn wälzte. Der Gigant Typhon war ein Sprößling der Gaia und des Tartaros. Der Name Typhos oder Typhon bedeutet im Griechischen Wirbelwind. Die Illustration stammt aus CARTARI, V. – Imagini delli Dei de gl' Antichi, Venedig 1647, S. 228. Seine Attribute sind: Nilpferd, Krokodil, Schlangenleib und Schlangenfinger.

Der Gigant Typhon war ein Sprössling der Gaia und des Tartaros. Zahlreiche Ungeheuer gingen aus seiner Verbindung mit Echidna hervor, die uns allesamt aus der griechischen Mythologie ein Begriff sind, Kerberos oder die Chimaira, um nur zwei zu nennen. Der Name Typhos oder Typhon bedeutet im Griechischen Wirbelwind, dessen Gluthauch nach ägyptischen Vorstellungen aus Äthiopien kam. In weiterer Folge sah man in ihm einen bösen Dämon, der nicht nur die heißen Winde erregte, sondern auch die Erdbeben bewirkte.

Hesiods Schilderung von dem Kampf zwischen Typhon und Zeus dürfte auf die persönliche Erfahrung eines Vulkanausbruchs zurückgehen. Manche Althistoriker haben den Typhon-Mythos aus der hesiodischen Theogonie streichen wollen, da es sich wahrscheinlich um eine spätere Einfügung handle, wie der Herausgeber Karl Albert in seiner Einführung zur Theogonie schreibt (ALBERT, 16), doch der weithin anerkannte und hochgelobte Wiener Altphilologe Herbert Hunger lehnt eine Streichung ganz entschieden ab. Woher der Typhon-Mythos ursprünglich stammt, hat G. Seippel in seiner Dissertation untersucht und dabei die Figur des Giganten in Ägypten, Babylonien, Assyrien und Persien nachweisen können. (HUNGER, 525 f.)

Wie nah an die Wirklichkeit eines Vulkanausbruchs die hesiodische Schilderung kommt, sollen einige Auszüge aus seiner Theogonie unter Beweis stellen:

Es zittert der Hades, der über die zugrundegegangenen Unterirdischen herrscht,
die Titanen unter dem Tartaros, die um Kronos sind,
unter dem unaufhörlichen Lärm und dem schrecklichen Kampf.
Als aber Zeus seinen Zorn erhöhte und die Waffen ergriff,
den Donner, den Blitzstrahl und den feurigen Blitzschlag,
schlug er zu, vom Olymp darauf losspringend. Ringsum verbrannte er alle
die ungeheuren Köpfe des schrecklichen Untiers.
Aber als er es nun bezwungen hatte, es peitschend mit Schlägen,
stürzte es gelähmt nieder. Es stöhnte die riesige Erde.
Eine Flamme entsprang dem blitzgetroffenen Herrscher, dem
in den felsigen Abgründen des Berges Aetna

verwundeten. Weithin brannte die riesige Erde
von dem gewaltigen Rauch und schmolz wie Zinn,
das von kräftigen Männern kunstvoll in wohldurchbohrten Schmelztiegeln
erhitzt wird, oder wie Eisen, das doch das stärkste (von allen Metallen) ist
in den Tiefen des Berges, bezwungen vom brennenden Feuer,
schmilzt in der göttlichen Erde durch die Hände des Hephaistos,
so schmolz die Erde durch den Strahl des brennenden Feuers." (Hes. Theog. 850–867)

Zur Erinnerung sei vermerkt, dass der griechische Dichter Hesiod um 700 v. Chr. gelebt und geschrieben hat. Seine Theogonie ist ein Lehrgedicht, das die Entstehung der Welt und der griechischen Götter schildert, in deren Mittelpunkt schließlich Zeus steht. Seine Lebenszeit fällt also in jene Epoche, als die Griechen begannen, auf Sizilien Fuß zu fassen und in Naxos ihre erste Kolonie gründeten (734 v. Chr.). Naxos liegt zu Füßen des Ätna, der den Seefahrern schon von Weitem durch seine gewaltige Masse beeindruckt haben wird. Es ist durchaus denkbar, dass Hesiod Kunde vom Ätna durch die Chalkidiker erhalten hat, die sich hier und an anderen Orten der Insel festgesetzt hatten, so in Leontini (Lentini) und Katane (Catania); beide wurden um das Jahr 729 v. Chr. gegründet.

Auch Pindar, der rund 200 Jahre nach Hesiod lebte und dichtete, kann am Typhos-Mythos nicht vorüber, zu verlockend erschien diese Erzählung für ihn zu sein, lebte er doch ein Jahr auf der Insel Sizilien und hatte den Ätna permanent vor Augen. Er hielt sich dort am Hof des Königs Hieron I. von Syrakus auf und dichtete zu dessen Ehren. Im Jahre 476 v. Chr. besang Pindar Hierons ersten olympischen Sieg mit dem Rennpferd und 470 v. Chr. seinen Wagensieg mit dem Viergespann in Delphi, worin er auch die von Hieron gegründete Stadt Aitna zu Füßen des Vulkans pries, auf die wir noch zurückkommen werden. Hier sei nur Pindars Gesang in Zusammenhang mit Typhon vorgestellt. Auch bei Pindar ist das Ungeheuer hundertköpfig, das von der „*... himmelragenden Säule des schneeigen Ätna niedergehalten wird, der Feuerströme aus seinen Schlünden emporsendet. Am Tage ergießen sie brandroten Rauch, doch durch die Finsternis wälzt sich die purpurne Flamme und trägt mit Getöse Felsen hinaus auf die Fläche des tiefen Meeres ...*", so heißt es in Vers 22–24 der Ersten Pythischen Hymne. (Kindler, Lit. 2)

Für uns ist auch interessant, dass der Ätna wohl nicht nur für Pindar, sondern auch für seine Zeitgenossen ein Berg des Zeus ist, „*dem der Ätna heilig ist*", wie Stauffenberg präzisiert. Das Gedicht selbst preist der große Kenner der Geschichte Siziliens mit den Worten:
„*Die erste pythische Ode ist die sublimste der pindarischen Schöpfungen; ein Meisterstück dichterischer Architektur, durch die Gedanken, Stimmungen, Interessen, die scheinbar – als entbehrten sie des Zusammenhangs – gar nichts miteinander zu tun haben, und die doch zu einer wunderbaren Einheit verschmolzen sind.*" (STAUFFENBERG, 270)

Ein Zeitgenosse des Pindar war der griechische Tragödiendichter Aischylos, der um 525 v. Chr. in Eleusis bei Athen geboren wurde und 456/55 in Gela auf Sizilien starb. Er gilt als der eigentliche Schöpfer der literarischen Gattung der Tragödie. Aischylos soll angeblich 90 Stücke verfasst haben, von denen jedoch nur sieben erhalten sind. (KRYWALSKI, 17)

In einem seiner bekanntesten Werke, das der *Persai*, bringt der Dichter die Niederlage der Perser bei Marathon (490 v. Chr.) und Salamis (480 v. Chr.) auf die Bühne, ein Thema, das gar nicht weit zurück lag, denn das Stück wurde nachweislich 472 erstmals aufgeführt. Für uns ist seine Zeit auf Sizilien am Hofe des Hieron interessant, der uns schon in Zusammenhang mit Pindar beschäftigt hat. Auf Einladung des Herrschers inszeniert Aischylos nicht nur seine *Perser* in Syrakus neu, sondern schreibt dort auch sein neues Stück *Aitnaiai*, wobei er den Herrscher als Gründer der Stadt Aitna (am Fuße des Ätna gelegen) preist.

Eine der detailreichsten Beschreibungen eines Ätna-Ausbruchs liefert uns der römische Dichter Lukrez in seinem Lehrgedicht „*De rerum natura*" (Die Natur der Dinge), worin er die Grundlehren der Physik, Psychologie und Theologie nach dem System des Epikur darlegte. Sein Geburtsdatum wird verschieden angegeben, dürfte aber zwischen 98 und 94 v. Chr. liegen, gestorben ist er angeblich mit 44 Jahren. Seine Dichtkunst, er schrieb in Hexametern, inspirierte Cicero zu dem Urteil: „*multis luminibus ingenii, multae tamen artis*" (mit vielen genialen Glanzstellen, aber auch von großer Kunstfertigkeit). Wir zitieren hier die den Ätna betreffenden Verse nach der Übersetzung von Hermann Diels, die 1991 im Deutschen Taschenbuch Verlag erschienen ist. Wir danken der Weidmannschen Verlagsbuchhandlung für die Genehmigung des Wiederabdrucks:

„Jetzt will ich auch noch erklären, aus welcher Ursache manchmal
In so gewaltigem Wirbel der Aetna die Flammen herausspeit.
Ja, nicht gering war die Not, als das Flammengewitter hereinbrach
Über Siziliens Flur, um dort als Herrscher zu schalten.
Auch den benachbarten Völkern entging nicht das grausige Schauspiel.
Als sie den Rauch und die Funken das ganze Himmelsgewölbe
Sahen umziehn. Da erfüllte ihr Herz die bängliche Sorge,
Was für ein neues Werk die Natur jetzt führe im Schilde.
Solches Ereignis erheischt tiefdringende Forschung und Umsicht:
Weit muß unsere Schau sich nach allen Richtungen wenden,
Daß man auch nimmer vergesse, in welche Tiefe das All reicht
Und welch winzigen Teil von dem Weltall bilde der eine
Himmelsraum, der ja kaum ein Tausendstel ist von dem Ganzen,
Ja, nicht einmal soviel wie der einzelne Mensch von der Erde,
Hast du dir dies vor Augen gestellt und völlig begriffen,
Dann erst wirst du nicht weiter dich über sovieles verwundern.
Wundert sich denn noch jemand von uns, wenn einen das Fieber
Packt und glühender Brand sich durch unsere Glieder verbreitet
Oder wenn irgend ein anderer Schmerz im Körper uns peinigt?
Da schwillt plötzlich der Fuß, da quält oft heftiger Zahnschmerz,
Oder die Augen sogar ergreift das Übel; zuweilen
Breitet das <heilige Feuer> sich aus, das weiter und weiter
Schleichend im Körper die Glieder verbrennt,
wo immer es hinkriecht.
Das ist kein Wunder. Es gibt ja so vielerlei Keime der Dinge,
Und mit dem Unheilsamen ist Himmel und Erde gschwängert,
Draus unermeßliche Krankheitsbrut sich vermag zu entwickeln.
Also muß man auch glauben, daß aus dem Unendlichen quellen
Alle die Stoffe, die reichlich für Himmel und Erde genügen,
Um ein plötzliches Beben auf unserer Erde zu wecken
Rasenden Wirbelsturm auf dem Land und dem Meer zu entfesseln,
Aetnas Feuerströme und Himmelsglut zu entflammen,
Denn auch dies tritt ein: es erglühen die himmlischen Räume;
Und der Gewitterregen ergießt sich in größerer Fülle,
Wenn die Wasseratome just so zusammen sich fanden.
<Aber>, so wirfst du mir ein, <zu groß ist die wirbelnde Lohe.>
Freilich, ein Fluß scheint dem, der niemals größre gesehen,
Wenn er der größte ihm schien, und ebenso Menschen und Bäume
Und sonst all dergleichen, was jedem am größten erschienen,
Das scheint alles ihm riesengroß nach seinen Begriffen:
Trotzdem ist dies alles mit Himmel und Erde und Wasser
Nichts fürwahr im Vergleich zur gesamten Masse des Weltalls.
Doch nun will ich dir endlich die Art erklären, wie plötzlich
Aus den gewaltigen Essen des Aetna Flamme herausschießt.
Erstens sind tief in dem Berge natürliche Höhlen verborgen,
Und er stützt sich fast ganz auf felsige Grottengewölbe,
Ferner sind Luft und Wind in allen Gewölben vorhanden;
Denn es entsteht ja der Wind, wenn die Luft erregt und bewegt wird.
Kommt nun der Wind in Glut und erhitzt durch sein wütendes Sausen
Alles Gestein, das er trifft, ringsum und die Erde und schlägt dann
Glühendes Feuer aus ihnen hervor mit rasender Flamme,
Dann fährt stracks er empor und sprüht aus dem Schlund in die Höhe.
So trägt weithin die Gluten der Wind, weit streut er die Asche,
Wälzt auch Wolken von Rauch, der dichtestes Dunkel verbreitet,
Und wirft Steine empor von erstaunlich schwerem Gewichte.
Das ist (wer zweifelt daran?) die Macht des entfesselten Sturmwinds.
Weiter umspület das Meer auf größeren Strecken die Wurzeln
Unseres Bergs, wo die Woge sich bricht und die Brandung zurückströmt.
Unterirdische Höhlen erstrecken vom Meere sich aufwärts
Bis zu den Schlünden des Gipfels. Durch diese Höhlungen fährt wohl
Wie man gestehen muß, öfter ein Wind mit dem Wasser vereint her;
Denn die Erfahrung lehrt, daß vom offenen Meere er eindringt,
Alles nach außen hin speit und die Flamme zum Himmel emportreibt:
Steine fliegen empor, und es heben sich Wolken von Sand hoch.
Denn auf dem Gipfel des Berges befinden sich Krater. So nennt man
Dort, was man sonst wohl als Schlünde und Mündungen pflegt
zu bezeichnen.“ (LUKREZ, Von der Natur VI, 639–702)

Auffallend ist bei Lukrez die Absicht, die Naturphänomene zu erklären; keine Götter sind mehr im Spiel, keine mythischen Wesen bedrohen den Menschen, es ist die Natur, die „tiefdringende Forschung und Umsicht“ erheischt. Es sind die Höhlen und Schlünde, die bis zum Gipfel des Vulkans reichen und durch die die Feuersglut emporgetrieben wird. Die „entfesselte Macht des Sturmwinds“ ist die Ursache für den Ausbruch. Selbst vom Meer dringt der Wind ein und vereint sich mit dem Wasser, wodurch Steine und Sand hochgeschleudert werden. Ja selbst den Fachterminus „Krater“ erfährt der Leser zum Schluss, womit die Schlünde und Mündungen am Berge gemeint sind, aus denen die feurige Masse austritt.

Nicht ganz verzichten auf den alten Mythos will ein weiterer römischer Dichter, der ca. 20 Jahre nach Lukrez geboren wurde und zwischen 70 v. Chr. und 19 v. Chr. gelebt und geschrieben hat: Publius Vergilius Maro, kurz Vergil genannt. Berühmt geworden ist er mit seiner Aeneis, dem römischen Nationalepos. Es geht um die Sage von der Gründung Roms. Der trojanische Held Aeneas sucht mit einigen Gefährten nach der Zerstörung seiner Stadt eine neue Heimat. Dabei verschlägt es ihn mit seiner kleinen Flotte nach Libyen, wo er von der karthagischen Königin Dido gastfreundlich aufgenommen wird. Doch nicht hier liegt seine Bestimmung, in Italien soll die neue Stadt erstehen, die einmal Weltgeltung haben wird.

Mit der Aeneis wurde Vergil der Dichter der Römer und wirkte fort bis weit in die Renaissance und sogar in die Neuzeit. 1930 rief man das Vergiljahr aus und feierte den 2000. Geburtstag des Dichters. Trotz dieser jahrhundertelangen Wertschätzung Vergils und seines unsterblichen Epos muss heute eine gewisse Abkehr vom überlieferten klassischen Bildungsgut beklagt werden. Griechisch und Latein haben in unseren Schulen nicht mehr den einstigen Stellenwert, und nur wenigen ist die Dichtung der Alten in der Originalsprache zugänglich. Doch selbst in der Übersetzung lebt der Geist der alten Zeit wieder auf, was einige Verse aus der Aeneis unter Beweis stellen sollen:

„Ist ein Hafen daselbst, gar groß, den nimmer ein Windhauch
Regt. Doch benachbart hallen des Aetna schreckliche Donner,
Wenn er mit Einsturz droht und wirft gen Himmel den schwarzen,
Wirbelnden Aschenrauch, vermengt mit stiebenden Funken,
Schleudert den Flammenknäul empor und leckt die Gestirne,
Bricht auch von Zeit zu Zeit des Bergs zersprengte Geweide,
Felsen, heraus und würgt und wälzt zerschmolzene Steinflut
Grollend ans Tageslicht und tobt und wütet im Abgrund.
Sagen sie doch, der Leib des Enceladus lieg in der Tiefe,
Vom Blitzfeuer versengt, und über ihm lastet des Aetna
Riesige Wucht, stößt Rauch und Glut aus Schrunden und Essen.
Wenn der Gemarterte dann sich wendete, seufzet das ganze
Land Trinacria, bebt und schwärzt mit Schwaden die Lüfte.
Nachts ertrugen wir dort, im Wald verborgen, das grause
Wunder und wußten den Lärm und Aufruhr nimmer zu deuten.
Denn kein Sternbild stand im Blau, das Himmelsgewölbe
Mußte des Lichts entbehren, Gewölk verhüllte den Aether,
Nacht, unwirtliche, barg den Mond in Nebel und Dünsten.“
(Verg. Aen. III, 570–587)

Die obige Übersetzung stammt von Rudolf Alexander Schröder. Aus den Anmerkungen zum Dritten Buch der Aeneis erfahren wir, dass Enceladus als *„einer der Titanen, die Jupiter nach seinem Sieg unter den Aetna begrub“*, zu verstehen ist. In Zusammenhang mit den Kyklopen werden wir nochmals auf Vergil zurückkommen.

Ergänzend zur obigen Anmerkung sei erwähnt, dass „Enceladus“ soviel wie „Der Tobende“ bedeutet und es sich um den Giganten Typhon oder Typhoeus handelt, der uns bei den Griechen überliefert ist.

Unter dem „Land Trinacria“ ist natürlich Sizilien gemeint. Nach den ursprünglichen Bewohnern war der Name der Insel „Sikanien“, doch davor hieß sie „Trinakria“, sagen Herodot und Thukydides. Aber so heißt die Insel schon bei Homer. Gemeint sind damit die drei Vorgebirge, die die Dreiecksform Siziliens bilden. Dies wurde zum Symbol, und zwar in den verschiedensten Darstellungen. Eine der ältesten findet sich auf einem römischen Mosaik in Tindari, ein sehr schönes Abbild davon auf einem Felsen im Park der Villa Giulia in Palermo. (GRÜNDEL-TOMEK, 22)

In der Erzählung des Ovid „Ceres und Proserpina“ schildert die Muse Calliope die Größe des Giganten Typhoes, der von Zeus mit seinen Blitzen besiegt mit einem Teil seines gewaltigen Körpers unter den Ätna geraten ist:

Abb. 3, 4: Nach den ursprünglichen Bewohnern Siziliens war der Name der Insel „Sikanien“, doch davor hieß sie „Trinakria“, sagen Herodot und Thukydides. Aber so heißt die Insel schon bei Homer. Gemeint sind damit die drei Vorgebirge, die die Dreiecksform Siziliens bilden. In unzähligen Variationen ist dieses Symbol bis heute lebendig geblieben. Ursprünglich war das Frauengesicht im Zentrum Abbild einer Gorgone, bei den Römern wird es zum Symbol der Göttin Ceres. Die Schlangen, die das Gesicht umgeben, sind Symbole für Weisheit und Gesundheit, die Flügel stehen für geistige Regsamkeit. (Fotos: K. Gratzl)

„*Die große Insel Trinacris* (Sizilien) *ist auf Gigantenglieder geworfen worden und bedrängt unter ihrer gewaltigen Masse den Typhoeus, der es gewagt hat, einen Sitz im Himmel zu erhoffen. Er stemmt sich zwar dagegen und ringt oft darum, sich wieder zu erheben, doch seine rechte Hand ist unter dem ausonischen Kap Pelorus eingezwängt, auf der linken lastet der Pachynus, auf den Schenkeln Lilybaeum. Der Aetna beschwert ihm das Haupt; darunter liegt er auf dem Rücken, schleudert Sand aus dem Mund und speit Feuer, der trotzige Typhoeus. Oft müht er sich ab, die schweren Erdmassen wegzuschieben, Städte und hohe Berge von seinem Leibe abzuwälzen. Dann bebt die Erde, und sogar der König der stummen Schatten fürchtet, daß sie aufspringe, daß ein breiter Riß die Tiefe enthülle und eindringendes Tageslicht die aufgeregten Schatten erschrecke.*“ (Ov. Met. V, 348–359)

Der Ätna spielt in den Metamorphosen des Ovid immer wieder eine Rolle. So zu Beginn des II. Buches in der Erzählung über Phaeton, als vom Vulkan die Rede ist, wo zweierlei Feuer brennen, die sich ins Unermessliche steigern. (Ov. Met. II, 220–222)

Eine andere Stelle findet sich im XIII. Buch, wo über Galatea und die Liebe des Kyklopen Polyphem zu ihr die Rede ist, ein Mythos, der uns noch beschäftigen wird. Die Liebesglut zu der schönen Nymphe verzehrt ihn dermaßen, dass er glaubt, der Ätna mit all seinen Kräften wäre in seiner Brust. Der enttäuschte Kyklop, der die Liebe der angebeteten Galatea nicht gewinnen kann, stößt laute Schreie aus, vor denen sogar der Ätna erschauert.

In der Geschichte *Achaemenides,* im XIV. Buch, erkennt Macareus, ein Gefährte des Odysseus, den Achaemenides wieder, den er einst am Ätna verlassen hat. Im XV. Buch, wo von Pythagoras die Rede ist, erfahren wir eine ziemliche Menge über den Vulkan, dessen schwefliger Schlund manchmal nur glüht, das heißt, dass er nur vorübergehend feurig ist und dann wieder ruht. Ovid vergleicht die Erde mit einem Tier, das an vielen Stellen Öffnungen hat, die Feuer speien, die Erde könne ihre Atemwege verändern und, wenn sie sich bewege, bestehende Gänge öffnen und wieder schließen. (Ov. Met. XV, 340–346)

Lauter Erscheinungen, die sich bei Vulkanausbrüchen und in den folgenden Ruhephasen zeigen. Wir sollten jedoch nicht vergessen, dass der Typhon-Mythos nicht allein auf den Ätna beschränkt ist, auch andere Berge werden mit ihm in Zusammenhang gebracht, so z.B. der Epomeo (heute Monte San Nicola), der höchste Berg der Insel Ischia. Es ist ja kein Wunder, da er so wie der Ätna ein Vulkan ist, der etwa zur selben Zeit entstanden sein dürfte wie sein größerer Bruder auf Sizilien. Zeus habe den Typhon vom Olymp gestürzt, wobei er genau dort ins Meer fiel, wo heute die Insel Ischia liegt. Der Riese war jedoch dermaßen erzürnt darüber, dass er grässlich stöhnte und Feuer spie, denn die auf ihm lastenden Gesteinsmassen drohten ihn zu erdrücken. Niemand konnte oder wollte ihm helfen, bis sich Venus seiner erbarmte und versprach, wenigstens seine Tränen in heilbringende Quellen zu verwandeln. So seien die berühmten Thermalquellen der Insel entstanden. (GRATZL, Mythos, 102)

Auch der Berg Nysa (Nyseion), ein nicht exakt zu lokalisierender Berg, der in Zusammenhang mit dem Dionysos-Kult steht, aber ziemlich wahrscheinlich in Thrakien oder auf lydisch-phrygischem Gebiet anzusiedeln ist, steht in Verbindung mit einem Ungeheuer Typhon. Während seines Kampfes gegen Zeus auf dem Berg Kasios (Nordsyrien) sei es Typhon gelungen, dem Zeus die Sehnen an Armen und Beinen zu durchschneiden, sodass er sich nicht mehr bewegen konnte. „*Alle Götter waren darob verzweifelt, und wenn Hermes und Pan nicht zu der Höhle geschlichen wären, wo Typhon die Sehnen versteckt hatte und von seiner schlangenschwänzigen Schwester Delphyne bewachen ließ, so wäre es schlecht um Zeus gestanden. Pan verjagte mit einem Schrei Delphyne und Hermes setzte dem Zeus seine Sehnen wieder ein. Nun konnte er wieder zum Olymp zurückkehren, dort einen Wagen besteigen, der von geflügelten Pferden gezogen wurde, und den Typhon mit seinen Blitzen verfolgen… Schließlich gelang es Zeus, das Ungeheuer auf dem Berg Haimos in Thrakien zu stellen und es endgültig in die Flucht zu schlagen. Der Kampf wurde schließlich in Sizilien beendet, wo Zeus den Ätna auf Typhon türmte.*“ (GRATZL, Mythos, 298)

Der Mythos von den Kyklopen

Auch wenn Homer die Kyklopen recht anschaulich charakterisiert: sie seien gesetzlos, würden keinen Ackerbau betreiben, auf den Häuptern hoher Gebirge in Felsenhöhlen wohnen und kein Gemeinschaftsleben führen und auf einer Insel mit Schafen und Ziegen leben, so erfahren wir nichts bei ihm über die genaue Lage der Kyklopeninsel, auf der Odysseus und seine Gefährten landen. Die Lokalisierung am Ätna in Sizilien stammt erst aus nachhomerischer Zeit.

Die Kyklopen haben eines gemeinsam, sie sind Riesen, aber sie unterscheiden sich in ihrer Gestalt und auch in ihren Charaktereigenschaften. Der erste, der eine Systematisierung in der Antike versuchte, war Hellanikos, der sie auf einen gemeinsamen Vorfahren namens Kyklops zurückführen wollte. „*kyklops*" bedeutet so viel wie rundäugig oder auch einäugig. (WALDE, 961 f.)

Gaia jedenfalls gebar die Kyklopen:

„*... den Brontes, den Steropes und den starkmutigen Arges.*
Diese gaben dem Zeus den Donner und verfertigten den Blitz.
Sie waren in allem sonst den Göttern ähnlich,
(nur) *hatten sie ein einziges Auge mitten auf der Stirn.*
Kyklopen war ihr Name, weil sie (nur)
ein einziges rundes Auge auf der Stirn hatten."
(Hes. Theog. 140–145)

Das berühmteste Mitglied der Riesenfamilie war Polyphem, „der Vielberüchtigte". Über ihn erfahren wir bei Homer die berühmte Geschichte, bei der Odysseus und seine Gefährten von dem Riesen in seine Höhle gesperrt werden. Als Polyphem einige von ihnen verschlingt, kommt Odysseus auf die Idee, ihn betrunken zu machen. Im Schlaf bohrt er so dann einen brennenden Ölbaumpfahl in sein einziges Auge, wonach der Riese erblindet. Den Riesenstein, mit dem er seine Höhle zu verschließen pflegte, musste er jedoch am nächsten Morgen wegen seiner Schafe öffnen. Mit biegsamen Zweigen des *Vitex agnus castus* (Keuschlammstrauch) – eine Ausschmückung aus viel späterer Zeit – an die Schafe gebunden,

Abb. 5: Vulcanus (Hephaistos) und seine Schmiedegesellen (Kyklopen) bei der Herstellung von Waffen. Sie wohnen im Ätna oder auch auf Hiera (eine der Liparischen Inseln). Man dachte sich die Lavahöhlen als Behausung der Kyklopen. In Homers Odyssee heißt es: *„wohnen all', auf den Häuptern hoher Gebirge, in gehöhleten Felsen...*" (9, 113) Die Illustration stammt aus CARTARI, V. – Imagini delli Dei de gl' Antichi, Venedig 1647, S. 205.

gelingt es Odysseus und seinen Gefährten aus der Höhle zu entkommen. Kaum sind sie draußen und wieder auf ihrem Schiff, reizt Odysseus den Riesen noch einmal dermaßen, dass dieser riesige Steinbrocken aufs Meer schleudert, die man heute noch bestaunen kann, und zwar an der Riviera dei Ciclopi zwischen Giarre-Riposto und Catania an der Ostküste Siziliens.

Die Kyklopen sind auch die Waffenschmiede und Gehilfen des Hephaistos (Vulcanus), die z.B. die Schilde des Achill und des Aineas schmieden und ihre Wohnung im Innern des Ätna haben: *„Blickt her, merkt auf und gehorcht, Cyclopen des Aetna!"*, heißt es im VIII. Buch Vers 404 in der Aeneis des Vergil. Der griechische Dichter Kallimachos gilt als der Erste, der die Kyklopen in der Werkstatt des Hephaistos arbeiten lässt. (WALDE, 962)

Hephaistos, der griechische Gott des Feuers und der Schmiede, ist seit Homer bekannt und oft auf archaischen Vasenbildern mit seinen verkrüppelten Füßen dargestellt. Ob er Zeus als Vater hat oder ob ihn Hera parthenogenetisch geboren hat, ist nicht klar. Jedenfalls wirft die Mutter (oder der Vater Zeus) das Neugeborene aus dem Olymp ins Meer, wo es von Eurynome und Thetis aufgezogen wird. So wie beim Mythos des Typhon ist auch bei Hephaistos keine eindeutige Lokalisierung seines Aufenthaltsortes gegeben. Einmal ist er im Ätna tätig, dann wiederum auf Hiera, eine der Liparischen Inseln. (Thuk. 3, 88,3)

Doch kehren wir nochmals zurück zu Polyphem, der neben der homerischen Schöpfung auch noch ganz anders gesehen wurde, wie die in hellenistischer Zeit so beliebte Geschichte vom verliebten Polyphem und der Meerjungfrau Galateia zeigt. Mit allerlei Versprechungen will der plumpe Riese die Nereide betören, doch die neckt ihn nur und verschwindet dann wieder in ihrem Element. In einer späteren Variante dieser Geschichte verlieben sich Akis und Galatea, was den Polyphem dermaßen in Wut (*„rasend wie ein Stier, dem man die Kuh genommen hat"*) versetzt, dass er einen Felsen auf Akis schleudert, sodass dieser erdrückt und nach der von Ovid erzählten Geschichte letztlich in einen Strom verwandelt wird. (Ov. Met. 740–899)

Auch in dieser Geschichte wohnt Polyphem am Ätna, wo ihn die Liebesglut zu Galateia verzehrt und durch die Kränkung der nicht erwiderten Liebe die Flamme in seiner Brust lodert, als trüge er den Ätna mit all seinen Kräften in seiner Brust; und er brüllt auch, wie es sich für einen zornigen Kyklopen gehört, vor dem sogar der Berg erschauert.

Sowohl die Menschenfressergeschichte der Odyssee als auch die Liebesgeschichte sind in unzähligen Bildern auf Vasen und Gemälden dargestellt oder auch in dramatischen Bearbeitungen, wie z.B. in dem Satyrspiel *Kyklops* des Euripides, gestaltet worden. Auch in zahlreichen Opern wurden beide Themen abgehandelt wie in jener von Händels *Aci, Galatea e Polifemo* (1708) und *Acis und Galatea* (1731). (HUNGER, 432 ff.)

An einen Aspekt der Kyklopen sei noch erinnert, nämlich an jenen in Zusammenhang mit den riesigen Steinmauerquadern aus mykenischer Zeit. Den Griechen der arachaischen und klassischen Zeit war es unerklärlich, wie diese Riesenblöcke, die manchmal mehrere Tonnen wiegen, von Menschenhand bewegt worden seien. Es konnten nur Riesen mit übermenschlichen Kräften gewesen sein, eben die Kyklopen, die diese Mauern errichtet hatten. Auch Pausanias berichtet über die Reste der Stadtmauer und über das „Löwentor von Mykene". Man meinte noch zu seiner Zeit, dass sie ein Werk der Kyklopen waren. (Paus. II, 16,5) Der Begriff des Kyklopenmauerwerks hat sich bis heute erhalten.

Die Laistrygonen

Es handelt sich um den Kyklopen ähnliche Riesen, die ebenfalls in den Bereich der Mythen oder Märchen fallen, auch sie fressen Menschen und bestellen keine Felder, aber sie halten sowohl Rinder wie Schafe. Die Schiffe der Gefährten fahren in den Hafen, nur Odysseus lässt sein Schiff außerhalb desselben vor Anker gehen. Als sie das Hinterland erkunden, begegnet ihnen ein Mädchen, das ihnen den Weg zum Königspalast weist. Dort treten sie ein und finden die Frau des Königs Antiphates *„so groß wie ein Gipfel des Bergs; und ein Grauen befiel sie"*. (Hom. Od. X, 113) Als Antiphates zwei Griechen auffrisst, flieht der Rest zurück zu den Schiffen, doch die Laistrygonen schleudern Steine herab; *„da entstand in den Schiffen ein schrecklich Getümmel, sterbender Männer Geschrei und das Krachen zerschmetterter Schiffe."* (Hom. Od. X, 122)

Nur Odysseus gelingt die Flucht mit seinen Schiffsgenossen.

Elf Schiffe werden zerstört, nur das des Odysseus bleibt unversehrt. In dieser märchenhaften Geschichte wird wieder die Schläue des Odysseus unter Beweis gestellt, der der Verlockung widersteht, in den scheinbar sicheren Hafen einzufahren. Man hat immer wieder versucht, die Wohnstätte der Laistrygonen zu lokalisieren, was natürlich nicht gelingen konnte, da es sich um ein Märchen handelt.

Interessant ist der Name des Königs Antiphates, der soviel wie „Totschläger“ im Griechischen bedeutet. Es wird vermutet, dass der Name „Laistrygones“ thrakischer Herkunft ist, d.h., dass das Märchen aus einem nichtgriechischen Land stammt und vom Dichter der Odyssee übernommen wurde. (HÖLSCHER, 146)

Die Geschichte von den Frommen Brüdern

In der römischen Zeit nahm das Interesse am Ätna wieder zu, wie wir bei den Autoren dieser Zeit wie Strabo, Pausanias, Marzial und Claudianus feststellen können. Der erste lateinische Autor, der sich der Geschichte des frommen Brüderpaares Amphinomos und Anapias aus Catania annimmt, ist Seneca. Er unterrichtet uns über den Ausbruch des Vulkans, bei dem die Lava bis Catania vordrang und die Bevölkerung die Stadt verlassen musste. Man nannte die beiden Brüder „Pii“ oder „Pietosi“. Eine Inschrift aus dem 3. Jahrhundert nennt sie so. Dem Ausbruch war ein heftiges Erdbeben vorausgegangen, wobei der Ätna Steine und dichte Aschewolken auswarf. Danach wälzten sich die Lavamassen zu Tal und erreichten bald die Stadt Catania. Hier spaltete sich der Lavastrom und bildete eine kleine Insel, auf die sich die beiden Brüder mit ihren alten Eltern gerettet hatten. Um der weiteren Bedrohung zu entgehen, beschlossen Amphinomos und Anapias, Mutter und Vater auf ihre Schultern zu nehmen und aus dem Gefahrenbereich zu tragen. Das gelang jedoch nur mit Hilfe eines „göttlichen Wunders“ und auch nur deshalb, weil die Brüder nicht daran dachten, ihr Hab und Gut zu retten, wie das die anderen Bewohner der Stadt taten, sondern eben ihre alten Eltern. Wir haben es hier also mit einem zweifachen Aspekt in dieser Erzählung zu tun. Durch die Auswürfe und die Lavamassen bestrafte der Berg die habgierigen und egoistischen Menschen, die sich am Fuße des Berges niedergelassen hatten, indem er ihre Stadt zerstörte, und die die Unberechenbarkeit des Vulkans nicht zur Kenntnis nehmen wollten.

Abb. 6: Kupfermünze mit der Darstellung der beiden Brüder Amphinomos und Anapias, die ihre Eltern vor dem Lavastrom retten, der bis in die Stadt Catana vorgedrungen ist, indem sie sie auf ihre Schultern nahmen. Die Abbildung wurde uns freundlicherweise vom Münzkabinett des Universalmuseums Joanneum in Graz zur Verfügung gestellt und die Erlaubnis zum Abdruck erteilt. Die Münze stammt aus dem 3./2. Jh. v. Chr. und wurde 1827 vom Museum erworben. (Foto: K. Peitler)

Likurg hatte schon recht, wenn er schreibt: „*Es ist richtig, wenn man sagt, daß es die Gottheit nur mit jenen Menschen gut meint, die sich richtig verhalten.*“ Derselbe Gedanke wird in dem Kurzepos „Aetna“ zum Ausdruck gebracht: Auch wenn sich der Vulkan zerstörerisch und unbarmherzig zeigt, so kann er dennoch großartig und gnadenvoll zu jenen sein, die sich bescheiden und respektvoll verhalten. An anderer Stelle heißt es: „*Den Flammen widerstrebt es, die frommen Jünglinge zu berühren und weichen daher überall vor ihnen zurück.*“ So gilt diese Geschichte als Beispiel für Tugendhaftigkeit und kann dazu dienen, auch den tieferen Sinn in der Legende vom wundertätigen Schleier der hl. Agata zu erklären.

Die Gegend, wo es zur Teilung des Lavastromes kam, nennt man in Catania *Choros Eusebon* oder *Campus Piorum*, wo durch die Eruption wunderbarerweise zwei kleine Kegel geformt worden sind, die man die „Due Pizzi“ nannte. Sie wurden in der Vorstellung der Leute gleichsam als Personifikation der frommen Brüder gesehen. Die Stelle, wo sich das Wunder der Errettung zugetragen hat, wurde sehr rasch zu einem Kultort, der bis in die römische Kaiserzeit und auch noch in spätantiker Zeit aufgesucht wurde, wie uns der Perieget Pausanias und der Dichter Claudianus berichten. Auch sollen hier zur Erinnerung an das Brüderpaar zwei Statuen in Stein errichtet worden sein.

Die Existenz einer ähnlichen Version der Geschichte, die sich in einer älteren Quelle erhalten hat, lässt vermuten, dass schon wenige Jahre nach dem Geschehen die Stelle von den Menschen ehrfurchtsvoll betreten und als Ort des Wunders respektiert wurde. Claudianus berichtet, dass hier ein Tempel existierte, in dessen Nähe Statuen gefunden wurden. Dem Dichter zufolge sollen sie jedoch nicht aus Stein, sondern aus Bronze gewesen sein, die die Jünglinge darstellten. Die Skulpturen seien mit Tuniken bekleidet gewesen, die im Wind flatterten. Sie sollen es gewesen sein, die den Kult von der heroischen Rettung der Eltern, die sich an die Schultern von Amphinomos und Anapias klammerten, lebendig erhalten haben. Der Vater zeigte angeblich mit einer Hand auf die in der Nähe befindliche feurige Masse des Ausbruchs, während die Mutter in ihrer Verzweiflung den Mund aufriss. Bis heute konnte nicht bewiesen, sondern nur mit großer Wahrscheinlichkeit festgestellt werden, dass an der von dort nicht weit entfernt liegenden Stelle, wo sich eine Gruppe von Statuen fand, auch das Grab von Aphinomos und Anapias befand. Die Erzählung von den frommen Brüdern hat Antonio Tempio in „Imago Aetnae" nacherzählt. Ich habe sie in freier Übersetzung aus dem Italienischen mit Hilfe des native speakers Guido Schmalix ins Deutsche übertragen.

Amphinomos und Anapias finden sich auf der Rückseite einer Kupfermünze, die im Münzkabinett des Universalmuseums Joanneum in Graz unter der Inv.-Nr. 51.123 aufbewahrt wird. Nur undeutlich sind die beiden Brüder, die ihre Eltern auf den Schultern aus der Stadt Catana tragen, zu erkennen. Auf der Vorderseite erscheint der Kopf des Dionysos nach rechts. Die Münze stammt aus dem 3./2. Jh. v. Chr.

Berg der Götter

Es wurde schon in dem Kapitel „Zur Vorgeschichte des Ätna" darauf hingewiesen, dass es aufgrund historischer Quellen feststeht, dass bei Adrano an der Südwestseite des Ätna ein Feuergott verehrt wurde, der aller Wahrscheinlichkeit nach in Zusammenhang mit dem Feuer speienden Ätna steht. Wer war nun den Sikulern heilig, welche Göttinnen und Götter verehrten die frühen Bewohner Siziliens, bevor die Griechen kamen?

Hadranos

Der sikulische Feuergott hieß Hadranos, nach dem auch die unweit des Quellgebietes des Symaithos (heute Simeto) gelegene Stadt Hadranon (heute Adrano) benannt ist. Hadranos wurde in einem Tempel verehrt, wo ein immerwährendes Feuer brannte. Tempel und umgebender heiliger Hain wurden von tausend Hunden bewacht. Kamen gute Menschen in das Heiligtum, begegneten sie diesen freundlich, kamen schlechte Menschen, so griffen die Hunde sie an oder zerfleischten sie sogar. So sagt zumindest die Legende. Hatten sich Menschen allerdings nur dorthin verirrt, so brachten die Hunde sie wieder auf den rechten Weg. (FREEMAN, 34)

Eine Parallele zu der Bewachung eines Tempels durch Hunde bietet sich in Kreta an, wo das Diktynnaion, das Heiligtum zu Ehren der Göttin Diktynna, am äußersten Ende der Halbinsel Rodopou stand. Nach einer Legende soll der Wanderphilosoph Apollonios von Tyana (1. Jh. n. Chr.) von dort ins Elysium aufgenommen worden sein. *„Als er eines Nachts zum Diktynnaion gekommen sei, hätten die Hunde, deren Aufgabe es war, den Tempelschatz zu bewachen, nicht angeschlagen, sondern ihn freudig begrüßt."* (GRATZL, Bergwelt, 150)

Die Bürger von Hadranon, der Stadt am Fuße des Ätna, versahen wohl den Tempeldienst noch, als die Griechen längst Sizilien mehr oder weniger in Besitz genommen hatten. Sie beherrschten jedenfalls zum Großteil die Städte an der Küste. Als der ältere Dyonisios, Gewaltherrscher von Syrakus, auch im Binnenland seine Macht ausdehnte – unter anderem belagerte er um 397 v. Chr. Tauromenion, das heutige Taormina – haben sich die Bürger von Hadranon offensichtlich in ihren Rechten bedroht gefühlt, denn sie riefen Timoleon zu Hilfe, der zuvor Syrakus vom Tyrannen befreit hatte. Timoleon wurde von den Bürgern Hadranons freudig begrüßt. Man erzählte sich auch die Mär, dass sich die Tür zum Tempel von selbst geöffnet habe und die Menschen den Gott im Schweiße seines Angesichts den Speer schwingen sahen, als Zeichen dafür, dass er Timoleon bei seinem Befreiungskampf geholfen habe. Einige Zeit verbrachte der Befreier der Stadt nun hier und genoss den erworbenen Ruhm bei der Bevölkerung. Nach Plutarch ist Timoleon im fünfundsiebzigsten Lebensjahr gestorben. (PETERICH, 24)

Zeus

Der Göttervater der Griechen ist es, der den furchtbaren hundertköpfigen Giganten Typhon im Kampf besiegt und den Ätna auf ihn wälzt. Er wählt dazu nicht irgendeinen Berg,

Abb. 7: Kopf eines Silens mit mächtigem Bart, Stupsnase und Pferdeohren. Im unteren Bereich der Münze Skarabäus, als Sinnbild der örtlichen Fauna gedeutet. Vorderseite einer Tetradrachme der Stadt Aitna, um 476 v. Chr. (Jenkins-Küthmann, Nr. 364)

Abb. 8: Zeus sitzend auf einem Stuhl, in der Linken einen geflügelten Blitz, in der Rechten einen Knotenstock. Vor dem Gott ein Nadelbaum mit heiligem Vogel auf der Spitze. Rückseite obiger Tetradrachme.

Abb. 9: Efeubekränzter Kopf des Gottes Dionysos. Vorderseite einer Tetradrachme aus der griechischen Kolonie Naxos am Fuße des Ätna. Nach 461 v. Chr. (Jenkins-Küthmann, Nr. 365)

Abb. 10: Hockender Silen mit Weinschale. Rückseite obiger Tetradrachme. Die hier wiedergegebenen Münzen gehören zu den Meisterwerken griechischer Münzschneidekunst.

sondern den höchsten und eindrucksvollsten, womit er seine Macht zum Ausdruck bringt. Mit dieser Tat ist Zeus wieder der alleinige Herrscher über die Erde und damit auch über den Ätna. Im Kapitel „Mythos und Dichtung“ haben wir uns das Geschehen durch Hesiod anschaulich schildern lassen.

Der ursprünglich am Ätna verehrte Feuergott Hadranos wurde somit von Zeus abgelöst. Bestätigt wird das durch Pindar, der in der 1. Pythischen Ode in Vers 29 Zeus anruft, dem der Ätna heilig ist. Nun gibt es natürlich nicht nur den einen Zeus-Berg, derer gibt es eine ganze Reihe in der griechischen Welt. Sie alle tragen einen Beinamen, der meist einen Hinweis auf die vorhergehende Gottheit gibt, wie z.B. Zeus Asterios für den Berg Jouchtas oder den Zeus Skylios für das Asterousia-Gebirge im Süden Kretas. Skylios war ein anderer Name für den Sonnengott Velchanos, der höchste Gott der Eteokreter. Auch der Gewitter- oder Regengott Baal („Herr“) musste sich dem Zeus unterordnen und wurde am Tabor (Isreal) zum Zeus Itabyrios. In „Mythos Berg“ sind mehr als 20 solche alte heilige Berge beschrieben, die diesen Wandel mitgemacht haben. (GRATZL, Mythos)

Welch bedeutende Rolle Zeus auch im Umfeld des Ätna gespielt haben dürfte, zeigt sein Abbild auf der Rückseite einer Tetradrachme der Stadt Aitna. *„Aitna war der Name der dorischen Kolonie, die Hieron in Katane nach Vertreibung der ursprünglichen Bewohner 476 v. Chr. angelegt hatte.“* (JENKINS-KÜTHMANN, 164)

Die Vorderseite dieser Münze zeigt den Kopf eines Silens mit mächtigem Bart zusammen mit einem Mistkäfer, der als Sinnbild für die örtliche Fauna am Ätna gedeutet wird. Zeus sieht man auf der Rückseite dieser Münze.

Der Göttervater sitzt auf einem geschnitzten Stuhl, über dessen Sitzfläche ein Fell gebreitet ist. In der Linken hält er einen geflügelten Blitz, in der Rechten einen Knotenstock. Das Gewand lässt seinen Körper klar und deutlich erkennen, so als ob es durchsichtig wäre. Vor Zeus steht ein Nadelbaum mit aufsteigenden Ästen, auf dessen Spitze ein Vogel sitzt. Dazu ergeben sich mehrere Fragen. Das Blitzbündel als Attribut des Zeus ist klar, doch was meint der Knotenstock in seiner Rechten? Auch erhebt sich die Frage nach der Art des Baumes und nach der Art des Vogels. Aber vor allem, was haben Silen und Zeus miteinander zu tun? Der Münzschneider bzw. sein Auftraggeber haben sich ja sicherlich etwas dabei gedacht, haben damit etwas aussagen wollen, das dann auch von den Menschen verstanden wurde, die die Münze in die Hand bekamen.

Wir kennen Zeus meist in der Form des Blitzeschleuderers oder zusammen mit dem Adler als dem Symbol seiner Oberhoheit und seiner Natur als Herrscher der Himmel. Aber auf unserem Münzbild ist kein Adler dargestellt, sondern eher ein Kranich. Der Kranich ist ein Bote der Götter und als Herold des Frühlings Apollon zugehörig. *„Der Kranich wird gewöhnlich mit der Sonne und der Föhre in Verbindung* *gebracht. Reinweiße Kraniche, heilige Vögel, bewohnen die Inseln der Seligen.*" (COOPER, 97) Die Inseln der Seligen dachten sich die alten Griechen entweder jenseits des Meeres oder in zerklüfteten Gebirgsgegenden unter der Erdoberfläche, also in der Unterwelt. Die geologische Vergangenheit des Ätna mag durch den Vulkanismus die Phantasie dazu angeregt haben. Ist unser Vogel auf der Münze demnach ein Seelenvogel? Sehr ungewöhnlich ist auch der Nadelbaum, der am Münzrand verwurzelt ist und am ehesten einer Fichte gleicht.

Silene sind dämonische Wesen der griechischen Mythologie, die ursprünglich das fließende Wasser, das die Fruchtbarkeit bringt, symbolisieren. Seit dem 5. Jh. v. Chr. treten sie jedoch als Begleiter des Dionysos auf. Ein Beispiel hierfür ist auch die Münze aus Naxos mit dem Kopf des Dionysos auf der Vorder- und dem hockenden Silen mit Weinschale auf der Rückseite.

Dargestellt werden die Silene mit Pferdeohren oder Pferdeschweifen. Später wird der Silen in der Kunst zum glatzköpfigen Alten mit Stumpfnase und Schweinsohren. Zum Thema „Silen" sei auf das Buch von Heinrich Bulle „Die Silene in der archaischen Kunst der Griechen", München 1893, verwiesen. Näheres über den Skarabäus erfährt man aus den Büchern von Flinders-Petrie, *„Historicel scarabs"*, London 1889, und Myer, *„Scarabs. The history, manufacture and religious symbolism of the Scarabaeus"*, London 1894. Der „heilige Käfer" findet sich überall an den Küsten des Mittelmeers, so in Ägypten, Griechenland und Italien. Bei den Ägyptern galt er als Symbol der Schöpferkraft.

Fassen wir also zusammen, so haben wir auf der Vorderseite den efeubekränzten Silen mit mächtigem Bart und Stupsnase, zusammen mit einem Skarabäus, und auf der Rückseite den thronenden Zeus mit Blitzbündel und Knotenstock, vor sich den Lebensbaum und Seelenvogel. Sollte die Münze den weltlichen Aspekt auf der Vorderseite und den jenseitigen auf der Rückseite zum Ausdruck bringen, Leben und Tod symbolisieren?

Die Römer haben bekanntlich aus Zeus Jupiter gemacht; er hatte bei ihnen auch die Funktion eines Wettergottes und war damit Herr über Blitz und Donner. Aber die vulkanischen Kräfte zu nützen, das war einem anderen Gott vorbehalten.

Hephaistos – der hinkende Feuerbeherrscher

Der Baumeister und Schmied der Götter hatte Hera zur Mutter und wurde von dieser, als er lahm geboren worden war, ins Meer geworfen, wo ihn Thetis aufnahm. Später revanchierte sich Hephaistos dafür bei ihr, indem er ihrem Sohn Achilleus wunderbare Waffen schmiedete. Durch Dionysos wieder in den Olymp zurückgeholt, baute er den Göttern die schönsten Paläste. Er war auch Zeus immer wieder dienlich. So formte er z.B. für diesen aus Lehm die Gestalt eines Mädchens, das alle unheilvollen Gaben von Zeus erhielt und das er Epimetheus zur Frau gab. (PINSENT, 43) Dass er auch dem Herakles zu Diensten war, sei nur am Rande vermerkt, er hat für ihn die ehernen Klappern geschmiedet, mit denen dann der Held die Stymphalischen Vögel vertrieb. (PINSENT, 94) Bei der Arbeit in seiner Schmiede halfen ihm die Kyklopen. Verheiratet war er mit Aphrodite, die ihn jedoch mit Ares betrog, während er in der Schmiede arbeitete. Hephaistos ist ein Feuergott aus dem Osten, der von den Griechen in ihr Pantheon integriert wurde. Seine Lahmheit hinderte ihn nicht, tüchtig in seiner Schmiede zu arbeiten. Bei Homer ist er der legitime Sohn des Zeus und der Hera, bei Hesiod hingegen wird Zeus nicht als Vater genannt. In den Versen 927–28 der Theogonie heißt es:

„Hera aber gebar den berühmten Hephaistos,
ohne sich in Liebe verbunden zu haben,
und sie zürnte sehr und stritt sich mit ihrem Gatten. ...“

Der Grund hierfür wird nicht angegeben, man hat nun vermutet, dass Hera dem Zeus wegen der Geburt der Athene zürnte und sich ihm daher verweigerte.

Vor allem aber ist Hephaistos der Herr des Feuers und der Schmied der göttlichen Waffen. Er war damit einerseits unentbehrlich und andererseits gefürchtet, denn er beherrschte zusammen mit seinen Gehilfen die Herstellung hervorragender Waffen. Die aus dem Ätna ausbrechenden Feuerströme nennt Pindar in der 1. Pythischen Ode *„die Quellen des Hephaistos"*, die einerseits Schrecken verbreiten, andererseits wunderbar anzuschauen sind.

Die Römer setzten Hephaistos mit Vulcanus gleich. Man hat vermutet, dass Vulcanus ursprünglich ein etruskischer Feuergott war. (FINK, 311)

Die Paliken

Neben der alten Stadt Hadranon gibt es auf Sizilien noch einen zweiten heiligen Platz, der mit den vulkanischen Begleiterscheinungen in Verbindung steht. Es ist der Ort Palike, in dessen Nähe sich ein See befindet, aus dessen Schlamm Gase entweichen und der deshalb für die frühen Bewohner und auch noch lange nach der griechischen Kolonisation Siziliens bei der Bevölkerung eine wichtige Rolle spielte und berühmt war als Ort der Weissagungen. Spuren eines prähistorischen Kultplatzes in paläolithischer, neolithischer und in der Bronzezeit haben sich dort gefunden. Dieser Kultplatz behielt seine religiöse Bedeutung, als sich die Sikuler unter ihrem Anführer Duketios um die Mitte des 5. Jahrhunderts v. Chr. zu einer gemeinsamen Aktion gegen die Griechenstädte Siziliens zusammenfanden. Palike war ein strategisch günstiger Punkt, da er sich annähernd in der Mitte jenes Teils der Insel befand, der von den Sikulern kontrolliert wurde. Palike wurde unter Duketios zum Sammelpunkt der Erhebung der Sikuler. (LEIGHTON, 268)

Die Paliken galten als göttliches Brüderpaar, das von einer lokal verehrten Nymphe namens Thalia geboren worden war. Dass man Zeus als den Vater angab, stammt naturgemäß aus späterer, griechischer Zeit, als dieser zum göttlichen Herrscher des Ätna avancierte. Der Tragödiendichter Aischylos hat sich des Stoffes angenommen. Von ihm erfahren wir, wie sich die Geburt der Zwillinge abgespielt hat. Thalia, eine Tochter des griechischen Schmiedegottes Hephaistos, wurde also von Zeus geschwängert, was ihr natürlich peinlich war und was sie vor der Göttermutter Hera verbergen wollte. Sie bat die Erde, dass sie sich öffne, um sich darin verbergen zu können. Und so geschah es. Als die Zwillinge aus dem Dunkel der Erde auftauchten, hat man sie Paliken (was soviel wie „Rückkehrer" bedeutet) genannt. Hier mischt sich wohl die traditionelle Auffassung der Sikuler mit jener der hellenischen. *„Aischylos hat die Paliken hellenisiert."* Mit diesem Satz bringt es Stauffenberg auf den Punkt. Thalia muss natürlich von Hephaistos abstammen, ist dieser doch der Beherrscher der vulkanischen Unterwelt. (STAUFFENBERG, 272)

Das Heiligtum der Paliken wurde erst 1962 ganz in der Nähe des Sees, der heute Laghetto di Naftia genannt wird, entdeckt. Nach den Funden zu schließen, befand sich das Heiligtum in einer Grotte am Fuß eines heute Rochitella genannten Hügels. Es wurde nachweislich vom 6. Jahrhundert v. Chr. bis in die römische Kaiserzeit hinein benutzt.

Der ca. 40 km westlich von Catania liegende Schlammsee, aus dem die Gase hervorsprudeln, erweckt auch noch beim heutigen Besucher einen unheimlichen Eindruck. Und auch die von den Gasen geschwängerte Luft trägt dazu bei, diesen Ort für außergewöhnlich zu halten, zumal sich in der Nähe noch eine Höhle auftut. Alles in allem ein seit Jahrtausenden heiliger Ort, wo sich das Medium in Trance versetzen konnte und Orakel befragt wurden. Dem Wasser des Sees wurden Wunderkräfte nachgesagt, mit ihm konnte Recht von Unrecht unterschieden werden und die Paliken bestraften jeden unverzüglich, der hier einen falschen Eid ablegte, zumindest mit Blindheit, wenn nicht gar mit dem Tod. Aber nicht nur Duketios schwor hier seine Getreuen auf die sikulische Befreiungsaktion ein, auch noch dreihundert Jahre später versuchten es die Unterdrückten mit einem Sklavenaufstand und erkoren die Paliken zu ihren Schutzgottheiten. (FINLEY, 34)

Der Palikensee ist nicht der einzige Schlammsee Siziliens, aus dem Gase entweichen. Es existiert noch ein weiterer, vor allem größerer Schlammvulkan in der Nähe von Paternò im Südosten des Ätna. (SCHWARZ, 199)

Es gibt nicht viele namentlich bekannte Sikuler, einer davon ist Duketios, dessen Geschichte uns Diodor (11,76–12,30) überliefert hat, der sie wiederum von Timaios von Tauromenion übernommen hat, den wir bereits in den „Quellen zur Geschichte Siziliens" vorgestellt haben. Nachdem die Tyrannen 466–461 v. Chr. gestürzt worden waren, versuchte Duketios die Sikuler zu einigen, wobei er sich zunächst mit Syrakus verbündete und die Söldner des Hieron aus der Stadt Aitne vertrieb (461 v. Chr.). Schließlich schaffte er es, die Sikuler unter seine Führung zu bringen und seine Hauptstadt in Palike zu errichten. Um die Insel gänzlich kontrollieren zu können, fehlten ihm nur die Küstenstädte Syrakus und Akragas, die sich verbündet hatten und ihn 450 v. Chr. besiegten. Die Syrakusaner begnadigten ihn zwar und schickten ihn in die Verbannung nach Korinth, aus der er jedoch zwei Jahre später wieder nach Sizilien zurückkehrte und in der Folge neuerlich versuchte, die Sikuler zu einigen, was jedoch misslang. Seine Hauptstadt Palike wurde zerstört, später jedoch wieder aufgebaut und erst im 2. Jahrhundert v. Chr. von den Einwohnern verlassen.

Die oben genannte Stadt Aitne verdankt ihren Namen dem Feuerberg Ätna. Sie wurde nach dem verheerenden Ausbruch des Berges im Jahr 475 v. Chr. von Hieron I. (478–467 v. Chr.) neu gegründet und die alten Städte Katane und Naxos an der Küste aufgegeben. Die Lavamassen hatten offensichtlich weite Teile der Ebene von Catania unter sich begraben. Die neue Stadt Aitne wurde unter den besonderen Schutz des „Zeus vom Ätna" gestellt und ihm ein heiliger Hain mit einem Kultbild gestiftet, wobei der Tyrann Hieron selbst den Priesterdienst übernahm. Die Stadt erhielt auch ein eigenes Fest, die „Aitnai". (STAUFFENBERG, 260)

Pindars erste Pythische Ode bezieht sich auf diesen gewaltigen Ätna-Ausbruch des Jahres 475 v. Chr., wie wir schon in unserem Kapitel „Der Typhon-Mythos" ausgeführt haben. Die Paliken waren Gottheiten, die aus der Erde entsprossen sind und insbesondere den Sklaven Schutz boten, was sich dann beim zweiten Sklavenaufstand zeigen sollte. Man hat sich darüber gewundert, dass diese uralten Schutzgötter Siziliens nicht schon beim ersten Sklavenaufstand um Beistand gebeten wurden, was jedoch auf fehlende Quellen zurückzuführen sein könnte, wie Finley meint. (FINLEY, 181)

Ein neuerlicher Sklavenaufstand im Jahr 104 v. Chr. fand unter römischer Herrschaft statt. Ursache für die Rebellion war die Verordnung der Römer, in Sizilien alle „Bundesgenossen", die versklavt worden waren, freizulassen. Daraufhin zog eine große Anzahl dieser Sklaven zum Statthalter nach Syrakus, wo sie ihre Freiheit verlangten. Als das nicht in der erforderlichen Schnelligkeit geschehen konnte, befahl der Statthalter, sie mögen wieder zu ihren Herren zurückkehren. *„Anstatt zu gehorchen, marschierten sie zum Heiligtum der Paliken und hißten die Fahne der Rebellion."* (FINLEY, 183 f.)

Neben dem hoch aufsteigenden und beeindruckenden Feuerberg Ätna gab es in Sizilien eine Reihe von postvulkanischen Erscheinungen, wie Schlammvulkane, Erdlöcher, aus denen Gase ausströmten, heiße Quellen etc., die sicherlich auch zum religiösen Denken der Sikaner, Sikuler und Elymer beigetragen haben werden. Wie wir gesehen haben, sind es besonders die unterirdischen Naturkräfte, die die Menschen beeindruckt haben.

Wir haben gesehen, dass es also neben dem Feuergott Hadranos noch die der Erde entsprossenen Zwillingsgottheiten der Paliken gegeben hat, aber hat es auch weibliche Gottheiten, die in Verbindung mit dem Feuerberg Ätna standen, gegeben?

Göttinnen der Unterwelt

Fährt man ausgehend von Catania ca. 20 km landeinwärts, so erreicht man das am linken Ufer des Simeto liegende Städtchen Paternò an den Ausläufern des Ätna. Hier soll einst die bedeutendste Festung der Sikuler im Bereich des Feuerberges bestanden haben: Hybla Geleatis. Hier wurde eine Göttin verehrt, deren Kult später auf Aphrodite und andere griechische Göttinnen übertragen wurde. Die Priester dieser Göttin namens Hyblaia galten als Traumdeuter und das nicht nur den Sikulern, sondern auch den Hellenen. Es gibt die Geschichte von der Mutter des Tyrannen Dionysios von Syrakus, die, als sie mit ihm schwanger war, träumte, sie werde einen Satyr zur Welt bringen. Angeblich haben ihr das die Priester aus Hybla Geleatis dahingehend ausgelegt, dass das Kind einst der ruhmreichste Grieche sein werde. (STAUFFENBERG, 103 f.)

Noch der in den Jahren 160–180 n. Chr. schreibende Pausanias weiß von den Priestern der Göttin zu berichten, dass sie Deuter von Wunderzeichen und Träumen seien und sich unter den „Barbaren" auf Sizilien durch besondere Frömmigkeit auszeichnen würden. Unter „Barbaren" wird Pausanias wohl die Sikuler gemeint haben. (Paus. V, 23,6) Bei Grabungen in Paternò wurde die Gebälkverkleidung eines Tempels aus Terrakotta gefunden: *„... so die Sima* (Traufrinne, oberstes schräges Band des Giebels beim griechischen Tempel) *mit einem Lotos-Palmettenornament in Relief; sie mutet wie ein später provinzieller Nachklang – doch wohl dem 5. Jahrhundert angehörig – der Zierfriese des Syrakuser Olympieion an."* (STAUFFENBERG, 103 f.)

Doch es gab in Sizilien noch zwei andere Städte mit dem Namen der Göttin, woraus man schließen kann, dass auch dort Verehrungsstätten existierten. Ein Hybla lag im Südosten der Insel, das andere im Norden von Syrakus. Und auch die heute noch so genannten Hybläischen Berge werden wohl in Zusammenhang mit der Unterweltsgöttin zu sehen sein. (FREEMAN, 34)

Auch die griechische Demeter ist eine Unterweltsgöttin und

auch sie wurde in Sizilien verehrt. Kein Wunder, ist doch Sizilien in ganz Griechenland berühmt für seinen Getreideanbau gewesen. Es wurde sogar von den Sikelioten behauptet, die Göttin habe in Sizilien zuerst das Getreide für die Menschen sprießen lassen. Die im Zentrum der Insel liegende Stadt Enna gilt als jener Ort, wo Aidoneus die Persephone, die Tochter der Demeter, in die Unterwelt entführt habe. (FINLEY, 48)

Leider gibt es keine Anhaltspunkte für den ursprünglich sikulischen Kult dieser Unterweltsgöttin, zu sehr wurde dieser hellenisiert. Aber man wird vermuten können, dass es eine ziemliche Ähnlichkeit gegeben hat, so wie wir dies bei den Paliken gesehen haben. Der ursprünglich chthonische Kult ging in den griechischen Demeterkult über. Die indigenen Kulte, die sich in der Verehrung von Gewässern aller Art sowie in Bergen und Bäumen manifestierten, sind griechisch überlagert worden.

Wenn man nach Agrigent kommt, sollte man nicht versäumen, dem Altarbezirk der chthonischen Gottheiten einen Besuch abzustatten. Es ist der Bereich, wo der vorgriechischen Erd-, Mutter-, Fruchtbarkeits- und Totengöttin Weihegeschenke dargebracht wurden. In den *bothroi* (Gruben) fanden sich zahlreiche Terrakotta-Figuren. Dieser Brauch des Ablegens von Votivfiguren aus Ton konnte aufgrund von archäologischen Ausgrabungen auch bei den Bergheiligtümern Kretas nachgewiesen werden. Man hat sie dort zu Tausenden in Gruben oder in Felsspalten gefunden. Sie stammen aus der Zeit 2000 v. Chr. und befinden sich heute hauptsächlich im Archäologischen Museum von Iraklion, z. T. aber auch in britischen Museen. (GRATZL, Bergwelt, 31)

Ein Heiligtum dieser Erd-Fruchtbarkeits-Totengöttin findet sich auch in Selinunt, es ist das Heiligtum der Malophoros, was soviel wie Fruchtträger bedeutet, ein erklärender Beiname für die griechische Erdmutter Demeter. Die Hauptkultstätte dieser Göttin befand sich jedoch in Enna, eine der ältesten sikulischen Siedlungen. Kallimachos nannte die Stadt „Nabel Siziliens", weil sie im Zentrum der Insel auf nahezu 1 000 m erbaut wurde, und von wo man einen herrlichen Ausblick nicht nur auf den Ätna, sondern auch zu den Hybläischen Bergen hatte. In der Nähe des Kastells liegt der Ceresfelsen, wo einst der Tempel der Demeter stand. (PETERICH, 229 ff.)

Der Ätna im Mittelalter

Unter Mittelalter versteht man gemeinhin die Zeit zwischen dem Altertum und der Neuzeit. Man gliedert es für gewöhnlich in drei Abschnitte: Frühmittelalter (5.–10. Jh.), Hochmittelalter (11.–13. Jh.) und Spätmittelalter (13. bis Anfang 16. Jh.). Es gibt jedoch auch Forscher, die das Frühmittelalter schon bei Konstantin d. Gr. (um 325) oder erst bei Karl d. Gr. (um 800) beginnen lassen wollen, und solche, die das Ende nach 1500 ansetzen, ja sogar bis ins 17. Jh. verlegen wollen.

Für unsere Betrachtungen sind nur die Berichte über den Ätna maßgebend und die fallen samt und sonders in das Hochmittelalter. Diese Kulturepoche ist gekennzeichnet durch die Blüte des Rittertums und des Lehenswesens. Die Zeit zwischen 1050 und 1300, aus der wir unsere Quellen beziehen, ist insofern bemerkenswert, als Westeuropa erstmals so richtig ins Blickfeld der Weltgeschichte rückt. Zu Beginn war der Westen sowohl gegenüber Byzanz als auch durch die islamische Welt kulturell und politisch im Hintertreffen, am Ende des Hochmittelalters hatte er jedoch die Führung übernommen. In diesen beiden Jahrhunderten entwickelte sich die Landwirtschaft und ermöglichte damit eine bessere Versorgung der Bevölkerung mit Lebensmitteln. Damit in Zusammenhang steht sicherlich auch ein Klima-Optimum, das heißt, es war um diese Zeit wärmer als zuvor und trockener, was für die nördlicher gelegenen Teile Europas einen großen Vorteil brachte. Eine große Rolle spielten auch die verbesserten politischen Umstände, da die Invasionen aus dem Osten zum Erliegen gekommen waren und auch innerhalb Westeuropas gab es weniger Kriege als zuvor. Davon profitierten nicht nur der Adel, sondern auch die unteren Schichten. Waren die Wohnsitze der Adeligen vor 1100 noch hauptsächlich aus Holz errichtet, so wurden sie nun mit dem zunehmenden Wohlstand aus Stein gebaut. Mit den wachsenden Bedürfnissen des Adels ging auch eine Verstärkung des Fernhandels vor sich, das führte wiederum zu einem verbesserten Straßenbau und zum Bau von Brücken. Mit dem wachsenden Handel von Luxusgütern ergab sich auch die Notwendigkeit eines verbesserten Zahlungsverkehrs. Es entstand also schon damals eine Art von vereinigtem Europa. Neben der agrarischen fand jedoch jetzt auch eine städtische Revolution statt, wobei das Bildungssystem gewaltig profitierte, denn die höheren Schulen waren auf die Städte konzentriert.

Zunächst einmal sind es normannische Ritter, die Gefallen an Italien gefunden haben. Auf der Rückkehr von einem Kreuzzug in das Heilige Land eroberten sie Apulien, Kalabrien und auch Sizilien. Der Kampf um die Insel dauerte von 1060–1091. Einer der Normannen war Roger I. (1072–1101), Graf von Sizilien. Sein Nachfolger wurde Roger II. (1097–1154), der sich am 25. Dezember 1130 in Palermo zum König krönen ließ. Fälschlicherweise hat man bis in jüngste Zeit angenommen, dass der dabei verwendete Krönungsmantel jener sei, der dann später von dem Staufer Heinrich VI. zusammen mit dem Normannenschatz nach Deutschland gebracht und dort zum Krönungsmantel der deutschen Kaiser wurde. Doch dieser berühmte Krönungsmantel, der heute in der Schatzkammer der Wiener Hofburg aufbewahrt wird, wurde erst rund drei Jahre nach der Krönung Rogers II. fertiggestellt, was man aufgrund der rund um den Saum verlaufenden Kufi-Inschrift mit der Jahreszahl 528 ablesen kann, und das nach christlicher Zeitrechnung 1133/1134 ergibt. Er kann also nicht als Krönungsmantel Rogers II. bezeichnet werden. Wer sich näher mit dieser Frage beschäftigen will, sei auf die Publikation von Rotraud Bauer „Der Mantel Rogers II. und die siculo-normannischen Gewänder aus den königlichen Hofwerkstätten in Palermo“, 2004 in Mailand erschienen, verwiesen.

Auf Roger II. folgte Wilhelm I. (1154–1166) und danach Wilhelm II. (1166–1189), der kinderlos war, wodurch die Erbschaft an die Normannenprinzessin Konstanze fiel, die dann Heinrich VI. heiratete. 1194 zog dieser in Palermo ein, starb jedoch drei Jahre später in Messina. Sein Nachfolger wurde Friedrich II. (1194–1250), ein Enkel Barbarossas, der sich zu einem der faszinierendsten Herrscher des Hochmittelalters entwickelte. Sein Vater, Heinrich VI., hatte durch Heirat das Königreich von Süditalien und Sizilien geerbt. So wuchs der kleine Friedrich in Palermo auf, das zwischen 831 und 1071 von Arabern beherrscht worden war und daher von der hoch stehenden islamischen Kultur profitiert hatte. Friedrich sprach nicht nur sechs Sprachen, sondern förderte auch die Wissenschaft in seinem Reich. Sein von ihm selbst verfasstes Buch „Die Kunst, mit Vögeln zu jagen“ („*De Arte venandi cum avibus*“) erstaunt noch heute die Vogelkundler ob seiner Exaktheit der Beobachtung. Mit seinem Tod war auch die Herrschaft der Hohenstaufer in Italien zu Ende.

Unsere Quellen in Bezug auf den Ätna stammen von herausragenden Persönlichkeiten dieser Zeit. Es sind dies: Sigebert von Gembloux (1030–1112), Otto von Freising (1112–1158), Gervasius von Tilbury (1152 bis nach 1220) sowie Caesarius von Heisterbach (um 1180 bis nach 1240).

Sigebert von Gembloux (1030–1112), auch Sigebertus Gemblacensis genannt, war ein mittellateinischer Chronist, der im Benediktinerkloster von Gembloux erzogen wurde und vor allem wegen seiner beiden universalhistorischen Werke: das *„Liber decennalis“* und die *„Chronica universalis“* bekannt geworden ist. Daneben verfasste er noch Heiligenviten und Streitschriften zugunsten des Kaisers gegen den Papst. Sigebert berichtet über die Heimkehr des Abtes Odilo von Cluny aus Jerusalem, dass dieser das Schreien der Seelen aus dem Ätna vernommen habe, als er am Berg vorüberkam. Das setzt voraus, dass der Ätna damals schon als Ort der Abgeschiedenen betrachtet wurde, die darin ihre Höllenstrafe verbüßten.

Eine überaus interessante Persönlichkeit war Otto von Freising, ein Sohn des Markgrafen Leopold III. von Österreich. Er lebte zwischen 1112 und 1158. *„Die moderne Geschichtswissenschaft würdigt Otto ... sowohl wegen seiner historiographischen Leistung als auch wegen seiner geschichtstheologischen Vorstellungen als den bedeutendsten Chronisten der Stauferzeit und einen der wenigen Geschichtsphilosophen des Mittelalters.“* (GOETZ, 53)

Seine Kindheit hatte Otto in Klosterneuburg verbracht, wo sein Vater nach einem siegreichen Feldzug gegen die Ungarn 1106 seine Residenz errichtet hatte. *„Als Sohn des später heiliggesprochenen österreichischen Markgrafen Leopold III. aus dem Geschlecht der Babenberger und der Agnes, Tochter des salischen Kaisers Heinrich IV., zählte Otto zur Spitzengruppe des Reichsadels.“* (HEINBERGER, 635)

Nach Studien in Paris trat Otto 1132 in das Zisterzienserkloster Morimond ein, wurde 1138 Abt des Klosters und im selben Jahr Bischof von Freising. 1158 ist er auf dem Weg zum Generalkapitel der Zisterzienser gestorben. In Erinnerung geblieben ist er durch seine Weltchronik, die er zwischen 1143 und 1146 unter dem Titel *„Chronica sive historia de duabus civitatibus“* (Chronik oder die Geschichte der zwei Reiche, womit *civitas Dei* und *civitas terrena* gemeint sind) verfasst hat. Das zweite große Werk Ottos, die *„Gesta Friderici“*, stellen die Hauptquelle zur Geschichte der frühen Stauferzeit dar.

L. J. Grill hat sich der Mühe unterzogen, eine Wegbeschreibung des Reichsbischofs Otto von Freising zu erstellen, aus der besonders die Tragik des Zweiten Kreuzzuges, an dem Otto teilgenommen hat, ersichtlich wird. 1147 marschierten die deutschen Kreuzfahrer zunächst bis Nicäa, wo sich der Zug teilte und Otto die Führung des Kontingents entlang der Küste Kleinasiens übernahm, während die Hauptmacht, geführt von seinem Halbbruder König Konrad III., das Land im Innern durchquerte. Doch beide Kontingente wurden von den Türken hart bedrängt und nur ein geringer Teil gelangte auf dem Seeweg 1148 nach Jerusalem. Dieser Misserfolg des Zweiten Kreuzzuges (1147–1149) muss schwer auf Otto gelastet haben. *„Er, der vermeinte, über den Kreuzzug eine erfreuliche Geschichte schreiben zu können, musste schwere Enttäuschung erleben. Daher wollte er, wie er selbst sagt, keine Tragödie schildern, weder seine eigene noch die des Kreuzzug-Unternehmens.“* (GRILL, 161)

Wir haben hier Otto von Freising deshalb so ausführlich behandelt, weil er uns in seiner Chronik die Erzählung vom Ende des Dietrich von Bern mitteilt, die in Zusammenhang mit dem Ätna steht. Dieser Dietrich von Bern ist eine Gestalt der germanischen Heldensage, in der er die Idealgestalt des christlich-ritterlichen Helden verkörpert, und der mit Hilfe der Dichtung ein Teil des Volksglaubens geworden ist. Otto von Freising hat uns überliefert, dass Dietrich von Bern hoch zu Ross in den Ätna gezogen ist. (Chronica 5, 3)

Das klingt nach Entrückung und nicht nach einem Ort der Verdammnis, wie uns das der Abt Odilo von Cluny durch Sigebert von Gembloux vermittelt. Es gibt ja eine Reihe von Bergen, die von Sagen umwoben sind und in die Helden oder berühmte Herrscher nach ihrem Tod gezogen sind. Man denke nur an den Untersberg, in dem sowohl Karl d. Gr. wie Karl V. oder Friedrich I. Barbarossa, der Großvater Friedrichs II. entrückt wurden. (GRATZL, Mythos, 403)

Auch Friedrich II. soll ja der Sage nach in den Kyffhäuser entrückt worden sein, ein bewaldeter Bergrücken in Thüringen. Später (um 1500) wurde dann der Ort der Entrückung auf seinen Großvater übertragen, offenbar, weil dieser beim Volk eine größere Popularität genoss als der Enkel, der ja nur kurze Zeit seines Lebens in Deutschland verbracht hat. Besonders populär wurde die Sage durch das Gedicht von Friedrich Rückert „Der alte Barbarossa“. (GRATZL, Mythos, 206 f.)

Auch der Odenberg in Hessen zählt zu den Entrückungsbergen. So lebt nach der Sage Kaiser Karl V. mit seinem Heer im Odenberg. (GRIMM, Myth. II, 782 f.)

Gervasius von Tilbury (1152 bis nach 1220), englischer Kleriker, Rechtsgelehrter und Geschichtsschreiber, war ein an den Höfen Europas begehrter Wissenschaftler. Aufgewachsen ist er am Hof König Heinrichs II. von England, war Rechtsgelehrter in Bologna, wechselte dann nach Sizilien an den Hof des Normannenkönigs Wilhelm II. und stand schließlich in den Diensten des Erzbischofs Humbert von Arles. Von seinem Gönner, dem welfischen Kaiser Otto IV. erhielt er sogar den Ehrentitel eines Marschalls von Arles. Ihm widmete Gervasius die *„Otia imperialia“* (auch *„De mirabilimus mundi“* genannt) eine Mischung aus Welt- und Reichsgeschichte sowie der mittelalterlichen Erzählliteratur u. a. aus dem „Königreich beider Sizilien“. Besonders der 3. Teil (*decisio*) *„... bietet Einblick in den mittelalterlichen Volks- und Wunderglauben. Gervasius tradiert ferner wichtige Belege für die Vergilsage, die Artustradition, den zeitgenössischen Hexen- und Dämonenglauben sowie für die Feenmythologie“.* (MAAZ, 1361)

Bei Gervasius von Tilbury gilt der Ätna so wie in der Artussage als Paradies.

Am ergiebigsten für unsere Betrachtungen dürfte jedoch Caesarius von Heisterbach sein, der vermutlich um 1180 in Köln geboren wurde und nach 1240 im Zisterzienserkloster Heisterbach bei Königswinter verstorben ist. Er ist der Verfasser zahlreicher theologischer, hagiographischer und historiographischer Schriften, von denen der *„Dialogus miraculorum“* (Wundersame Geschichten) wohl die berühmteste ist. Es geht darin um ein Lehrgespräch, das ein Mönch mit einem Novizen führt, wobei historische Fakten, mythologische Erzählungen und Volkssagen gemischt mit Visionen und Träumen der Unterweisung des Novizen dienen sollen. Johann Hartlieb hat ca. 250 Jahre danach das Werk des Caesarius zum Teil ins Deutsche übertragen. Der „*Dialogus*" entstand zwischen 1219 und 1222 und teilt sich in zwei Bücher zu je sechs Abteilungen (*distinctiones*), worin sich insgesamt 746 Geschichten finden. Es geht darin um den Bösen Blick, um Dämonen, um den Feuerberg als Strafort, um Hexen und Hölle, um dämonische Tiere, um Teufel und Tod, um Zauber aller Art, um nur einige zu nennen.

Des Caesarius Werk muss bei seinen Lesern einerseits große Begeisterung ausgelöst haben, denn es existieren zumindest 34 erhaltene Handschriften des „*Dialogus*", andererseits wurde es auch von der Kirche in Spanien auf den Index gesetzt.

Hinsichtlich des Ätna erfahren wir aus dem *Dialogus XII, 13,* wie die höllischen Geister für den Herzog Berthold von Zähringen das Feuer im Ätna schüren. Dieser Berthold war ein tyrannischer, geiziger und vom Glauben abgefallener Mann, der noch auf seinem Totenbett all sein Gold einschmelzen ließ, damit sich seine Erben bei der Teilung gegenseitig umbringen sollten. Diese Geschichte erzählt uns Joseph von Görres:

Als einst einige Leute am Ätna vorbeikamen, hörten sie eine Stimme, die dreimal rief: „Zündet das Feuer!" Da fragte einer von ihnen: „Wem sollen wir es zünden?", worauf die Antwort aus dem Berge kam: „Unser guter Freund, der Herzog von Zähringen, der uns viel gedient hat, wird bald hier eintreffen!" Diese Nachricht gelangte in der Folge an den Hof Friedrichs II. und in der Tat stellte sich heraus, dass vor kurzer Zeit der Herzog von Zähringen gestorben war. (GÖRRES, 6, 93)

Es dürfte sich wohl um eine Geschichte handeln, die Caesarius von einem Kreuzfahrer zugekommen war.

Ebenfalls aus dem Buch XII des „*Dialogus*" stammt folgende Geschichte, auf die Görres aufmerksam macht:

Der Dekan vom Dom in Palermo hatte sein Pferd verloren und deshalb seinen Diener ausgesandt, um es zu suchen. Diesem begegnete ein alter Mann, der ihn fragte: „Wohin des Weges und wer hat dich ausgeschickt?" Darauf antwortete der Diener: „Ich soll das Pferd meines Herrn suchen!" Da sagte der alte Mann zu ihm: „Ich weiß, wo es ist, es befindet sich im Berg Giber, der Feuer speit, bei meinem Herrn, dem König Artus." Dann fügte er noch hinzu: „Sag deinem Herrn, er soll in 14 Tagen an den Hof des Königs Artus kommen. Wenn du die Nachricht deinem Herrn nicht bringst, wirst du hart dafür bestraft." Als der Knecht wieder zurück zu seinem Herrn kam und ihm die Geschichte erzählte, lachte dieser nur darüber, erkrankte aber bald darauf und starb an dem Tag der Einladung. (GÖRRES, 6, 92 f.)

Zähringen liegt in der Nähe von Freiburg/Br. und besaß einst ein heute in Trümmern liegendes Schloss, nach dem sich die Herzöge von Zähringen nannten. Der Brockhaus weiß zu berichten, dass von diesem Geschlecht die Habsburger abstammen sollen. Berthold I. soll im Jahre 1077 gestorben sein. (BROCKHAUS, 6, 916)

Nach der obigen von Görres tradierten Geschichte war der Ätna also ein Artus-Berg, was uns auch in der Erzählung „Mongibello" von Selma Lagerlöf (1858–1940) bestätigt wird. Darin sind viele Fakten über den Ätna hineingewoben, sodass wir annehmen können, dass die berühmte schwedische Autorin und Nobelpreisträgerin auch dazu eine verlässliche Quelle gehabt haben wird. Näheres darüber in Zusammenhang mit den Texten über den Ätna aus der Neuzeit.

Der Ätna in der Neuzeit

Die Überwindung des Mythos

Wir haben uns bisher sowohl hinsichtlich der Antike wie des Mittelalters mit Mythen und Sagen beschäftigt. Bevor wir uns jedoch der wissenschaftlichen Erforschung nach heutigen Kriterien widmen, sollen zwei Persönlichkeiten kurz vorgestellt werden, die noch der Antike angehören, die aber bereits Aussagen über unseren Berg gemacht haben, die den tatsächlichen Gegebenheiten des Ätna ziemlich nahe kommen. Es sind dies der griechische Geograph STRABO (63 v. Chr. – ca. 20 n. Chr.) und der römische Kaiser HADRIAN (117 – 138). Beide haben die damals bekannte Erde zum Großteil selbst bereist, kannten sie also aus eigener Anschauung und kamen mit Menschen zusammen, die mit den geographischen Besonderheiten ihres Siedlungsgebietes vertraut waren. Diese grundsätzlich andere Haltung den Bergen gegenüber, dieses ganz bewusst sich Abwenden von der Tradition und vor allem die persönliche Neugier, etwas in Erfahrung zu bringen, was in keinem der bisher veröffentlichten Bücher geschrieben stand, das alles verdient unsere Bewunderung. Dies umso mehr, als rund 1 500 Jahre ins Land ziehen mussten, bis der Faden wieder aufgegriffen wurde und Berichte entstehen konnten, die auf Autopsie beruhten.

Lassen wir zunächst STRABO zu Wort kommen. Der nachfolgende Text stammt aus dem 6. Buch seines insgesamt 17 Bücher umfassenden Werkes „*Geographica*". In der Überset-

Abb. 11: Die Stadt Centùripe mit ihrem Kalvarienberg, die ihre Blütezeit in hellenistischer Zeit erlebt hat. Sie erhebt sich auf einem Bergrücken westlich des Ätna und war früher Ausgangspunkt zur Besteigung des Vulkans. Die Stadt besitzt heute ein wunderbares Museum mit den Funden aus dem einstigen Stadtbereich. (Foto: K. Gratzl, Okt. 2011)

zung ins Deutsche lehnen wir uns an jene des Sartorius von Waltershausen an, die er im zweiten Band seines klassischen Ätna-Werkes vorlegt, und bringen diese in etwas freierer Form nach dem heutigen Sprachgebrauch:

In der Nähe von Centùripe liegt das Städtchen Ätna, wo die, die den Berg besteigen wollen, einkehren. Die oberen Bereiche des Ätna sind kahl und von Asche bedeckt, im Winter jedoch liegt hier Schnee. Die unteren Hänge hingegen werden von Wäldern und Obstkulturen eingenommen. Die Gipfel des Berges scheinen sich durch die Eruptionen oft zu verändern. So bricht das unterirdische Feuer bald aus einer, bald aus mehreren Öffnungen hervor und es ergießen sich Lavaströme. Bisweilen sieht man auch Flammen und Rauch aufsteigen. Durch die Erschütterungen verändern sich auch die unterirdischen Gänge des Vulkans und es bilden sich an seiner Oberfläche neue Öffnungen. Menschen, die in letzter Zeit den Ätna bestiegen, haben mir erzählt, sie hätten oben eine Ebene angetroffen im Umfang von 20 Stadien, umgeben von einem Aschenwall einer Mauer gleich, von der sie in den Krater springen konnten. In der Mitte desselben sahen sie einen Hügel von aschgrauer Farbe, über dem eine etwa 200 Fuß hohe Wolkensäule stand, die sich nicht bewegte, weil Windstille herrschte. Zwei wagten sich in den Krater, mussten aber wegen des heißen Sandes wieder umkehren. Sie hatten auch nicht mehr gesehen als jene, die dem Schauspiel von Ferne zuschauten.

Der Text beginnt mit der Nennung einer Ortschaft am Ätna, die heute noch existiert, aber schon in hellenistischer Zeit eine Blütezeit erlebt hat: Centùripe. Der Ort liegt in der Nähe von Adrano im Westen des Mongibello und bietet durch seine Hochlage einen wunderbaren Ausblick auf unseren Berg. Offensichtlich war Centùripe zu Beginn unserer

Abb. 12, 13: Funde aus dem einstigen Stadtbereich von Centùripe. Archäologisches Museum Centùripe. (Fotos K. Gratzl, Okt. 2011)

Zeitrechnung ein beliebter Ausgangspunkt für die Besteigung des Ätna. Auch die Nennung der alten Stadt Aitna fällt auf, eine Gründung Hierons.

Auch die Nähe der alten Verehrungsstätte des Feuergottes Hadranos mag für die Besteigung des Berges ausschlaggebend gewesen sein. Noch heute erinnert der Bergort Adrano an den Krieger- und Feuergott, der hier in einem Tempel verehrt wurde, wo ein immerwährendes Feuer brannte. Wir haben uns bereits in dem Kapitel „Berg der Götter“ mit der Thematik beschäftigt.

Mit den Sätzen Strabos ist das Wesentliche über den Ätna gesagt. Aufbau und Charakter des Vulkans mit seinen zahlreichen Lateralkratern, aus denen die Lava strömt, werden ebenso angesprochen wie das Aussehen des Zentralkraters mit seinen steten Veränderungen. Während sich Strabo auf die Aussage von Einheimischen verlassen musste, die den Berg selbst bestiegen hatten, wollte sich der römische Kaiser Hadrian selbst ein Bild machen und erklomm den Berg aus reiner Neugier, um sich die Welt von oben anzuschauen. Leider haben sich seine schriftlichen Werke nicht erhalten, aus denen man mit großer Sicherheit einen Hinweis auf diese außergewöhnliche Leistung hätte erfahren können. Angeblich bestieg Hadrian den Ätna im Jahre 130 n. Chr., um den Sonnenaufgang zu bewundern, der von dort oben die Farben des Regenbogens zeigen sollte. (ZIAK, 17)

Strategische Gründe werden es wohl nicht gewesen sein, die den Kaiser zum Aufstieg motiviert haben, so wie dies bei König Philipp V. von Mazedonien der Fall war, der im Rila-Gebirge einen ca. 3000 m hohen Berg bestiegen hatte, um einen günstigen Platz für seinen Kampf gegen die Römer ausfindig zu machen.

Unter der Vormundschaft Traians hatte Hadrian eine umfassende Bildung genossen und war nicht nur mit der Kultur der Griechen bestens vertraut, sondern hatte auch als Feldherr auf den verschiedenen Schauplätzen seines Riesenreiches die von den Römern beherrschten Völkerschaften kennen gelernt. Er kannte Syrien, wo er aufgrund seiner militärischen Fähigkeiten von seinen Soldaten zum Caesar ausgerufen worden war, genauso wie Gallien oder Britannien. Durch seine geographischen Kenntnisse war es ihm möglich, die für das Reich richtigen Entscheidungen zu treffen.

Als sich die Parther wieder einmal bemerkbar machten, begab er sich neuerlich nach Syrien, um sich einen Überblick über seine dort stationierten Truppen zu machen. Seine Rückreise soll ihn dann auch nach Sizilien geführt haben. In Erinnerung geblieben ist er vor allem als Baumeister zahlreicher Großbauten (Doppeltempel von Venus und Roma, Pantheon, Forum Romanum und die Engelsburg in Rom), um nur die bekanntesten aufzuzählen.

Der deutsche Historiker Ferdinand Gregorovius (1821–1891), der seit 1852 in Rom lebte, hat sich besonders mit der Zeit Hadrians beschäftigt und ihm in seinem Werk *„Der Kaiser Hadrian, Gemälde der römisch-hellenistischen Welt zu seiner Zeit“* (3. Aufl., Stuttgart 1884) ein Denkmal gesetzt.

Pietro Bembo – ein italienischer Humanist am Ätna

Er war eine der faszinierendsten Persönlichkeiten Italiens seiner Zeit, der aus einem venezianischen Adelsgeschlecht stammende Pietro Bembo (1470–1547). Er verkehrte an den Höfen von Urbino, Florenz, Ferrara und Rom, kein Wunder, hatte er doch in seiner Heimatstadt eine umfassende humanistische Bildung erhalten. Zwischen 1512 und 1520 war er Sekretär bei Papst Leo X., kehrte aber dann nach Venedig zurück, wo er die Biblioteca Nincea (heute Marciana) betreute und als offizieller Geschichtsschreiber der Serenissima arbeitete und seine *„Rerum venetarum historiae libri XII“* (12 Bücher zur Geschichte Venedigs) schuf. Als er 1539 zum Kardinal ernannt wurde, ging er wieder nach Rom, wo er auch bis zu seinem Tod im Jahre 1547 blieb. Pietro Bembo ist eine Schlüsselfigur in der italienischen Kulturentwicklung des 16. Jahrhunderts, indem er dem volkssprachlichen Humanismus gegenüber dem Latein zum Durchbruch verhalf. Er begründete das mit der im 14. Jahrhundert von seinen Vorgängern Dante Alighieri, Francesco Petrarca und Giovanni Boccaccio entwickelten italienischen Literatursprache.

Für unsere Betrachtungen im Zusammenhang mit dem Ätna ist der italienische Humanist insoferne von Bedeutung, als er zu jenen vorausblickenden Männern gehörte, die ihre Meinung mehr auf Autopsie gründeten als auf tradierte Geschichten des mittelalterlichen Wunderglaubens. Ihn aber gleich als ersten „Touristen“ am Ätna hinzustellen, halte ich für falsch. Der Berg war ihm jedenfalls nicht nur eine körperliche Bemühung wert, als er sich 1493 dazu entschloss, ihn zu besteigen, sondern er setzte sich auch geistig damit auseinander, wie sein Traktat „*De Aetna*" beweist. Und doch steht er nicht am Anfang einer Entwicklung, die die Zeit reif fand, sich von den Bergen als Wohnorte von Göttern und Dämonen zu lösen. Zweifellos hatte er Dantes „*Divina Commedia*" gelesen und dort wohl bemerkt, dass der Dichter den *Monte Purgatorio* (Läuterungsberg) nur auf eigene Anschauung in der Natur so eindringlich darstellen konnte. Dante schöpfte ja sein Wissen über die Bergwelt aus eigener Erfahrung. Er ist somit der eigentliche Bahnbrecher, der die Menschen zu der bisher tabuisierten Gebirgswelt, die voller Ungeheuer und Gefahren gedacht wurde, hinführt. Er ist ja selbst Bergsteiger und hervorragender Naturbeobachter, der sich sogar unter erschwerten Bedingungen in die Berge wagte. 1311 erstieg er den 1347 m hohen Prato al Saglio, einen Gipfel des Apennin im Winter (!). Einer seiner Schüler, Francesco Petrarca (1304–1374) hatte den neuen Geist, der durch die Gelehrtenstuben wehte, erfasst und wurde durch seine Besteigung des Mont Ventoux in der Provence im Jahre 1336 zum Vorreiter des modernen Alpinismus. Doch die Anregung dazu wird er sicherlich durch seinen Lehrer Dante erhalten haben. (GRATZL, Mythos, 260 f.)

All das wird Pietro Bembo bekannt gewesen sein, als er den Ätna aufsuchte.

Folgenden Auszug aus dem 1495 erschienenen „*De Aetna Dialogus*" in deutscher Sprache haben wir wieder Sartorius von Waltershausen zu verdanken, den wir jedoch in etwa unserem heutigen Sprachgebrauch angepasst haben. Der Text findet sich bei Sartorius im ersten Band auf S. 222:

Der obere Teil des Berges ist nackt bis hinauf zum Gipfel, weiter unten hingegen wachsen auf den Lockermassen verschiedene Pflanzen. Wo jedoch aus den Öffnungen des Berges flüssige Steinmassen (Lava) ausgeflossen sind, breiten sich große Sandfelder aus. Ganz oben befinden sich zwei Krater, von denen wir den tiefer gelegenen selbst gesehen haben. Er ist eng wie ein Brunnen und schleudert verschiedenfarbige Steine aus. Als wir ihn das erste Mal erklommen, stieg uns der Schwefeldunst und versengender Rauch ins Gesicht, so wie bei einem Schornstein, sodass wir beinahe umgekehrt wären. Mutig stiegen wir jedoch in den Krater hinein und berührten dessen Innenwand mit den Händen. Der Rauch stieg unaufhörlich wie aus einem Kamin auf, und weil an diesem Tag der Wind sich besonders stark bemerkbar machte, drang der Rauch an vielen Stellen gleichzeitig hervor. Selbst dort, wo wir standen, strömten die Gase unter unseren Füßen aus dem Boden, der noch heiß war, da die kürzlich ausgeströmte Lava noch Feuer und Schwefel zeigte und wie mit einer Kruste überzogen war. Ja selbst jetzt noch wurden an manchen Stellen glühende Steine aus dem Feuerstrom geschleudert, die vor unseren Füßen liegen blieben.

Wenn auch kein genaues Datum für die Ätna-Besteigung des Pietro Bembo aus seinem „Dialog" zu entnehmen ist, ist es doch wahrscheinlich, dass die Besteigung zwei Jahre zuvor erfolgt ist.

Sebastian Münster und seine Zeit

Ein Zeitgenosse des Pietro Bembo war der deutsche Theologe und Geograph Sebastian Münster (1488–1552). Er kannte zwar den Ätna nicht aus eigener Anschauung, sondern lediglich aus den Berichten aus früheren Zeiten, hauptsächlich von den griechischen und römischen Schriftstellern der Antike, dennoch zählt er zu den interessantesten Persönlichkeiten, die sich mit dem Vulkan auseinandergesetzt haben. Vor allem hat er mit seiner „*Cosmographia*" ungewöhnlich viel zur Verbreitung des geographischen Wissens seiner Zeit und darüber hinaus beigetragen.

Die Voraussetzung zur Schaffung dieses großartigen Werkes, das eine enorme Breitenwirkung erzielt hat (mehr als 40 Auflagen!), war auf mehreren Ebenen gegeben. Mitteleuropa war weltoffener geworden. Vor allem zwei Entwicklungen haben geholfen, das Mittelalter zu überwinden: Die frühen Reisen und Seefahrten der Spanier und Portugiesen mit ihren hochseetüchtigen Schiffen sowie die protestantische Reformation. Zwischen 1490 und 1520 gelang es den Europäern, in Südostasien und in der Neuen Welt Fuß zu fassen. Und die Reformation sorgte dafür, dass sich die bisher geeinte Christenheit spaltete. Columbus erreichte auf seiner ersten Entdeckungsreise 1492 die Westindischen Inseln und auf seinen nächsten Fahrten 1493 und 1504 Cuba und Hispaniola. Vespucci landete 1502 in Südamerika, 1519 eroberte Cortez Mexiko und 1531 Pizarro das Inkareich. Aber neben den großen Entdeckungsfahrten halfen natürlich auch die

Abb. 14: Abbildung der Karte von Sizilien aus der Ausgabe der LB Graz mit dem Feuerberg „Aethna", aus: MÜNSTER, S. – Cosmographia (Exemplar der LB in Graz TN 258935 IV). Da die Titelseite fehlt, kann keine genaue Angabe über das Erscheinungsjahr gemacht werden. Es sind seit dem ersten Erscheinen an die 40 Auflagen gedruckt worden. Es dürfte sich jedoch um eine Ausgabe nach 1544 handeln.

Erfindung des Buchdrucks mit beweglichen Lettern durch Gutenberg und auch die von Luther ausgelöste Reformation mit, ein neues kulturelles Klima zu schaffen.

Sebastian Münster wird also in eine Zeit hineingeboren, die sich im Umbruch befindet. Das Wissen des Mittelalters um die Welt ist schlagartig überholt. Erst um 1500 wurde klar, dass man eine neue Welt entdeckt hatte. Amerigo Vespucci betitelte eine seiner Schriften 1504 *„Mundus novus“*, und erst danach wurde das neu entdeckte Westland nach Vespuccis Vorname „Amerika“ genannt. Es verwundert, dass sich der Name für den neuen Kontinent im deutschsprachigen Raum noch nicht durchgesetzt hatte, als Sebastian Münster 1526 seine Arbeit an der *„Kosmographey“* aufnahm. Vorläufer erschienen mit den *„Mappae Europae“* 1536 in Frankfurt am Main und 1544 unter dem Titel *„Cosmographia. Beschreibung aller Lender Durch Sebastianum Munsterum. In welcher begriffen, Aller völcker, Herrschafften, Stetten u. namhafftiger flecken, herkommen: Sitten, gebreüch ordnung, glauben, secten u. hantierung durch d. gantze welt u. fürnemlich Teütscher nation …“* in Basel.

Danach folgten Übersetzungen in Latein, Französisch, Tschechisch und Italienisch. Aber nur die deutsche Ausgabe wurde zu einem großen Erfolg. Er behandelte darin die ganze damals bekannte Welt, wenngleich der Schwerpunkt natürlich auf Europa lag. Er hatte die ihm und seinen Mitarbeitern zugänglichen Nachrichten aus der Gegenwart gesammelt und sie mit den ihm zur Verfügung stehenden Berichten aus früheren Zeiten verknüpft. Nord- und Osteuropa sowie Asien, Afrika und Amerika werden in den Bänden 4–6 behandelt. Den Namen „Amerika“ verwendet er allerdings nicht und *„hielt auch zeitlebens am ptolemäischen Weltbild fest“*. (PRIESNER, 540)

Das soll natürlich die Bedeutung Münsters nicht schmälern, man wundert sich nur darüber, wie wenig das durch Spanier und Portugiesen erworbene Wissen um die große weite Welt bei den deutschen Gelehrten angekommen war. Wie bedeutend und wichtig die *„Cosmographia“* dem deutschsprachigen Leser war, erkennt man allein an der Anzahl der Auflagen. Im Zeitraum von hundert Jahren sind nicht weniger als 27 Auflagen in Deutsch erschienen.

„Bewußt in deutscher Sprache verfaßt, entfaltete die Cosmographia eine enorme Breitenwirkung. Keine andere Erdbeschreibung des 16. Jhs. ist in dieser Hinsicht mit Münsters Werk vergleichbar.“ (PRIESNER, 540)

Zu dieser Attraktivität hat aber nicht nur das Deutsche beigetragen, es waren wohl auch die zahlreichen Kartenblätter und die Städteansichten. Darunter sind solche, die zu den ältesten Ansichten einzelner Orte überhaupt gehören. Aber auch die im Holzschnitt ausgeführten Bilder von berühmten Persönlichkeiten oder von denkwürdigen Ereignissen müssen den Betrachter und Leser fasziniert haben. So haben auch Zeichner, Maler und Kupferstecher der Zeit zum Erfolg der *„Cosmographia“* beigetragen wie etwa Hans Rudolf Manuel (genannt Deutsch), David Kandel und Jacob Clauser, die die Vorzeichnungen lieferten, die dann u.a. von Heinrich Holtzmüller (Holzmüller) und Christoph Stimmer in Holz geschnitten wurden. Es sind 471 Holzschnitte und 26 Karten, die in das ursprüngliche Werk aufgenommen wurden. In der Ausgabe des Jahres 1550 wurden 14 Karten beibehalten, 53 neue Karten kamen hinzu, in die 1588 erschienene Auflage wurde ein ganz neuer Kartensatz eingebaut. (PRIESNER, 540)

Antike, Renaissance, Weltöffnung und Reformation (Sebastian Münster war ja selbst vom Katholizismus zum Protestantismus übergewechselt) verschmelzen in der ersten Hälfte des 16. Jahrhunderts zu einem neuen Weltbild zumindest im deutschen Sprachraum mit Sebastian Münsters *„Cosmographia“*. Aber was weiß Münster über den Berg Ätna zu berichten?

Aus der Ausgabe von 1556 erfahren wir auf S. 579, dass er einer der berühmtesten Berge der ganzen Welt ist, ein Wunder der Natur, er hat die Form eines Kreises und ist so hoch, dass man ihn überall auf Sizilien sehen kann. Im Osten und Süden seiner Hänge wird Weinbau betrieben, im Norden und Westen gibt es Wälder und Weiden, auf denen eine Menge Vieh weidet. In den Wäldern gibt es u.a. *„große Baeren und wilde Schwein“*.

Hinsichtlich bedeutender Ausbrüche erfahren wir bei Münster von einem solchen im Jahr 254. Einen Tag zuvor sei hier die hl. Agatha ihren Märtyrertod gestorben. 1165 habe dann ein Erdbeben die Kirche der hl. Agatha in Catania zerstört *„vnnd schlug alle Pfaffen zu todt“*. Auch der Ausbruch des Jahres 1329 wird von Münster erwähnt, wobei seine Quelle aller Wahrscheinlichkeit nach die Schilderung

Von Italia. cccLxxv

Von dem Berg Etna. Cap. xciiij.

MIt dem Berg Etna ist es ein wunderbarlich ding d' jetzt Montgibel heißt/ der so lange zeit gebreñt hat/ Fewr außgespeihen/ Sand/ Aeschē vnd Fewrige Stein außgeworffen. Zu den zeiten als zu Rom Marcus Emilius vnd Lucius Orestes Burgermeister waren/ hat er so grawsamlichen schedlichen gebrunnen / also daß die Römer den Catinensern so nahe darbey ligen/ zehen jar lang die Schatzung oder Tribut nachliessen. Darnach anno Christi 254. am andern Tag nach dē Agatha zu Catina gemartert war / brann er auch vngestümlichen. Er hat auch gebrunnen anno Christi 1165. vnd erschüttet das Erdtrich/ daß S. Agatha Kirchen zu Catina nider fiel/ vnnd schlug alle Pfaffen zu todt. Weiter anno Christi 1329. riß der Berg auff mit vier spälten/ vnd schlug dz Fewr in all macht darauß. Sein Fewr scheint bey Nacht grawsam/ vñ nicht gar heiter wie andere Fewr/ aber bey Tag breñt es dunckel wie angezündter Schwefel/ welcher matery d' Berg voll ist. Es schreibē die Altē viel darvon/ vñ besonder Strabo/ der auch auff dem Berg gewesen ist/ vnd alle ding eygentlich besichtiget vor 1500. jaren. Nun sprechen sie/ dz er auff der höhe viel verenderung vnd verwandlung hab. Dañ etwan stoßt er auß fewrige Bäch/ etwan fewrige Flammen oder ein dunckeln Rauch. Vnnd ist doch ein selzam ding mit dieser Hitz/ daß sie durch ein Keltin nicht mag geringert werden/ noch auch die Keltin durch die Hitz gemiltert. Dann das obertheil des Bergs ist gantz voll äschen/ vnnd zu Winters zeiten ligt es voll Schnees. Der öberst Platz auff dem Berg ist gantz eben/ vnd begreifft vmb sich nicht dann 20. Stadia/ das macht ein halbe Teutsche meil/ vnd in der mitte ist ein Bühel von auffgehauffter äschen/ auß dē etwan Fewr/ etwan Rauch auffsteigt. Zu Nacht sicht man das Fewr auß dem Gipffel des Bergs / aber bey Tag sicht man darauß steigen ein dunckeln Rauch. Doch zu vnsern zeiten / dieweil der Berg nichts mehr hat zu verzehren/ dempfft nur der Rauch herauß.

Abb. 15: „Von dem Berg Etna“, Seite aus MÜNSTER, S. – Cosmographia. Siehe die bibliographischen Details dazu bei der Illustration auf S. 43.

Von dem Berg Vesuuio. Cap. lj.

BEy Neapels etwan auff ein Teutsche meil/ ligt ein freyer Berg abgesöndert võ allē Bergē/ dē man Vesuuium neñt/ auff dē sicht es voll Weinräben/ Oelbäwm/ vñ andere geschlachte vñ fruchtbare Bäwme. Er hat auch vorzeitē Fewr gespeuwen/ darzu äschen vñ üseln mit solcher grossen menge außgestossen/ dz die vmbligenden Felder etwan bawms hoch sich erhubē võ d' außgeworffnē äschē. Ich find auch dz der hochgelehrt Mañ Plinius der ander / zu den zeiten Keysers Trajani wolt diesen brennenden Berg eigentlich besehen/ vnd als er zu nahe darzu gieng/ ergriff jhn das Fewr vnnd ersteckt jhn. Item kürtzlich im 1537. oder 1538. jar / ist das Fewr vngewarneter sachen aber einmal auß diesem Berg geschlagen / vnnd nemlich durch ein Erdbiden / vnnd grossen schaden darumb gethan zu Landt vnd Meere. Nicht ferr darvon hat dz Fewr auff der ebne ein außbruch genom̃en/ ein rundē Berg auffgeworffen/ vñ iñerhalb dē auffgeworffnen Erdtrich ein grosse vnd tieffe grub gemacht/ dariñ man dz heiß Wasser hat gesehen sieden. Die Matery so auß dem Berg geworffen wird / ist schwartz / vnnd ein schwer Erdtrich: aber das am rauchloch hangt/ ist rot vñ weich/ dz man auch mit den hendē zertreiben mag.

Vesuuius Berg.

Plinius vom Fewr erstickt.

Abb. 16: „Von dem Berg Vesuvio“, Seite aus MÜNSTER, S. – Cosmographia. Siehe die bibliographischen Details dazu auf S. 43. Die Illustration unterscheidet sich nur geringfügig von jener des Ätna. Beim Vesuv steht der explosive Charakter des Vulkans im Vordergrund, während beim Ätna mehr der effusive zum Ausdruck gebracht werden soll.

des Ausbruchs durch Nicolo Specialis – *„Rerum Sicularum libri octo“* (1282–1337) gewesen sein dürfte. Nicolo Specialis war selbst Augenzeuge. (SARTORIUS I, 215)

Auch der nur wenige Jahre zuvor erfolgte Ausbruch im Mai des Jahres 1537 wird von Münster genau beschrieben, wobei u.a. die Dörfer Nicolosi und Monspelianum betroffen waren. Die Bewohner Catanias verließen ihre Stadt und suchten Zuflucht am Land. Erst als man den Schleier der heiligen Agatha herbeiholte, habe das Feuer Halt gemacht. Die diesbezügliche Quelle Münsters ist mir nicht bekannt, da der einschlägige Bericht zu dem Ausbruch von Tommaso Fazello *„De rebus siculis decades duae“* erst 1558 in Palermo erschienen ist.

In diesem Zusammenhang ist auch die Eintragung Münsters zum Stichwort „Vesuv“ in der leider wegen fehlender Titelseite undatierten Ausgabe der Steiermärkischen Landesbibliothek in Graz von Interesse. Dort heißt es nämlich, dass 1537 (oder 1538) der Vulkan Vesuv ausgebrochen ist und großen Schaden an Land und Meer angerichtet hat. Das beigefügte Faksimile gibt den genauen Wortlaut wieder. Münster war also über beide Vulkane recht gut unterrichtet. Hingegen unterscheiden sich die beigegebenen Bilder kaum voneinander.

Welch große Wertschätzung Sebastian Münster bis in unsere Zeit genießt, kann man an mehreren Beispielen erkennen. So etwa an den wiederholt erschienenen Reprints 1968 in Amsterdam und 1988 in Lindau. Aus Anlass der Wiederkehr seines 500. Geburtstages hat man ebenfalls im Jahr 1988 nicht nur eine Ausstellung in seiner Geburtsstadt Ingelheim veranstaltet, sondern auch einen Katalog dazu herausgebracht. Aber die wohl nachhaltigste Erinnerung an den großen deutschen Gelehrten brachte sein Porträt auf der 100-DM-Banknote, die bis 1995 im Umlauf war. (BURMEISTER, 1585)

Zwei große Persönlichkeiten des europäischen Kulturlebens haben uns in der ersten Hälfte des 16. Jahrhunderts Berichte vom Mongibello geliefert, die erkennen lassen, dass das Mittelalter überwunden war und eine neue Zeit angebrochen ist, die in der Folge dazu führen sollte, die Phänomene des Vulkanismus am Beispiel des Ätna genauer zu betrachten.

Philotheo und Fazello

Rund eine Generation nach Pietro Bembo macht sich wieder ein mutiger Mann auf den Weg zum Gipfel des Ätna: Antonio de Homodeis (kurz Philotheo genannt). Er bestieg den Berg zum ersten Mal 1533, aber dann noch zwei weitere Male, nämlich 1540 und 1545, und schrieb darüber den Bericht *„Siculi Aetnae topographia atque ejus incendiorum historia“*, der 1591 in Venedig erschienen ist.

Im August des Jahres 1540 unternahm er seine zweite Besteigung, diesmal in Begleitung von Freunden. Der Zentralkrater bestand nach seiner Beschreibung damals aus zwei Teilen, zwischen denen sich eine sandige Ebene ausbreitete. Eine davon beschreibt er mit einem Durchmesser von ca. 100 Schritt und mit einem Trichter *(fornax)*, aus welchem bei Tag Dampf und bei Nacht Flammen aufsteigen. Philotheo und Freunde blieben sogar die ganze Nacht über am Kraterrand, um das Schauspiel besser genießen zu können, litten allerdings unter der Kälte. Als Philotheo 1545 den Zentralkrater zum dritten Mal bestieg, fand er diesen eingestürzt vor. (SARTORIUS I, 230)

Die Ausbrüche des Vulkans in den Jahren 1536 und 1537 haben jedoch nicht nur Philotheo angelockt, sondern auch einen weiteren frühen Naturforscher, der unter dem Namen Fazellus bekannt ist. Die detaillierten Literaturangaben zu seinen Veröffentlichungen finden sich bei Sartorius.

„Am 24. März (bei Recupero, einem späteren Ätna-Chronisten, sei es der 22. März gewesen) *des Jahres 1536 zeigte sich bei Sonnenuntergang eine schwarze Wolke über dem Gipfel des Berges, als plötzlich ein Ausbruch erfolgte und feurige Lava wie ein Strom zu Tale floss. Gleichzeitig ereignete sich ein Erdbeben und im Berg war lautes Getöse zu hören. Es waren mehrere Ausbrüche, die ungefähr gleichzeitig geschahen und besonders die Stadt Randazzo bedrohten, wo Schafherden und andere Tiere getötet wurden. Aus dem Zentralkrater erfolgte ebenso ein Ausbruch, wobei ein schrecklich anzuschauender Lavastrom in Richtung Bronte und Adrano floss.“* (SARTORIUS I, 225)

Von einer Besteigung des Ätna durch Thomas Fazellus am 6. August 1541 erfahren wir aus seinen Aufzeichnungen. (*„De rebus Siculis“*, Dec. I, Buch H, Kapitel 5, Panormo 1558) Er erwähnt dabei nicht nur den Aufstieg mit einem Führer, sondern beschreibt auch die Hochebene unterhalb des Zentralkraters (*Piano di Lago*), in der sich bei Schneeschmelze das Wasser sammelt und zeitweise einen See bildet. Von Interesse ist auch, dass die Gruppe die Nacht unterhalb des Gipfels verbrachte, um *„jene ewigen und furchtbaren Feuer am Gipfel des Berges, die ungefähr 200 Schritt über uns erglänzten …“* zu betrachten. (SARTORIUS I, 231)

Von einer weiteren interessanten Besteigung des Ätna durch einen Einheimischen erfahren wir von Giuseppe Recupero (1720–1778), die 1750 von dem Arzt aus Paternò Vincenzo Chiesari ausgeführt wurde. Dottore Chiesari hat sich sehr der Naturgeschichte unseres Berges gewidmet und untersuchte speziell den Gipfelkrater, um die Veränderungen festzustellen, die in den Jahren zuvor geschahen. Er habe keinen Krater oder Schlund gesehen, wohl aber einen vollkommenen Kegel, dessen Böschung ungefähr 1 000 m maß. (SARTORIUS I, 264 f.)

Patrick Brydone

Obwohl Patrick Brydone keine herausragende Erscheinung unter den Reisenden des 18. Jahrhunderts war, müssen wir ihm dankbar sein für den Bericht *„A Tour through Sicily and Malta in a Series of Letters to William Beckford, Esq. of Sommerly in Suffolk“*, da er die Leser seiner Zeit fasziniert haben musste, wie wären sonst die sieben Auflagen zu verstehen, die zu seinen Lebzeiten erschienen sind. Sein Werk kam erstmals 1773 in London in zwei Bänden heraus. Verwunderlicherweise ist es später nie mehr nachgedruckt worden. (ADAMS, 395) Er hatte an der Universität studiert und sich einige Zeit mit Elektrizität beschäftigt, bevor er mit seinen Reisen begann. Nachdem er William Beckford kennengelernt hatte, reiste er mit ihm und in der Begleitung zweier weiterer Männer 1770 nach Sizilien und Malta. Danach schrieb er aufgrund seiner Reisenotizen sein zweibändiges Werk in Form von Briefen, wie schon aus dem Titel hervorgeht. Sein in blumenreicher Sprache abgefasster Bericht von seinem Aufstieg zum Hauptkrater des Ätna hat viele seiner Zeitgenossen – es erschienen auch Übersetzungen ins Deutsche und Französische – zu einem Besuch des Berges angeregt. Der deutsche Balladendichter Gottfried August Bürger (1747–1797) schrieb über ihn: *„Brydones Reisen nach Sizilien, die ich mit ungemeinem Vergnügen gelesen habe, machten mir Lust, den Berg Ätna zu besuchen.“* Diesen Satz legt er allerdings seinem Helden, dem Freiherrn von Münchhausen in den Mund. (BÜRGER, 99 ff.)

Die „Italienische Reise“ von Johann Wolfgang Goethe (1749–1832) möchte ich zwar erwähnen, seine darin gemachten Feststellungen über den Ätna, den er bis Nicolosi bereist hat, scheinen mir jedoch zu unerheblich, um sie zu kommentieren. Es wird wohl so gewesen sein, wie Eva Gründel und Heinz Tomek schreiben: *„Auch Goethe war einst hier* (in Nicolosi), *doch war dem Herrn Geheimrat dann der Aufstieg per pedes oder auf dem Rücken eines Maultiers schließlich doch zu beschwerlich.“* (GRUNDEL-TOMEK, 144)

Die Wissenschaft hält Einzug: Sir Charles Lyell am Ätna

Während Charles Darwin wegen seiner bahnbrechenden Theorien Berühmtheit in aller Welt erlangt hat und auch bei jenen Leuten bekannt ist, die sonst kein Interesse an der Entwicklung der Menschheit haben, ist ein weiterer Brite, der ähnlich revolutionäre Theorien aufgestellt hat, heute nur mehr dem Fachwissenschaftler ein Begriff: der Geologe Charles Lyell (1797–1875). Als Lyell 1828 dem Ätna einen Besuch abstattete, wurde ihm bewusst, dass die bis dahin existierenden Vorstellungen über die Entstehung unserer Welt nicht stimmen konnten. Als Darwin seine große Weltreise mit der Beagle unternahm, hatte Charles Lyell gerade den ersten Band seiner *„Principles of Geology“* veröffentlicht. Darwin wurde das Buch von seinem Lehrer, dem Botaniker J. S. Henslow, mit dem Hinweis zur Lektüre empfohlen, es zwar zu lesen, aber kein Wort davon zu glauben. Darwin studierte die Arbeit von Lyell und fand *„… daß dessen aktualistischer Ansatz eine einleuchtende Deutung der Erdgeschichte darstelle“*. (STANLEY, 133)

Lyell lehnte die bisher vertretene Katastrophentheorie ab und begründete zusammen mit J. Hutton und K.E.A. von Hoff den sogenannten Aktualismus. Sie unterschieden drei Hauptgruppen von Gesteinen: magmatische, sedimentäre und metamorphe. Die magmatischen bilden sich durch Abkühlung einer Gesteinsschmelze bis zum Erstarren. Die Sedimentgesteine werden an der Erdoberfläche durch Wasser, Eis oder Wind abgelagert, und die metamorphen schließlich bilden sich durch Umwandlung der Gesteine innerhalb der Erdkruste unter hohem Druck und Temperatur.

„Die Benennung aller Stufen des Neogens und des Quartärs – Miozän, Pliozän beziehungsweise Pleistozän und Holozän – geht zurück auf Charles Lyell, der die Stufenbezeichnungen in dem im Jahre 1833 erschienenen Band seiner Principles of Geology in die wissenschaftliche Literatur einführte.“ (STANLEY, 551)

Ein Meilenstein in der Ätna-Forschung

Einzigartig hinsichtlich Exaktheit und Umfang der Erforschung des Ätna auf den Gebieten der Vulkanologie und der Geologie steht der Deutsche Wolfgang Freiherr Sartorius von Waltershausen (1809–1876) da. Er hat nicht nur eine prachtvolle Ätna-Karte geschaffen, sondern auch in jahrzehntelanger Arbeit alles Wissenswerte über den Vulkan zusammengetragen. Leider war es ihm nicht vergönnt, das Erscheinen seines Werkes zu erleben. Nach den Manuskripten des Verstorbenen wurde es von Arnold v. Lasaulx bearbeitet und vollendet. Es erschien 1880 in zwei Bänden in Leipzig.

Der 1. Band enthält Sartorius' Reisebeschreibung und die Geschichte der Eruptionen, der 2. Band die Topographisch-geognostische Beschreibung, Entwicklungsgeschichte und Produkte des Aetna mit einer lithographierten Karte des Valle del Bove. Zahlreiche Kupfertafeln und Holzschnitte illustrieren die beiden Bände. Der *„Atlas des Aetna“* war bereits 1848–61, ausgestattet mit 57 Kupfertafeln, erschienen. Seine ersten Reisen zum Ätna hatte Sartorius in den Jahren 1834 und 1838 unternommen, um dann 1861, 1864 und 1869 seine Studien vor Ort fortzusetzen.

Nach dem Studium der Mineralogie und Geologie in Göttingen erforschte er zunächst die Geysire auf Island, bevor er sich dem Ätna zuwandte. Wohl kein Fachwissenschaftler hat sich so intensiv mit dem Ätna befasst wie Sartorius, und auch heute noch, 130 Jahre nach dem Erscheinen seines Werkes, kann die Vulkanologie auf seine grundlegende Arbeit nicht verzichten. 1966 greift Dietrich Werner in seiner Dissertation, die 1968 als Heft 3 der Göttinger Bodenkundlichen Berichte erschienen ist, immer wieder auf Sartorius zurück, so z.B. auf seine Feststellung, dass sich Firnflecken am Ätna in geschützter Lage oder unter Aschenbedeckung das ganze Jahr über halten. (WERNER, 66)

Auch in Zusammenhang mit den Ätna-Ausbrüchen in historischer Zeit gilt die Zusammenstellung durch Sartorius als die beste, was ein intensives Studium der Originalliteratur erforderlich gemacht hat. (SAPPER, 30)

Botanische Erforschung des Ätna

Je näher wir der Jetztzeit kommen, desto mehr fachwissenschaftlich ausgerichtet werden die Ätna-Publikationen. Als eine der frühesten dieser Kategorie muss die Arbeit von P. Gabriel Strobl gewürdigt werden, der von sich selbst sagen konnte: *„... glaube ich, durch eine fünfmalige Reise und mehrmaligen längeren Aufenthalt an diesem Berge, sowie am Fuss desselben, den Etna grösstenteils zu kennen ...“* (STROBL, Reise, 364)

Sein erster Besuch führte den österreichischen Botaniker im Mai 1872 von Catania auf den Ätna, wobei er bis an den Rand des Hauptkraters gelangte. Im April des Folgejahres untersucht er die Vegetation bis zur Schneegrenze. Bei seinem dritten Besuch im August 1873 hält er sich wieder in Nicolosi auf, besucht aber auch die Orte Pedara, Trecastagni und Zafferana Etnea. Anschließend erforscht er das Valle del Bove und besteigt die Serra di Solfizio. Zum Literaturstudium hält er sich sodann in der Universitätsbibliothek von Catania auf. 1874 kommt er bereits im März nach Sizilien, wobei er hauptsächlich den unteren Bereich des Ätna botanisch erforscht. Im Juli desselben Jahres unternimmt er wieder Streifzüge am Ätna unterhalb von Nicolosi und Bronte.

Sein großes Verdienst besteht darin, dass er die älteren Arbeiten über den Ätna studiert hat, so z.B. das Werk von Giuseppe Recupero: *„Storia naturale e generale dell'Etna“* (Catania 1815) oder *„... die beste bisher über den Etna erschienene neue pflanzengeographische Abhandlung“* von A. Philippi (in Linnaea 1832). Außerdem benützte er das Herbar von Tornabene: *„Eine der wichtigsten Fundgruben für die Flora des Etna war mir das Herbar Tornabene's, des jetzigen Directors des botanischen Gartens zu Catania.“* (STROBL, Reise, 370)

Obwohl Strobls Publikation über den Ätna vor nunmehr rund 130 Jahren erschienen ist und die lateinischen Pflanzennamen sich seither zum Teil geändert haben, wird sie heute noch manchmal in fachwissenschaftlichen Publikationen erwähnt. Mit der systematischen floristischen und vegetationskundlichen Erforschung des Berges durch das Dipartimento di Botanica der Universität von Catania, in erster Linie durch die Arbeit von Frau Prof. Emilia Poli, „*La vegetazione altomontana dell'Etna*" (1965), ist natürlich Strobls „*Flora des Etna*" längst überholt, was seine wissenschaftsgeschichtliche Leistung aber nicht schmälern soll. Über den neuesten Stand der botanischen und vegetationskundlichen Forschungen gibt der diesem Buch beigegebene Beitrag der Professoren Brullo und Giusso del Galdo Auskunft. Wie es heute um die Riesenkastanien bestellt ist, kann man im Kapitel „*Städte, Dörfer und Flüsse rund um den Ätna*" nachlesen.

Der berühmte französische Geograph Élisée Reclus am Ätna

Beim Durchblättern einiger Bände von „*Globus – Illustrirte Zeitschrift für Länder- und Völkerkunde mit besonderer Berücksichtigung der Anthropologie und Ethnologie*" auf der Suche nach Bildern von Vulkanen, fiel mir in Band 12 (1867) der 11 Seiten umfassende Beitrag „*Streifzüge in Sicilien*" mit mehreren Bildern vom Ätna auf. Bei genauerer Lektüre stellte sich heraus, dass dieser Beitrag der Redaktion von Élisée Reclus zugekommen ist, dem berühmtesten Geographen, den Frankreich damals aufzuweisen hatte, und dessen 19-bändige „*Nouvelle geographie universelle*" in Paris 1875–1894 erschienen ist. Reclus muss seine sizilianischen Wanderungen wohl einige Jahre zuvor unternommen haben, also in den Sechzigerjahren des 19. Jahrhunderts, denn davor hatte er sich ja in Südamerika aufgehalten, um die Urwaldschluchten der Sierra Nevada zu erforschen. Allerdings war es ihm nicht beschieden, ein berühmter Forscher im Sinne des Betretens von Neuland zu werden, „*... er ist mehr neugieriger Betrachter, der nach fruchtlosem Versuch, ins Innere einzudringen, in der Randzone sinnend und schauend eine Zeitlang verharrte und von ihr und den Menschen darin farbige, sprudelnde Skizzen entwarf ... Resigniert und erfolglos kehrte er nach dem engen, reglementierten, unglücklichen Europa zurück,*

Abb. 17: „Krater des Monte Frumento", aus: GLOBUS. Illustrirte Zeitschrift für Länder- und Völkerkunde, Bd. 12, Braunschweig 1867, S. 194.

wo sich dann aber doch sein herrlicher Geist … zu befreiender Tat, trotz aller Mauern und Restriktionen, emporschwang." (HENZE, 4, 561 f.)

Einige wichtige Abschnitte, den Ätna und den Aufstieg zu demselben betreffend, wollen wir dem interessierten Leser nicht vorenthalten. Auch Reclus besteigt den Gipfel zunächst von Nicolosi aus, scheint aber dann eine Umrundung des Vulkans durchgeführt zu haben.

Das Valle del Bove

„Die Sonne ging auf. Mir gerade gegenüber wölbte sich der gewaltige Bergdom empor, zum Theil mit grauem oder weißem Schnee bedeckt … Am östlichen Ende des Piano del Lago, d.h. der sanft abfallenden Hochebene, welche diesen Namen führt, weil dort einst eine seeartige Vertiefung gewesen, die Schneewasser enthielt, nun aber ganz mit Lava ausgefüllt ist, erhebt sich ein langer Grat, auf dessen anderer Seite das Val di Bove (Valle del Bove), ein gewaltiger Abgrund oder Schlund, liegt. Dieser gilt für eines der ‚Wunder' des Aetna … Man kann bis in die Eingeweide des Berges hineinblicken und die Architektur des Vulcans studiren …" (GLOBUS, 12, 196 f.)

Die Besteigung des Vulkans, ausgehend von Linguaglossa

Reclus erlebte den Ausbruch eines seitlichen Kraters ganz aus der Nähe, beobachtet, wie die feurige Lava in einen Wald hineinfloss und dabei die Bäume in Brand setzte. In diesem Zusammenhang erfahren wir, wann der Ausbruch begann, es war am 31. Jänner 1865. Offenbar gelangte Reclus im darauffolgenden Jahr an die Ausbruchsstelle. Dabei konnte er einige der Kegel besteigen, da der Wind die giftigen Dämpfe gerade nicht in seine Richtung blies. Der Boden war noch heiß und er musste daher schnell gehen. Die Waldbäume glichen verkohlten Pfählen und am Krater des Monte Frumento war noch an mehreren Stellen der tiefe Spalt zu erkennen, aus welchem der Lavastrom hervorgebrochen war. (GLOBUS, 12, 198)

Die Riesenbäume bei Zafferana Etnea

Zu den Sehenswürdigkeiten des Ätna zählen heute noch die Riesenkastanienbäume in der Nähe der Ortschaft Zafferana Etnea, die im Osten des Hauptgipfels liegt. Viele der Reisenden des 19. Jahrhunderts berichten von dem Kastanienbaum *„Cento Cavalli"*, der jedoch schon zu Reclus' Zeiten nur mehr als „Ruine" vorhanden war. Einst sei er so groß gewesen, dass hundert Reiter in seinem Schatten lagern konnten.

„Da wo einst der centrale Theil des Baumes gewesen, führt nun ein Hohlweg hindurch, welchen Wind und Regenwasser auf Kosten der Wurzeln stets vergrößern, während die Bauern am Stamme Feuer machen. So verschwindet immer mehr von dem Kastanienbaum der Cento Cavalli, der ehemals einen Umfang von mehr als 180 Fuß gehabt hat." (GLOBUS, 12, 198)

Aber nicht weit von dem *„Cento Cavalli"* befindet sich eine weitere Riesenkastanie namens *„de la Nave"* mit einem Stammumfang von geschätzten 18 m, der dem Herausgeber der Zeitschrift eine ganzseitige Abbildung wert schien. Man beachte die sich wie Zwerge ausnehmenden Menschen zu seinen Füßen. Wie es heute um die Riesenkastanien bestellt ist, kann man im Kapitel „Städte, Dörfer und Flüsse rund um den Ätna" bei der Beschreibung von Sant'Alfio nachlesen.

Abb. 18: „Der Kastanienbaum de la Nave am Aetna", aus: GLOBUS. Illustrirte Zeitschrift für Länder- und Völkerkunde, Bd. 12, Braunschweig 1867, S. 197.

Der Ätna in der Literatur

Karl Gratzl

Zwei deutsche Reiseschriftsteller besteigen den Ätna

Neben der wissenschaftlichen Erforschung des Berges durch Geographen, Geologen und Botaniker soll jedoch auch die Leistung von zwei frühen deutschen Reiseschriftstellern gewürdigt werden. Sie waren es nämlich, die ein breites Leserpublikum mit dem Ätna erst so richtig vertraut gemacht haben. Einer wird heute noch gern gelesen von jenen, die etwas über die Zeit um 1800 in Sizilien erfahren möchten. Die Insel stand damals unter der Herrschaft der spanischen Bourbonen und ganz Europa litt unter den Franzosenkriegen. Die Beliebtheit des einen hat sich ganz gut bei der deutschen Leserschaft gehalten, was wohl auch die Neuauflage seines Buches im Jahre 1979 durch den Bruckmann Verlag in München bewirkt haben mag. Es ist der berühmt gewordene *„Spaziergang nach Syrakus im Jahre 1801/02"*, der 1803 erstmals veröffentlicht wurde und von Johann Gottfried Seume stammt.

Der andere Reiseschriftsteller ist G. F. von Hoffweiler, dessen Buch *„Sicilien – Schilderungen aus Gegenwart und Vergangenheit"* 1870 in Leipzig erschien und dessen beigegebene Holzschnitte in oft dramatischer Art auch das Geschehen am Ätna schildern.

Johann Gottfried Seume

Johann Gottfried Seume stammte aus Sachsen, wo er 1763 das Licht der Welt erblickte. Gestorben ist er 1810 in Teplitz in Böhmen. Nach dem Besuch der Leipziger Nikolaischule studierte er vorerst in Leipzig Theologie, verließ dann aber die Stadt aus religiösen Gründen und wollte nach Frankreich. Auf dem Weg dorthin fingen ihn jedoch die Werber, pressten ihn in den englischen Militärdienst und verschleppten ihn nach Amerika. Schließlich wurde er gegen Kaution freigelassen, worauf er seine Studien in Leipzig fortsetzte. So machte er sich mit den Rechtswissenschaften, mit der Klassischen Philologie und Geschichte vertraut. 1801 brach er zu seinem „Spaziergang" auf, der allerdings zwei Jahre dauerte. Wie anschaulich er zu schreiben verstand, sollen einige Leseproben unter Beweis stellen:

Aufstieg zum Hauptkrater des Ätna

„Als ich hinunterstieg (von den Monti Rossi), *begegnete ich zwei Engländern ... die den nämlichen Spaziergang hierher gemacht hatten. Ihrer waren fünf, lauter Officiere von der Garnison aus Malta, die von Neapel kamen und unterwegs den Berg mit sehen wollten; ein Major, ein Hauptmann und drei Leutnants. Sie freuten sich, noch einen zur Partie zu bekommen, und ich holte flugs meinen Sack (vom Kloster) und zog hinunter zu den Engländern ins Wirtshaus nach Nicolosi, wo schon vorher mein Führer einquartiert war. Gegen Mitternacht kamen die Führer, und nun setzte sich die ganze Karawane zu Maulesel: sechs Fremde, zwei Führer mit Laternen und ein Proviantträger. Es war, wenn ich nicht irre, der sechste April* (1802) *zu Mitternacht, oder der siebente des Morgens ... Es war frisch und ward bald kalt und dann sehr kalt. Wir trottierten und lärmten uns warm. Dann deklamierte der Major Grays Kirchhof, dann sangen wir ‚God save the King' nach Händel, und ‚Britannia rule the waves' und andere englisch-patriotische Sachen. Jeder gab seinen Schnack dazu. Bald kamen wir aus der bebauten Region in die waldige und gingen nun unter den Eichen immer bergauf. Ungefähr um ein Uhr kamen wir in der Gegend der Geißhöhle an, die aber jetzt außer Gebrauch kommt. Der Fürst von Paternó hat dort ein Haus gebaut, wo die Fremden eintreten und sich bei einem Feuer wärmen können. Das Haus ist schlecht genug ... Indessen ist es doch besser als nichts und vermutlich bequemer als die Höhle. Hier blieben wir eine kleine halbe Stunde, bestiegen wieder unsere Maultiere und ritten nunmehr aus der waldigen Region in den Schnee hinein. Ungefähr eine Viertelstunde über dem Hause und über der Höhle hörte die Vegetation ganz auf, und der Schnee fing an hoch zu werden, der schon um das Haus her und hier und da neu und alt lag.*

Wir mußten nun absteigen und unsere Maultiere hier lassen … Endlich erreichten wir den Steinhaufen des sogenannten Philosophenturms, und die Sonne tauchte eben glühend über die Berge von Kalabrien herauf und vergoldete, was wir von der Meerenge sehen konnten, die ganze See und den Taurus (er meint wohl den Berg) *zu unseren Füßen.*" (SEUME, 194 f.)

„*Als ich keine Apfelsinen mehr hatte, denn der Appetit war stark, stillte ich den Durst mit Schnee, arbeitete immer vorwärts und war zur Ehre der deutschen Nation der erste an dem obersten Felsrande der großen ungeheuren Schlucht, in welcher der Krater liegt. Einer der Führer kam nach mir, dann der Major, dann der zweite Führer, dann die ganze kleine Karawane bis auf den Herrn mit den erfrorenen Fingern. Hier standen, saßen und lagen wir, halb in Qualm des aufsteigenden Rauchdampfes eingehüllt, und keiner sprach ein Wort und jeder staunte in den furchtbaren Schlund hinab, aus welchem es in dunklen und weißlichen Wolken dumpf und wütend herauftobte …*" (SEUME, 196)

„*Sie* (Seume meint die einheimischen Führer) *nannten den Schlund nur mit etwas verändertem Mythos ‚la casa del diavolo', und das Echo in den Klüften ‚la sua riposta'. Der Umfang des kleinen, tief unten liegenden Kessels mag ungefähr eine kleine Viertelstunde sein. Es kochte und brauste, wütete, tobte und stürmte unaufhörlich aus ihm herauf. Einen zweiten Krater habe ich nicht gesehen, der dicke Rauch müßte vielleicht ganz seinen Eingang decken, oder dieser zweite Schlund müßte auf der anderen Seite der Felsen liegen, zu der wir wegen des Windes, der den Dampf dorthin trieb, nicht kommen konnten.*" (SEUME, 198)

G.F. von Hoffweiler

Der deutsche Reisende G. F. v. Hoffweiler hat den Ätna, nicht nur in seinem Sizilien-Buch (erschienen 1870) ausführlich beschrieben, sondern auch mit überaus interessanten Holzschnitten ausstatten lassen. Die Originalzeichnungen

Abb. 19: „Der Aetna bei Catania", aus: HOFFWEILER, G. F. – Sicilien. Schilderungen aus Gegenwart und Vergangenheit, Leipzig 1870, S. 257.

stammten von Alfred Metzener. Keiner seiner Vorgänger hat den Ätna und seine Umgebung so detailliert behandelt. Auch er nimmt die Route von Catania über Nicolosi, wo der eigentliche Aufstieg zum Gipfel beginnt. Auch er berichtet über den *„Torre del Filosofo“*, über den Hauptkrater und das Val del Bove. Immer wieder verweist er auf die antiken Quellen wie Aischylos und Pindar, die wir schon eingangs behandelt haben. Dann zieht er Vergleiche zwischen Ätna und Vesuv, berichtet über die bedeutendsten Ausbrüche und über die Gefahren für den Besteiger des Berges. Schon bei seiner Beschreibung der Stadt Catania bekommt der Leser große Sehnsucht nach dem Süden:

„Von dem blauen Meere bespült, zieht sich die Stadt mit ihren prangenden Häusern zu den Füßen des gewaltig ansteigenden Aetna hin, der himmelhoch seinen rauchenden Gipfel darüber erhebt.“ (HOFFWEILER, 256)

Fasziniert hat den Catania-Besucher auch die Piazza di Stesichoro mit der kleinen Marmorstatue des Dichters. Er nimmt den Platz zum Anlass, uns die Leistung des griechischen Dichters Stesichoros (er hieß ursprünglich Tisias), der um 630 v. Chr. in Sizilien geboren wurde und hier auch einen Teil seines Lebens verbracht hat, in Erinnerung zu rufen. Seine Lieder wurden im 7. Jahrhundert v. Chr. bei Festen der Götter oder an Gedenktagen der Heroen mit Musikbegleitung und Tanz gefeiert. Stesichoros, das heißt übersetzt der Choraufsteller.

Nach Besuch des Archäologischen Museums in Catania (damals hieß es noch nach dem ersten Ausgräber der Stadt Museo Biscari), beschloss man, nach Nicolosi hinaufzufahren, was drei Stunden in Anspruch nahm.

„Im Wirthshause angelangt, meldeten sich sofort Führer und Maulthiertreiber. Die Verhandlungen gingen über Erwarten rasch von Statten, da sich, wohl durch Vermittlung des in Nicolosi wohnenden alten Aetnaforscher Gemellaro, eine feste Taxe gebildet hat … Den schönen Abend nicht unbenützt verstreichen zu lassen, wandten wir uns zu den kaum eine halbe Stunde von Nicolosi entfernten Monti Rossi, zwei kegelförmigen Hügeln von mässiger Höhe, die den Krater einschließen, aus dem 1669 die Lava floss. Ihren Namen tragen sie von der röthlichen Farbe, die diese in ihrer Verwitterung hier allenthalben angenommen hat.“ (HOFFWEILER, 262)

„Wohl eingehüllt in schottische Plaids und dicke Winterröcke bestiegen wir die Maulthiere und die kleine Carawane setzte sich in Bewegung … Der Mond glänzte hell in den fernen Schneefeldern des Berggipfels und den wohlbeschlagenen Hufen der Maulthiere … Noch immer begleiteten uns einzelne Bäume, bis wir ewa um halb vier Uhr Morgens zu den Schneefeldern gelangten. Die Thiere, geblendet und auf der hart gefrorenen Decke ausgleitend, wollten nicht mehr weiter, und wir mussten absteigen. … Gegen vier Uhr ging es zu Fuss weiter, bald über Schnee, bald über ausgebrannten knirschenden Boden … Ueber dem Meer lagerte sich ein fahlrother Streifen, dann war der Himmel darüber für einen Augenblick hellpurpurfarben, immer klarer wurde es, und als wir eben einen letzten schneebedeckten Rücken erstiegen hatten, sahen wir die Sonne, eine rothe glühende Kugel, über die Gebirge Calabriens heraufsteigen … eine Aussicht vielleicht einzig in der Welt, denn ungleich den Bergriesen der Alpenländer, die von anstrebenden Nebenbuhlern umgeben sind, erhebt sich der Aetna in einsamer Majestät aus dem Meer empor und der Blick geht unbeschränkt in die Weite.“ (HOFFWEILER, 264)

Abb. 20: „Krater des Aetna“, aus: HOFFWEILER, G. F. – Sicilien. Schilderungen aus Gegenwart und Vergangenheit, Leipzig 1870, S. 265.

Der Blick in den Hauptkrater des Ätna

„*Die Wände von verschiedener Höhe, schroff und zackig, schimmerten gelb, roth und grünlich von der sie überziehenden Schwefelkruste, bis wo sie von den ausgeworfenen Schlacken und Steinen verdeckt wurden, die den unteren Theil des Kraters anfüllten ... Der Punkt, an dem wir standen, war nicht die höchste Spitze des Berges, die Kraterwand im Nordosten überragte ihn um einige Fuss ... An den verschiedensten Stellen um uns her, ausserhalb und innerhalb des Kraters entstiegen Schwefeldünste dem Boden, und wo Einer zufällig etwas tiefer in den lockern Boden einsank, schrak er zurück vor dem plötzlich herausschlagenden betäubenden Dampfe.*“ (HOFFWEILER, 265 f.)

Empedokles und der Torre del Filosofo

„*Kurz nach sieben Uhr waren wir wieder am Fusse des großen Kegels angelangt und schlugen nun einen anderen Weg ein. Zunächst nach dem sogenannten „Torre del Filosofo“, einer pyramidal aufgeschichteten Masse von Bauschutt und Steinen, die die Tradition als das Observatorium des Empedokles bezeichnet. War der griechische Philosoph doch schon im Alterthume zur mythischen Persönlichkeit und sein Tod Gegenstand der verschiedenartigsten Erzählungen geworden.*

Um sich auf scheinbar wunderbare Weise den Augen der Welt zu entziehen und so göttlicher Ehren zu versichern, soll er sich in den Krater des Aetna gestürzt haben; aber der Vulkan, fügt der Spötter Lucian hinzu, warf bei der nächsten Eruption den einen Pantoffel des Philosophen aus und enthüllte so das Geheimnis seines Todes. Der Ursprung des Baus ist unbekannt, vielleicht stammt er aus der Zeit des Kaisers Hadrian, der einmal auf dem Aetna die Sonne aufgehen sah.“ (HOFFWEILER, 266 f.)

Das Valle del Bove

Nach diesem kurzen Rückblick in die Antike, wollen wir uns wieder unserem Reisenden Hoffweiler zuwenden. Besonderen Eindruck hinterließ bei dem Deutschen das Valle del Bove, ein Kessel von 7 km Länge und 5 km Breite an der Ostseite des Ätna, eine Caldera, die von steilen, zackigen Wänden (Serren) umgeben und von Schuttrinnen (Canalone) durchzogen ist und in dem sich Kraterkegel aus verschiedenen Perioden erheben. Er findet auch Interesse an der Vegetation der Hochregionen, wo ihm „*der sicilische Kugelrasen, der zwischen den Lavafeldern hindurch weite Strecken mit seinen dürren stachelichten Ballen überzog*“ auffiel. (HOFFWEILER, 267)

Keine schlechte Beschreibung für den Dompolsterstrauch *Astragalus siculus*, der zwischen 2000 und 2300 m wächst und den die Einheimischen *Spino santo* nennen. Sie glauben auch, dass die Pflanze den Tod besiegt. (RAUSCH, 248)

Der Ätna-Ausbruch des Jahres 1669

Wer sich auf die Geschichte der Ätna-Ausbrüche spezialisiert hat, kommt bei Hoffweiler voll auf die Rechnung. So berichtet er besonders ausführlich über den in der Geschichte des Ätna folgenschwersten Ausbruch, der im Jahre 1669 stattfand und im Gedächtnis der Bewohner nicht nur Catanias haften geblieben ist. Einige Auszüge sollen das verdeutlichen:

„*Er* (der Ausbruch von 1669) *begann am 8. März mit einer Verfinsterung des Tageslichtes, begleitet von heftigem Sturmwind und Erdstössen, die am Anfang schwach, allmälig immer stärker wurden, bis sie am 11. eine solche Gewalt erreichten, dass die Einwohner von Nicolosi nicht mehr aufrecht stehen konnten. Bewegliche Gegenstände wurden herumgeschleudert wie auf einem vom Sturme gerüttelten Schiffe, die Häuser begannen zu wanken und noch vor Abend war die ganze Stadt wie ein Schutthaufen. Am Morgen desselben Tages öffnete sich nach fürchterlichem Getöse ein Erdspalt, der sich von Piano di San Lio bis zum Monte Frumento, eine halbe Stunde vom Gipfel, in gewundener Linie hinzog ... Am Abend öffnete sich eine neue breite Kluft, die außer den übrigen Erscheinungen, die sie mit jenen früheren gemein hatte, roth glühende Steine zu erstaunlicher Höhe ausspie. Asche und Sand bedeckten die Gegend 30 Stunden weit. Dann drang ein Lavastrom daraus hervor, der rasch eine Breite von 2 ital. Meilen annahm. In seinem Herabfliessen stiess er auf den bewaldeten Krater von Mompilieri; als die Lava die Bäume berührte, loderten sofort gewaltige Flammen daran empor. Hier theilte sich der Strom; ein Arm schlug die Richtung nach Westen ein und erreichte am anderen Tage Belpasso, eine Stadt von 8000 Einwohnern. Wo er sich hinwandte, bezeichneten Rauch und Flammen seine Spur, in kurzer Zeit war die Stadt ein furchtbares Feuermeer. Der andere Arm, dem der Kraterkegel im Wege war, bahnte sich einen Pfad durch unterirdische Höhlen, und als er an der anderen Seite wieder an die Oberfläche trat, sank der Hügel, dessen Grundfesten geschmolzen waren, in sich zusammen und klaffte in langen offenen Spalten ...*

Am 23. hatte der in einer Breite von zwei Meilen dahinfließende Strom bereits eine Menge von Häusern und einen Theil der Stadt Mascalucia in seinem glühenden Schoße begraben. An demselben Tage warf die nun zum Hauptkrater gewordene Oeffnung Asche, Sand und Schlacken in solcher Menge aus, dass zu beiden Seiten kegelförmige Wälle entstanden und die Monti Rossi, und die Häuser der Nachbarschaft bis zu einer Tiefe von 6 Fuß damit bedeckt wurden, so dass die Einwohner (von Nicolosi) *Schutz in Catania suchen mussten …*

Nachdem jener erste und furchtbarste (Lavastrom) 14 Städte und Dörfer, manche mit einer Bevölkerung von 3000 bis 4000 Seelen, zu Grunde gerichtet hatte, wandte er sich gegen Catania. Am 1. April erreichte er Albanelli, kaum 2 Miglien (Meilen) von der Stadt, wo er einen mit Kornfeldern bedeckten Hügel ablöste und in die Höhe hob, dann einen ganzen Weinberg, der eine Zeit lang auf der schwankenden Oberfläche fortgetragen wurde. Hierauf füllte er einen See außerhalb der Stadt aus, La Gurna di Nocita, riss eine Wasserleitung um und traf bei der Stelle ‚Il Bastione degli infetti' auf die Mauern von Catania. Hier thürmte sich die Lava bis zur Höhe von über 60 Fuss auf, und stürzte dann in feurigen Wogen auf der anderen Seite herab, einen Theil der Stadt mit den Ruinen der alten Naumachie und des Circus bedeckend. Die Mauer brach vor der Wucht des Stromes nicht zusammen, wie die spätere Ausgrabung zeigte. Noch heute kann man die Stelle sehen, wo die Lava, jetzt einem versteinerten Wasserfalle gleich, an ihr herabfloss. An einem anderen Orte dagegen warf der Lavastrom die Mauer nieder und ergoss sich durch die 120 Fuss breite Bresche in die Stadt.

Am 23. April erreichte ein Arm in der Breite von zwei Meilen im Süden der Stadt das Meer. Ueber einander hinaus wälzten sich die glühenden Massen, bis sie ein Vorgebirge von einer halben Miglie gebildet hatten. Der Kampf der feindlichen Elemente war unbeschreiblich. Die See kochte wüthend auf,

Abb. 21: „Taormina", aus: HOFFWEILER, G. F. – Sicilien. Schilderungen aus Gegenwart und Vergangenheit, Leipzig 1870, Abb. gegenüber S. 298.

schleuderte Schlacken hoch in die Luft und stiess unter fürchterlichem Brausen und Zischen dichte Dampfwolken aus, die den Himmel verfinsterten und als salziger Regen niederfielen…
Während dessen war das von dem Vulkan ausgestrahlte Licht fortwährend so helle, dass man die kleinste Schrift bequem zur Nachtzeit lesen konnte. Vier Monate dauerte es, bis die Lava stand, zwei Jahre nachher noch geschah es, wo eine Oeffnung gebrochen wurde, Flammen hervorschlugen, und acht Jahre noch dampften manche Stellen, wenn der Regen darauffiel. – 27 000 Menschen wurden durch diese Eruption obdachlos, und Viele fanden, da der Strom besonders im Anfang sehr rasch floss, in der glühenden Lava ihren Tod.“ (HOFFWEILER, 272 ff.)

Der deutsche Sizilien-Reisende Hoffweiler hat den obigen Bericht offensichtlich aus dem Italienischen übersetzt, den der Physiker und Mathematiker Giovanni Alfonso Borelli (1608–1679) geliefert hat. Borelli arbeitete nach den heute noch gültigen Prinzipien wissenschaftlicher Forschung, indem aufgestellte Hypothesen durch Beobachtungen in der Natur bestätigt werden müssen. Um 1640 finden wir Alfonso Borelli als Mathematik-Professor in Messina. In den Jahren danach trifft er Galileo Galilei in Florenz und geht sodann in verschiedenen Städten Italiens seinen Forschungen nach, bis er 1668 wieder nach Messina zurückkehrt und dort die letzten Jahre seines Lebens in Armut verbringt. Unter seinen Publikationen findet sich auch die Schrift „*Meteorologia Aetnea*“, die 1669 in Reggio erschienen ist. (Wikipedia, Stand vom 1. Febr. 2011)

Taormina

Schließlich besucht Hoffweiler auch noch die Stadt Taormina, zu deren Füßen die Ortschaft Giardini Naxos am Ionischen Meer liegt.

„*Hier in dem elenden kleinen Fischerdorfe verliessen wir unseren Wagen, um zu Fuss den steilen, gewundenen Pfad zu dem auf der Höhe gelegenen Taormina hinaufzusteigen.*“

Oben angekommen, begeistert ihn nicht nur das Theater, sondern auch der „*… in seinen langgezogenen Linien doppelt majestätisch sich erhebende Aetna, mit den fruchtbaren prangenden Geländen, die ihn unten umgeben, und, höher hinauf mit seinen Lavafeldern, seinem blendenden Schnee und seinem rauchenden Gipfel.*“ (HOFFWEILER, 279)

Karl Friedrich Schinkel

„Auf zum Ätna!“

Karl Friedrich Schinkel (1781–1841) unternahm in den Jahren 1803–05 seine Italien- und Frankreich-Reise, wobei er auch den Ätna bestieg. Auch er nahm seinen Weg ausgehend von Giardini Naxos. Bei dem Städtchen Giarre bemerkt er die ersten, hier bereits begrünten alten Lavaströme des Berges und, dass die Häuser aus Lavagestein errichtet sind und daher ein trauriges Aussehen haben. Am Morgen war er zu seiner „Reise auf den Aetna“ aufgebrochen und am Nachmittag kam er in die Gegend von Trecastagni, wo er auf die Riesenkastanien traf, die ihn allerdings enttäuschten, „*… da sie hohl und verstümmelt erscheinen. Der größte Baum, den man Castagna di cento Cavalli nennt, weil in seiner Höhle hundert Pferde Platz haben, besteht jetzt aus 5 Stücken der äußeren Rinde seines Stammes, die im Kreis umherstehen und ein Laubgewölbe über sich bilden; am Boden bemerkt man, daß sie ehemals einen Stamm bildeten.*“

Am nächsten Morgen setzte man den Aufstieg fort und erreichte am Nachmittag die Region des Waldes, „*… ein seltsamer Contrast aus der schwarzen formlosen Wüste der Lava, dessen schattenleere Ebene der glühende Sonnenstrahl erhitzt, zu dem grünen Gewölbe des schönen Eichenhains in der Höhe des reinen, erfrischenden Aethers. Es schlug die Nachtigall aus jedem Wipfel, der Kukuk* (!) *rief aus der Tiefe des Waldes, und aller Zauber des lieblichen. Frühlings umgab uns.*“ (SCHINKEL, 61 ff.)

Der Bergführer und die Campieri richteten ein Nachtquartier in der *Grotta del Capre* (Ziegenhöhle) ein, um dann Fleisch zu braten. Doch noch vor Mitternacht wurde der Reisende wieder geweckt, wollte man doch am nächsten Morgen die Sonne am Gipfel aufgehen sehen.

„*Nach einer Anstrengung mehrerer Stunden erreichten wir die Felder des Schnees. Ein Felsblock, dessen Höhlung uns gegen den mächtigen Sturm, der mit schneidender Kälte andrang, schützte, lud zur Ruhe ein, und wir erfrischten die Kräfte durch Wein und kalte Küche und arbeiteten dann weiter hinauf zum Kegel des Kraters.*“ (SCHINKEL, 62)

Beim „Turm des Empedokles“ angekommen, erwarteten sie das Schauspiel des Sonnenaufgangs und genossen dann den Ausblick auf das Meer, auf Kalabrien und auf die Insel Sizilien, die so gut von hier überschaut werden konnte. Als Nebel einfiel und es zu hageln begann, nahm man den letzten Steilaufschwung zum Krater in Angriff und schaute dann für wenige Minuten in die beiden Vertiefungen.

Wilhelm Waiblinger

Eine fürchterliche Wanderung

Wie dramatisch eine Schilderung des Ätna-Aufstiegs im ersten Drittel des 19. Jahrhunderts geschildert wurde, zeigt das Beispiel des Wilhelm Waiblinger (1804–1830), des ersten Biographen Hölderlins. Nach dem Besuch des Obergymnasiums in Stuttgart in den Jahren 1820–22 verbrachte der junge Mann einige Zeit in Deutschland, wo er die Bekanntschaft von Gustav Schwab, Ludwig Uhland und J. C. Friedrich Hölderlin machte. Da sich letzterer mit der Empedokles-Geschichte beschäftigte, ist es durchaus wahrscheinlich, dass der junge Waiblinger von ihm die Anregung zur Besteigung des Ätna bekam, die er dann 1829 tatsächlich ausführte. Waiblinger übersiedelte als freier Schriftsteller nach Rom, wo er Beiträge für verschiedene Zeitschriften und Zeitungen lieferte. Die Jahre 1828–29 lebte er im Großraum Neapel und bereiste dann im Herbst 1829 Sizilien, wobei er den Ätna bestieg und darüber in einem Brief an seine Eltern berichtete.

Ausgehend von Catania erklomm er den Ätna am 23. und 24. August und war deshalb sehr stolz, denn nur jeder zehnte Versuch der Reisenden sei von Erfolg gekrönt. Zehn Stunden benötige man für den Aufstieg, wo man unterhalb des Kraters in einem Haus (wahrscheinlich das „Haus der Engländer") übernachten und sich somit vor der „sibirischen Kälte" schützen könne. Er erzählt, dass die meisten Ätna-Besteiger wegen der großen Höhe erbrechen müssten. Zwei Stunden vor Tagesanbruch beginnt er seine *„fürchterliche Wanderung"*. Der Krater rauchte *„erschrecklich und der Dampf kam uns entgegen, denn es war Ostwind"*. Bei Dämmerung erreicht er den Kraterrand, wo er zu sehen glaubte, *„wie Gott die Welt schafft"*. In *„Todesangst"* liegt er *„auf der rauchenden Erde"*, schaut *„in die Hölle hinab"*, *„zitternd vor Angst, als die Sonne hinter Kalabrien aus dem Meer auftauchte, während überall auf der Erde noch Nacht war"*. Der Ausblick auf die drei Meere faszinierte den jungen Mann ebenso wie die Tatsache, dass man Italien wie auf einer Landkarte betrachten konnte. Nach einer halben Stunde vertrieb ihn der Wind wieder vom Kraterrand, und noch beim Abstieg habe es so heftige Windböen gegeben, dass er zweimal zu Boden geworfen wurde. Ein Jahr nach seiner Ätna-Besteigung war Waiblinger tot; er starb vermutlich an Lungentuberkulose. (MÜLLER, 340 f.)

August Bürger

Wunderbare Reisen des Freiherrn von Münchhausen

Die populärsten aller Lügengeschichten im deutschen Sprachraum sind ein Werk des deutschen Balladendichters Gottfried August Bürger (1747–1797). Allerdings hat er sich selbst nie als Verfasser derselben zu erkennen gegeben, wahrscheinlich aus Rücksicht auf den wirklichen Karl Friedrich Hieronymus Freiherr von Münchhausen, der in Bodenweiler an der Weser lebte (1720–1797) und seine Gäste mit seinen Erzählungen zu amüsieren pflegte. 1781 sind dann diese Geschichten anonym in Berlin erschienen und wurden 1785 ins Englische übersetzt, von der sie Bürger ins Deutsche rückübersetzte und mit weiteren Geschichten ausgestattet 1786 in 1. Auflage und 1788 in 2. Auflage herausbrachte. Eine der Episoden erzählt, wie der Lügenbaron, ausgehend von einer Hütte am Fuß des Berges zum Krater des Ätna aufsteigt, in der Absicht ihn zu erforschen. Nur drei Stunden benötigt er bis zur höchsten Spitze des Vulkans, umkreist dreimal den Krater, den man sich als ungeheuren Trichter vorstellen muss. Kurz entschlossen springt er hinein, wobei ihn die *„rothglühenden Kohlen, die beständig heraufschlugen"* an *„edlen und unedlen"* Körperteilen jämmerlich verbrennen. In kurzer Zeit gelangt er auf den Grund, wo er ein *„abscheuliches Poltern, Lärmen, Schreien und Fluchen"* vernimmt. Als er die Augen aufschlägt, findet er sich in der Gesellschaft Vulkans, des römischen Gottes des Feuers und der Kyklopen, seiner Schmiedegesellen. Der Baron war in einen Streit der einäugigen Riesen geraten, der, sobald sie seiner ansichtig geworden waren, plötzlich endete. Vulkan holte gleich Pflaster und Salben, sodass die Wunden des „Ätna-Forschers" im Nu geheilt waren. Dann wurden ihm kostbare Weine kredenzt, wie nur Götter sie trinken. Schließlich stellte ihn Vulkan seiner Gemahlin der Venus vor, die ihn auf Geheiß ihres Gatten verwöhnte. Der *„göttliche Zauberreiz ihres ganzen Wesens, die Zärtlichkeit ihres weichen Herzens"* machten ihn schwindeln. Dann erklärte ihm Vulcanus wie der Berg Ätna beschaffen ist. Er bestehe aus Asche, die von seiner Esse ausgeworfen worden sei und die rotglühenden Kohlen werfe er seinen Schmiedegesellen zur Strafe nach, die diese wiederum hinaus in die Welt werfen würden. Bisweilen könne das monatelang so gehen, was dann gewöhnlich Sterbliche „Ausbrüche“ nennen würden. Das gelte auch für den Vesuv, der ebenfalls zu seinen Werkstätten gehöre. Als der Lügenbaron eines Morgens gerade dabei ist, *„der Göttin bei ihrer Toilette aufzuwarten“*, wirft ihn Vulcanus aus Eifersucht in einen tiefen Brunnen und ruft ihm noch nach: *„Undankbarer Sterblicher, kehre zurück zu der Welt, von der du kamst!“* Er fällt und fällt, bis er die Besinnung verliert und erst erwacht, als er sich im Meer schwimmend wiederfindet. Als es schon Abend wird, sieht er ein Schiff auf sich zukommen, dessen Matrosen holländisch sprechen, ihn an Bord ziehen und ihm erklären, dass sie sich im Südmeer befanden. Nun weiß der Baron, dass er ausgehend vom Ätna *„durch den Mittelpunkt der Erde in die Südsee gefallen war“*, ein Weg, der beträchtlich kürzer ist als rund um die Erde, wie er abschließend bemerkt.

Jan Potocki

Eine Räubergeschichte vom Ätna

Testa-Lunga hatte einen Mann erstochen, der seiner Frau zu nahe getreten war. Um sich der Justiz zu entziehen, schloss er sich einer Räuberbande an, die erst kürzlich am „Gipfel“ des Ätna Zuflucht gefunden hatte, und wurde ihr Anführer. Als die Bande eines Tages beim Gutshof der Mönche auftauchte und sich drei Tage lang an den Vorräten des Hauses gütlich tat, wurde ihr am vierten Tag gemeldet, dass „Dragoner von Syrakus“ anrückten. Daraufhin legten sich die Räuber in einem Hohlweg auf die Lauer, griffen die Soldaten an und versprengten sie.

Nach diesem Sieg kehrten sie wieder zu dem Gutshof zurück. Ein dort wohnender fünfjähriger Bub hatte die Bande kämpfen sehen und war dermaßen begeistert, dass er sich Testa-Lunga zu Füßen warf und diesen bat, ihn in den Kreis seiner Männer aufzunehmen. Als der Junge gefragt wurde, wer er sei, antwortete er, dass er der Sohn des Räuberhauptmanns Zoto sei, worauf alle, die schon unter diesem gekämpft hatten, einen Freudenschrei ausstießen und ihn begeistert aufnahmen. Sie nannten ihn anfangs spaßhalber „Segnor tenente“ und lachten dabei schallend. Aber bald verging ihnen das Lachen, als sie bemerkten, dass der junge Zoto der erste beim Angriff und der letzte beim Rückzug war. Um die Bewegungen der Gegner ausfindig zu machen, stieg er auf Felsen und Bäume und mischte sich sogar unter die Feinde. Die Nächte verbrachte er manchmal auf hohen Kastanienbäumen des Ätna und band sich dort oben fest, um im Schlaf nicht herunter zu fallen.

Das alles trug dazu bei, dass er durch seine Heldentaten bei der Bevölkerung rund um den Ätna mehr Ansehen genoss als Testa-Lunga. Und auch die Schäferinnen des Ätna hatten Gefallen an dem jungen Helden gefunden. Als der junge Leutnant sein 17. Lebensjahr erreicht hatte, war die Bande jedoch genötigt, das Versteck am Ätna aufzugeben, weil der Vulkan wieder einmal ausgebrochen und ihren Rückzugsplatz zerstört hatte.

Diese hier in Auszügen wiedergegebene Geschichte von Jan Potocki (1761–1815) stammt aus seinem Buch *„Die Handschrift von Saragossa“*. Formal lehnt sich der Roman des Polen an Boccaccios Decamerone an. Er erzählt darin, aufgeteilt in 66 Tage, von einem jungen Hauptmann, der in Madrid seinen Militärdienst antreten soll und auf seinem Weg dorthin in Abenteuer verwickelt wird, in denen er seinen Mut beweisen kann. In einer komplizierten Rahmenhandlung kommen mehrere Erzähler zu Wort, z.B. ein Kabbalist, der Ewige Jude, der Räuber Zoto und vor allem Avadoro, das „Oberhaupt einer Zigeunersippe“ (NIEVERS, 189 f.)

Jan Potocki entstammte einer polnischen Adelsfamilie und ist in seinem Leben viel herumgekommen, u. a. in Mitteleuropa, aber er besuchte auch die Türkei, Ägypten und Marokko. In den Jahren 1797–98 hält er sich im Kaukasus auf. Zwischen 1798 und 1805 lebt er in St. Petersburg und in den Jahren 1805–06 bereist er sogar die Mongolei. 1815 begeht er Selbstmord. Er zählt zu den polnischen Erzählern, die das Fantastische in ihren Geschichten in den Vordergrund stellten.

Giovanni Verga

Das Haus am Mispelbaum

Fährt man entlang der Küste von Catania nach Norden, kommt man nach Aci Trezza, ein Fischerdorf zu Füßen des Ätna, das durch den Roman von Giovanni Verga (1840–1922) Berühmtheit erlangt hat. In *„I Malavoglia“ („Die Malavoglia“)* erzählt er die Geschichte einer Fischerfamilie. Der Patron 'Ntoni schickt seinen Sohn Bastianazzo mit einer Ladung Klee in die benachbarte Hafenstadt Riposto. Es handelt sich um ein Spekulationsgeschäft des Vaters, der die Ladung auf Kredit erworben hat. Bei der Fahrt kentert das Boot im Sturm, Mannschaft und Sohn ertrinken dabei. Das Wrack wird an Land gespült und wieder notdürftig repariert, sodass der Vater wieder auf Fischfang gehen kann. Dabei sollen die Enkel dem Patron helfen, doch der eine fällt bei der Schlacht von Lissa. Das nützt Don Silvestro, der Gemeindesekretär, der aus alter Rivalität die Familie 'Ntonis zugrunde richten will, aus und überredet den alten Fischer, das „Haus am Mispelbaum", das noch im Besitz der Familie ist, als Sicherheit für den Kredit einzusetzen. Da es dem alten Malavoglia nicht gelingt, die Summe rechtzeitig aufzubringen, müssen das besagte Haus und das Fischerboot verkauft werden. Das ist das Ende der Familie. (KOHLHAAS, 751)

Giovanni Verga ist ein Vertreter des Verismo, jener Literaturgattung, die Ende des 19., Anfang des 20. Jahrhunderts den sozialen Problemen der Menschen ihr besonderes Augenmerk schenkte. Verga ist Siziliens bedeutendster Vertreter dieser Richtung. Sein bekanntester Stoff ist die *„Cavalleria rusticana"* (Bauernehre), der von Pietro Mascagni vertont wurde und nach wie vor in den Opernhäusern der Welt die Geschichte von Turiddu erzählt, der bei seiner Rückkehr vom Militärdienst Lola, seine Verlobte, verheiratetet mit Alfio vorfindet. Es kommt zum Zweikampf zwischen den beiden Rivalen, bei dem Turiddu erstochen wird.

Selma Lagerlöf

Der größte Berg der Welt

Sie unterrichtete zehn Jahre an einer Volksschule in Landskrona (Südschweden) und arbeitete dann als freie Schriftstellerin. 1909 erhielt sie den Nobelpreis für Literatur und wurde eine der weltweit bekanntesten schwedischen Autorinnen und Autoren überhaupt: Die Rede ist von Selma Lagerlöf (1859–1940). Ihr verdanken wir eine der schönsten Geschichten, die je über den Ätna erzählt wurde. Jedenfalls gibt es meiner Meinung nach keine bessere Zusammenfassung all der Märchen und Legenden, die über den Berg erzählt wurden. Wir werden vieles wiederfinden, von der Antike über das Mittelalter bis in die Neuzeit und was das Volk vielleicht noch vor 100 Jahren gewusst und tradiert hat, von Großmutter zum Enkelkind. Ich weiß nicht, welche Quellen Selma Lagerlöf für ihre Geschichte des kleinen Gaetano Alagona benutzt hat, aber es fehlt nichts, weder die Lavaströme noch die Wälder des Ätna. Die Höhlen werden ebenso angesprochen wie die Farben im wechselnden Tagesablauf, die gefesselten Riesen und die große Schmiede, und auch von Luzifer im Schwefelsee ist die Rede. Doch lassen wir die Autorin selbst zu Wort kommen:

„Gegen das Ende der siebziger Jahre des neunzehnten Jahrhunderts lebte in Palermo ein armer Junge, namens Gaetano Alagona ... Eines Tages, als er gerade sehr eifrig an seinen Aufgaben lernte, kam ein Pater ins Schulzimmer herein und rief ihn heraus, weil eine Verwandte ihn zu sprechen wünsche ...
‚Willst du nun kommen und Diamante (eine Ortschaft) *und den Ätna und den Monte Chiaro sehen?', fragte sie schnell. ‚Den Ätna mußt du sehen. Das ist der größte Berg der Welt. Der Ätna ist ein König; die Berge rings um ihn liegen auf den Knien vor ihm und wagen es nicht, die Augen zu seinem Gesicht zu erheben.'*
Dann begann sie alles Mögliche vom Ätna zu erzählen. Sie glaubte gewiss, sie würde ihn damit locken. Und Gaetano hatte auch wirklich noch niemals darüber nachgedacht, was der Ätna für ein Berg sei. Er hatte noch nie erwogen, dass er Schnee auf dem Scheitel, einen Eichenwald im Bart und Weinlaub um die Hüften trägt, und dass er bis an die Knie in Orangenhainen watet.
Und mitten aus dem Ätna kommen große, breite, schwarze Ströme herausgestürzt. Diese Ströme seien ganz merkwürdig; sie fließen dahin, ohne zu rauschen, sie bilden Wogen ohne Sturm, und die schlechtesten Schwimmer können ohne eine Brücke hinüberkommen. Gaetano erriet, dass sie die Lava meinte. Und sie freute sich, dass er dies erraten hatte. Er hatte also einen guten Kopf. Er war ein echter Alagona.
Und wie groß der Ätna ist! Denkt euch, man braucht volle drei Tage, um auf den Gipfel hinauf und wieder herunter zu reiten. Und dass es außer Diamante dort noch fünfzehn Ortschaften und vierzehn große Wälder und zweihundert kleine Berge gibt! Die Berge sind eigentlich gar nicht so klein, aber der Ätna ist so groß, dass sie neben diesem wie ein Schwarm Fliegen auf einem Kirchendach aussehen. Und dass es dort auch Höhlen gibt, in denen ein ganzes Kriegsheer Platz hat, und alte hohle Bäume, in denen eine große Schafherde bei einem Gewitter einen Unterschlupf findet! Alles, was es nur Merkwürdiges gibt, scheint sich auf dem Ätna zusammenzufinden. Es sind Flüsse da, vor denen man sich in Acht nehmen muß. Ihr Wasser ist so kalt, dass man sterben muss, wenn

man davon trinkt. Und es sind andere Flüsse da, die nur am Tag, und wieder andre, die nur im Winter fließen, und wieder andre, die fast beständig unter der Erde dahinströmen. Und es gibt dort auch warme Quellen und Schwefelquellen und Schlammvulkane.

Es wäre doch wirklich schade, wenn Gaetano diesen Berg, der gar so großartig sei, niemals zu sehen bekäme. Wie ein prächtiges Zelt hebe er sich vom Himmel ab, und er sei gerade so bunt wie ein Karussell. Gaetano müsste ihn nur morgens und abends ansehen, da sei der Berg ganz rot, und er müsste ihn bei Nacht sehen, da sei er ganz weiß. Da würde Gaetano dann schon erfahren, ob es wahr sei, daß er alle Farben annehmen, ja, daß er blau, schwarz, braun und veilchenfarbig aussehen könne. Oder ob er einen Schönheitsschleier trage wie eine Signora. Oder dass er einem Tisch gleiche, der mit Plüschdecken überzogen sei. Oder ob er wirklich eine aus Gold gewobene Tunika und einen Mantel aus Pfauenfedern habe. Und Gaetano werde doch gewiss auch gerne wissen wollen, wie es sich damit verhalte, dass der alte König Artus dort in einer Höhle sitzen solle. Donna Elisa versicherte, es sei die volle Wahrheit, und er wohne auch jetzt noch im Ätna, denn als der Bischof von Catania einmal über den Berg ritt, seien ihm drei Esel davongelaufen, und der Knecht, der auf der Suche nach ihnen war, habe sie dann bei König Artus in der Höhle gefunden. Da habe der König dem Knecht befohlen, dem Bischof zu sagen, dass er, weil seine Wunden nun geheilt seien, mit den Rittern von der Tafelrunde kommen wolle, um in Sizilien alles, was in Unordnung geraten sei, wieder in Ordnung zu bringen. ‚Und wer Augen hat zu sehen, der weiß wohl, dass der König bis jetzt die Höhle noch nicht verlassen hat', sagte Donna Elisa …

Es gefiel ihm wirklich, sie von ihrem Berge erzählen zu hören. Es war so lustig, dass der Berg so vielerlei Künste konnte. Er war offenbar gar nicht wie der Monte Pelegrino bei Palermo, der ganz einfach dasteht und nichts tut. Der Ätna konnte rauchen wie ein Schornstein und sprühen wie eine Gaslaterne. Er konnte rollen, zittern, Lava ausspeien, Steine aufwerfen, Asche säen, das Wetter prophezeien und Regen sammeln. Wenn der Mongibello sich nur rührte, fiel ein Ort um den andern zusammen, als ob die Gebäude nur Kartenhäuser wären.

Mongibello heiße der Ätna nämlich auch, sagte Donna Elisa. Er werde Mongibello genannt, weil das ‚Berg der Berge' bedeute. Und diesen Namen habe er auch wirklich verdient … Jetzt aber fragte sie, ob Gaetano wirklich den Mut hätte, den Ätna zu besuchen, denn in dem Berge selbst gebe es viele gefesselte Riesen und ein schwarzes Schloss, das von einem Hunde mit vielen Köpfen bewacht werde. Auch eine große Schmiede sei dort drinnen mit einem hinkenden Schmied, der nur ein Auge habe, das ihm mitten auf der Stirne sitze. Das Schlimmste von allem aber sei, dass auf dem Grunde des Berges ein Schwefelsee sei, in dem es wie in einem Kessel mit Öl koche, und in diesem Schwefelsee liege Luzifer mit allen Verdammten. Nein, er werde den Mut nicht haben, dahin zu kommen, sagte sie. Sonst sei es allerdings nicht gefährlich, dort zu wohnen, denn der Berg fürchte die Heiligen. Ja, er fürchte sogar viele Heilige, sagte Donna Elisa, am meisten aber die Santa Agata von Catania. Wenn die Leute von Catania sich immer gegen die Heiligen betragen würden, wie es sich gebührte, dann könnten ihnen weder Erdbeben noch Lava Schaden zufügen. Gaetano stand ganz dicht vor ihr und lachte über alles, was sie sagte. Warum war sie nur hergekommen, und warum mußte er über alles lachen? Diese Donna Elisa war doch eine ganz merkwürdige Signora.

Plötzlich sagte er, um sie nicht zu betrügen: ‚Donna Elisa, ich muss Mönch werden.' ‚So, musst du das?', sagte sie. Aber dann begann sie ohne weiteres wieder von dem Berg zu reden.“

Vitaliano Brancati

Bell' Antonio

So wie Catania zum Ätna gehört, so gehört Vitaliano Brancati zu Catania, der wie kein zweiter nach Verga seine Landsleute kannte und sie beschrieb. „Bell' Antonio“ ist die Geschichte eines schönen jungen Mannes aus gutem Haus, der alles zu haben scheint, was der Mensch so braucht, Geld, Freunde und die Zuneigung der jungen Mädchen. Der Frauenheld schlechthin hat aber ein Problem, er ist unfähig zur Liebe und ist nach einer eingegangenen Scheinehe gezwungen, sein schmerzliches Geheimnis zu lüften. Dieses im sizilianischen Gesellschaftsleben so bedeutsame Manko an Männlichkeit ist nicht nur für den schönen Anton ein Problem, sondern für seine ganze Familie. Als Hintergrund dient dem Autor die Zeit zwischen 1934 und 1943, als der Fachismus seine Schatten über das Land ausbreitete. Diesem politischen Background hatte Brancati auch ein Schreibverbot der Faschisten eingetragen. Ursache dafür war sein zweiter Roman („*Singolare avventura di viaggio*“).

Was uns hier aber wichtig erscheint, das ist Brancatis Sprachkunst in Bezug auf Catania, die umgebende Landschaft und seine Charakterisierung des über der Stadt thronenenden Ätna anhand von einigen Zitaten zu zeigen. Es sind die schwarzen Dächer der Stadt, die ihm auffallen und der Märzwind, der bei Sonnenuntergang über die Stadt wie ein wildes Pferd rast, die Pfefferbäume des Stadtparks und schließlich der Ätna „*... der zwischen Meer und Binnenland Siziliens kauert...*" und die schwarzen Dörfer, „*... die sich mühsam an seine Klauen, seinen Schwanz und seinen Rücken klammern*". (BRANCATI, 23)

Als es das Gerichtsgebäude von Catania zu beschreiben gilt, über dessen Dach der Ätna mangels an städtischen Blickfängen emporragt, breitet der Berg „*... seine gewaltigen Flügel, die im Winter weiß wie die eines Schwanes, in den anderen Jahreszeiten violett sind ...*" geradezu drohend aus. (BRANCATI, 35)

Oder an anderer Stelle, wenn Brancati die *Piano di Catania* (die Ebene von Catania) beschreibt, von der aus der Ätna sich in seiner ganzen Größe zeigt, „*... erschreckend, einsam und ohne seinesgleichen wie die letzte mächtige Mauer eines Tempels, dessen übriges Gemäuer fast verschwunden ist*". (BRANCATI, 51)

Das sind Metaphern, die jedem Brancati-Leser in den Sinn kommen, wenn er durch Catania schlendert und ihm das Einmalige dieser Stadt und der sie umgebenden Landschaft bewusst wird.

Wir haben unseren literarischen Spaziergang mit Karl Friedrich Schinkels „*Auf zum Ätna!*" begonnen, mit der „*Fürchterlichen Wanderung*" des Wilhelm Waiblinger fortgesetzt, uns in die Traumwelt des Freiherm von Münchhausen durch Gottfried August Bürger versetzen lassen, die Heldentaten des kleinen Zoto von Jan Potocki köstlich gefunden und die traurige Familiengeschichte „*I Malavoglia*" von Giovanni Verga vorgestellt, die wunderbare und einfühlsame Geschichte der Nobelpreisträgerin Selma Lagerlöf, wie Donna Elisa dem kleinen Gaetano den Ätna schmackhaft machen wollte, und schließlich den „Bell' Antonio" Vitaliano Brancatis in kurzen Auszügen gebracht, um den Leser auf unseren Berg einzustimmen. Sicherlich gibt es noch viele andere Geschichten über den Ätna, die wert wären, in dieses Buch aufgenommen zu werden. Aber neben den literarischen gibt es noch andere Aspekte des Berges, die berücksichtigt werden müssen, so z. B. die religiöse Bedeutung des Feuerberges.

Heiligenverehrung am Ätna

Karl Gratzl

Es gibt verschiedene Möglichkeiten, sich den Heiligen zu nähern, die rund um den Ätna verehrt werden. Man kann z. B. von den Patrozinien ausgehen, also von den Festen der Schutzheiligen der jeweiligen Kirche. Man kann sie auch nach ihrer Beliebtheit in der katholischen Kirche weltweit und in jene, die nur eine örtlich begrenzte Verehrung genießen, einteilen. Wie meist bei weiter zurückliegenden Traditionen, spielt auch bei den Heiligenviten die Glaubwürdigkeit der Überlieferung eine wichtige Rolle. Während von den meisten Heiligen nur Legenden geblieben sind und keine Beweise für ihre Existenz vorliegen, gibt es doch auch schriftlich fixierte Berichte über Menschen, die durch ihre außergewöhnliche Lebensweise die Beachtung und Achtung ihrer Mitmenschen gefunden haben.

Man muss sich heutzutage die Frage stellen, sind die Heiligen in einer Zeit, die hauptsächlich dem Diesseits zugewandt ist, noch von Bedeutung. Sind sie noch immer beispielgebend oder sind sie nur mehr Persönlichkeiten aus längst vergangenen Tagen, als sie ihr Leben Gott weihten und für ihren festen Glauben auch den Märtyrertod auf sich nahmen? Sind sie noch Ehrfurcht gebietend oder wurden sie bereits zu oberflächlichen Helfern im täglichen Leben wie der hl. Antonius, der angerufen wird, wenn man etwas verloren oder verlegt hat?

Am Anfang stand die Verehrung der frühchristlichen Märtyrer und ihrer Reliquien. Erst ab dem 6. Jahrhundert lässt sich der Würdetitel „heilig" (lat. *sanctus*, griech. *hagios*) nachweisen. Danach sind die Väter, die sich in die Einsamkeit und Ausgesetztheit der Wüste zurückgezogen hatten, und später die Mönche in Klöstern oder die Einsiedler in den Höhlen von Bedeutung.

Im frühen Christentum und im Mittelalter hat man die Realität der Heiligen nicht in Frage gestellt. Die Erzählung über ihr Wirken auf Erden wurde nicht nur für wahr, sondern für wirklich empfunden. Erst viel später begann auch die katholische Kirche zwischen Geschichte und Legende zu trennen und ihrem Kanon anzupassen.

Wenn wir uns hier mit den um den Ätna verehrten Heiligen beschäftigen, so tun wir das, um zum besseren Verständnis des noch heute geübten Brauchtums beizutragen. Wir blicken dabei nicht überheblich oder gar belustigt *„auf das niedrige geistige Leben"* des sizilianischen Volkes, wie sich Sartorius (I, 274) noch auszudrücken pflegte, sondern respektieren in vollem Umfang die geübte Volksfrömmigkeit. Jeder Ort hat so seine bevorzugten Heiligen, von denen nur ganz wenige überall verehrt werden, wie z.B. die Madonna oder der hl. Josef, der Nährvater Christi. Mehr als die Hälfte aller Kirchen in Sizilien sind der Gottesmutter Maria geweiht, was auch für die Gotteshäuser in den Städten und Dörfern rund um den Ätna gilt.

Santa Maria

Zahlreich sind die schmückenden oder erklärenden Beinamen der Gottesmutter, die jeweils eine besondere Bedeutung im Volke haben. Salvino Greco, der Autor des Buches *„I Santi Patroni di Sicilia"* unterscheidet an die 50 Namen. Die Verehrung erfolgt meist unter einem bestimmten Aspekt. So wird *Maria Annunziata* (Verkündigung) am 25. März in Bronte und Pedara gefeiert, während man die *Madonna Provvidenza* (Vorsehung) in Zafferana Etnea in den Vordergrund stellt und ihr Fest am 1. Sonntag im August feiert. *Beata Vergine del Monte Carmelo* wird nicht nur am Ätna, sondern in allen Diözesen Siziliens verehrt, aber besonders in Randazzo. In der Chiesa Santa Maria Annunziata in Bronte befindet sich ein Bild, welches die Eruption der Jahre 1651–1653 darstellt und dessen Bilderklärung wir im Kapitel *„Die größten Ausbrüche des Ätna"* im zweiten Abschnitt dieses Buches zitieren. Auch die in der Nähe von Bronte befindliche ehemalige Abtei Santa Maria di Maniace war der Gottesmutter geweiht.

Abb. 1: Bild aus der Kirche Annunziata in Bronte. Im zentralen unteren Bereich erkennt man die Stadt Bronte mit gerade ausbrechendem Ätna. (Foto: G. Kastberger, Okt. 2011)

Abb. 4: Griechische Ikone der Panagia Eleousa am Hauptaltar der Kirche von „Santa Maria di Maniace", besser bekannt unter „Castello Nelson" in der Ortschaft Maniace. Im Jahr 1038 brachte angeblich Giorgio Maniace, byzantinischer Kämpfer gegen die Sarazenen, die Ikone hierher. (Foto: G. Kastberger, Okt. 2011)

Abb. 2: Aus Dankbarkeit für den Stillstand des Ausbruchs von 1928 hat man eine Grotte aus Lavasteinen errichtet, in der eine kleine Marienstatue aufgestellt wurde. (Foto: K. Gratzl, Okt. 2011)

Abb. 3: Die an jenem Ort aufgestellte Pietà, wo die Lava von 1928 zum Stillstand gekommen ist. Die Inschrift darunter lautet: „Riconoscenca per scampato pericolo dell'eruzione dei 3/11/1928". (Foto: K. Gratzl, Okt. 2011)

Das Fest Mariä Himmelfahrt (*Assunzione della Beata Vergine Maria*) wird besonders in Messina und Randazzo gefeiert, wobei jedes Jahr am 15. August in den Hauptstraßen eine feierliche Prozession stattfindet, wo auf Wagen der Tod der Gottesmutter und ihre Himmelfahrt symbolisch nachempfunden werden. (GRECO, 246)

Besondere Verehrung genießt die Gottesmutter in einer Grotte einer Kirche des 18. Jahrhunderts, die heute dem hl. Gaetano geweiht ist und in Catania in der Nähe der Piazza Carmine steht. Hier haben sich die Reste eines in der frühchristlichen Zeit entstandenen Kultes bewahrt. Es handelt sich um einen unter der Erde liegenden Ort, der von der Lava zugedeckt und durch das Erdbeben des Jahres 1693 verschüttet wurde, aber später dank der Hingabe der Cataneser zu dem Bild der „Madonna von der Grotte" wieder ans Tageslicht kam.

Entsprechend der Überlieferung hat das Wandgemälde den Altar einer kleinen frühchristlichen Kirche geschmückt, die im 4. Jahrhundert im Innern einer Lavagrotte errichtet worden war und einst die heiligen Gebeine der Sant'Agata und des hl. Euplius beherbergt hat. (RICCOBONO, 74)

Natürlich gibt es noch weitere Verehrungsstätten der Gottesmutter um den Vulkan, so z.B. die *Madonna di Valverde* oder die *Madonna del Piliere* von Randazzo. Beide sind entsprechend in dem großartigen Buch „Imago Aetnae" auf S. 61–79 von Franz Riccobono behandelt worden.

San Giuseppe

Gleich nach der Muttergottes scheint der hl. Josef in der Gunst der Gläubigen zu stehen, den die Sizilianer San Giuseppe nennen. Er wird in allen Diözesen der Insel gefeiert, und zwar am 19. März. Josef, das Haupt der Heiligen Familie und Gemahl der Gottesmutter Maria, wurde 1870 von Papst Pius IX. zum Patron der Gesamtkirche ausgerufen und 1962 von Papst Johannes XIII. in den Kanon der heiligen Messe aufgenommen. San Giuseppe gehört zu den am meisten verehrten Heiligen überhaupt, so auch in den Alpenländern, aber ganz besonders in Italien. In Sizilien ist das Brauchtum um den Heiligen besonders ausgeprägt. So werden anlässlich seines Festes *panetti* (Brote in Menschengestalt) gebacken. Diese Figuren stellen für gewöhnlich Heilige, Engel, Mönche dar. Die geweihten Brote können aber auch Tiere wie Fische oder Esel abbilden, die dann am Abend des Festtages von den Gläubigen verspeist werden. (GRECO, 200)

Sant'Antonio, Abate

Der hl. Antonius, „der Vater des Mönchtums", hat viele Beinamen; in Italien nennt man ihn, wohl zur Unterscheidung vom hl. Antonius von Padua, „Abate", bei den Griechen heißt er „Eremita", also Einsiedler. Geboren wurde Sant'Antonio, 251 in Oberägypten, gestorben ist er 356 am Berge Kolzim in der Nähe des Roten Meeres im Alter von 105 Jahren. Antonius zählte zu den ersten Anachoreten, d.h. zu jenen Christen, die ihr Leben in Zurückgezogenheit, abseits der Menschen in der Wüste verbringen wollten. Im Alter von zwanzig Jahren verließ er seine Familie, verteilte seinen Besitz an die Armen und zog in die Thebaische Wüste im oberen Niltal. In der Einsamkeit der Wüste machen ihm die Dämonen zu schaffen, gaukeln ihm Bilder des Wohllebens unter den anderen Menschen vor, wollen ihn zur Rückkehr veranlassen. Doch er widersteht allen Anfechtungen und zieht sich noch tiefer in die Wüste zurück. Sein tugendhaftes Leben in der Einsamkeit war jedoch nicht verborgen geblieben. Jünger scharten sich um ihn, und die Menschen kamen, um von ihm Rat und Trost zu erhalten. Als ihm der Trubel zu viel geworden war, schloss er sich im Jahre 312 einer Karawane an, die nach Osten zog. Am Berge Kolzim fand er schließlich wieder einen einsamen Ort, wo er ungestört zu leben hoffte. Aber auch hierher war ihm der Ruf seiner Heiligkeit gefolgt und die Menschen pilgerten zu ihm. Selbst die Herrschenden suchten seinen Rat, sodass ein regelrechter „Postverkehr" mit Dromedaren eingerichtet werden musste. Ein Jahr nach seinem Tod veröffentlichte Athanasius die Biografie des Heiligen, die, immer wieder kopiert, das Ideal des Mönchtums weithin verbreitete.

Im Bereich des Ätna wird Sant'Antonio besonders in Misterbianco, das einige Kilometer westlich von Catania liegt, in Camporotondo Etneo und in Pedara verehrt, aber es gibt natürlich aufgrund seiner Beliebtheit in der Bevölkerung viele sizilianische Orte, die ihn als Kirchenpatron haben. Sein Fest wird am 17. Jänner gefeiert. (GRECO, 192)

Santa Agata

Was die hl. Rosalia für Palermo, das ist die hl. Agata für die zweite Großstadt Siziliens, für Catania. Christlicher Überlieferung zufolge wird Agata seit dem 5. Jahrhundert verehrt. Nach den zwar historisch nicht beglaubigten Märtyrerakten hat sie ihr Martyrium zur Zeit der Christenverfolgung unter Kaiser Decius (249–251) in Catania erlitten. Ausführlich wird ihr Leiden in der *Legenda aurea* des Jakobus von Voragine erzählt, eine Legendensammlung, die erstmals im 13. Jahrhundert auftaucht und im Mittelalter weit verbreitet war. Wir wollen daraus nur jene Abschnitte anführen, die den Ursprung ihrer Verehrung in Zusammenhang mit dem Ätna zeigen.

Es wird erzählt, dass ein Jahr nach dem Tod der Märtyrerin der Ätna ausgebrochen ist und glühende Lava wie ein Gießbach den Berg herabfloss und die Stadt Catania bedrohte. Daraufhin liefen die Bewohner zum Grab der hl. Agata und nahmen den Schleier, der das Grab bedeckte, und trugen ihn dem Feuerstrom entgegen. Und siehe da, der stand still. Seither ist die hl. Agata die Patronin der Stadt Catania und ihr Fest wird alle Jahre zwischen dem 3. und 5. Februar mit großem Prunk gefeiert. *„Vivat Sant'Agata!"* ruft die Menge am Domplatz und tausende Raketen werden zu Ehren der Heiligen abgefeuert. Bei der Kerzenprozession (*Processione delle Candelore*) werden ihre Reliquien in hölzernen Prunkwagen durch die Straßen der Stadt geführt. Seit dem 16. Jahrhundert bewahrt man sie in einem kostbaren Schrein im Dom und holt sie nur zur Prozession oder bei Bedrohung durch den Ätna hervor. Ergänzend dazu sei vermerkt, dass sich auch im Dom von Verona angeblich Reliquien der hl. Agata befinden.

Neben dem berühmten Schleier, der sich schon öfter als feuerabwehrend herausgestellt hat, ist noch ein zweiter Aspekt von Bedeutung: Die Brüste der Heiligen. Nach der Legende hatte sich nämlich die Jungfrau aus vornehmer Familie geweigert, den heidnischen Stadtpräfekten Quintian zu ehelichen, worauf sie in den Kerker geworfen und gefoltert wurde. Dabei haben ihr die Schergen auch ihre Brüste abgeschnitten. In der Nacht erschien jedoch der hl. Petrus im Kerker und heilte sie wieder. (STRITZKY, 225)

Bei dem Ausbruch des Jahres 1408 wurde nicht nur der Schleier der Heiligen hervorgeholt und vom Bischof von

Abb. 5–7: Unter den Gesängen der Gläubigen zieht die „Processione delle Candelore“ zwischen dem 3. und 5. Februar durch die Straßen von Catania. Dazu gehört auch der Schrein mit den Reliquien der hl. Agata. (Fotos S. Caffo, 2012)

Catania dem Feuerstrom entgegengetragen, sondern auch deren Brüste, wie uns Don Bartolomeo von Paterno berichtet. Siehe dazu die bereits angeführte Stelle im Kapitel *„Die bedeutendsten Ausbrüche des Ätna“* dieses Buches. Man wird sich unter den in der Prozession mitgetragenen Brüsten wohl eine Nachbildung derselben in Holz vorstellen müssen. Leichter hatte es der bedeutendste italienische Dekorationsmaler des 18. Jahrhunderts, Giovanni Battista Tiepolo, wie auf dem von ihm gemalten Bild „Das Martyrium der hl. Agathe“ zu sehen ist: Die Brüste liegen auf einem Tablett, während die Heilige ihren Blick gen Himmel richtet.

Der Schleier konnte auch immer wieder ausgeborgt werden, wenn der Ätna einen Ort außerhalb Catanias bedrohte. 1654 war zum Beispiel Bronte betroffen, sodass die Bürger in ihrer Not den Bischof von Catania um den Schleier baten und auch erhielten. Dasselbe Ansinnen richteten die Bewohner von Nicolosi 1766 an den damaligen Bischof von Catania. Nicht frei von Sarkasmus kommentiert Sartorius von Waltershausen die Volksfrömmigkeit, wenn er vom Schleier als „geheiligter Baumwolle“ und von der „gloriösen Jungfrau S. Agata“ spricht, und auch davon, dass die Prozession mit dem Schleier am 1. Mai 1766 stattgefunden hat, *„... nachdem der Lavastrom bereits zwei Tage vorher zu erkalten begann.“* (SARTORIUS I, 274)

Die Heilige wird nicht nur Anfang Februar in Catania groß gefeiert, sondern noch ein zweites Mal, nämlich am 17. August zur Erinnerung an die Überführung ihrer Reliquien von Konstantinopel nach Catania.

San Biagio

Aber auch zu Ehren anderer Heiliger werden an deren Festtagen Brote gebacken, so z.B. für San Biagio, ein Bischof und Märtyrer, dessen Fest am 3. Februar besonders in Bronte und Sant'Alfio gefeiert wird. In Sant'Alfio nennt man die geweihten Brote *Cuddureddi di Sambrasi*, die bei der Kalvarienkirche des Ortes an die Gläubigen verteilt werden. San Biagio stammte aus Sebaste (heute Sivas in der Türkei) und war dortselbst Arzt und Bischof. In den Alpenländern kennt man ihn unter dem Namen Blasius und die Griechen nennen ihn Vlasios. Er ist einer der vierzehn Nothelfer und ihm sind zahlreiche Klöster und Kirchen geweiht, in Deutschland zum Beispiel das Schwarzwaldkloster St. Blasien.

San Biagio / Blasius war nach der Legende wegen seiner Hilfsbereitschaft und Menschenliebe bei der Bevölkerung von Sebaste sehr geschätzt und er wurde deshalb zum Bischof gewählt. Kurz danach fand wieder einmal eine Christenverfolgung statt (um das Jahr 287), sodass der Bischof in die Berge flüchten musste, wo er sich in einer Höhle verbarg. Menschen und Tiere trauerten, als er dort von den Häschern des Statthalters aufgestöbert und in den Kerker geworfen und getötet wurde.

Nach einer Überlieferung rettete er einem Jungen, der an einer Fischgräte zu ersticken drohte, das Leben, weshalb man den Heiligen heute noch bei Halsschmerzen um Hilfe bittet. In Salemi, eine Ortschaft östlich der Hafenstadt Mazara del Vallo in Westsizilien, wird er in der Rabato-Kirche verehrt. Zu seinem Fest werden kleine Brote gebacken (*cavaddhuzzi*), die en miniature Schmuck aller Art, Blumen, Tiere, Seepferdchen usw. darstellen. In Santa Lucia del Mela werden

Abb. 8: San Biagio / hl. Blasius war der Legende nach für seine Hilfsbereitschaft und Menschenliebe bekannt und erlitt während der Christenverfolgung (um 287) sein Martyrium. Patron von Bronte. Die Statue befindet sich in der Chiesa Madre (Madrice) in Bronte. (Foto: K. Gratzl, Okt. 2011)

am Tag seines Festes geweihtes Brot und andere Cerealien gesegnet und der Heilige zum Schutz des Landes und der Tiere angerufen, wobei verschiedene Umgänge im Bereich der Kathedrale gemacht werden. Der Kult wird besonders im Dorf Altolia in der Diözese Messina gepflegt. (GRECO, 195)

San Vito

Unser nächster Heilige, San Vito, hat einiges gemein mit San Biagio, denn auch er zählt zu den frühen christlichen Märtyrern, wurde unter die 14 Nothelfer eingereiht, und ist besonders zuständig für Notfälle, wie bei Epilepsie, Tollwut und Schlangenbiss und bei vielen anderen Nöten. Im Mittelalter zählte der heilige Veit (oder Vitus) zu den beliebtesten Heiligen überhaupt. Seine Reliquien wurden 1355 nach Prag gebracht und darüber der berühmte Veitsdom erbaut. Aber es wäre verwunderlich, wenn nicht in vielen anderen Kirchen in ganz Europa behauptet würde, sie wären auch im Besitz von Gebeinen des Heiligen. In Sizilien werden solche in Regalbuto aufbewahrt, der Heilige wird dort am 9. August mit einer Prozession gefeiert, in Chiaramonte hingegen am letzten Augustsonntag.

Abb. 9: San Vito, hl. Vitus, frühchristlicher Märtyrer, Patron von Sizilien. Hier wird er bei *còrea* (krampfartigen Bewegungen des Körpers) oder auch beim Biss wilder Tiere oder tollwütiger Hunde angerufen. Die Statue des San Vito findet sich in der Kirche des Heiligen in Bronte. (Foto: K. Gratzl, Okt. 2011)

In San Vito lo Capo, einem Badeort im Nordwesten Siziliens, steht die Kirche zu Ehren des hl. Vitus innerhalb einer viereckigen Festung, die im 16. Jahrhundert als Schutz gegen Piraten erbaut worden war. Hier feiert man den Schutzpatron des Ortes am 15. Juni.

San Vito ist ein sehr brauchbarer Heiliger und viele Berufsgruppen, Länder und Städte haben ihn zum Patron, so auch Sizilien. Dort ist er der Hauptpatron von Stadt und Diözese Mazara del Vallo in Westsizilien. Nach der Legende breitete sich sein Kult von Sizilien über ganz Italien und Europa aus. In heidnischer Zeit pflegte das Volk die Sommersonnenwende mit zügellosen Tänzen zu feiern. In christlicher Zeit wurden dieselben zum *Choreal Sancti Viti*, zum „Veitstanz“ umgeformt. Noch heute ist der Terminus „Veitstanz“ gebräuchlich. In Sizilien wird San Vito bei *còrea* (krampfartige Bewegungen des Körpers) angerufen, beim Biss wilder Tiere, bei Angst vor Wasser oder bei tollwütigen Hunden. (GRECO, 222)

Sant'Egidio Abate

Und noch einmal begegnet uns im Ätna-Gebiet einer der 14 Nothelfer, der hl. Ägydius, den man in Sizilien Sant'Egidio Abate nennt. Nach einer der Versionen stammte er ursprünglich aus einer vornehmen Athener Familie. Als seine Eltern gestorben waren, soll er nach Frankreich gegangen sein und dort das Leben eines Eremiten geführt haben. Je nach Land und Sprache kennt man ihn als St. Gilles. In Österreich ist der Ort St. Gilgen nach dem Heiligen benannt. Ebenso wie der vorhin beschriebene hl. Vitus war auch Ägydius im Mittelalter ein beliebter Heiliger, und unzählige Kirchen sind ihm deshalb geweiht worden. In Österreich ist St. Ägydius der Schutzheilige von Kärnten und von Klagenfurt sowie von der steirischen Landeshauptstadt Graz, wo ihm die Domkirche geweiht ist. Sehr oft wird der Heilige als Abt dargestellt, deshalb auch sein italienischer Beiname „Abate“.

Abb. 10: Bild aus der Kirche von Linguaglossa mit dem Ausbruch des Ätna, Sant'Egidio Abate, hl. Ägydius. Ihm zu Ehren findet bis heute in Linguaglossa sein Fest statt, das erstmals im 13. Jh. nachgewiesen ist. Nach der lokalen Überlieferung bewahrte der Heilige das Stadtzentrum von Linguaglossa vor den Lavaströmen des Ätna. Im Jahr 1566 soll ein Haus des Ortes, in dem eine Frau lebte, durch die Lava mitgerissen worden sein, wunderbarerweise wurde sie jedoch durch den Heiligen gerettet. Bild in der Chiesa madre madonna della grazie in Linguaglossa. (Foto: G. Kastberger, Okt. 2011)

Abb. 11: Obige Szene als Wandmalerei an einem Haus in Linguaglossa. (Foto: K. Gratzl, Okt. 2011)

Für seine tatsächliche Existenz gibt es keinerlei Beweise, nur verschiedene Versionen seiner Vita. Das wird wohl auch der Grund dafür gewesen sein, dass sein Kult von der katholischen Kirche 1969 stark eingeschränkt wurde. Nach seinem Tod wurden seine Reliquien angeblich nach Toulouse gebracht, wie jedoch aus den diversen Berichten zu schließen ist, auch weit im übrigen Europa verstreut. Ihm zu Ehren findet allerdings bis heute in Linguaglossa im Nordosten des Ätna sein Fest statt, das erstmals im 13. Jahrhundert nachgewiesen ist. Nach der lokalen Überlieferung bewahrte der Heilige das Stadtzentrum von Linguaglossa vor den Lavaströmen des Vulkans. Im Jahre 1556 soll ein Haus des Ortes durch die Lava mitgerissen worden sein, so berichtet zumindest Greco (S. 255). Aufgrund der exakten Arbeitsweise durch Sartorius, der den Ausbruch für das Jahr 1566 ansetzt, nehmen wir an, dass es sich bei Greco um einen Irrtum handelt. Dabei soll das Gebiet der Stadt 1566 in einer Länge von 12 000 Schritt von Lava bedeckt worden sein. Die Lava soll noch am Ende des 19. Jahrhunderts deutlich sichtbar gewesen sein. (SARTORIUS I, 232)

In dem von Greco angesprochenen Haus soll eine Frau gelebt haben, die wunderbarerweise bei der Zerstörung ihres Hauses unversehrt geblieben war. Entweder halfen die Gebete zu Sant'Egidio oder das Bild des Heiligen, das über dem Bett der Frau hing, habe das Wunder bewirkt. Der Heilige habe ihr auch einen Stock gegeben, den sie dem Lavastrom entgegenhielt. In Erinnerung an dieses Ereignis wurde dem „Schatz des Heiligen" in Linguaglossa 1923 ein silberner Bischofstab hinzugefügt, der, als ein neuerlicher Lavastrom die Stadt bedrohte, durch Kardinal Cento der Lava entgegengestellt wurde, worauf diese plötzlich zu fließen aufgehört habe. Von den Gläubigen des Städtchens wird Sant'Egidio jedenfalls als Wundertäter angesehen und sein Fest am 1. September entsprechend mit einer Prozession am ersten Sonntag des September gefeiert. (GRECO, 254 f.)

Nachdem wir uns bisher ausschließlich mit Heiligen befasst haben, die entweder im römischen Messkanon aufscheinen oder zumindest auch im gesamten Bereich des Katholizismus bekannt und beliebt sind, wollen wir uns nun den eigentlichen Ätna-Heiligen widmen, die man eben nur rund um den Vulkan kennt und verehrt. Der wesentliche Unterschied zu den bisher besprochenen Heiligen besteht darin, dass die Geschichte dieser Heiligengestalten in der Bevölkerung des Ätna-Umlandes mündlich tradiert wurde.

San Nicolò Politi

San Nicolò Politi stammte aus einer vornehmen Familie von Adrano. Als ihn die Eltern dazu drängten, zu heiraten, flüchtete er am Vorabend der Hochzeit in eine Höhle, um dort ein seiner Überzeugung nach gottgefälliges Leben zu führen. Ein Engel geleitete ihn auf seinem Weg in die Höhle, in der er so dann drei Jahre in Gebet und Meditation verbrachte. Als er jedoch erfuhr, dass seine Eltern seinen Aufenthaltsort gefunden hätten, verließ er sein bisheriges Domizil und wechselte zu den benachbarten Nebrodi-Bergen und ließ sich wieder in einer Höhle bei der Ortschaft Alcara nieder. Hier verbrachte er dreißig Jahre in Betrachtung des Kruzifixes und starb am 17. August 1167. Eines Tages entdeckte ein Rinderhirte, der dort sein Vieh auf der Weide hatte, rein zufällig die Leiche des Eremiten. Er verständigte daraufhin die lokalen Behörden, die seinen unverwest gebliebenen Körper in die Kirche Santa Maria di Rogato brachten. Als die Bewohner bezeugten, dass einige Wunder geschehen seien und diese dem Heiligen zuschrieben, erteilte Papst Julius II. die Erlaubnis, ihn in der Kirche, in der man ihn begraben hatte, aber eben nur dort, zu verehren.

Seine sterblichen Überreste sind in der Folge Gegenstand der Verehrung bei den Bewohnern beider Dörfer geworden, sowohl in Adrano als auch in Alcara, dessen Patron er auch ist. Die Reliquien werden bis heute in beiden Ortschaften verehrt. In der nach ihm benannten Kirche bewahrt man ein Bild auf, das 1707 von Filippo Tancredi gemalt wurde. (GRECO, 247)

G. Morelli hat in seiner Schrift „San Nicolò Politi, Patrono di Alcara“ (Messina 1967) ein schriftliches Denkmal gesetzt. Über weitere Literatur zu dem Leben des Heiligen und seine Verehrung siehe den Beitrag von Franz Riccobono „*Da Mongibello alla Muntagna*“ in „Imago Aetnae“.

Im Gemeindegebiet von Adrano befindet sich die „Grotta del Santo“, die Höhle des Heiligen. Sie ist eine der längsten Höhlen des Vulkans. Ihre Gesamtlänge beträgt 924 m und die Tiefe wird mit 44 m angegeben. Sie liegt in 1 043 m über Meer und ist charakterisiert durch viele niedrige Schächte, die übereinanderliegend den Eindruck eines Labyrinths vermitteln. In den Stein gehauene Stufen erleichtern den Eintritt in die Höhle. Bald gelangt man in einen ziemlich großen Hauptraum mit einem Altar, der zu Ehren des San Nicolò Politi errichtet wurde. Die Höhle stammt aus prähistorischer Zeit, wie man aus der hier vorgefundenen Keramik geschlossen hat. Archäologen haben sie der Malpasso-Kultur zugeordnet, die in die letzte Phase der Kupferzeit fällt. (PRIVITERA)

San Lorenzo da Frazzanò

Eine andere Heiligengestalt, die mit dem Ätna in Verbindung steht, ist S. Lorenzo da Frazzanò, ein Freund des vorhin besprochenen Nicolò Politi. Lorenzo lebte zunächst im Basilianerkloster von Troina, doch sehr bald zog er das Leben in Gemeinschaft mit zwei anderen Mönchen in einer Grotte des Ätna vor. Nach Jahren der Meditation im Inneren einer heute unbekannten Grotte beschloss er, in die Klostergemeinschaft zurückzukehren. Wunderbarerweise kündigten die Glocken des Konvents seine Rückkehr an, indem sie zu läuten begannen. Wunder geschahen sowohl in Sizilien wie in Kalabrien, wo nach ihm eine Ortschaft in der Nähe von Reggio benannt wurde. Heute ist er der Patron von Frazzanò in den Nebrodi-Bergen. (RICCOBONO, 73)

Sant'Alfio, Filadelfio und Cirino

Weit verbreitet ist die Verehrung von drei Heiligen Siziliens, die immer gemeinsam auftreten, sie waren ja auch der Legende nach Brüder, die zur Zeit der Christenverfolgung durch Kaiser Decius (249–251) ihr Martyrium erlitten. Ursprünglich hatte man sie in Rom eingekerkert, dann aber nach Messina verschifft und von dort in Ketten nach Taormina gebracht, wo sie von dem damaligen Präfekten Tertullo zum Tode verurteilt wurden. Schließlich führte man sie nach Lentini, wo sie mehrmals aufgefordert wurden, den christlichen Glauben abzulegen. Als sie jedoch standhaft blieben, befahl Tertullo, dem Alfio die Zunge herauszuschneiden, den Filadelfio auf einen glühenden Rost zu legen und Cirino in einen Kessel mit siedendem Öl zu tauchen.

Der Kult der Heiligen hat sich sehr rasch auf der ganzen Insel verbreitet, ganz besonders festgesetzt hat er sich jedoch in Trecastagni an der Südostabdachung des Ätna. Der Name des Ortes wird auf die „drei keuschen Lämmer" (*Tre casti agni*) zurückgeführt, womit die drei Märtyrer gemeint sind. Ihnen wurde die schöne Kirche geweiht, die auf einer erhöhten Stelle des Ortes aus Lavablöcken errichtet wurde und von wo man einen herrlichen Rundblick über die Gegend zwischen Taormina und Catania hat. Die Kirche wurde angeblich von Antonello Gagini geplant und errichtet. Große Verehrung genießen die drei Märtyrer auch in San Fratello (angeblich entstanden aus San Filadelfio und Sant'Alfio). Das Fest der Heiligen wird am ersten Maisonntag gefeiert. Der eigentliche Festtag ist jedoch der 10. Mai. (GRECO, 211)

Abb. 13: Die Heiligen S. Alfio, S. Filadelfio und S. Cirino nach einem Kupferstich im Besitz des Museums in der Kirche der drei Heiligen in Trecastagni. (Foto: G. Kastberger, Okt. 2011)

Zahlreiche Votivbilder finden sich beim Heiligtum von Trecastagni (Santuario di Trecastagni), von denen man annimmt, dass sie ihren Beitrag zum Schutz vor Erdbeben und Ausbrüchen des Ätna geleistet haben. Anlässlich ihres Festes im Mai jeden Jahres kommen die Gläubigen bei Nacht zu diesem Heiligtum und bringen zum Altar große brennende Kerzen, die in einem Raum deponiert werden, wo Hunderte von Flammen sich zu einem Lichtermeer vereinigen und gleichsam im Innern der Kirche den Eindruck eines Vulkanausbruchs vermitteln. Bei dem gleichzeitig stattfindenden Fest werden kaum gereifte Feldfrüchte (vor allem Knoblauch) angeboten, in Anlehnung an den Mythos von Ceres und ihrer Tochter Proserpina. (RICCOBONO, 74)

San Rocco

Der hl. Rochus ist der Schutzheilige von Linguaglossa und wird am 16. August gefeiert. Er ist der eigentliche Pestpatron, was durch die Pestbeule an seinem Oberschenkel zum Ausdruck gebracht wird. Üblicherweise wird er als junger bärtiger Mann im Pilgergewand dargestellt, neben sich einen Hund mit einem Brot im Maul, der ihn der Legende nach damit nährte. Beweise für die tatsächliche Existenz des hl. Rochus gibt es nicht, wenngleich sowohl Geburts- als auch Sterbejahr tradiert werden. Nach Francesco Diedo wurde er 1295 in Montpellier in Frankreich geboren (nach Giuseppe De Luca lebte er von 1328 bis 1360) und starb 1327. (GRECO, 247)

Er entstammte einer vornehmen und reichen Familie. Als seine Eltern gestorben waren, verkaufte er alles, was er hatte, und verteilte den Erlös an die Armen. Dann begab er sich auf eine Pilgerreise nach Rom. Zu dieser Zeit wütete überall in Italien die Pest. Wo er nur konnte, leistete er Hilfe, wobei er sich durch die wundersame Genesung der behandelten Kranken den Ruf eines Wunderheilers erwarb. Nach einem dreijährigen Aufenthalt in Rom machte er sich wieder auf die Heimreise. In Piacenza pflegte er wieder die Pestkranken, wurde aber selbst von der Krankheit befallen und zog sich in die Einsamkeit zurück, kam aber wunderbarerweise wieder zu Kräften. Endlich wieder zurück in seiner Heimatstadt, erkannte niemand den von der Krankheit gezeichneten Mann. Er wurde der Spionage verdächtigt und in den Kerker geworfen, wo er fünf Jahre zubrachte. Erst als er gestorben war, erkannte man ihn an einem kreuzförmigen Mal und bestattete ihn unter großer Anteilnahme der Bevölkerung.

Abb. 12: Votivbild der drei Heiligen S. Alfio, S. Filadelfio und S. Cirino im Museum der Kirche der drei Heiligen in Trecastagni. (Foto: G. Kastberger, Okt. 2011)

Abb. 14: Votivbild im Museum von Trecastagni. Wagenunfall des Pietro Scuderi am 1. August 1890, bei dem der Fahrer offensichtlich glimpflich davongekommen ist. Die drei Heiligen Cirino, Alfio und Filadelfio erscheinen in einer Wolke. Im Hintergrund der gerade ausbrechende Ätna. Man beachte den schön bemalten „carretto". (Foto: G. Kastberger, Okt. 2011)

Abb. 15: Votivbild im Museum von Trecastagni. Ein Felssturz hatte Giuseppe teilweise verschüttet. Da geschah das Wunder, das von den drei Heiligen im Juni 1924 bewirkt wurde. Der Mann kam auf diese Weise mit dem Leben davon. Im Hintergrund raucht der Ätna. (Foto: G. Kastberger, Okt. 2011)

Abb. 16: Votivbild im Museum von Trecastagni. Ein Wagen ist umgestürzt, wobei drei Erwachsene und ein Kind in einem Korb herabgeschleudert wurden. Auch dieser „carretto" ist schön bemalt. Das Unglück ereignete sich am 10. Mai 1894. Die drei Heiligen schweben in einer Wolke über dem Geschehen. Im Hintergrund wieder der Ätna. (Foto: G. Kastberger, Okt. 2011)

Städte, Dörfer und Flüsse rund um den Ätna

Karl Gratzl

Catania – „Die Tochter des Ätna"

Catania ist im Wesentlichen eine Barockstadt. Das verdankt sie zwei Umständen, die ihr mehr oder minder aufgezwungen worden sind: Der Ausbruch des Ätna im Jahre 1669, bei dem die Lavaströme durch die Stadt bis ans Meer flossen, und das Erdbeben von 1693, bei dem die Reste der Stadt fast gänzlich zerstört wurden. Doch die Stadt sollte sich wie ein Phönix aus der Asche wieder erheben. Bürgerfleiß und der palermitanische Architekt Giovanni Battista Vaccarini (1702–1768) haben im 18. Jahrhundert eine neue Stadt auferstehen lassen, prächtiger als je zuvor. Insoferne hat der Satz von Eckart Peterich: *„Catania ist durchaus eine Tochter des Ätna"* seine Berechtigung.

Aber Catania ist natürlich neben seinen barocken Prachtbauten auch eine Stadt der grauen Dächer, die wir durch Brancatis *„Bell'Antonio"* kurz kennengelernt haben. Über diesen grauen Dächern ragt der Ätna empor, ein schlafender Riese, der jederzeit wieder ausbrechen und die Stadt verwüsten kann, wie er das schon gezählte sieben Male getan hat. Den gewaltigsten aller Ausbrüche haben wir schon von dem deutschen Sizilien-Reisenden Hoffweiler beschreiben lassen. Unbeeindruckt davon blieben jedoch die Bewohner der Stadt, sie ließen sich von dem Berg nicht unterkriegen, und auch nicht von der Mafia, zumindest seit den neunziger Jahren des 20. Jahrhunderts, als sich eine Jugendszene um das Teatro Bellini entwickelte und in der Folge mit seinen Vinotheken, Discos und Pubs auch zu einem Touristenzentrum wurde.

Was dem Ätna-Touristen in dieser Riesenstadt natürlich ins Auge fällt, sind seine barocken Prachtbauten am Domplatz mit dem Wahrzeichen der Stadt, dem Elefanten aus Lavagestein, auf den Vaccarini einen ägyptischen Obelisken aufgesetzt hat. Das Zentrum der Stadt wird aber von dem barocken Dom beherrscht. Nur geringe Reste des Vorgängerbaus aus dem Jahre 1094 haben sich erhalten. In diesem

Abb. 1 a, b: Elefant aus Lavagestein mit aufgesetztem Obelisk. Wahrzeichen von Catania am Domplatz. (Foto: K. Gratzl, Okt. 2011)

Abb. 2: Fischmarkt von Catania. (Foto: K. Gratzl, Okt. 2011)

Abb. 3: Fassade des Doms von Catania, in dem die Reliquien der hl. Agata aufbewahrt werden, die der Legende nach hier unter Kaiser Decius ihr Martyrium erlitten hat. S. Agata ist die Patronin der Stadt. (Foto: K. Gratzl, Okt. 2011)

Dom werden die Reliquien der hl. Agata aufbewahrt, jener Heiligen, die wahrscheinlich unter Kaiser Decius den Märtyrertod erlitt und danach einige Male die Stadt durch die an sie gerichteten Gebete vor den Feuerströmen des Ätna gerettet hat. Im Kapitel über die Heiligen sind wir näher auf ihre legendäre Lebensgeschichte eingegangen. Gegenüber dem Dom, auf der anderen Straßenseite der Via Vittorio Emanuele II., steht die Patronatskirche der Heiligen (Badia di Sant'Agata), der man ebenfalls einen Besuch abstatten sollte. Eine weitere Verehrungsstätte der Heiligen befindet sich etwas außerhalb des Stadtzentrums in der Nähe der Piazza Stesicoro: Sant'Agata al Carcere. Man kann die Besichtigung der Kirche mit einem Besuch der Via Crociferi verbinden, eine Straße, die den Originalzustand des 18. Jahrhunderts im Wesentlichen bewahrt hat. Ein barockes Kloster reiht sich hier an das andere, Machtdemonstration der katholischen Kirche jener Zeit.

Um zum Castello Ursino zu gelangen, geht man am besten zuerst zum Fischmarkt (La Pescheria), zweifellos ein Erlebnis für jeden Gourmet, der genießen will, welche Früchte

Abb. 4: In der Sakristei des Doms befindet sich das Bild, das den Ausbruch des Ätna im Jahre 1669 zeigt. Es wurde von Michael Angelus Bonadies gemalt und gibt getreu die Lavaströme wieder, die ihren Ausgangspunkt bei Nicolosi genommen, das Castello Ursino umgeben und schließlich den Hafen aufgefüllt haben. (Foto: G. Kastberger, Okt. 2011)

des Meeres, fein säuberlich auf Eis gelegt, das Mittelmeer noch zu bieten hat. Der Fischmarkt in Catania zählt zu den Sehenswürdigkeiten der Stadt und er gibt auch Einblick in das traditionelle Leben der Fischer. Aber es gibt hier auch je nach Jahreszeit Obst in Hülle und Fülle, duftende Kräuter und allerlei Käse.

Abb. 5: Eingangsfassade des Castello Ursino in Catania. Nach 1239 im Auftrag von Kaiser Friedrich II. erbaute Burg mit gewaltigen Rundtürmen an den vier Ecken. Der Bau widerstand der Lava von 1669, die jedoch den Burggraben füllte und weiter ins Meer floss. Das Bild zeigt den Staufischen Adler, der gerade einen Hasen schlägt, über dem Spitzbogenportal. (Foto: G. Kastberger, Okt. 2011)

Wir lassen das bunte Treiben der Innenstadt hinter uns und steuern das nächste Ziel an, das Castello Ursino, ein Gebäude, das sogar den Lavaströmen des Ätna widerstanden hat. Es wurde im Auftrag Kaiser Friedrich II. 1239 errichtet. Einst war der auf quadratischem Grundriss errichtete Bau von einem Graben umgeben, den jedoch die Lava von 1669 auffüllte und das Kastell auf diese Weise vom Meer abschnitt. Es beherrschte einst die Hafenbucht Catanias und untermauerte eindrucksvoll den Machtanspruch des Kaisers.

In der Kathedrale von Catania ist das Grabmonument des Komponisten Vincenzo Bellini (1801–1835) bemerkenswert, jedoch für unser Thema weit bedeutender ist die Sakristei mit dem Fresko, das den Ausbruch des Ätna des Jahres 1669 zeigt. Schon Johann Gottfried Seume hat sich über das Bild mokiert, als er die Kathedrale 1801/02 aufsuchte:

„*...ein schrecklich treues Gemälde, ungefähr sechs Fuß im Quadrat, von der letzten großen Eruption des Berges 1669, die fast die Stadt zugrunde richtete. Ein echter Künstler sollte es nehmen und ihm in einer neuen Bearbeitung zur Wahrheit des Ganzen auch Kunstwert geben. Es würde ein furchtbar schönes Stück werden, und das ganze Gebiet der Kunst hätte dann vielleicht nichts Ähnliches aufzuweisen. Hier hätte Raffael arbeiten sollen, da war mehr als ein Brand.*" (SEUME, 191)

Die Riviera dei Ciclopi

Es sind vier hintereinander liegende Orte an der Riviera dei Ciclopi, die als Vorsilbe „Aci" haben: Aci Castello, Aci Trezza, Aci Catena und Acireale. Warum man letzteren Ortsnamen nicht auch getrennt schreibt, ist mir ein Rätsel. Aci jedenfalls erinnert an den schönen Hirtenjungen Akis, der es verstand, die Nymphe Galateia zu faszinieren. Das verbitterte den ebenfalls in die Nymphe verliebten Polyphem dermaßen, dass er den Hirtenjungen erschlug. Doch Poseidon verwandelte den Akis in einen Fluss, in dem die beiden

Abb. 6: „Faraglioni" oder „Scogli dei Ciclopi", Felsblöcke in verschiedener Größe weit draußen im Meer. Sie gelten der Legende nach als die Wurfgeschoße des Zyklopen Polyphem. Auf diesem Bild aus HOFFWEILER, G. F., – Sicilien. Schilderungen aus Gegenwart und Vergangenheit, Leipzig 1870, erscheinen sie nur schemenhaft im Hintergrund, während die linke Bildhälfte von Aci Castello eingenommen wird.

Liebenden vereint wurden. Wir haben diese Dreiecksgeschichte im Kapitel über die Kyklopen ausführlich dargelegt, die Ovid in seinen „Metamorphosen" in unnachahmlicher Weise erzählt.

Wir verlassen Catania in Richtung Norden. Es sind nicht mehr als 6 km zwischen dem Domplatz und der Burg von Aci Castello, wenn man die Uferstraße nimmt. Das Normannenkastell erhebt sich auf einem Felsen, der eine grandiose Aussicht auf das Meer und die Zyklopenfelsen bietet. So wie in Catania hat man auch hier ein Museum eingerichtet, das die Funde des Ortes und eine mineralogische Sammlung zu bieten hat.

Weiter draußen im Meer liegen Felsblöcke von verschiedener Größe, die *„Faraglioni"* oder *„Scogli dei Ciclopi"* genannt werden. Sie gelten nach wie vor als die Wurfgeschoße, die der einäugige Riese Polyphem dem Odysseus und seinen Gefährten nachgeschleudert hat, nachdem diese aus seiner Höhle entkommen waren. Wir haben die Geschichte schon ausführlich im Kapitel *„Der Mythos von den Zyklopen"* behandelt. Hoffweilers Buch ist ein Holzschnitt beigegeben, der die *„Faraglioni"* anspricht, obwohl sie nur schemenhaft im Hintergrund zu erkennen sind, in der Bildmitte hingegen ist Aci Castello wiedergegeben. Als die normannische Festung nach 1076 errichtet wurde, stand der Fels noch im Meer. Heute ist er in Verbindung mit dem Festland, das sich im Laufe von ca. 500–700 Jahren um 17 m gehoben hat.

Einen besseren Eindruck der Faraglioni vermittelt hingegen eine Abbildung aus dem 1. Band von dem Werk des Sartorius von Waltershausen. Sie zeigt die vulkanische Struktur eines der Felsen sehr genau. Die Prismen streben wie von Menschenhand aufgetürmt nebeneinander in die Höhe und sind am Ende von Kapitellen begrenzt, die das Steindach darüber tragen. Diese Felsen stammen nicht vom Ätna, wie uns die Legende weismachen will, sondern von einem Ausbruch unter der Meeresoberfläche.

Weitere 2 km sind es bis zur nächsten Ortschaft der „Riviera dei Ciclopi": Aci Trezza. Diesen Ort haben wir schon in Zusammenhang mit dem Kapitel *„Das Haus am Mispelbaum"* kennengelernt, wo Giovanni Verga, der bedeutendste Vertreter des Verismo, der italienischen Form des Realismus in der Literatur, die Geschichte der Fischerfamilie Malavoglia erzählt. Hier wurde auch danach der Filmklassiker *„La Terra trema" („Die Erde bebt")* nach Vergas Roman 1947 durch den weltberühmten italienischen Regisseur Luchino Visconti gedreht.

Ca. 15 km nördlich von Catania gelangen wir in das Städtchen Acireale. Hier fasziniert nicht nur die Barockfassade der Kirche S. Sebastiano, sondern auch der Blick auf das Meer und den Ätna. Der Ort erhebt sich auf sieben Lavaströmen, welche zu nicht bekannten Zeiten vom Berg herabgeflossen sind und einen 300 Fuß hohen Abbruch zur Küste hin bildeten. Danach gelangt man in das Städtchen Giarre,

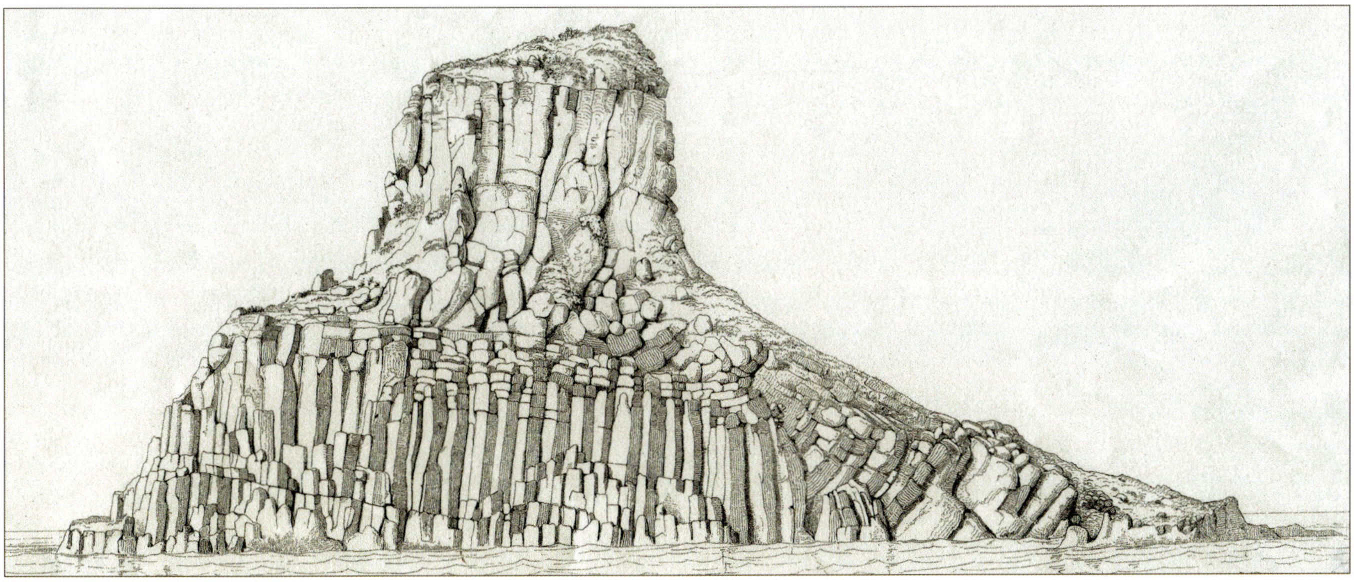

Abb. 7: „Scoglio detto dei Ciclopi", nach einer Zeichnung von W. Sartorius. Sie zeigt sehr genau die vulkanische Struktur der Felsen, die nicht vom Ätna, sondern von einem Ausbruch im Meer stammen. (SARTORIUS I, S. 192)

von wo die Circumetnea, die Eisenbahn rund um den Ätna, ins Landesinnere abzweigt. Bei Fiumefreddo biegen wir ab, um nach Linguaglossa zu fahren. Von Fiumefreddo gibt es auch direkte Busverbindungen (SAIS und FCE) nach Linguaglossa, Ausgangspunkt für Touren zum *Piano Provenzana* (Hochebene in 1 800 m auf der Nordseite des Berges) mit dem größten Schigebiet des Ätna.

Castiglione di Sicilia

Zwei Orte sind es, die eigentlich nicht mehr zu dem engeren Kreis der Städte und Dörfer rund um den Ätna gehören, aber dennoch in unsere Betrachtungen eingebunden werden. Das sind Castiglione di Sicilia im Nordosten und Abbazia di Maniace im Nordwesten des Vulkangebietes. Zwei Gründe sind hierfür ausschlaggebend: Auffallend ist zunächst einmal die relative Häufigkeit von vorgeschichtlich relevanten Fundstätten in Lavahöhlen, was auf eine sehr frühe Besiedlung der Gebiete durch den Menschen hinweist, und andererseits die kulturgeschichtlich hoch interessante Lage am Alcantara-Fluss, der die Grenze des eigentlichen von Lavaströmen bedrohten Gebietes darstellt.

Castiglione di Sicilia liegt auf einem steilen Felsen, der rund 300 m das Alcantara-Tal überragt und somit eine natürliche Festung nicht nur gegen aus dem Küstengebiet anrückende Feinde, sondern auch gegen die Lavaströme des Ätna darstellt. Es war daher nicht verwunderlich, dass die Griechen, als sie von Dionysios I. aus Naxos an der Ionischen Küste 496 v. Chr. vertrieben worden waren, hier Zuflucht fanden und die Stadt gründeten. Auch noch in viel späterer Zeit, als die Byzantiner die Insel beherrschten (535 bis 827), diente sie als Festung und Zufluchtsort der Bauern, die rundum die Felder bestellten. Als im 8. Jahrhundert die Araber Sizilien eroberten, gelangte schließlich auch das Gebiet am Alcantara (Taormina war in den Jahren 901/02 von ihnen belagert und eingenommen worden) unter ihren Einfluss. Sie bauten Castiglione ebenso zur Festung aus wie die ihnen nachfolgenden Normannen. Heute sind nur mehr wenige Reste davon erhalten. Aber es sind die Kirchen des Ortes, die einiges aus normannischer Zeit bewahrt haben. In der Umgebung von Castiglione haben sich noch einige Baureste aus byzantinischer Zeit erhalten, so das Kirchlein Santa Domenica mit einer „falschen Kuppel“ sowie die sogenannte „Cuba“, zwischen Castiglione und Randazzo gelegen, die noch überraschend gut erhalten ist. (Guide traveller Catania, Messina 1999, S. 102 f.)

Wenn auch ziemlich weit entfernt vom Hauptkrater, so wurde das Gemeindegebiet von Castiglione – besonders die durch den vulkanischen Boden fruchtbaren Anbaugebiete für Wein etc. – doch immer wieder von Lavaausbrüchen des Ätna betroffen, wie das Beispiel aus dem Jahr 1646 zeigt. Am 20. November *„barst der Berg und verursachte großen Schaden in dem Gebiete von Castiglione …“* Diese Nachricht stammt ursprünglich von Pietro Lanza, wurde von Giuseppe Recupero (1720–1778) übernommen und schließlich von Sartorius von Waltershausen ins Deutsche übersetzt. (SARTORIUS I, 242). Es muss ein gewaltiger Ausbruch gewesen sein, wobei der Monte Nero entstand, denn die Lava floss ausgehend vom Bereich des Nadelwaldes durch die Laubholzregion bis in die Weinkulturen und endete erst oberhalb des Monte Dolce (863 m), ganz in der Nähe von Solicchiata.

Das Bergstädtchen selbst hat sich seinen mittelalterlichen Charakter bewahrt. Enge Gässchen führen hinauf zum „Castel Leone“, das auf griechischen Ruinen steht. Palazzi zeugen von der einstigen Wohlhabenheit einiger weniger Bewohner, die wahrscheinlich damals schon ihr Geld mit Wein verdienten. Heute noch sind die Weingüter Castigliones nicht nur wegen der Größe ihrer Felder, sondern auch wegen der hohen Weinqualität berühmt. Eines von vielen sei hier kurz erwähnt, da trotz der enormen Größe von 261 ha Anbaufläche hervorragende D.O.C.-Weine produziert werden (2 Millionen Flaschen pro Jahr), es ist die Soc.Coop. Patria in Castiglione, die Etna Rosso und Etna Bianco und einen Spumante nach klassischer Methode erzeugen. (Guida alle Cantine, Camera di Commercio, Catania o. J., S. 136 f.) Für den Ätna-Touristen ist das Bergstädtchen auf dem Felsen hoch über dem Alcantara-Tal auch insoferne einen Besuch wert, weil es einen grandiosen Ausblick auf den Ätna ermöglicht, was schon Sartorius aufgefallen ist. (SARTORIUS II, 148)

Die Alcantara-Schlucht

Zwei Flüsse sind es, die unser Ätna-Gebiet von den übrigen Teilen der Insel abgrenzen: der Simeto im Westen und Süden sowie der Alcantara im Norden. Bei der Aufzählung der Flüsse Siziliens im *„Handbuch der Alten Geographie"* von A. Forbiger findet sich natürlich der Symaethus an erster Stelle, den Alcantara erwähnt Forbiger nur in der Fußnote, wo er schreibt: *„Von den kleineren Küstenflüssen nenne ich an der Ostküste Acesines (Thuk: 4, 25) oder Asines (Plin. 3, 88) … Appian 5, 109 (vermutlich mit dem einheimischen sikulischen Namen) Onobálas nennt bei Tauromenium, der heutige Alcantara bei Taormina."* (FORBIGER 3, 521 f)

Der heutige Name wird wohl auf die Sarazenen zurückgehen, denn *„al cantara"* heißt nichts anderes als „Brücke". Vermutlich gab es also schon in dieser Zeit (9. Jh.) einen wichtigen Übergang über den Fluss, der entweder bei der Mündung oder im mittleren Flussbereich zu suchen ist. Vielleicht war jener zwischen Francavilla und Castiglione gemeint. Heute ist dort jedenfalls eine wichtige Brücke.

Bewohnte oder von den Menschen benutzte Höhlen gab es im mittleren Alcantara-Tal jedenfalls schon sehr früh. Eine dieser Höhlen, die Marca-Höhle (Nr. 12 auf der Karte im Vorgeschichte-Kapitel von Valeria Grasso), liegt am linken Flussufer. Sie wurde beim Bau einer Gas-Pipeline teilweise zerstört, und dabei kamen die Grabstätten einer Großfamilie ans Licht, die der Frühen Bronzezeit zugerechnet werden.

Etwas flussaufwärts, allerdings auf der rechten Flussseite, wurde eine weitere Höhle von den Archäologen erforscht, die Verzella-Höhle (Nr. 10 der Karte), wobei es sich herausstellte, dass es sich ebenfalls um eine Grabhöhle der Frühen Bronzezeit handelte.

Noch zum Alcantara-Einzugsgebiet gehört die Femmine-Höhle (Nr. 9 der Karte), die aber bereits in 1 610 m Seehöhe liegt und vermutlich nur als vorübergehender Aufenthaltsort für Schafhirten gedient haben wird. Auch in ihr wurden Fragmente aus der Frühen Bronzezeit gefunden.

Für den heutigen Touristen stellt die Gola Alcantara ein Naturschauspiel ersten Ranges dar. Von Giardini-Naxos an der Küste sind es nur 13 km bis zum Eingang der Schlucht. Es sind die permanent das ganze Jahr über fließenden Wasser des Alcantara, die die Basaltfelsen abgeschliffen und zu phantastisch anmutenden Gebilden geformt haben. Vor rund 2 400 Jahren ist es zum Ausbruch des Monte Mojo gekommen, den vom Ätna-Hauptgipfel am weitesten entfernten Lateralkegel. Die Folge davon war, dass ein großer Teil des unteren Alcantara-Tales mit Lava aufgefüllt wurde. Bei *„Sciara Larderia"* erreichte sie eine Höhe von 70 m. Danach erfolgte ca. 500 m lang ein Einbruch, in den sich das Wasser ergoss und schließlich die Schlucht gebildet wurde.

Hinsichtlich der touristischen Möglichkeiten zum Besuch der Schlucht sei auf die einschlägigen Reiseführer verwiesen. Abschließend sei noch erwähnt, dass mit dem 3. Mai 2001 der 6 ha große *„Parco fluviale dell'Alcantara"* eingerichtet wurde, der das Gebiet von der Mündung des Flusses ins Meer bis zur SO-Grenze von Randazzo umfasst.

Linguaglossa

Hier in Linguaglossa befindet sich die Touristeninformation Pro Loco, Piazza Annunziata 5. Der Ort ist auch Ausgangspunkt zum Besuch der Höhlen an der Nordwestseite des

Abb. 8: Portal an der Westfassade der „Chiesa Madre S. Maria delle Grazie" an der Piazza Duomo in Linguaglossa. Ursprünglich im 17. Jh. errichtet, wurde die Kirche im Zweiten Weltkrieg 1943 durch Bomben schwer beschädigt und 1950 restauriert. (Guide traveller, S. 104) (Foto: K. Gratzl, Okt. 2011)

Ätna, z.B. der vermutlich lokal wie international bekanntesten Ätna-Höhle, der *Grotta del Gelo* (Eisgrotte), in 2030 m Seehöhe. Zu den Höhlen siehe das entsprechende Kapitel in diesem Buch. Von Linguaglossa aus kann man auch Bergtouren unternehmen, z.B. zu den *Pizzi Deneri* (2847 m) mit Ausblick auf die dampfenden Krater des Ätna. Der Reisende Élisée Reclus erlebte oberhalb von Linguaglossa den noch glühenden Lavastrom, der am 31. Januar 1865 am Monte Frumento ausgebrochen war.

„Die kleinsten Kegel, welche gleich oberhalb der Lavaquellen lagen, tobten ununterbrochen mit großem Geräusch und warfen unablässig geschmolzene Stoffe aus. Reclus konnte einige der höchsten dieser Trümmerkegel ersteigen, weil er sich an ihrem westlichen Fuße befand und der Wind in nordöstlicher Richtung wehete. Aber der noch dampfende Erdboden hatte

Abb. 9: Bemerkenswert in mehrerer Hinsicht ist auch die Chiesa dei Cappuccini in Linguaglossa. Kirche und Konvent der Kapuziner stammen aus dem Jahr 1644. Einmal ist es ein geschnitzter Altar von Pietro Bencivinni aus dem Jahre 1710, und zum anderen eine Statue aus Holz der Unbefleckten Empfängnis aus 1659. Leider sind einige der Figuren des geschnitzten Altars Dieben zum Opfer gefallen.

eine sehr hohe Temperatur und deshalb mußte schnell gegangen werden. Um die Eruptionskegel herum lag Asche, welche vom Winde dünenartig aufgehäuft worden war. Viele Waldbäume gleichen jetzt verkohlten Pfählen (siehe die Illustration, welche nach einer Photographie gezeichnet worden ist).“ (GLOBUS, 198)

Die Landschaftsökologen haben am Ätna sechs Höhenstufen festgestellt und jeder einen Namen nach den Pflanzen gegeben, die dort dominant vertreten sind. Die vierte Stufe ist die der *Pinus nigra ssp. laricio*-Wälder, wofür der Pinienwald in der Nähe von Linguaglossa, die *„Pineta di Linguaglossa“ („Pineta Ragabo“)* typisch ist. Zusammen mit der *Pineta della Cubania* zählt die *Pineta di Linguaglossa* zu den am besten erhaltenen Wäldern des Ätna. (WERNER, 123)

Die Korsische Schwarzkiefer (*Pinus nigra ssp. laricio*) ist ein bis zu 45 m hoher Baum mit lockerer, schmal kegelförmiger, im Alter jedoch flacher, fast schirmartiger Krone, 12–18 cm langen Nadeln und 6–8 cm großen Zapfen. (HECKER, 93)

Die Ausdehnung des *Pinus-laricio*-Gürtels liegt etwa zwischen 1400 und 1800 m. (WERNER, 41) Emilia Poli hingegen hat festgestellt, dass die oberste Grenze für die Ausdehnung der Pinien zwischen 1800 und 1900 m liegt. Vereinzelt wurden Exemplare bis auf 2300 m gefunden bei *„Volta del Girolamo“*. (POLI, 39)

Wir verlassen das kleine Städtchen mit den Häusern aus grauem Lavagestein, nachdem wir der Kirche Francesca di Paola aus dem 17. Jahrhundert und der Kathedrale Chiesa Madre mit dem Lavastein-Portal noch einen kurzen Besuch abgestattet haben. Sollte man am 1. September hierherkommen, könnte man am Fest des Schutzheiligen Sant'Egidio teilnehmen und die Umzüge sowie das Feuerwerk bestaunen. Anfang Oktober findet hier auch ein Kastanien- und Weinfest statt.

Randazzo

Wir verlassen Linguaglossa in westlicher Richtung auf der Straße, die durch einige Dörfer bis Randazzo in der Nähe der Eisenbahntrasse verläuft. Das ca. 12000 Einwohner zählende Städtchen ist bisher vom Ätna und seiner Lava verschont worden. Es findet sich allerdings in der Nähe von Randazzo ein Lavastrom, der jedoch mindestens 700 Jahre alt ist und ein schönes Beispiel für Fladenlava abgibt. Die Vegetation auf dieser Lava ist schon sehr ausgeprägt, ca. 90% der Fläche ist schon wieder bewachsen. Dem Blumenliebhaber fallen hier im Frühjahr besonders *Asphodelus ramosus, Asphodeline lutea* und *Ferula communis* ins Auge. (WÜRMLI, 173)

Die Einheimischen meinen, dass ihre Stadt deshalb vom Ätna verschont geblieben sei, weil sie drei imposante Kirchen errichtet hätten: Die italienische Gemeinde die heutige Kathedrale Santa Maria, die griechische San Nicolo und die lombardische San Martino. Es wird erzählt, dass die drei Kirchen im Jahresrhythmus abwechselnd die Funktion einer Hauptkirche übernommen hatten, bis sich dann doch die italienische Gemeinde 1912 durchsetzte und die Kirche Santa Maria zur bleibenden Cattedrale wurde. (MARIC, 226)

Der Dom von Randazzo hat noch drei Apsiden aus normannischer Zeit, ist aber sonst gotisch (13. Jahrhundert). Die Kirche der Byzantiner ist die größte der drei Kirchen und stammt aus dem 14. Jahrhundert. Als besonderer Schatz wird ein Passionskreuz von 1498 verehrt. Bei San Martino fällt besonders der mit Lava und Kalkstein zweifärbig errichtete Glockenturm auf. Im Zweiten Weltkrieg war Randazzo sinnloserweise heiß umkämpft. Hier leistete die Deutsche Wehrmacht den anstürmenden Alliierten heftigen Widerstand. Es klingt gleichsam prophetisch, dass Giuseppe Tomasi di Lampedusa in seinem Roman „Der Leopard“ von der „Hölle um Randazzo“ spricht, dabei aber die Bedrohung durch den Ätna meint:

„*... Sizilien, die Umwelt, das Klima, die sizilianische Landschaft. Das sind die Kräfte, die zugleich – und vielleicht mehr als alle Fremdherrschaften und Schändungen – unseren Geist gebildet haben: diese Landschaft, die keine Mitte kennt zwischen üppiger Weiche und vermaledeiter Wüste; die niemals eng ist, nie nur bescheidene Erde, ohne Spannung, wie ein Land sein müßte, das vernünftigen Wesen zum Aufenthalt dienen soll; dieses Land, das wenige Meilen voneinander entfernt die Hölle um Randazzo hat und die Schönheit der Bucht von Taormina ...*“ (TOMASI DI LAMPEDUSA, 196)

Doch in Randazzo ist nicht nur die alte Bausubstanz der Stadt von Interesse, auch die Umgebung hat Etliches zu bieten, so z.B. den Naturpfad „Gurrida“ in 850 m Seehöhe. Er gehört zu dem gleichnamigen riesigen Weingut (170 ha). Der Spaziergang führt durch unberührte Natur ebenso wie durch die Weingärten, die zwei Besonderheiten zu bieten haben: eine Rebsorte, die aus Spanien stammt und im 17. Jahrhundert hier eingeführt wurde, und die Tatsache, dass die Weinstöcke rund ein halbes Jahr lang unter Wasser stehen (es kommt von dem Flüsschen Flascio) und denen das gar nicht zu schaden scheint. Der kleine, künstlich angelegte See bietet auch immer wieder Zugvögeln eine Raststation. Angeblich hat der Kellermeister Lord Nelsons diese spanische Rebsorte „*Garnacha tinta*“ hier eingeführt. Auf Lord Nelson werden wir noch zurückkommen. (GRÜNDEL-TOMEK, 140)

Nicht weit weg von Randazzo hat man hoch im Gebirge eine Siedlung aus dem 6. Jahrhundert v. Chr. ausgegraben, die aufgrund der Funde griechisch gewesen sein muss. Die Gegend wird heute S. Anastasia genannt. Da sie literarisch nicht belegt ist, ist auch ihr ursprünglicher Name unbekannt. (STAUFFENBERG, 104 f.)

Was hatte Lord Nelson hier zu suchen?

Nachdem wir Randazzo verlassen haben, fahren wir weiter in westlicher Richtung nach Abbazia di Maniace, wobei wir noch in Randazzo darauf achten müssen, die SS 120 zu nehmen. Es sind ca. 10 km bis zu der „Abtei“, die auch „Santa Maria di Maniace“ heißt, oder auch „Castello“ oder einfach „Nelson Villa“ genannt wird. Zunächst einmal ist der Name „Maniace“ zu erklären. Er leitet sich her von dem byzantinischen Feldherrn Georgio Maniakes, der kurzfristig Syrakus den Arabern abnahm. Nach ihm nennt sich auch das Stauferschloss in Syrakus „Castello Maniace“.

Gegründet wurde die befestigte Abtei von Roger I. (1072–1101). Aus dieser Zeit hat sich auch die spätnormannische Decke der Kapelle erhalten. Auch wenn die Anlage offiziell nach dem byzantinischen General benannt wird, der den Normannen geholfen hatte, die Araber zu besiegen, so ist die Abtei vor allem wegen der Verbindung zu Lord Nelson bekannt, der 1799 durch Ferdinand IV. den Titel eines Herzogs von Bronte erhielt. Bronte war das Herzogtum, mit dem Ferdinand IV. den Lord belehnt hatte, als Dank dafür, dass er geholfen hatte, die Aufstände gegen die Bourbonen zu unterdrücken. (GRÜNDEL-TOMEK, 140)

Abb. 10: Das Städtchen Linguaglossa auf ca. 550 m Seehöhe in der Morgensonne. Linguaglossa liegt auf der Nordostseite des Ätna, ca. 50 km entfernt von Catania. Es besitzt zumindest zehn Kirchen und etliche Beherbergungsbetriebe. Der Ort hat sich in den letzten Jahrzehnten dem Wintertourismus verschrieben. Von hier gelangt man rasch in das Schigebiet im Norden des Ätna (Piano Provenzana auf 1 810 m). (Foto: K. Gratzl, Okt. 2011)

Abb. 11: Wandmalerei auf einem Haus in Linguaglossa. Es zeigt sehr schön den Charakter der Stadt, die umgeben ist von Weingärten und Haselnussplantagen. Im Hintergrund thront der Ätna. (Foto: K. Gratzl, Okt. 2011)

Abb. 12: Monte Frumento delle Concazze oberhalb des Rifugio Citelli. (Foto: K. Gratzl, Okt. 2011)

Abb. 13: Basis des Frumento-Kraters mit den verkohlten Baumstämmen. Auf seiner Wanderung rund um den Ätna kam der französische Geograph Élisée Reclus, Schöpfer der Nouvelle Geographie Universelle in 19 Bänden, im Jahre 1866 auch nach Linguaglossa, von wo aus er die 1865 ausgebrochenen Lavamassen, die hier den Wald zerstört hatten, beobachten konnte. *„Am Krater des Monte Frumento war an mehreren Stellen noch der tiefe Spalt zu erkennen, aus welchem in der Nacht auf den 31. Januar 1865 der Lavastrom zuerst hervorgebrochen war.“* Viele Waldbäume glichen jetzt verkohlten Pfählen. (GLOBUS, Bd. 12, 1867, S. 198)

Abb. 14: Sir Horatio Nelson, berühmter britischer Admiral und Herzog von Bronte. Museum Maniace. (Foto: G. Kastberger, Okt. 2011)

In der „Abtei“ ist ein kleines Museum untergebracht, in dem Erinnerungsstücke an den britischen Admiral zu sehen sind. Anlage und Museum sind von 9 bis 13 Uhr und von 15 bis 19 Uhr geöffnet.

Im August 1793 war Nelson mit Aufträgen an den britischen Gesandten nach Neapel und sodann nach Korsika geschickt worden, wo er bei der Einnahme von Calvi das rechte Auge einbüßte. Als er 1797 die Insel Teneriffa angriff, verlor er durch eine Kanonenkugel auch noch seinen rechten Arm. 1798 gelang es ihm, die französische Flotte bei Abukir (Ägypten) zu vernichten, wofür ihn die britische Regierung zum Baron Nelson vom Nil machte. Gleichzeitig erhielt er vom König von Neapel (Ferdinand IV.) den Titel eines Herzogs von Bronte. Doch so richtig berühmt wurde er als Oberbefehlshaber der Mittelmeerflotte, als die Briten gegen eine vereinigte Flotte von Spaniern und Franzosen bei Trafalgar 1805 siegten. Dabei machte ein Schuss aus einer Muskete seinem Leben ein Ende. Die Kolossalstatue am Trafalgar Square in London erinnert heute noch an den berühmten Lord.

Abb. 15 a, b: „Abbazia di Maniace“, heute „Castello“ oder „Nelson Villa“ genannt. Gegründet in normannischer Zeit, benannt nach dem byzantinischen Feldherrn Georgio Maniakes, der auf Sizilien gegen die Sarazenen kämpfte. 1799 kam die Anlage in den Besitz von Lord Nelson, 1981 wurde sie von der Stadt Bronte erworben. Heute ist es ein Museum mit zahlreichen Erinnerungsstücken an den englischen Admiral. Die Kirche beherbergt eine wundervolle griechische Ikone der Panagia Eleousa; siehe S. 64. (Foto: K. Gratzl, Okt. 2011)

Bronte

Die Stadt Bronte hat ca. 20 000 Einwohner, zählt also somit zu den größeren Orten rund um den Ätna. Bronte steigt an den Westhängen des Ätna bis ca. 760 m über das Simeto-Tal hoch und ist gekennzeichnet durch die vielen steil angelegten Straßen, die die Altstadt durchziehen und ihr fast mittelalterlichen Charakter verleihen. Aber es ist eine sehr lebendige Stadt und ein wichtiges ländliches Zentrum besonders für den Anbau und die Verarbeitung von Pistazien. Bronte war immer wieder von Ausbrüchen des Ätna betroffen, so besonders in den Jahren 1651, 1832 und 1843. Doch schon 1536 sollen bei einem starken Ausbruch Bronte und Adrano betroffen gewesen sein. Asche habe sogar einen Teil von Italien bedeckt, was die Vegetation beeinträchtigte und zu einem großen Viehsterben führte. (SARTORIUS I, 223 ff.)

Am Abend des 2. November 1832 öffnete sich in der Nähe von Bronte beim Monte Nero ein ca. 1 500 m langer Spalt mit 15 Ausbruchsstellen (Bocchen). Zwei Lavaströme ergossen sich über die Hänge, wovon einer bis in die nächste Nähe von Bronte gelangte und dort auf eine Schneegrube stieß, wobei sich durch den sich bildenden Wasserdampf eine gewaltige Explosion ereignete. Die Lava floss angeblich noch bis in den Herbst desselben Jahres. (SARTORIUS I, 294 ff.)

Unter den Kirchen Brontes ragt besonders die Chiesa dell'Annunziata aus dem Jahr 1535 hervor, da sie ein Gemälde besitzt, das u.a. auf den Ausbruch des Jahres 1651 Bezug nimmt. Wir haben bereits in dem Kapitel *„Die bedeutendsten Ausbrüche des Ätna“* darüber berichtet und den von Sartorius übersetzten Text des Giuseppe Recupero zitiert. Das Bild selbst, das im zentralen Bereich die Stadt Bronte und den darüber ausbrechenden Ätna zeigt, findet sich im Kapitel *„Heiligenverehrung am Ätna“* als Beispiel der Marienverehrung.

Zu erwähnen ist noch die Chiesa San Vito, dessen Statue wir im Kapitel *„Heiligenverehrung am Ätna“* abgebildet haben. Die ersten Nachrichten über die Kirche stammen aus dem

Abb. 16: Bronte. (Foto: G. Kastberger, Okt. 2011)

Abb. 17: Das Gebiet um Bronte ist berühmt für seine Pistazien (*Pistacia vera*), die hier in riesigen Plantagen angebaut werden. (Foto: K. Gratzl, Okt. 2011)

Abb. 18: Auffahrtsstraße von Bronte zur Casa Forestale in 1 100 m Seehöhe. Es handelt sich um ein Meisterwerk sizilianischer Straßenbauer. Die Straße führt auf der ganzen Länge durch ein Lavafeld. Die großen Pflastersteine sind behauene Lavaplatten.

Jahr 1589, als der Erzbischof von Monreale hier einen Pastoralbesuch machte. In der Kirche findet sich in einem Nebenaltar das Grab eines berühmten Mannes, dessen Verdienst es war, die hl. Bibel als erster ins Chinesische übersetzt zu haben: Gabriel M. Alleghre.

Wie bereits oben kurz angedeutet, werden unterhalb der Stadt Bronte fast ausschließlich Pistazienbäume kultiviert, die hier besonders gut gedeihen. Es handelt sich um *Pistacia vera*, deren Nüsse nur alle zwei Jahre geerntet werden können. Die Echte Pistazie erreicht eine Höhe bis zu 10 m und ist eigentlich in Syrien, Persien und am Schwarzen Meer heimisch, wird jedoch im ganzen Mittelmeerraum kultiviert.

Der längliche, dreikantige Same ist reich an Öl. Man unterscheidet Alepponüsse, angeblich die beste Sorte, Tunisnüsse, die besonders in Frankreich geschätzt werden, und die sizilianischen Nüsse, die u.a. zur Würze von Würsten Verwendung finden. Früher glaubte man auch an die aphrodisierende Wirkung der Nüsse. Vom 29. September bis zum 7. Oktober findet in jedem ungeraden Jahr das Pistazienfest in Bronte statt.

Abschließend möchten wir noch auf Bronte als Ausgangspunkt für Wanderungen im Bereich der Westabdachung des Ätna hinweisen. Eine dieser Touren führt zum Lavafeld von 1763, wobei man zahlreiche Nebenkrater des Ätna zu Gesicht bekommt. Der Rundwanderweg führt durch kleine Wäldchen und auf Forststraßen ausgehend vom Casa Forestale auf 1 100 m Seehöhe.

Adrano

Ausgehend von Bronte folgen wir nun wieder der SS 284 nach Süden, wobei wir nach ca. 3 km den Passo Zingaro (688 m) überqueren und nach weiteren drei Kilometern Adrano erreichen. Während wir die religionshistorische Bedeutung des alten Hadranum bereits in dem Kapitel *„Der Berg der Götter"* behandelt haben, können wir uns jetzt mit den anderen Aspekten Adranos beschäftigen.

Heute besitzt die Stadt ca. 35 000 Einwohner und liegt an der Südwest-Abdachung des Ätna am Übergang zur Ebene von Catania in einer Höhe von ca. 600 m über dem Meer. Die Stadt war bereits in prähistorischer Zeit ein wichtiger Platz, wie die Funde aus der Umgebung zeigen. Wegen des hier errichteten Tempels des Feuergottes Hadranos war es auch ein wichtiges religiöses und politisches Zentrum im Innern der Insel. Auch die Normannen hielten die Stadt für strategisch bedeutsam, sonst hätten sie wohl hier kaum eine Burg errichtet. Das geschah bereits unter Roger I. im 11. Jahrhundert. Als diese zu klein wurde, hat man sie im 14. Jahrhundert erweitert. Unter der Bourbonen-Herrschaft beherbergte sie dann ein Gefängnis. Heute befindet sich in der Festung das Archäologische Museum, das Dienstag und Samstag von 9 bis 13 Uhr und 16 bis 19 Uhr geöffnet ist.

In der Nähe von Adrano entdeckten Archäologen bei Fogliuta eine von Steinen eingefasste Grube, die mit Steinen gepflastert, den Raum zwischen drei Hütten ausfüllt. In Zusammenhang mit der Vorgeschichte Siziliens war schon die Rede davon.

Die Fundstätte von Mendolito bei Adrano ist zweifellos die bedeutendste im ganzen Bereich des Ätna. Es genügt an dieser Stelle darauf hinzuweisen, dass wir schon im vorgeschichtlichen Kapitel ausführlich über den Schatz berichtet haben.

Ergänzend möchte ich nur auf jene Studien hinweisen, die in Zusammenhang mit den vorgriechischen Sprachen Siziliens veröffentlicht wurden. Eine Zusammenstellung findet sich bei Ulrich Schmoll. Auf Ziegelfragmenten bzw. eingemeißelt in Stein fanden sich bei Adrano Reste von Inschriften, die keinesfalls griechisch sind, also einer anderen Sprache angehören, wahrscheinlich also dem Sikulischen. (SCHMOLL, 38)

Von touristischer Bedeutung ist Adrano insofern, als die Stadt Ausgangspunkt zu Wanderungen am Ätna bzw. zu seinen Höhlen ist. Die *„Grotta del Santo"* (die *„Höhle des Heiligen"*) gehört zum Gemeindegebiet von Adrano. Sie ist mit 924 m eine der längsten Höhlen des Vulkans, geht 44 m in die Tiefe und öffnet sich in einer Höhe von 1 043 m. Im Kapitel über die Ätna-Höhlen werden wir näher darauf eingehen.

In Richtung zum Hauptkrater des Ätna führt von Adrano aus eine Straße zur Grotta d'Intralio in ca. 1 400 m Seehöhe, endet dann aber unterhalb des Monte Albano (1 734 m). Wir nehmen jedoch die Straße, die in zahlreichen Kehren hinunterführt zum Simeto.

Symaithos – Simeto

Der Fluss Simeto bildet die Abgrenzung des Ätna-Gebietes im Nordwesten sowie Westen. In den von Dietrich Werner angestellten landschaftsökologischen Untersuchungen hat sich auch das Simetotal als eine eigene Teillandschaft herauskristallisiert. Sie erstreckt sich den Fluss entlang von der Ponte della Cantera hinunter bis zur Ponte Barca di Biancavilla und ist gekennzeichnet durch zahlreiche Lavaströme, die der Fluss im Laufe der Jahrtausende durchschneiden musste. Den vulkanischen Boden erreicht der Simeto schon bei Bronte, wo ihm ein sehr alter Lavastrom erstmals den Weg versperrte. Von der Sarazenenbrücke abwärts bis zum Zusammenfluss mit dem Salso haben alte Lavaströme das ursprüngliche Bett des Simeto und des Salso ausgefüllt.

„Der Simeto hat diese Lavaströme mehr oder weniger tief zerschnitten, Klammen bildend und über Stufen herabstürzend.“ (WERNER, 147)

Der Simeto entspringt in den Nebrodi, das ist das Sandsteingebirge im Nodwesten des Ätna. Er fließt zunächst in westlicher Richtung, biegt aber dann nach Abbazia di Maniace nach Süden ab, um schließlich die Schwemmebene der *Piano di Catania* zu bilden.

Im Altertum hieß der Fluss Symaithos und war nach Thukydides die Grenze zwischen Katane (Catania) und Leontinoi (Leontini) (Thuk. 6, 25, 2). Auch die Dichter der Antike kannten den Symaithos, so Vergil und Ovid. Ovid erwähnt den Fluss in seiner Geschichte von der Nymphe Galateia und Akis, dessen Mutter eine Nymphe des Symaithos war. Wir haben die Geschichte im Kapitel *„Der Mythos von den Kyklopen“* behandelt. Die wichtigste Sehenswürdigkeit am Simeto ist heute die sogenannte „Sarazenenbrücke“, die wahrscheinlich im 14. Jahrhundert errichtet wurde und den Fluss in mehreren Bögen überspannt.

Abb. 19: Die Sarazenenbrücke unterhalb von Adrano, ein heute funktionslos gewordener Übergang über den Simeto, der in den Nebrodi-Bergen entspringt. Die Brücke stammt wahrscheinlich aus dem 14. Jh. (GRÜNDEL-TOMEK, 144). (Foto: K. Gratzl, Okt. 2011)

Die 3 km bis nach Biancavilla sind rasch geschafft, ein Ort, der angeblich 1480 von albanischen Flüchtlingen gegründet worden ist. Genaueres über die Funde aus neolithischer und der Frühen Bronzezeit ist in der archäologischen Fachliteratur nachzulesen, die jedoch meist nur in italienischer Sprache vorliegt. Manche Funde sind noch nicht einmal publiziert. Dazu gehören auch Grabungen in der Nähe von Biancavilla. (LEIGHTON, 79–80)

Paternò

Konkreter sind da schon die Funde, die in Paternò, dem nächsten Ort unserer Ätna-Rundreise gemacht wurden. Auf der Fahrt dorthin durchqueren wir groß angelegte Orangenplantagen. Paternò liegt am linken Ufer des Simeto an den Ausläufern des Ätna. Man nimmt an, dass beim heutigen Paternò die alte Sikulerstadt Hybla Geleatis lag und einen Tempel zu Ehren der Göttin Hyblaia besaß. (STAUFFENBERG, 174)

Bei dem großen Ätna-Ausbruch des Jahres 1669 war auch Paternò von den Lavamassen bedroht. Als die Bewohner Catanias eine Umleitung eines der Lavaströme versuchten, rückten die Bewohner von Patemò aus, um das zu verhindern. 500 Mann sollen angeblich damals bewaffnet gegen die Catanesen vorgegangen sein. (HOFFWEILER, 273 f.)

Eine Besonderheit hat Paternò zu bieten. Es ist die „Teillandschaft des alten Lavaterrains im Süden“, die sich ausgehend vom Monte S. Leo zwischen den Lavaströmen des Monte Sona bis nach Paternò erstreckt. Es sind Hänge, die im unteren Bereich heutzutage agrarisch genutzt werden. Es sind Weingärten und Ölbaumkulturen. Zu dieser Teillandschaft gehört auch die „Basaltkuppe von Paternò“ mit ihren Lavaströmen. *„Diese Basaltkuppe wird zu den ältesten vulkanischen Bildungen des Ätnabereichs überhaupt gezählt. Sie ist auf Grund der Feststellungen von W. Sartorius v. Waltershausen an den Anfang des Quartärs zu stellen.“* (WERNER, 130)

In verschiedenen älteren Berichten ist vom Fürst von Paternò die Rede, der offenbar ein Herz für die frühen Ätna-Besteiger hatte. Bei seinem Aufstieg zum Hauptkrater des Ätna erwähnt Johann Gottfried Seume die „Geißhöhle“, die als Rast- bzw. Übernachtungsplatz genützt wurde, aber

Abb. 20: Im Zentrum der Piazza del Duomo erhebt sich das Wahrzeichen der Stadt Catania, der Elefantenbrunnen (La Fontana dell'Elefante), 1736 von G. B. Vaccarini errichtet. An der Westseite des Brunnens findet sich die allegorische Figur des Flusses Symaithos mit einem Krug, aus dem Wasser fließt, und einer Schaufel, sein Attribut. Eine Nymphe des Flusses gebar den Akis, wie uns Ovid berichtet. (OVID, Met. 13, 750) Symaithos war ein Flussgott der Sikuler. (Foto: K. Gratzl, Okt. 2011)

seitdem der Fürst von Paternò hier ein Haus errichtet hätte, außer Gebrauch gekommen sei. Im Haus könnten sich jetzt die Reisenden wärmen. Auch wenn es nicht gerade gut ausgestattet sei, wäre es doch besser als nichts und vermutlich bequemer als die Höhle. (SEUME, 194)

Das andere Mal wird der Fürst erwähnt in Zusammenhang mit der Abholzung der Wälder in dieser Gegend des Ätna. Noch zu Zeiten des Kardinal Bembo hätten sich dichte Wälder *„voll majestätischer Bäume"* hier befunden, aber seitdem infolge eines Streites zwischen den Grundbesitzern (darunter der Fürst von Paternò) keine Waldhüter mehr bestellt worden seien, hätten die Dorfbewohner die Bäume umgeschnitten und zu ihren Zwecken genutzt. (HOFFWEILER, 263)

Nicolosi und die Monti Rossi

Wir fahren nun wieder auf die SS 284 auf, um nach ca. 16 km Nicolosi zu erreichen, Ausgangspunkt so vieler historisch bedeutsamer Ätna-Besteigungen. Während heutzutage die Busse aus Catania kommend mit den Ätna-Besuchern durch das sich lang hinziehende Nicolosi brausen, um das Rifugio Sapienza auf 1 880 m zu erreichen, musste man den Aufstieg früher im Ort beginnen. Sollte man sich jedoch heute als Tourist mit der Besteigung der Monti Rossi begnügen wollen, das sind die beiden ca. 850 m hohen Hügel, die sich beim größten Ätna-Ausbruch 1669 gebildet hatten, so ist das wahrlich keine Anstrengung. Von Nicolosi aus bewältigt man die Höhendifferenz von rund 50 Metern in ca. einer halben Stunde und wird dafür mit einer wunderbaren Aussicht belohnt. Benannt sind die Monti Rossi nach der rötlichen Schlacke, aus der sie aufgebaut sind. Der Riesenspalte, die sich zwischen den Monti Rossi geöffnet hatte, entflossen angeblich mindestens ein Milliarde Kubikmeter Lava. Als Élisée Reclus hier seine Beobachtungen machte, konnte er dort, wo sich die Riesenspalte aufgetan hatte, nur mehr wenige tiefe Löcher erkennen, der Rest war bereits wieder ausgefüllt. (GLOBUS, 196)

Auch der schon mehrfach zitierte Hoffweiler war in Nicolosi und bestieg die Monti Rossi. Ihm fielen vor allem die *„ohne Mühe zahlreich zu findenden Turmaline und Schwefelkrystalle“* auf, und auch ihn faszinierte die Aussicht, die sie von ihrer Spitze bieten und er empfiehlt allen nachfolgenden Reisenden *„denen die eigenen Kräfte oder die Ungunst der Witterung die Besteigung des Hauptberges nicht gestatten“* als Ersatz zu dienen; *„bekanntlich begnügte sich auch Goethe damit“*. (HOFFWEILER, 262)

Auch Johann Gottfried Seume übernachtete hier in Nicolosi, bevor er sich an den Aufstieg zum Hauptkrater machte. Vorher machte er natürlich einen Ausflug auf die Monti Rossi und bestaunte *„... den ganzen ungeheuren Lavastrom, der hier ausbrach, alles umwälzte und vernichtete, einen großen Teil der Stadt* (Catania) *zerstörte und tief hinter derselben sich als eine hohe Felsenwand in der See stemmte“*. (SEUME, 194)

Oberhalb von Nicolosi liegen weitere Lavaströme, die aus den Jahren 1886, 1892 und 1910 stammen und von Marcus Würmli vegetationskundlich und zoologisch genau untersucht wurden. (WÜRMLI, 140)

Der Lavastrom aus dem Jahre 1537 hat sich noch in kleinen Resten im Oberlauf und in einem größeren Teil unterhalb von Nicolosi erhalten. Er wurde dann von späteren Laven zum Teil überdeckt. Der Ort selbst steht heute zum großen Teil auf der Lava, die 1537 ausgelaufen ist. (WERNER, 109)

Neben den Monti Rossi gibt es noch weitere Eruptionskegel in der Nähe von Nicolosi, den Monpilieri und die Serra Pizzuta. Der gewaltige Ausbruch von 1669 umfloss den damals noch bewaldeten Monpilieri, *„... den er solcherart in eine vom Feuerstrome gebildete Insel verwandelte“*. (GLOBUS, 196) Der Monpilieri ist wahrscheinlich beim Ausbruch des Jahres 693 v. Chr. entstanden. (WERNER, 112)

Im Zuge seiner botanischen Forschungen bestieg Gabriel Strobl 1873 die Serra Pizzuta und dann nochmals 1874, als er den „Serrapizzuta-Wald“ durchstreifte. Er unternahm seine Streifzüge im Juli 1874 und besuchte bei seinem 5. Ätna-Besuch auch die Ebene von Catania, die Gegend von Misterbianco und schließlich Nicolosi bis hinauf zur Vegetationsgrenze. Im August finden wir dann den österreichischen Botaniker in Paternò, Adrano und Bronte, um dann im Tal des Simeto zu botanisieren.

In Nicolosi stehen erfahrene Ätna-Bergführer zur Verfügung, bei denen man ein- oder mehrtägige Wanderungen im gesamten Ätna-Bereich buchen kann: Gruppo Guide Alpine Etna Sud, Via Etnea 49, Tel. 095 914755. Das Informationsbüro des Parco Naturale dell’Etna, Tel. 095 821111, findet sich in der Via del Convento 45.

Wir begeben uns nun wieder auf die SS 284 in Richtung Zafferana Etnea, das wir nach ca. 12 km erreichen.

Zafferana Etnea

Das Städtchen Zafferana Etnea liegt in etwa 650 m Seehöhe und gilt in Italien als die Hauptstadt des Honigs. Angeblich soll es hier an die 800 Imker geben, deren fleißige Bienen 15% der Gesamtproduktion Italiens an Honig liefern. (GRÜNDEL-TOMEK, 146)

Auf der Piazza Umberto erhebt sich über einem breiten Treppenaufgang die Pfarrkirche Maria Santissima della Provvidenza mit zwei Glockentürmen. Der Ort besitzt einen gut gepflegten Stadtpark und ein großes Amphitheater, wo im Oktober das Etnea Festival „Ottobrata“ stattfindet. (MARIC, 52)

Immer wieder wurde der Ort im Lauf der Geschichte von Lavaausbrüchen des Ätna bedroht, so vor allem im Jahr 1792. Schon im März des Jahres waren Flammen und Dampf aus dem Hauptkrater aufgestiegen. Im Mai begann dann die Lava in zwei Armen gegen Adrano zu fließen, und am 1. Juni öffneten sich weitere Spalten (Bocchen), deren Laven bis in die Weinberge von Zafferana Etnea strömten. (SAPPER, 37)

Es gibt verschiedene Lavaformen, wie im Kapitel über den Vulkanismus erläutert wird, eine davon ist die Fladen-, Seil- oder Gekröse-Lava. Sie besitzt eine einheitliche, kontinuier-

Abb. 21: Basilika von Zafferana Etnea beim „Ottobrata" (Oktoberfest), das an jedem Sonntag des Monats stattfindet, und bei dem alle Produkte der Bauern der näheren Umgebung angeboten werden. An der Piazza Umberto erhebt sich über einem breiten Treppenaufgang die Kirche „Maria Santissima della Provvidenza" mit zwei Glockentürmen. (Foto: K. Gratzl, Okt. 2011)

Abb. 22: Oberer Eingang der „Tre Livelli-Höhle" auf ca. 1630 m Seehöhe mit einer Gesamtlänge von 1150 m. Die Höhle entstand beim Ausbruch der Jahre 1792/1793 und verdankt ihren Namen den drei Ebenen, die einander überlappend beim Haupteingang auftreten. (Foto: K. Gratzl, Okt. 2011)

liche Oberfläche und ist am Ätna selten. Ein Beispiel dafür bietet sich bei der Lava von 1928 oberhalb von Zafferana Etnea.

Will man die Lava von einem der jüngsten Ausbrüche des Ätna beobachten, muss man von Zafferana Etnea etwa 200 m bis zur *Piano dell'Acqua* hochsteigen. Dort kam der Lavastrom der Jahre 1991/1992 knapp vor einem Gebäude zum Stillstand. Zur Erinnerung und aus Dankbarkeit für die Hilfe der Gottesmutter, die hier die Lava zum Halten gebracht hat, wurde eine Gedenktafel mit Madonnenstatue errichtet.

Oberhalb Zafferana finden sich noch einige naturnahe Waldreste am sogenannten *„Bosco Nicolosi"*. Sie gehören der Höhenstufe des *Quercion ilicis* an, also jener Stufe, in der die Stein-Eiche (*Quercus ilex*) dominant ist. Es sind hier Arten vertreten, die thermisch begünstigte Standorte bevorzugen, wie etwa die Baumheide (*Erica arborea*). (WERNER, 42) Der Großteil des Areals zwischen 600 und 900 m wird jedoch heute von Anbauflächen für Zitrusfrüchte bzw. Wein genutzt, wodurch die ursprünglichen Steineichenwälder bis auf wenige Reste weichen mussten.

Zum Gemeindegebiet von Zafferana gehört auch die Höhle, die sich in der Gegend *„Contrada Casa del Vescovo"* öffnet. Ihr Name ist *„Grotta dei tre Livelli"*. Man findet sie an der Straße Nr. 92, die Zafferana Etnea mit dem Rifugio Sapienza verbindet nach 13,5 km. Durch diesen Lavakanal ergoss sich einst der Ausbruch der Jahre 1792/1793. Die Gesamtlänge dieses Ausflussschachtes beträgt 1150 m, womit er der längste bisher am Ätna gemessene Schacht ist. Auch die Höhendifferenz zwischen höchstem und tiefstem Punkt ist mit 304 m gewaltig. Die Speläologen vermuten, dass das mit der Dauer der Eruption zu tun hat, die 370 Tage betrug. Die Höhle verdankt ihren Namen den drei Ebenen, die einander überlappend am Haupteingang auftreten.

Trecastagni

Die Ortschaft Trecastagni besitzt ca. 7000 Einwohner und liegt auf ca. 580 m Seehöhe an der Südseite des Ätna im Tal der Monti Rossi, ca. 15 km von Catania entfernt. Es handelt sich um einen Knotenpunkt, an dem sich wichtige Ätna-Straßen treffen. Zwei Kirchen sind von größerer Bedeutung, die Chiesa Madre oder auch Chiesa di S. Maria genannt, an der Via Vittorio Emanuele, die über eine Doppel-Freitreppe zu erreichen ist.

Von außerordentlichem Reiz ist die zweite Kirche des Ortes, die den drei Heiligen S. Alfio, S. Filadelfio und S. Cirino geweiht ist, sie enthält nämlich eine große Zahl von Votivbildern, die einen Einblick in den Volksglauben dieser Gegend vermitteln. Siehe dazu das Kapitel über die Heiligenverehrung am Ätna.

Der Name „Trecastagni“ leitet sich vom lateinischen *„tres casti agni“ (agnelli)* ab. Es handelt sich um drei junge Sizilianer reinen Herzens namens Alfio, Cirino und Filadelfio, die zu frühchristlichen Märtyrern wurden und deren Fest am 10. Mai begangen wird. In Wirklichkeit sind die drei Märtyrer, denen die Kirche geweiht ist, nicht die Schutzpatrone von Trecastagni, dies ist vielmehr San Nicola, denn die drei Heiligen wurden in Lentini zu Märtyrern. Eine Tradition will hingegen, dass die drei Heiligen drei Kastanienbäume in jener Gegend gepflanzt haben, wodurch sich der Name Trecastagni in doppelter Hinsicht ableiten lässt. (Guide traveller Catania, Messina 1999, S. 71)

Eine andere Tradition will, dass die drei Heiligen Brüder waren, die zur Zeit der Christenverfolgung unter Kaiser Decius (249–251) ihr Martyrium erlitten. Ursprünglich hatte man sie in Rom eingekerkert, dann aber nach Messina verschifft und von dort in Ketten nach Taormina gebracht, wo sie von dem damaligen Präfekten Tertullo zum Tode verurteilt wurden. Schließlich führte man sie nach Lentini, wo sie mehrmals aufgefordert wurden, den christlichen Glauben abzulegen. Als sie jedoch standhaft blieben, befahl Tertullo, dem Alfio die Zunge herauszuschneiden, den Filadelfio auf einen glühenden Rost zu legen und Cirino in einen Kessel mit siedendem Öl zu tauchen. (GRECO, 211)

Ein weitere Version ist bei Gründel-Tomek nachzulesen: Dabei sei Alfio ein spanischer Adeliger gewesen, der nach Sizilien verschleppt wurde, weil er sich zum Christentum bekannte. Man hatte an der Stelle, wo heute die aus dem 17. Jh. stammende Pfarrkirche von Sant'Alfio steht, einen Balken auf seine Schultern und Arme gebunden und ihn durch den Ort getrieben, um ihn zu töten. Doch, oh Wunder, ein Windstoß befreite ihn von seiner Last und trug den Balken davon. (GRÜNDEL-TOMEK, 147)

Wir wollen uns daran erinnern, dass der Großteil aller Heiligengeschichten legendär und ihr Wahrheitsgehalt daher schwer zu beurteilen ist. Wie auch immer, entscheidend ist, was das Volk glaubt.

Sant'Alfio

Die Ortschaft hat ca. 1 700 Einwohner und liegt nördlich von Zafferana Etnea an der Ostseite des Ätna in etwa 530 m Höhe 35 km von Catania entfernt. Der Ort ist in erster Linie wegen seiner Riesenkastanienbäume von Interesse für den Ätna-Touristen. Aber auch die Chiesa Madre, die gänzlich aus Lavasteinen erbaut und den drei Heiligen S. Alfio, S. Filadelfio und S. Cirino geweiht ist, bildet einen Anziehungspunkt. Wir haben die legendäre Lebensgeschichte der drei Heiligen schon im Kapitel über Trecastagni erörtert.

Die Attraktion des Ortes sind die beiden Riesenkastanienbäume *„Castagno della Nave“*, die schon den frühen Ätna-Reisenden ein Begriff war, aber heute *„Castagno Sant'Agata“* genannt wird, und die *„Castagno dei cento cavalli“*. Auch steht sie nicht mehr frei zugänglich und imposant in der Landschaft, sondern wird von einer hohen Lavasteinmauer abgeschirmt, wohl um die Menschen daran zu hindern, hinaufzuklettern. Es war einst ein sehr schöner Baum, wie der Stich aus den 60er-Jahren des 19. Jahrhunderts eindrucksvoll zeigt (siehe S. 50). Die Riesenkastanie, unter der angeblich hundert Reiter Platz fanden, hat die Gemeinde Sant'Alfio mit einem massiven Eisenzaun einfrieden lassen und davor eine Tafel mit folgendem Wortlaut aufgestellt:

„Sant'Alfio is a village with 1 700 inhabitants and its origin dates back to the end of the 16th century. This little town is inserted in a beautiful and integral landscape. The place is very suggestive also because of the presence of botanic rarities, first of all the millenary tree <the one hundred horses>, the biggest of the world and the oldest of Europe.“

In den 60er-Jahren des 19. Jahrhunderts war dieser Baum schon ein beliebtes Ziel, wie der Bericht aus der Zeitschrift Globus beweist:

„*... kam Reclus* (Schöpfer der Nouvelle Geographie Universelle) *an dem weltberühmten Kastanienbaum vorüber, in dessen Schatten, wie man sagt, einhundert Reiter lagern konn-*

ten. Er ist aber nicht mehr das, was er im vorigen Jahrhundert war, sondern eine Gruppe von drei Stämmen, von denen die beiden stärksten im Innern ganz kernfaul sind. Da wo einst der centrale Theil des Baumes gewesen, führt nun ein Hohlweg hindurch, welchen Wind und Regenwasser auf Kosten der Wurzeln stets vergrößern, während die Bauern am Stamme Feuer machen. So verschwindet immer mehr von dem Kastanienbaum der Cento Cavalli, der ehemals einen Umfang von 189 Fuß gehabt hat." (GLOBUS, Bd. 12, 1867, S. 198)

Abb. 23: Riesenkastanienbaum „Castagno della Nave", heute „Castagno Sant'Agata" genannt, in S. Alfio an der Südwestabdachung des Ätna. (Foto: K. Gratzl, Okt. 2011)

Abb. 24: Riesenkastanienbaum „Castagno dei cento cavalli" im Ortsgebiet von S. Alfio. Eine von der Gemeinde aufgestellte Tafel informiert den Betrachter wie folgt: *„The biggest* (tree) *of the world and the oldest of Europe."* Angeblich ist der Baum 4000 Jahre alt. (Foto: K. Gratzl, Okt. 2011)

Die wichtigsten Feste in den Orten am Ätna

Karl Gratzl

15. Jänner:	Patroziniumsfest San Mauro in Aci Castello.
17. Jänner:	Patroziniumsfest von Sant'Antonio Abate in Misterbianco, Aci Sant'Antonio, Camporotondo Etneo und Pedara.
20. Jänner:	Fest des San Sebastiano in Acireale, Giarre, Maniace, Piedimonte Etneo.
3.–5. Februar:	Patronatsfest von Sant'Agata in Catania. Großartiges Fest zu Ehren der Heiligen mit der spektakulären Kerzenprozession und der wertvollen *fercolo* mit den Reliquien der hl. Agata.
3. Februar:	Fest von San Biagio in Bronte und Sant'Alfio. Speziell in Sant'Alfio findet die Verteilung der *cuddureddi di Sanbrasi* in der Kalvarienkirche statt.
19. März:	Fest des San Giuseppe in Adrano, Biancavilla, … Maletto, Mascalucia, … Nicolosi, … Randazzo. In Maletto werden die traditionellen *sfilateddi chi ciciri* und *crespelle di riso al miele* angeboten.
25. März:	Fest zu Ehren von Maria Santissima Annunziata in Bronte und Pedara.
Karfreitag (Venerdi Santo) in Bronte … Randazzo, Sant'Alfio:	In Bronte und Randazzo finden Prozessionen statt, in Sant'Alfio ein Umzug bei der Marienkirche und Kalvarienkirche, wo der Tod Christi nachempfunden wird.
Ostersonntag: (Domenica di Pasqua) Diavolata:	In Adrano. Aufführung eines religiösen Dramas seit 1752.
7. bis 12. Mai:	Fest der Heiligen Alfio, Cirino und Filadelfio in Trecastagni. Es finden Prozessionen statt. Es gibt Schaffleisch-Spezialitäten.
10. Mai:	Volksfest der sizilianischen Karren in Trecastagni.
2. Mai-Woche:	Festa della Montagna in Sant'Alfio. Mit Ausflügen zum Ätna (sehr eindrucksvoll), Ausstellungen und Berglieder.
Letzter Sonntag im Monat Mai:	Fest des Sant'Alfio in Adrano. Sizilianische Karren, die von prächtig geschmückten Pferden gezogen werden, dazu Musik auf alten Instrumnenten.
Ende des Monats Mai:	Frühlingsfest in Bronte. Lokales Handwerk und Verkostung typischer Produkte.
Zweite Juni-Hälfte:	Erdbeerfest in Maletto. Ausstellung und Markt typischer Produkte; Verkostung. Folklore, Theater- und Musikaufführungen.
11.–18. Juli:	Mittelalter-Fest in Randazzo, im historischen Zentrum der Stadt. Fest zur Erinnerung an Bianca von Navarra. Konzerte, Markt und Ausstellungen.
16. Juli:	Fest zu Ehren der Madonna del Carmelo in Catania und Santa Maria di Licodia.
18.–25. Juli:	Ätna-Woche (Settimana dell'Etna) in Linguaglossa. Unter den Festlichkeiten ist besonders der „Ätna-Fünfkampf" von Interesse.

1. Sonntag im August:	Patroziniumsfest der Madonna della Provvidenza in Zafferana Etnea.
3. und 4. August:	Fest zu Ehren des San Nicolò Politi in Adrano.
6. bis 8. August:	Pfirsich- und Birnenfest in Maniace. Verkostungen am Hauptplatz.
15. August:	Patroziniumsfest von Sant'Antonio di Padova in Nicolosi. Gleichzeitig Ausstellungen und Markt von Handwerksprodukten und Folklore.
15. August:	Fest „A Vara" in Randazzo. Feierliche Prozession mit Triumphwagen und lebenden Personen.
17. August:	Sommerfest zu Ehren der hl. Agata in Catania. Zur Erinnerung der Überführung ihrer Reliquien von Konstantinopel nach Catania.
28.–30. August:	Patroziniumsfest des San Giuseppe in Santa Maria di Licodia.
29. August:	Fest des San Gerardo in Piedimonte Etneo.
4., 5., 11. und 12. September:	Weinfest in Milo (Vini Milo), Verkaufsausstellung von Ätna-Weinen und speziell von solchen aus Milo.
4. bis 12. September:	Handwerksmesse in Santa Maria di Licodia. Ausstellungen und Lustbarkeiten.
13. bis 23. September:	Septemberfest in Paterno beim Gemeindehaus (Villa Communale).
17., 19., 24., 25. September:	Enpoetna in Santa Venerina. Verkaufsausstellung von sizilianischen Weinen und speziell von jenen vom Ätna; auf der Piazza Roma.
1. Monatshälfte September:	Etna-Vini in Sant'Alfio. Ätna-Weine und typische Produkte.
2. Sonntag im Monat Oktober:	Oliven- und Wurstfest in Trecastagni. Ausstellung und Verkostung.
2. Woche im Monat Oktober:	Pistazienfest in Bronte. Ausstellung und Verkostung.
3. Sonntag im Monat Oktober:	Honigfest in Trecastagni (Sagra del Miele e del Dolce). Verkostung und Folklore.
4. Sonntag im Oktober:	Kastanien- und Weinfest in Trecastagni (Sagra delle Castagne e del Vino).
Jeden Samstag und Sonntag im Oktober:	Honigfest in Ragalna.
Oktober:	Weinlese (Festa della Vendemmia) in Randazzo.
Jeden Sonntag im Oktober:	Ottobrata Zafferanese in Zafferana Etnea. Oliven-, Senf-, Pilze-, Honig- und Kastanienfest.
1. Novemberwoche:	Wurst- und Weinfest in Ragalna.
11. November:	Martinsfest (Festa di San Martino) in Linguaglossa und Milo, Weinkost und typische Ätna-Produkte.
Monatsmitte November:	Wein- und Kastanienfest in Zafferana Etnea.
4. Dezember:	Festa di Santa Barbara in Paternò.
6. Dezember:	Patroziniumsfest von San Nicola di Bari in Trecastagni.
2. Dezemberwoche:	Sagra dell'Olio d'Oliva e dei Prodotti Locali in Ragalna.

Zeittafel

(Historisch bedeutsame Ereignisse, wichtige Persönlichkeiten und die großen Ausbrüche des Ätna)

Karl Gratzl

v. Chr.	
ca. 8140	Explosiver Ausbruch des Ätna
ca. 7100	Explosiver Ausbruch des Ätna
ca. 6000	Ausbruch des Ätna mit apokalyptischem Charakter
ca. 6000	Frühneolithikum
ca. 5000	Explosiver Ausbruch des Ätna
ca. 3500 – 2500	Kupferzeit
ca. 2840	Explosiver Ausbruch des Ätna
ca. 2500 – 2000	1. Phase der Frühen Bronzezeit
ca. 2000 – 1500	2. Phase der Frühen Bronzezeit
ca. 1280	Ausbruch des Ätna mit apokalyptischem Charakter
ca. 1200 – 900	Späte Bronzezeit (Bronzo Finale)
734	Gründung der 1. Griechen-Kolonie auf Sizilien in Naxos
730	Gründung von Messina
729	Gründung von Catania
ca. 700	Hesiod verfasst seine „Theogonie“
693	Erster historisch fassbarer Bericht über einen Ätna-Ausbruch
ca. 630	Der griechische Dichter Stesichoros wird auf Sizilien geboren
500 – 430	Empedokles, griechischer Philosoph
490	Schlacht bei Marathon
480	Schlacht bei Salamis
480	Schlacht bei Himera in Nord-Sizilien. Die Griechen siegen über die Karthager
475	Gewaltiger Ausbruch des Ätna
475	Gründung der Stadt Aitne durch Hieron I.
476/75	Bericht vom Ausbruch des Ätna durch Pindar
476	Der griechische Dichter Pindar besingt Hierons ersten olympischen Sieg mit dem Rennpferd
478 – 467	Hieron I., Tyrann von Syrakus
470	Pindar besingt den Wagensieg Hierons mit dem Viergespann in Delphi
461	Der Sikulerfürst Duketios vertreibt die Söldner des Hieron aus der Stadt Aitne
430 – 367	Dionysios I., Tyrann von Syrakus
ca. 400 – 460	Thukydides, athenischer Geschichtsschreiber
426/25	Erster verheerender Ausbruch des Ätna nach dem Bericht des Thukydides
ca. 456	Der griechische Tragödiendichter Aischylos stirbt in Gela auf Sizilien
ca. 430 – 356	Philistos von Syrakus, Historiker und Berater von Dionysios I.
396 – 337	Dionysios II., Tyrann von Syrakus
394	Lavamassen des Ätna versperren der Armee des Karthagers Himilkon den Weg
361 – 289	Agathokles, Tyrann von Syrakus
352 – 256	Timaios von Tauromenion, bedeutender westgriechischer Historiker
305 – 240	Kallimachos, griechischer Gelehrter und Dichter

ca. 203 – 120	Polybios von Megalopolis, griechischer Historiker
ca. 200 – 144	Die Römer errichten ihre Weltherrschaft
1. Jh.	Diodorus Siculus, griechischer Universalhistoriker aus Sizilien
ca. 98	Geburt des Lukrez, römischer Dichter
ca. 70 – 19	Vergil, römischer Dichter
63 v. Chr. bis 20 n. Chr.	Strabo, römischer Geograph
43 v. Chr. bis 18 n. Chr.	Ovid, römischer Dichter
n. Chr.	
117 – 138	Regierungszeit des römischen Kaisers Hadrian
130	Hadrian besteigt den Ätna
249 – 251	Christenverfolgung unter Kaiser Decius
5. bis 10. Jh.	Frühmittelalter
11. bis 13. Jh.	Hochmittelalter
14. bis 16. Jh.	Spätmittelalter
831 – 1071	Sizilien wird von Arabern beherrscht
1030 – 1112	Sigebert von Gembloux, mittellateinischer Chronist
1060 – 1091	Die Normannen erobern Sizilien
1031 – 1101	Roger I., König von Sizilien
1095 – 1154	Roger II., König von Sizilien
1112 – 1158	Otto von Freising, bedeutendster Chronist der Stauferzeit
1147 – 1149	Zweiter Kreuzzug
1152 – 1220	Gervasius von Tilbury, englischer Kleriker, Rechtsgelehrter und Geschichtsschreiber
1154 – 1166	Wilhelm I., König von Sizilien
1166 – 1189	Wilhelm II. der Gute, König von Sizilien
1169	Ausbruch des Ätna nach dem Bericht von Falcandus
1180 – 1240	Caesarius von Heisterbach, Historiograph
1165 – 1197	Heinrich VI. von Hohenstaufen, römisch-deutscher Kaiser
1194 – 1250	Friedrich II. von Hohenstaufen, römisch-deutscher Kaiser
1239	Bau des Kastell Ursino in Catania
1282	Sizilianische Vesper. Aufstand gegen die französische Fremdherrschaft
1304 – 1374	Francesco Petrarca
1311	Dante besteigt den Prato al Saglio, einen Gipfel des Apennin im Winter
1329	Ausbruch des Ätna nach dem Bericht von Nicolo Specialis
1336	Petrarca besteigt den Mont Ventoux in der Provence
1408	Ausbruch des Ätna nach dem Bericht von Don Bartolomeo von Paterno
1434	Gründung der ersten Universität Siziliens in Catania
1470 – 1547	Pietro Bembo, italienischer Humanist und Kardinal
1488 – 1552	Sebastian Münster, deutscher Theologe und Geograph
1492	Columbus erreicht die Westindischen Inseln
1493	Columbus erreicht Cuba und Hispaniola
1493	Bembo besteigt den Ätna
1494	Ausbruch des Ätna in der Gipfelregion
1495	Pietro Bembos Schrift „De Aetna Dialogus" erscheint in Venedig
1533	Philotheo (Antonio de Homodeis) besteigt erstmals den Ätna
1536/37	Massiver Ausbruch des Ätna mit Aschenflug bis Kalabrien

1541	Thomas Fazellus besteigt den Ätna
1566	Ausbruch des Ätna oberhalb von Linguaglossa
1608 – 1679	Alfonso Borelli, italienischer Mathematiker und Physiker
1646/47	Bedeutende Eruption des Ätna, wodurch der Ort Castiglione betroffen war
1651	Ausbruch des Ätna, wobei die Stadt Bronte betroffen war
1669	Größter Ätna-Ausbruch, der u. a. Catania fast gänzlich zerstörte
1682	Ausbruch des Ätna in der Neuzeit nach dem Bericht des Jesuiten And. Massa
1702 – 1768	Giovanni Battista Vaccarini, Architekt aus Palermo
1720 – 1778	Giuseppe Recupero, Ätna-Historiker
1720 – 1735	Sizilien unter der Verwaltung der Habsburger
1747 – 1797	Gottfried August Bürger, deutscher Balladendichter und Schöpfer des „Münchhausen"
1749 – 1832	Johann Wolfgang v. Goethe
1761 – 1815	Jan Potocki, polnischer Romanschriftsteller
1763 – 1810	Johann Gottfried Seume, deutscher Ätna-Besteiger
1766	Ausbruch des Ätna, wobei die Ortschaft Nicolosi betroffen war
1781 – 1841	Karl Friedrich Schinkel, deutscher Ätna-Besteiger
1792	Ausbruch des Ätna nach dem Bericht von Agatino Recupero
1797 – 1875	Charles Lyell, britischer Geologe und Ätna-Besteiger
1799	Ferdinand IV. belehnt Lord Nelson mit dem Herzogtum Bronte
1801 – 1835	Vincenzo Bellini, sizilianischer Komponist
1804 – 1830	Wilhelm Waiblinger, deutscher Ätna-Besteiger
1809 – 1876	Wolfgang Freiherr Sartorius von Waltershausen, berühmter deutscher Ätna-Forscher
1809	Ätna-Ausbruch, wobei Asche bis Messina flog
1811	Mehrere Ätna-Ausbrüche am oberen Rand des Valle del Bove
1821 – 1891	Ferdinand Gregorovius, deutscher Kulturhistoriker
1832	Ausbruch des Ätna auf der Westseite, wodurch Adrano, Bronte und Maletto betroffen waren
1840 – 1922	Giovanni Verga, sizilianischer Romanschriftsteller
1842	Ausbruch des Zentralkegels
1843	Ausbruch im obersten Bereich des Vulkans, wobei die Wälder von Adrano und Maletto betroffen waren
1846 – 1925	Pater Gabriel Strobl, österreichischer Biologe und Ätna-Forscher
1852	Ausbruch an der Ostflanke des Ätna, wobei u. a. Zafferana Etnea betroffen war
1859 – 1935	Paolo Orsi, Pionier der archäologischen Erforschung Siziliens
1859 – 1940	Selma Lagerlöf, schwedische Schriftstellerin und Nobelpreisträgerin
1865	Ausbruch des Ätna nach einem Bericht von O. Silvestri
1874	Ausbruch des Ätna oberhalb von Randazzo und Linguaglossa
1892	Nach einem Ausbruch des Ätna entstehen die Monti Silvestri
1928	Ausbruch nach dem Bericht von Alfred Rittmann
1971	Ausbruch des Ätna, wobei das Observatorium unterhalb des Gipfels zerstört wird
1974	Ausbruch des Ätna an der Westseite nach dem Bericht von Afred Rittmann
1979	Ausbruch im Gipfelbereich, bei dem neun Todesopfer zu beklagen waren
1987	Ausbruch im Gipfelbereich des Ätna, bei dem zwei Menschen starben
1991/92	Ausbruch des Ätna oberhalb von Zafferana Etnea
2001/03	Ausbrüche am Südosthang des Ätna
2011	Ausbrüche im Bereich des Valle del Bove, wobei keine Ortschaften betroffen waren

Literatur:

ADAMS, P.G. (1988) – Travel Literature through the Ages. An Anthology, New York und London.

ALBANESE, R.M. und E. PROCELLI (1993) – Ripostigli di bronzi della Sicilia nel Museo Archeologico di Siracusa. Academia Nazionale di Scienze, Lettere e Arti, Palermo.

ALBERT, K. (1998) – Hesiod: Theogonie, 6. Aufl., Sankt Augustin.

BEMBO, P. (1495) – De Aetna Dialogus, Venedig.

BEMBO, P. (1970) – Der Aetna, (Ausgabe Deutsch – Latein), Hamburg.

BRADFORD, E. (1989) – Reisen mit Homer. Auf den wiederentdeckten Fährten des Odysseus zu den schönsten Inseln, Küsten und Stätten des Mittelmeers. Bern, München, Wien.

BRANCATI, V. (1961) – Bell'Antonio (Roman), Frankfurt am Main.

Brockhaus' Konversations-Lexikon (1863, 1895) Bd. 6, Bd. 16, 14. Aufl., Frankfurt/M.

BRYDONE, P. (1773) – A tour through Sicily and Malta, in a series of letters to William Beckford, 2 Bände, London.

BÜRGER, G.A. (1788) – Wunderbare Reisen zu Wasser und Lande, Feldzüge und lustige Abenteuer des Freiherm von Münchhausen (Hrsg. I. Ruttmann), Stuttgart 1969.

BURMEISTER, K.H. (1990) in: Killy, W. (Hrsg.) – Literatur Lexikon, Autoren und Werke deutscher Sprache, Bd. 8, Gütersloh, München.

CARTARI, V. (1647) – Imagini delli Dei de gl' Antichi, Venedig.

Catania – Guide de traveller (1999), Messina.

COOPER, J.C. (1986) – Illustriertes Lexikon der traditionellen Symbole, Leipzig.

CULTRARO, M. (1997) – La civilità di Casteluccio nella zona etnea, Primo Sicilia, S. 353–357.

ELIADE, M. (1954) – Die Religionen und das Heilige, Salzburg.

FALCANDUS (1550) – Historia de rebus gestis in Siciliae regno.

FAZELLO, T. (1558) – De rebus siculis decades duae, Palermo.

FINK, G. (1996) – Who's who in der antiken Mythologie, 5. Aufl., München.

FINLEY, M.I. (1979) – Das antike Sizilien, München.

FORBIGER, A. (1877). – Handbuch der Alten Geographie, Bd. 3, Leipzig.

FREEMAN, E.A. (1895) – Geschichte Siziliens unter den Phönikiern, Griechen und Römern, Neuausgabe Essen.

FRIEDLAENDER, I. (1929) – Der Ätna-Ausbruch 1928, in: Zeitschrift für Vulkanologie 12, Berlin, S. 33–46.

GLOBUS (1867) – Illustrirte Zeitschrift für Länder- und Völkerkunde, Bd. 12, Braunschweig.

GÖRRES, J.v. (1840) – Die christliche Mystik, 6 Bände, München 1836–40.

GOETZ, H.W., in: Killy, W. (Hrsg.) Literatur Lexikon – Autoren und Werke deutscher Sprache, Bd. 9, Gütersloh, München 1991.

GRAF, F. (2000), in: Der Neue Pauly, Bd. 8, Stuttgart, Weimar.

GRATZL, K. (2000) – Mythos Berg. Lexikon der bedeutenden Berge aus Mythologie, Kulturgeschichte und Religion, Purkersdorf.

GRATZL, K. (2005) – Die Bergwelt Kretas. Von Gramvousa bis Toplou, Gnas.

GRECO, S. (1995) – I Santi Patroni di Sicilia, Palermo.

GRILL, L.J. (1977) – Das Itinerar Otto von Freising, in: Festschrift Hausmann (Hrsg. H. Ebner), Graz.

GRIMM, J. (1875–1878) – Deutsche Mythologie, 4. Aufl., Berlin.

GRÜNDEL, E. und H. TOMEK (2009) – Sizilien. Dumont Richtig Reisen, 2. Aufl.

Guida alle Cantine dell'Etna e dell'area del Calatino, Camera di Commercio, Catania.

Guide traveller Catania (1999), Messina.

HECKER, U. (1998) – BLV-Handbuch Bäume und Sträucher, 2. Aufl., München.

HEINBERGER, W. (2007) in: Deutsche Biographische Enzyklopädie, Bd. 7, München.

HENZE, D. (2011) – Enzyklopädie der Entdecker und Erforscher der Erde, Bd. 4, Darmstadt.

HESIOD – Theogonie. Herausgegeben, übersetzt und erläutert von Karl Albert, 6. Aufl., Sankt Augustin.

HESSE-WARTEGG, E.v. (o.J.) – Die Wunder der Welt, Bd. 2, Stuttgart, Berlin, Leipzig.

HOFFWEILER, G.F. (1870) – Sicilien. Schilderungen aus Gegenwart und Vergangenheit, Leipzig.

HOFMEISTER, A. (Hrsg.) (1912) – Chronica sive historia de duabus civitatibus.

HOMER – Ilias. Odyssee. In der Übertragung von Johann Heinrich Voß, Frankfurt/M. 1990.

HÖLSCHER, U. (2000) – Die Odyssee. Epos zwischen Märchen und Roman, 2. Aufl., München.

HUNGER, H. (1988) – Lexikon der griechischen und römischen Mythologie, 8. Aufl., Wien.

Ingelheim, Stadt (Hrsg.) (1988) – Sebastian Münster. Katalog zur Ausstellung aus Anlaß des 500. Geburtstages am 20. Januar 1988.

JENKINS, G.K. und H. KÜTHMANN (1972) – Münzen der Griechen, München.

KIEFER, H. (1946/1947) – Professor P. Gabriel Strobl. Zum hundertsten Geburtstag des Admonter Naturforschers, in: Jahresbericht des Stiftsgymnasiums in Admont über das Schuljahr.

Kindler Literatur Lexikon (2009), 3. Aufl., Bd. 13, Stuttgart, Weimar.

Knaurs Lexikon der Weltliteratur (1979), 3. Aufl., München.

KRYWALSKI, D. (1979) – Knaurs Lexikon der Weltliteratur, 3. Aufl., München.

LAGERLÖF, S. (1980) – Gesammelte Werke in 5 Bänden.

LAMMERS, W. (1980) – Chronik oder Geschichte der zwei Reiche (Ausgabe Deutsch – Latein), 2. Auflage.

LEIGHTON, R. (1999) – Sicily before History. An Archaeological Survey from the Palaeolithic to the Iron Age.

LUKREZ (1991) – Von der Natur, Buch VI, Übersetzung von Hermann Diels, Hildesheim, Zürich.

MAAZ, W., in: Lexikon des Mittelalters, Bd. 4, Stuttgart, Weimar 1999.

MARIC, V. (2008) – Sizilien, 1. Aufl. in deutscher Sprache, Ostfildern.

MEISTER, K. (1996), in: Der Neue Pauly, Enzyklopädie der Antike, Bd. 1, Stuttgart, Weimar; Bd. 12, 2002.

MORELLI, G. (1967) – San Nicola Politi, Patrono di Alcara, Messina.

MOST, G.F. (1843) – Encyklopädie der Volksmedicin, Leipzig.

MÜLLER, R. (2007), in: Deutsches Literatur-Lexikon, Bd. 27, München.

MÜNSTER, S. (1544) – Cosmographia. Beschreibung aller Lender Durch Sebastianum Munsterum. In welcher begriffen, Aller völcker, Herrschafften, Stetten u. namhafftiger flecken, herkommen: Sitten, gebreüch ordnung, glauben, secten u. hantierung durch d. gantze welt u. fürnemlich Teütscher nation ..., Basel.

NIEVERS, K. (2009), in: Kindler Literatur Lexikon, 3. Aufl., Bd. 13, Stuttgart, Weimar.

OVID – Metamorphosen (1998), 8. Aufl., München.

PAPENBERG, D. (2010), in: Allgemeines Künstler-Lexikon, Bd. 66, Berlin, New York.

Pausanias Reisen in Griechenland, Gesamtausgabe in 3 Bänden (Hrsg. F. Eckstein), Zürich, München 1986.

PETERICH, E. (1997) – Sizilien, 2. Aufl., München.

PINSENT. J. (1969) – Griechische Mythologie, Wiesbaden.

POLI, E. (1965) – La Vegetazione altomontana dell'Etna, Rom.

PRIESNER, C. (1997), in: Neue Deutsche Biographie, Bd. 18.

PRIVITERA, F. (1999) – Le Grotte etnee nella preistoria, in: „Dentro il vulcano", Le grotte del Etna, Centro Speleologico etneo, Parco dell'Etna, Catania, p. 85–104.

RAUSCH, J. (1965) – Reise zwischen den Zeiten, Düsseldorf, Köln.

RECUPERO (1815) – Storia naturale e generale dell'Etna del canonico Giuseppe Recupero, opera postuma, Catania.

RICCOBONO, F. (2005) – Da Mongibello alla Muntagna, in: Imago Aetnae. Iconografia Storica dell'Etna 1544–1892, Catania.

RICCOBONO, F. und A. TEMPIO (2005) – Imago Aetnae. Iconografia storica dell'Etna 1544–1892, Catania.

RITTMANN, A. (1981) – Vulkane und ihre Tätigkeit, 3. Aufl., Stuttgart.

ROBINSON, J. (1998) – Rebsorten und ihre Weine, 2. Aufl., Bern und Stuttgart.

SÄNGER, D. und M. GAHR (2009) – Sizilien und Liparische Inseln, 2. Aufl., München.

SCHMOLL, U. (1958) – Die vorgriechischen Sprachen Siziliens, Wiesbaden.

SCHWARZ, H.M. (1971) – Sizilien. Kunst, Kultur, Landschaft. Wien, München.

SAPPER, K. (1917) – Katalog der geschichtlichen Vulkanausbrüche, Schriften der Wissenschaftlichen Gesellschaft in Straßburg, Heft 27, Straßburg.

SARTORIUS v. WALTERSHAUSEN, W. (1880) – Der Aetna. Nach den Manuscripten des Verstorbenen hrsg., selbständig bearb. u. vollendet von Arnold v. Lasaulx, 2 Bände Leipzig.

SCHAUBER, V. und H.M. SCHINDLER (1998) – Heilige und Namenspatrone im Jahreslauf, Augsburg.

SCHINKEL, K.F. (1922) – Auf zum Ätna!, in: Briefe, Tagebücher, Gedanken. Ausgewählt, eingeleitet und erläutert von Hans Mackowsky, Berlin.

SCUDERI, S. (1840) – Trattato sui boschi dell'Etna, Palermo.

SEIPPEL, G. (1939) – Der Typhon-Mythos, Dissertation, Greifswald.

SEUME, J.G. (1803) – Spaziergang nach Syrakus im Jahre 1801/1802, 5. Aufl., München 1979.

STANLEY, St.M. (1994) – Historische Geologie, Heidelberg, Berlin, Oxford.

STAUFFENBERG, SCHENK GRAF von, A. (1963) – Trinakria. Sizilien und Großgriechenland in archaischer und frühklassischer Zeit. München, Wien.

STRITZKY, v. (1993), in: Lexikon für Theologie und Kirche, Bd. 1, Freiburg.

STROBL, G. (1880) – Flora des Etna, in: Österreichische Botanische Zeitschrift, Jg. XXXff.

STROBL, G. (1878) – Reise-Erinnerungen aus Sicilien, Graz.

TEMPIO, A. (2005) – Da Aitne ad Aetna. Il Vulcano dell'Antichità classica, in: Imago Aetnae. Iconografia storica dell'Etna 1544–1892, Catania.

TOMASI DI LAMPEDUSA G. (1961) – Der Leopard (Roman), Deutsche Buch-Gemeinschaft, Berlin, Darmstadt, Wien.

Ullstein Kunstlexikon (1967), Frankfurt/M., Berlin.

VALDES, G. (2006) – Das goldene Buch von Taormina, Florenz.

VERGILS AENEIS (1952) – Suhrkamp-Verlag, Berlin und Frankfurt am Main.

WAIBLINGER, W (1982) – Sämtliche Briefe, Textkritische und kommentierte Ausgabe (Hrsg. H. Königer) in fünf Bänden, Bd. 5, 1, Stuttgart.

WALDE, C. (1999), in: Der Neue Pauly, Enzyklopädie der Antike, Bd. 6, Stuttgart, Weimar.

WERNER, D. (1968) – Naturräumliche Gliederung des Ätna. Landschaftsökologische Untersuchungen an einem tätigen Vulkan, Bd. 3 der Göttinger Bodenkundlichen Berichte, Göttingen.

WÜRMLI, M. (1976) – Zur pflanzlichen und tierischen Besiedlung der rezenten Laven und Aschen des Ätna, Sitzungsberichte der Österr. Akad. d. Wissensch., Bd. 185.

ZIAK, K. (1956) – Der Mensch und die Berge. Eine Weltgeschichte des Alpinismus, Salzburg, Stuttgart.

Naturraum

Der Ätna – Entstehung, Gestalt und Differenzierung der Oberflächenformen

Gerhard Karl Lieb

Taormina – eine „klassische“ Annäherung an den Ätna

Der klassische Blick auf den Ätna ist jener von Taormina, speziell aus dem dortigen „griechischen Theater“, das in seiner heutigen Form ein römisches ist. Die Ästhetisierung dieses Motivs zu einer der großen europäischen Landschaftsveduten erfolgte seit der zweiten Hälfte des 18. Jahrhunderts, wobei sowohl der Vordergrund, also das antike Bauwerk, als auch der Hintergrund, die erhabene „Natur“ (die hier auch etwas Bedrohliches hatte und dadurch – zumal aus sicherer Entfernung – noch attraktiver war), dem damaligen Zeit-

Abb. 1: Der seit der Wende 18./19. Jahrhundert zum „Klassiker“ avancierte Blick vom antiken Theater in Taormina zum Ätna. (Foto: G. K. Lieb)

Abb. 2: Blick von Taormina zur Gipfelkalotte des Ätna mit eingetragenen Merkmalen der Oberflächengestaltung (A–E, siehe Text) sowie ausgewählten topographischen Orientierungspunkten. (Foto: G. K. Lieb, Bildbearbeitung: M. Muick)

geist entgegenkamen. Die Rückbesinnung auf die geistige und materielle Kultur der Antike war der intellektuellen Elite in der Zeit der Aufklärung bereits Selbstverständlichkeit, die Entdeckung der Landschaft hingegen durfte damals noch als innovativ gelten. Wie auch immer: Nicht nur für Goethe, sondern für zahlreiche Schriftsteller und Maler aus England, Frankreich, Deutschland und Amerika war Taormina Reiseziel, und sie alle reproduzierten das Image dieser „idealen Landschaft" und begründeten dessen internationalen Ruhm. So war es auch ein deutscher Künstler, Otto von Geleng, auf dessen Initiative hin 1864 das erste Hotel in Taormina seine Pforten öffnete und somit den Grundstein für den bald einsetzenden Oberschicht- und späteren Massentourismus legte (Monheim 1998). An der Anziehungskraft des Blicks hat sich bis heute nichts geändert (Abb. 1), und Taormina sowie das benachbarten Giardini Naxos sind nach wie vor die führenden Tourismusdestinationen auf Sizilien. Was aber kann das klassische Motiv zum Thema der Oberflächengestalt des Ätna aussagen? Versuchen wir die Annäherung an diese Frage mit einer traditionellen Arbeitsmethode der Geographie, der Bildinterpretation, mithilfe von Abb. 2:

- Was wohl zuerst auffällt, ist die schöne Kegelform des Berges – im Bildausschnitt erheben sich die Flanken mit einer mittleren Neigung von rund 10° zu den Gipfelkratern (A).
- Bei etwas genauerer Betrachtung erkennt man, dass unterhalb der Gipfelkrater eine Verflachung liegt (B), der Gipfelbereich erhebt sich daraus deutlich steiler als die Hänge darunter.
- Die Aktivität des Vulkans ist an den Gas- bzw. Dampfexhalationen aus den Gipfelkratern (C1) ebenso zu erkennen wie an einem gerade aktiv in Bildung begriffenen Lavastrom (C2), dessen Schwärze scharf mit der umgebenden Schneebedeckung kontrastiert (Aufnahmedatum des Fotos: 8.4.2009).
- Die im ersten Ansehen so ebenmäßige Kegelgestalt weist durchaus deutliche Differenzierungen auf, so etwa ist eine mächtige, in die Ostseite des Berges eingesenkte Mulde sichtbar, das Valle del Bove (D).
- Schließlich besitzt der Berg überall an seinen Flanken zahlreiche Nebenkrater unterschiedlicher Größe (E), von denen in der Abbildung beispielhaft nur zwei gekennzeichnet sind.

All diese Geländeformen lassen sich mit der Entstehungsgeschichte und der aktuellen Dynamik des Ätna erklären, ja sie sind sogar ganz wesentliche Merkmale der im Einzelnen reich differenzierten Oberflächengestaltung des Ätna, die im Folgenden Schritt für Schritt vorgestellt werden soll.

Die Dimensionen des Vulkangebirges

Die – auch in diesem Buch – viel zitierte Riesenhaftigkeit des Ätna lässt sich auf folgende Weise in Zahlen fassen, wobei man als Außenbegrenzung jeweils die Reichweite der vom Ätna stammenden vulkanischen Gesteine zu Grunde legt (Abb. 6). Die so festgelegte Grundfläche umfasst 1 170 km^2 (das sind 4,6 % der Gesamtfläche Siziliens), wobei der Umfang 170 km, der maximale Durchmesser in der Linie Catania – Randazzo 45 km und der minimale in der Linie Bronte – Giarre 36 km betragen. Das Volumen der vulkanischen Förderprodukte beläuft sich auf 530 km^3 (alle Angaben nach Pichler 1984).

Die an der Oberfläche sichtbare Basis der vulkanischen Gesteine des Ätna liegt im Südosten an der Küste, im Nordwesten bei maximal knapp über 1 000 m Seehöhe, d.h. der vulkanische Aufbau umfasst mindestens eine Vertikaldistanz von 2 300 m. Die Abb. 3 zeigt deutlich, dass der Berg im unteren Bereich flacher (mittlere Neigung unterhalb von 500 m Höhe nur 2–5°) als oben ist. Dabei sind im Stockwerk oberhalb von rund 2 000 m die Ost- und Westseiten steiler als die übrigen Abdachungen, wodurch der darüber liegende Teil des Berges eine in Nord-Süd-Richtung gestreckte Form erhält. Dies hängt einerseits mit der im Laufe der Zeit wechselnden Lage der Eruptionszentren und andererseits mit der Bildung des Valle del Bove zusammen; bei rund 2 900 m ist eine Verebnung mit den Ausmaßen 4 x 3 km ausgebildet – es handelt sich hierbei um den aufgefüllten Kraterrand aus einem früheren Vulkanzyklus (siehe Kapitel Entwicklungsgeschichte des Berges). Auf dieser Verebnung ruht der Gipfelkrater, der selbst in derzeit drei Krater (Abb. 9) untergliedert ist. Die Gipfelhöhe wechselt je nach der vulkanischen Aktivität und wird in der bei Redaktionsschluss verfügbaren modernsten Karte (Club Alpino Italiano 2007) mit 3 321 m angegeben.

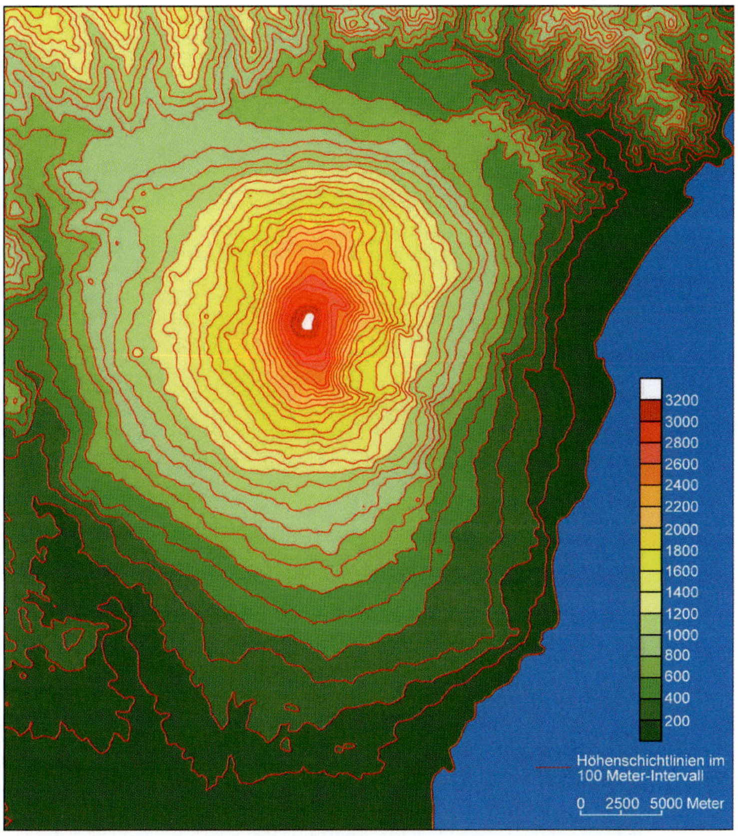

Abb. 3: Höhenschichtenkarte des Ätna. (Quelle: Shuttle Radar Topography Mission SRTM Höhenmodell; http://eros.usgs.gov, Bearbeitung: M. Muick)

Der geotektonische Rahmen

Warum sich der Ätna genau an dieser Stelle erhebt, ist eine weitere interessante Frage, die auch die übrigen Vulkane des süditalienischen Vulkangebietes (wozu außer dem Ätna auch noch die nahen Inselvulkane sowie der Vesuv und die Phlegräischen Felder zählen) betrifft. Die primäre Ursache für die Häufung von Vulkanen ist in deren plattentektonischer Position an der Grenze des afrikanischen Plattenkomplexes im Süden und des eurasischen im Norden zu suchen (Caffo 2012). Diese beiden Plattensysteme kollidieren an einer (etwa zwischen Licata und Catania) quer durch Sizilien ziehenden Linie, an welcher die Ionische Teilplatte Afrikas unter die Tyrrhenische Teilplatte Eurasiens subduziert (d.h. verschluckt) wurde und wird. Dieser Verschluckungsprozess von Erdkruste führt zu deren Aufschmelzung und somit zur Freisetzung von Magma, das durch vulkanische Vorgänge als Lava an die Oberfläche gelangen kann.

Abb. 4: Die Zyklopeninseln bei Acitrezza zeugen von den ältesten vulkanischen Ereignissen im Bereich des Ätna – ihre heutige Form verdanken sie der späteren Heraushebung und der abtragenden Wirkung der Brandung. (Foto: G. K. Lieb)

Wo dies im Einzelnen der Fall ist, darüber entscheiden Schwächezonen in der Erdkruste, welche durch darin eingelagerte Störungen (Bruchlinien) vorgezeichnet sind. Diese spielen auch für die Lage des Ätna eine große Rolle, wobei die Bedeutung der einzelnen Bruchlinien jedoch unterschiedlich eingeschätzt wird. So etwa betonen Pichler u. Schick (1985, S. 18) die Bedeutung der „Cómiso-Messina-Verwerfung", welche den Südwest-Nordost gerichteten Verlauf der sizilianischen Ostküste zwischen Taormina und Messina sowie die Entstehung und Lage der Straße von Messina vorzeichnet (und mit ihrer hohen seismischen Aktivität u. a. für das katastrophale Erdbeben von 1908 verantwortlich ist). Bei Caffo (2012) wird dagegen auf eine Nordnordwest-Südsüdost verlaufende Störung, die als „Tindari-Letojanni-Linie" bezeichnet wird, verwiesen, an der sich auch die Äolischen Inseln Salina, Lipari und Vulcano aufreihen. Wie die Skizze 1 bei Caffo (2012) zeigt, liegt der Ätna am Kreuzungspunkt solcher Störungslinien, sodass hier das Magma leichter durch die Erdkruste emporzudringen imstande ist.

Die Entwicklungsgeschichte des Berges im Zeitraffer

Zur Darstellung der Entstehung des Ätna, die in diesem Band auch von Caffo (2012) skizziert wird, gibt es mehrere Modelle, von denen an dieser Stelle jenes des Istituto Nazionale di Geofisica e Vulcanologia (2012) vorgestellt wird. Eine Gemeinsamkeit aller Modelle ist die Mehrphasigkeit in dem Sinne, dass jeweils jüngere Vulkanbauten in ältere hinein gestellt wurden bzw. diese teilweise überdeckt haben. Übereinstimmung herrscht in der Literatur offensichtlich auch bezüglich des Beginns dieser Entwicklung vor rund 500 000 – 600 000 Jahren. Damals drang im „Stadium der tholeiitischen Basalte" (die Bezeichnung bezieht sich auf die chemische Zusammensetzung des Gesteins) Magma in der Nähe des heutigen Küstenstädtchens Aci Castello untermeerisch auf, wovon noch schöne Kissenlaven und die „Zyklopenfelsen" (Abb. 4) Zeugnis ablegen. Deren pittoreske Formen haben schon früh die Phantasie der Menschen angeregt, weshalb hier die Geschichte von Odysseus und dem

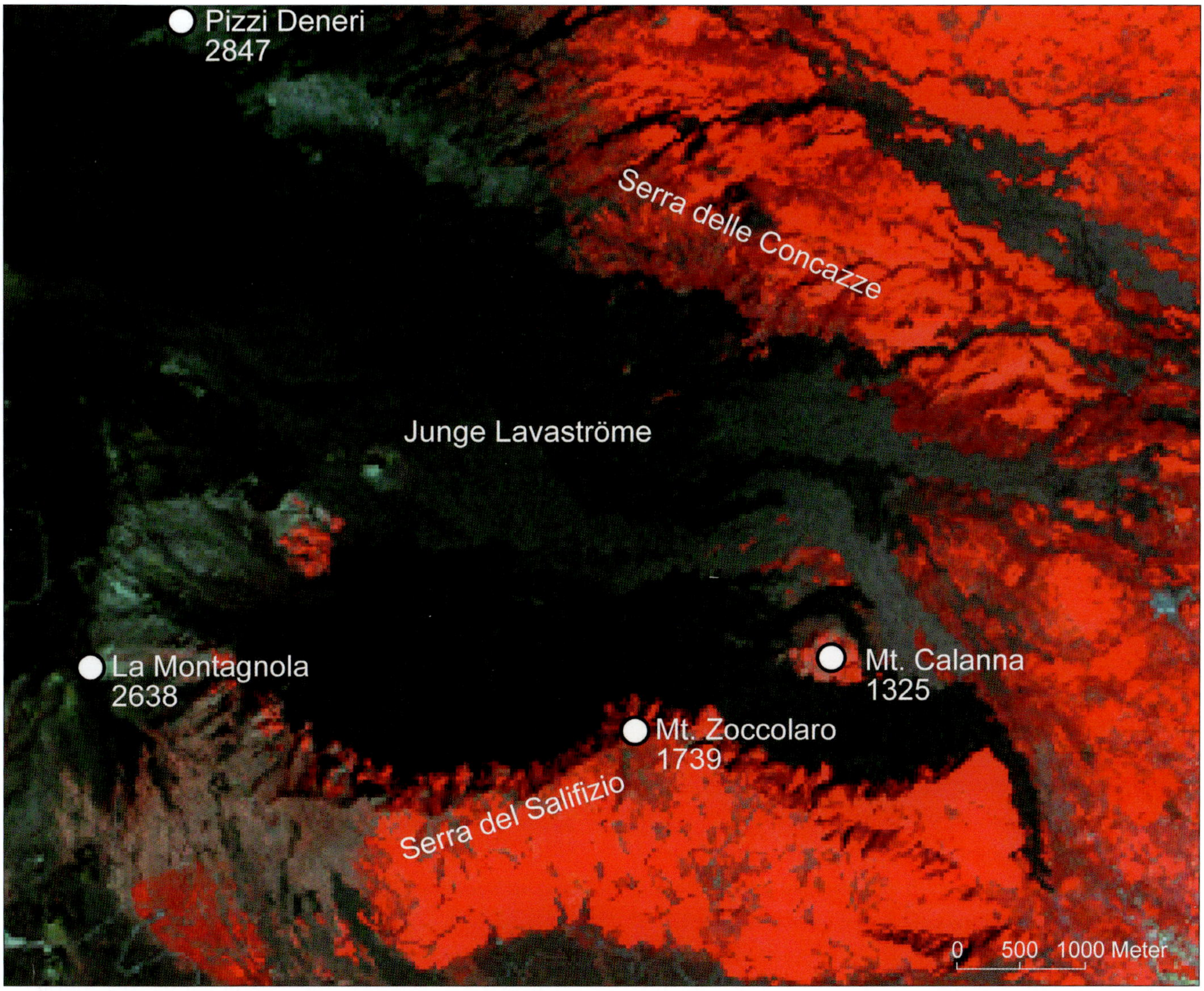

Abb. 5: Das Valle del Bove im Satellitenbild (klassische Falschfarbendarstellung in Rotversion; LANDSAT TM, Kanäle 4, 3 und 2, vom 26.9.1999; Bearbeitung: W. Sulzer u. M. Muick). Gut erkennbar sind die Nord- (Serra delle Concazze) und die Süd-Begrenzung (Serra del Salifizio) dieser Einbruchshohlform, die von Westen und Nordwesten her mit jungen Lavaströmen verfüllt wird.

Zyklopen Polyphem angesiedelt ist – tatsächlich machen die Inseln ein wenig den Eindruck, als handle es sich um hingeworfene Steine.

In dieser ganz frühen Phase des Vulkanismus entstand noch kein Vulkan im Sinne eines frei stehenden Berges, ganz im Gegenteil, die tholeiitischen Basalte bedeckten bloß den Meeresboden eines Golfes, der den Raum des heutigen Ätna einnahm. Dies änderte sich erst im Zeitraum zwischen 220 000 und 110 000 Jahren vor heute, als sich im so genannten „Timpe-Stadium“ an der oben erwähnten Nordnordwest-Südsüdost-Störung zahlreiche Spalteneruptionen ereigneten und diese eine Reihe von Vulkankegeln entlang der Küste und im Südwesten des Ätna aufbauten. Heute sind die Relikte davon weithin von jüngeren vulkanischen Gesteinen bedeckt, größere Flächen nehmen sie nur um Valverde und Acireale sowie am Burgberg von Paternò (wo sie auch als Geländeform deutlich in Erscheinung treten) ein.

In der nachfolgenden Phase des „Valle del Bove-Stadiums“ stellte sich die vulkanische Aktivität von den bislang vorherrschenden Spalten- auf Zentraleruptionen um, d.h. die Ausbrüche konzentrierten sich zunehmend auf einen oder wenige jeweils in einen Hauptkrater mündende Förderschlote. Einer von diesen war der Vulkan Trifoglietto (am Südwestrand des heutigen Valle del Bove), wonach viele Autorinnen und Autoren ein eigenes Entwicklungsstadium benennen. In dieser Zeit, die mit etwa 110 000 – 60 000 Jahren vor heute eingegrenzt wird, soll der damalige Vorläufer des Ätna bereits eine Höhe von 2 400 m erreicht haben. Der das Valle del Bove im Süden begrenzende Bergkamm ist aus vulkanischen Gesteinen aufgebaut, die in dieser Zeit gefördert wurden.

Mit der Verlagerung des Eruptionszentrums in nordwestliche Richtung setzte vor 60 000 Jahren das „Stratovulkan-Stadium" ein, worin zuerst ein mächtiger zentraler Vulkankegel, dessen Lage dem heutigen bereits ähnlich war, aufgebaut wurde. Ein Strato- oder Schichtvulkan ist ein aus alternierenden Schichten von Lava und vulkanischen Auswurfmaterialien aufgebauter, kegelförmiger Vulkan (siehe hierzu das folgende Kapitel). Dieser wird in Anspielung auf seinen elliptischen Grundriss *„vulcano ellittico"* genannt und soll eine Höhe von 3 600 m (bei Caffo 2012 sogar mehr) erreicht haben. Die eruptive Phase dieses Stadiums wurde vor rund 15 000 Jahren durch eine explosive abgelöst, während derer sich mehrere Ausbrüche vom plinianischen Typ ereigneten, d. h. es kam zu Ereignissen, bei denen Teile des Vulkans weggesprengt wurden oder in sich zusammenstürzten. Das Ergebnis war eine Caldera (Einbruchshohlform) mit einem Oberrand bei etwa 2 900 m. Sie ist in Form der bereits erwähnten und in Abb. 2 gezeigten Verflachung in 2 900 m noch erkennbar, obwohl sie seit damals nicht nur vollständig aufgefüllt wurde, sondern sich darauf auch noch der heutige Gipfelkrater-Komplex (der als „Mongibello-Vulkan" bezeichnet wird) aufgebaut hat.

Ein weiteres, besonders prägendes Ereignis ist der Kollaps eines Teiles der Ostflanke des Mongibello-Vulkans, der die bis zu mehr als 4 km breite und 7 km lange, einem riesigen Amphitheater ähnliche Mulde des bereits mehrfach erwähnten Valle del Bove (Abb. 5) schuf. Der Zeitpunkt dieses Ereignisses wird sehr unterschiedlich angegeben – bei Caffo (2012) etwa mit 6 000 Jahren v. Chr., Einigkeit herrscht nur in der Zuordnung zur jüngsten geologischen Vergangenheit (Holozän, Nacheiszeit). Zimanowski (2003) spricht in diesem Zusammenhang von einer Serie von „Megabergstürzen", die sich bis zu ihrem Höhe- und Endpunkt vor 3 500 Jahren hinzog. Die Folgen dieser Vorgänge sind im Einzelnen noch in Diskussion, so etwa dürften Glutwolken und murenartige Schlammströme (Lahars) die Ostflanke des Berges rund um das heutige Milo verwüstet haben. Ob dabei, wie Caffo (2012) angibt, auch eine Flutwelle ausgelöst wurde, scheint noch nicht eindeutig erwiesen zu sein. Jedenfalls wurden die frei gesetzten Gesteinsmassen nachfolgend umgelagert und dadurch ein Kegel aus lockerem Ablagerungsgestein, der „Chiancone" genannt wird, zwischen Riposto und Pozzillo in breiter Front ins Meer vorgebaut.

Das letzte katastrophale Ereignis, das zum Einsturz des Gipfelbereiches führte, ist bereits historisch fassbar und datiert auf das Jahr 122 v. Chr., seine Ablagerungen können sogar noch in Nordafrika nachgewiesen werden. Seit damals ist die Aktivität des Vulkans von einer Art, dass im Wesentlichen nur von „ruhig" dahin fließenden Lavaströmen eine Gefahr für die Menschen ausgeht, nicht jedoch von katastrophalen Explosions-, Einbruchs- oder Sturzereignissen. Deshalb wird der Ätna von der an ihm und um ihn lebenden Bevölkerung als „guter Vulkan" beurteilt (Zimanowski 2003).

Der aktuelle Vulkanismus des Ätna

Es kann kein Zweifel daran bestehen, dass der Ätna einer der aktivsten Vulkane der Welt ist – Pichler u. Schick (1985, S. 16) betonen, dass von den rund 500 aktiven Vulkanen weltweit nur sieben weitere eine dem Ätna vergleichbare, über Jahrhunderte andauernde Dauertätigkeit aufweisen. Diese äußert sich in einer Reihe unterschiedlicher Prozesse, welche im Folgenden – wenn nicht anders angegeben – wiederum in Anlehnung an die „offiziellen" Informationen des Istituto Nazionale di Geofisica e Vulcanologia (2012) wiedergegeben werden. Zu unterscheiden ist dabei grundsätzlich zwischen der effusiven und der explosiven Tätigkeit einerseits sowie der Dauer- und der paroxysmalen Tätigkeit (episodisch auftretende, große Eruptionen) andererseits, weiters kann die Lage der Ausbruchsstellen als differenzierendes Merkmal herangezogen werden.

Effusive Tätigkeit umfasst den Ausfluss von Lava (an die Erdoberfläche tretendes Magma) und findet – für den Ätna besonders charakteristisch – in einem basischen geochemischen Milieu statt. Explosive Tätigkeit bedeutet den Auswurf von Lava oder anderen Materialien bei Eruptionen mit saurem Chemismus. Für diese Materialien (Aschen, Bimsstein, Lavafetzen, aber auch aus den umgebenden Gesteinspaketen mitgerissenes Material) wird die Bezeichnung Pyroklastika verwendet (gleichbedeutend mit dem Begriff Tephra, der je-

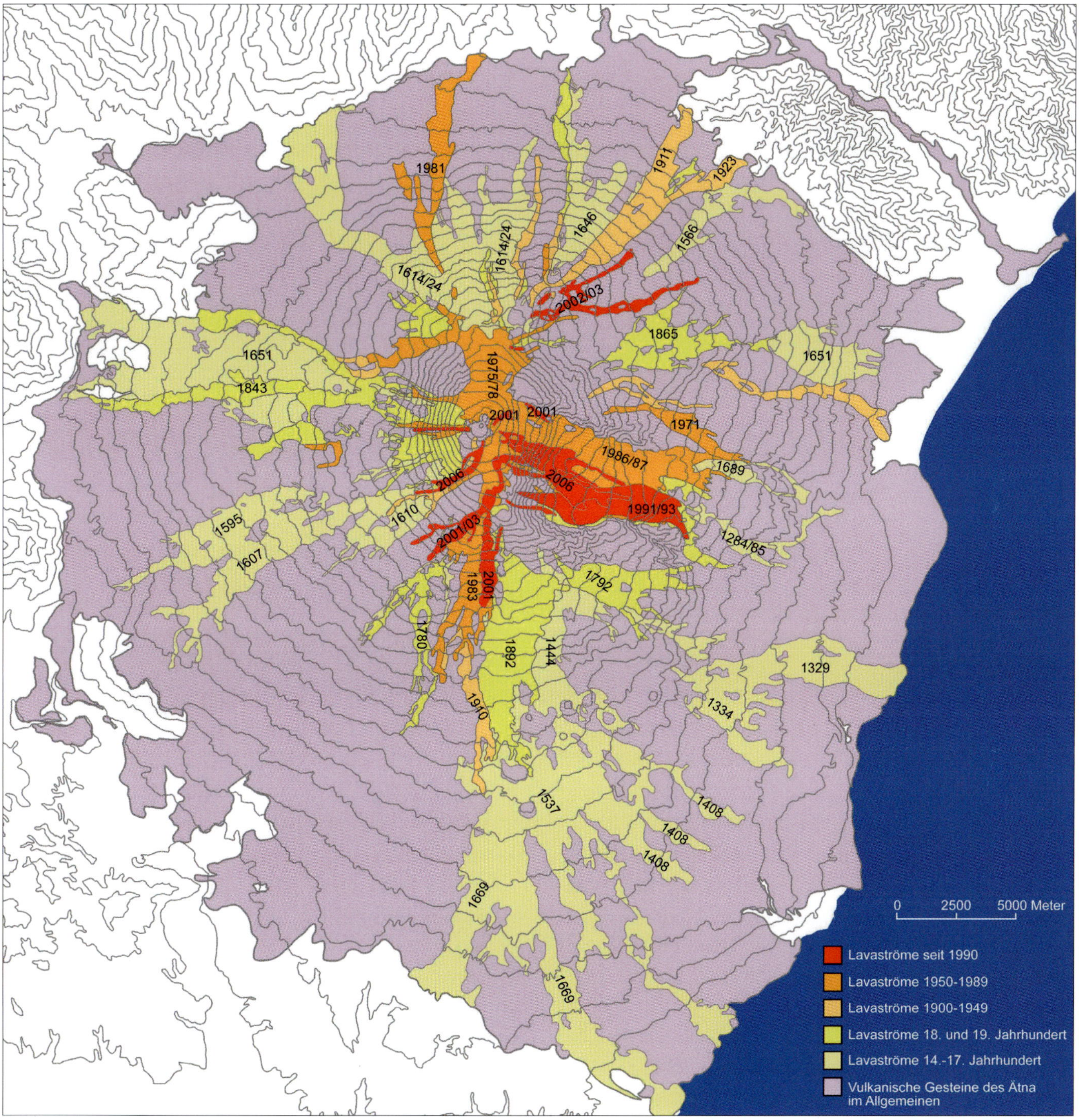

Abb. 6: Vulkanologische Karte des Ätna mit historischen Lavaströmen. (Quelle: Club Alpino Italiano 1991, 2007; verändert, Kartographie: M. Muick)

doch in der Literatur über den Ätna kaum verwendet wird). Die Bildfolge im Beitrag von Caffo (2012) bietet eindrucksvolles Anschauungsmaterial zu den in der Gegenwart am Ätna auftretenden Erscheinungsformen des Vulkanismus.

Da der Ätna sowohl Laven als auch Pyroklastika fördert und man sich seinen Aufbau, wie schon erwähnt, aus einer schichtweisen Abfolge von beiden Förderprodukten vorstellen kann, ist er dem Typ des Stratovulkans zuzuordnen. Wegen der quantitativen Dominanz von Lava hat Pichler (1984, S. 51) die Typisierung als „lavareicher Stratovulkan“ vorgenommen bzw. von einem „komplexen Strato-Schild-

Abb. 7a: Weltraumbild der vom Ätna am 30.10.2002 (Ausbruch 2002/03) ausgehenden Aschewolke, die von einer nordöstlichen Höhenströmung weit über das Meer hinaus verfrachtet wird. (Quelle: The Gateway to Astronaut Photography of Earth; Bildnummer: ISS005-E-19019; http://eol.jsc.nasa.gov)

vulkan" gesprochen (Schildvulkane sind durch effusive Tätigkeit entstandene Vulkane, die sich durch besonders flache Böschungen auszeichnen) – in der Tat sind die Hänge des Ätna für einen „reinrassigen" Schichtvulkan doch weithin zu flach.

Effusive Tätigkeit: Diese äußert sich im Ausfluss von Lava aus punktuellen oder linienförmigen Ausbruchsstellen. Sie ist für den Ätna von besonders großer Relevanz, sodass weite Teile der Oberfläche des Ätna exakt datierten Lavaströmen zugeordnet werden können (Abb. 6). Angeblich sind von keinem Vulkan der Erde so viele Ereignisse in historischer Zeit dokumentiert – eine Zusammenstellung der historischen Evidenz findet sich im Beitrag von Gratzl (2012). Die in der Regel mäßige Geschwindigkeit der Lavaströme (nach Pichler 1984, S. 95, generell weniger als 5 km/h) erlaubt die Evakuierung von Personen aus gefährdeten Bereichen problemlos, während die Beschädigung oder Zerstörung von Kulturflächen, Gebäuden und Infrastrukturen aller Art kaum vermieden werden kann (siehe hierzu das Schlusskapitel dieses Artikels).

Explosive Tätigkeit: Bei Explosionen, ausgelöst etwa durch plötzliche Entgasung wie beim Öffnen einer Sektflasche (für eine mehr ins Detail gehende Diskussion der zu Grunde liegenden physikalischen Vorgänge vgl. Pichler u. Schick 1985, S. 22–26), kommt es zum Auswurf (Ejektion) von Pyroklastika. Unterteilt werden diese in vulkanische Bomben (Durchmesser der Partikel über 64 mm), Lapilli (2–64 mm) und Aschen (kleiner als 2 mm). Diese können im Nahbereich der Eruptionsstellen zu Boden fallen und stellen dann nur auf relativ kleinen Arealen – besonders häufig im Bereich der Gipfelkrater – eine Gefahr dar. Feinere Partikel hingegen können vom Wind erfasst, in weiter entfernte Gebiete transportiert (Abb. 7) und dort als Ascheschicht abgelagert werden. Besonders bedeutend sind diese „Aschewolken" als

Abb. 7b: Eine andere Ansicht vom selben Tag (vgl. Abb. 7a auf S. 110) zeigt den Austritt der Lava aus einer Eruptionsspalte (links) und gleichzeitige ejektive Tätigkeit an den Gipfelkratern. (Quelle: The Gateway to Astronaut Photography of Earth; Bildnummer: ISS005-E-19024; http://eol.jsc.nasa.gov)

Beeinträchtigung des Luftverkehrs, die sich immer wieder etwa in der Sperre des Flughafens von Catania äußert. Sehr selten sind am Ätna Glutwolken, wolkenartige Ansammlungen heißer Gase mit hohem Anteil an schwebend gehaltenen Pyroklastika, die mit außerordentlich hohen Geschwindigkeiten (nach Murawski u. Meyer 1998, S. 84, bis zu 200 km/h) ähnlich Staublawinen die Hänge hinabfließen und dabei besonders große (und unausweichliche) Verwüstungen anrichten.

Dauertätigkeit: Beinahe ständig und ein „seit Menschengedenken andauerndes Kennzeichen“ (Pichler 1984, S. 94) des Ätna-Gipfelbereiches ist die Exhalation von vulkanischen Gasen und Dämpfen (Fumarolentätigkeit), sichtbar als über dem Gipfel stehende Wolke. Bei im Schlot ansteigendem Magmastand kommt es zunehmend zu ejektiver Tätigkeit, d.h. zum Auswurf von Pyroklastika, die durchaus bis in mehrere hundert Meter Höhe reichen kann (Abb. 7 b). Diese Art der Tätigkeit wird nach dem nahen Stromboli, wo sie seit der Antike bezeugt ist, „strombolianisch“ genannt. Wenn diese sich bei im Inneren weiter steigendem Magma intensiviert, kann es zum Aufbau von Lavafontänen im Krater oder zu seitlicher Effusion von Lava kommen („subterminaler Lava-Ausfluss“ bei Pichler u. Schick 1985, S. 21).

Paroxysmale Tätigkeit: Die heftige Steigerung des vulkanischen Geschehens (Paroxysmus) äußert sich zuerst dadurch, dass die Gas-, Dampf-, Lava- und/oder Pyroklastika-Säule über der betreffenden Ausbruchsstelle – am Ätna in der Regel im Bereich der Gipfelkrater – einen oder mehrere Kilometer (!) Höhe erreicht. Durch den dabei bedeutenden Eintrag von Aschen in die Atmosphäre kommt es bei entsprechenden Wetterlagen auch zu deren schon geschildertem Transport in weiter entfernte Gebiete (Abb. 7a). Am Vulkan selbst kommt es zum Auswurf besonders großer Mengen an Pyroklastika und zum Ausfluss großflächiger Lavaströme, die dann häufig auch das besiedelte Gebiet erreichen und Tage bis Wochen andauern können.

Bezüglich der **Lage der Ausbruchsstellen** kann nach Pichler (1984, S. 95–101, beruhend auf Modellen von A. Rittmann, der als einer der „Altmeister" der Ätna-Vulkanologie gilt) die folgende Untergliederung vorgenommen werden:

- *Terminale Aktivität* findet im Bereich des Zentralkraters statt, subterminale nur wenig von diesem entfernt, insbesondere an einem der anderen Gipfelkrater. Die exhalative und ejektive Dauertätigkeit konzentriert sich stark auf diese, aber auch Paroxysmen gehen oft von dort aus. Insgesamt ist der Großteil des vulkanischen Geschehens auf den Gipfelbereich konzentriert, was ja auch die Ursache dafür ist, dass (wegen der Ansammlung der vulkanischen Förderprodukte) der Berg dort seine größte Höhe erreicht.
- Als *laterale Tätigkeit*, die am Ätna primär eine effusive ist, wird jene bezeichnet, deren Eruptionsstellen sich zwar an den Flanken des Berges befinden, jedoch aus dem Hauptschlot mit Lava versorgt werden. In der Regel geschieht dies dadurch, dass an den Hängen Spalten aufreißen und durch diese das Magma den Weg an die Oberfläche findet.
- *Exzentrische Ausbrüche* schließlich sind solche, die in größerer Distanz von den Gipfelkratern an den Hängen des Berges – im Einzelfall (Monte Moio) auch in dessen Nachbarschaft – auftreten, wobei das Magma durch einen eigenen, vom Hauptschlot unabhängigen Förderkanal aus der Tiefe aufsteigt. An der Ausbruchstelle entstehen ein oder mehrere Nebenkrater, wie sie für den Ätna besonders typisch sind, wie im folgenden Kapitel noch gezeigt wird.

Die Vielfalt der Formenwelt und eine Gliederung in Relieftypen

Die Vielfalt der geschilderten Prozesse, die in der Praxis meist keineswegs klar voneinander getrennt werden können, und deren zeitliche und räumliche Veränderlichkeit führen zu einer bemerkenswerten Vielfalt an Geländeformen und Oberflächenstrukturen. Die Vielfalt wird noch dadurch gesteigert, dass nicht nur durch die vulkanischen, sondern auch folgende weitere Vorgänge die Oberfläche gestalten (Werner 1966, ergänzt):

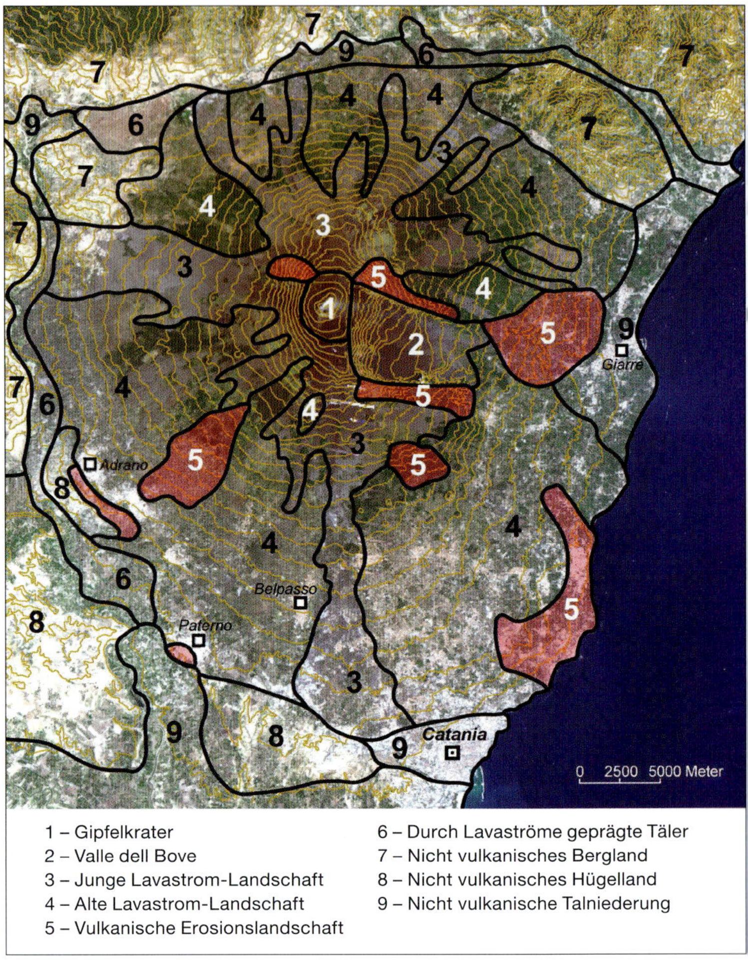

Abb. 8: Relieftypen des Ätna und seiner unmittelbaren Umgebung. (Entwurf: Lieb nach verschiedenen Quellen, siehe Text; Hintergrundbild: LANDSAT-Aufnahme 2006; Bearbeitung: M. Muick)

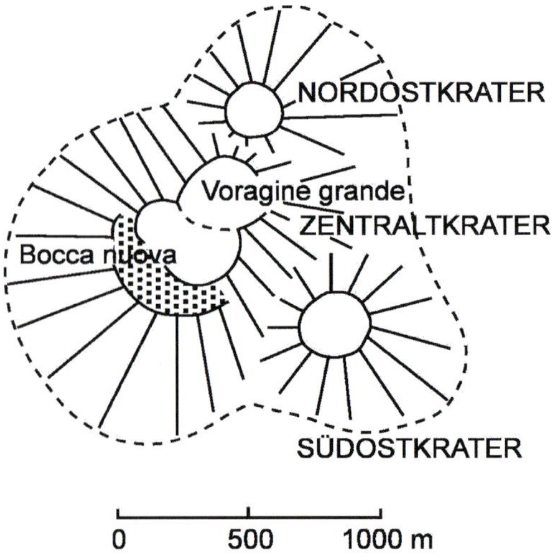

Abb. 9: Die Gipfelkrater des Ätna. (Quelle: Google Earth, ergänzt durch eigene Beobachtungen 2009; Zeichnung: M. Muick)

Abb. 10: Der Gipfelaufbau des Ätna von Süden her gesehen, mit dem Zentralkrater links und dem Südostkrater rechts, davor der Parkplatz der Geländebusse, die Touristinnen und Touristen von Süden bis etwa 2900 m Höhe bringen. (Foto: G. K. Lieb, 8.4.2009)

- Die Regionaltektonik äußert sich in der Bildung von Bruchstufen beim Absinken von einzelnen Schollen der Erdkruste.
- Oberflächlich abfließendes Wasser führt zur Abspülung der Oberfläche und dadurch zu deren Abtragung, besonders deutlich als Erosion (linienhafte Zerschneidung durch Bäche) in Erscheinung tretend. Das so abtransportierte Lockergestein wird nachfolgend in flacherem Gelände wieder abgelagert.
- Zumindest am Südostrand des Ätna spielt auch die Abtragung durch die Brandung (marine Abrasion, Beispiel in Abb. 4) eine Rolle.
- In den höchsten, vegetationsfreien Lagen des Ätna können Aschen durch den Wind verlagert werden (äolische Abtragung).
- Ebenso auf die höheren Lagen beschränkt ist die Wirkung des Schnees auf den Untergrund (nivale Prozesse). Schnee und Eis können in geschützten Lagen, etwa in Lavahöhlen, auch den Sommer überdauern.
- Inwieweit die aus dem Klima im Gipfelniveau zu erwartenden frostbedingten (periglazialen) Abtragungsprozesse, die für Hochgebirge besonders typisch sind, wirken, ist nicht bekannt – möglicherweise fehlen sie wegen der hohen Wärmeflüsse aus dem Untergrund.

Wenn hierzu im Folgenden eine Übersicht gegeben wird, so muss dabei herausgearbeitet werden, was für den Ätna besonders typisch ist bzw. was zur „standardmäßigen" Ausstattung von aktiven Vulkanen gehört. Um die regionale Zuordnung der zu behandelnden Formen zu erleichtern, werden diese in eine Beschreibung von Relieftypen eingebettet. Die zugehörige Karte (Abb. 8) wurde speziell für diesen Beitrag entworfen und beruht neben Beobachtungen vor Ort auf der Auswertung von Satellitenbildern sowie ergänzenden Informationen aus Club Alpino Italiano (1991) und Werner (1966), der als erster eine vergleichbare, von der vorliegenden jedoch deutlich abweichende Karte vorgelegt hat.

Der Bereich der Gipfelkrater (1 in Abb. 8): Dem schon in Abb. 2 sichtbaren ehemaligen Kraterrand in rund 2 900 m, einem Relikt des „Vulcano ellittico", sitzt der jüngste vulkanische Komplex der Gipfelkrater („Mongibello-Vulkan", vgl. das Kapitel „Zur Entwicklungsgeschichte des Berges") auf. Dieser besteht selbst wiederum aus mehreren hochaktiven Kratern, deren Lage in Abb. 9 gezeigt wird:

- Der *Zentralkrater* oder Hauptkegel liegt in der Mitte und besteht in seiner heutigen Form, wenn auch mit wechselnder Höhe, zumindest seit der Mitte des 18. Jahrhunderts. Seine Flanken sind mit 30–35° recht steil und ziehen zu einer in rund 3 250 m Höhe befindlichen Verflachung hinauf, wobei es sich um einen wieder aufgefüllten älteren Kraterrand handeln dürfte. In diese Verflachung sind zwei Krater eingesenkt, deren östlicher von 1945 stammt, einen Durchmesser von etwa 300 m hat und *Vorágine grande* genannt wird. Der westliche ist etwas kleiner, entstand erst 1968 und heißt *Bocca nuova.*
- Der *Nordostkrater* besteht seit 1911 und hat sich seit damals durch mehrfache Ausbrüche in seiner Gestalt und Höhe immer wieder verändert, zwischenzeitlich – z. B. nach dem Ausbruch von 1980 – trug er den höchsten Punkt des Ätna (damals nach Pichler 1984, S. 51, 3 350 m).
- Der *Südostkrater* ist der jüngste, er bildete sich erst 1971, ist aber seither dynamisch in die Höhe gewachsen und war auch bei Redaktionsschluss dieses Buches wieder aktiv und in weiterem Aufbau begriffen.

Das Valle del Bove (2 in Abb. 8): Schon mehrfach wurde diese markante, scharf begrenzte Mulde im Südosten der Gipfelkrater angesprochen (Abb. 5 und 11). Wie erwähnt, handelt es sich um das Ergebnis der durch den Kollaps der Ätna-Ostflanke hervorgerufenen Massenbewegungen in geologisch jüngster Vergangenheit. Der Name, der so viel wie Ochsental bedeutet, erinnert daran, dass in früherer Zeit (karge) Viehweiden am Grund der Senke bestanden, bevor diese speziell seit der Neuzeit durch junge Lavaströme zunehmend überdeckt wurden und nach wie vor werden. Trotz dieser allmählichen Verfüllung ist auch das heutige Valle del Bove immer noch eindrucksvoll tief in die Ostflanke des Ätna eingesenkt und wird vor allem nach Süden und Südwesten hin durch bis zu rund 1 000 m hohe, steile Fels- und Schuttflanken eingerahmt. Diese sind durch erosive Vorgänge in felsige Pfeiler (*Serre*) und dazwischen eingelagerte steile, schuttreiche Mulden (*Canaloni*) gegliedert. Die an den Serren frei gelegten Gesteine lassen den schichtförmigen Aufbau des älteren Vulkangebäudes erkennen und gelten daher seit dem 19. Jahrhundert als Schlüsselstellen für die Enträtselung der Entwicklungsgeschichte des Ätna.

Die junge Lavastrom-Landschaft (3 in Abb. 8): Dieser Relieftyp nimmt auf dem Kegelmantel des Ätna weite Areale – insgesamt knapp die Hälfte der Gesamtfläche – ein. Schon allein deshalb können die Lavaströme als besonders typisch für den Ätna gelten. Da die meisten von ihnen auch beträchtliche Schäden an der Kulturlandschaft verursachten, sind sie nicht nur gut dokumentiert (Abb. 6 und Gratzl 2012), sondern bei der einheimischen Bevölkerung auch tief im kollektiven Gedächtnis verankert. Der Oberflächencharakter der Lavaströme hängt von der Zähigkeit (Viskosität) der Schmelze und diese wieder von der Temperatur und dem Chemismus ab. Dabei unterscheidet man die glatte Gesteinsoberflächen (oft mit welligem oder strickförmigem Mikrorelief im Dezimeter- bis Meterbereich) ausbildende Pahoehoe-Lava (Schollenlava, Abb. 12) und die an der Oberfläche aus losen, kantigen Gesteinstrümmern bestehende Aa-Lava (Brockenlava), welch letztere am Ätna bei Weitem vorherrscht (Abb. 13).

Fließt nach Abkühlung und Erstarrung der Oberfläche die

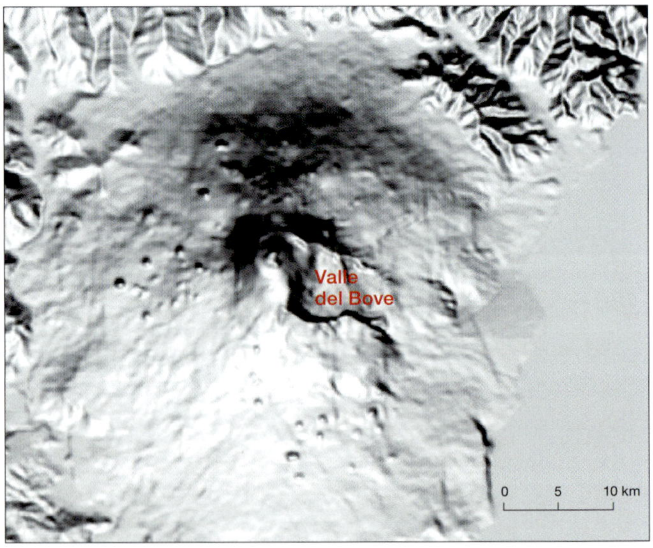

Abb. 11: Diese plastische, aus einem digitalen Geländemodell generierte Darstellung des Ätna lässt das Valle del Bove mit seinen beachtlichen Dimensionen deutlich hervortreten. (Quelle: Shuttle Radar Topography Mission SRTM Höhenmodell; http://eros.usgs.gov; Bearbeitung: W. Sulzer)

Abb. 12: Pahoehoe-Lava an der Nordostseite des Ätna, hier in Form einer Stricklava, bei der sich durch Stau der zähflüssigen Lava deren Oberfläche in wulstförmige Strukturen gelegt hat. (Foto: G. Kastberger)

Abb. 13: Der Lavastrom des Ausbruchs vom Piano Provenzana aus dem Jahr 2002/03 besteht wie die meisten am Ätna aus Aa-Lava. (Foto: G. K. Lieb)

Lava im Inneren des Lavastroms weiter talwärts, kann sich das Innere auch völlig entleeren und es somit zur Bildung von Lavahöhlen kommen, von denen es am Ätna eine große Zahl gibt (allein in der Karte des Club Alpino Italiano 1991 sind rund 100 von diesen eingetragen; zu den Höhlen siehe den Beitrag von Geyer 2012). Ist dies nicht der Fall, verursacht die unter der Oberfläche verlangsamte Auskühlung die Erstarrung zu massigem Gestein, das von oberflächenparallelen oder senkrecht dazu stehenden Absonderungsklüften durchzogen sein kann. Letztere führen zur Ausbildung formschöner Basaltsäulen (Abb. 21).

An Lavaströmen können noch viele weitere Oberflächenformen entstehen, von denen an dieser Stelle beispielhaft die folgenden erwähnt seien: Lavawälle sind lang gestreckte Rücken aus Aa-Lava, die den eigentlichen Lavastrom – oft beiderseits am Rand und stets parallel zur Fließrichtung – um einige Meter überragen (Abb. 14). Sie entstehen ähnlich wie die Lavahöhlen, wenn randliche Teile des Lavastroms bereits erkalten, während sich die Mitte noch weiterbewegt. Besonders häufig am Ätna sind Hornitos, kleine, schornsteinartige, durch Entgasungsvorgänge geöffnete Ausbruchskegel aus Lavaströmen (Definition in Anlehnung an Murawski u. Meyer 1998), wie sie in der Bildfolge zum Beitrag von Caffo (2012) mehrfach zu sehen sind. Bei Staukuppen handelt es sich um kuppen- oder keulenförmige, mehrere Meter hohe Aufwölbungen der Oberfläche von Lavaströmen, die durch Anhäufung nachströmender Lava in flachem Gelände entstehen; ähnlich entstehen Lava- oder Schollendome durch Auftürmung von Fragmenten einer Pahoehoe-Lave (Werner 1966, S. 20).

Sobald der Lavastrom ausgekühlt und stabil ist, setzt die Wirkung atmosphärischer Einflüsse auf die neu entstandene Gesteinsoberfläche ein und verändert diese (Verwitterung). Gleichzeitig dringt die Pflanzen- und Tierwelt aus den benachbarten, unversehrt gebliebenen Arealen wieder auf den Lavastrom ein und versucht, diesen als Lebensraum aufzubereiten (Sukzession). Zuerst wandern Flechten ein, und erst wenn sich eine dünne Rohbodenschicht gebildet hat, folgen Pionierpflanzen, Gräser und Kräuter, Büsche und schließlich eine der jeweiligen Höhenstufe entsprechende Vegetationsgesellschaft (Werner 1966, S. 93 f.). Wie schnell dies vonstattengeht, hängt von zahlreichen lokalen Umweltfaktoren ab (Abb. 15) – als grobe Faustregel kann gelten, dass sich Laven, die seit dem 18. Jahrhundert abgelagert wurden, in allen Höhenlagen durch ihre Vegetation noch so deutlich von ihrer Umgebung unterscheiden, dass sie in Satellitenbildern deutlich erkennbar sind.

Aber die Lavastrom-Landschaft beinhaltet bei Weitem nicht bloß Lavaströme, sondern naturgemäß auch deren Ausbruchsstellen, sofern diese nicht außerhalb dieses Relieftyps (also etwa an den Gipfelkratern) liegen. Die Stellen, an denen die Lava austritt, werden grundsätzlich Bocchen (Singular: Bocca, ital. Mund) genannt. Sie sind nach dem Ende des Ausbruchs an Hohlformen zu erkennen. Da es beim effusiven Austritt von Lava beinahe immer auch zu zumindest untergeordneter explosiver Aktivität kommt, werden die Bocchen meist von mehr oder weniger ringförmigen Ablagerungen aus Lava und Pyroklastika umgeben. Diese können recht unscheinbar sein, aber auch beachtliche Dimensionen erreichen:

- Laterale Ausbrüche erfolgen, wie erwähnt, bevorzugt aus sich (begleitet von lokalen Erdstößen) öffnenden Spalten, die sich über mehrere Kilometer Länge hinziehen können. Über den darauf linear angeordneten Bocchen bauen sich kleine Schlackenkegel auf, die perlschnurartig hintereinander angeordnet sind und „*bottoniera*“ (ital. Knopflochreihe) genannt werden (Abb. 16). Der Lava-Ausfluss selbst erfolgt aus den jeweils weiter unten gelegenen Bocchen und der ganze Prozess wird meist von verstärktem Auswurf von Pyroklastika auch im Gipfelkrater begleitet, weil ja derselbe zentrale Förderschlot betroffen ist (Pichler 1984, S. 100). Ein bekanntes Beispiel hierfür ist die vielbesuchte Kraterreihe der 1892 entstandenen Monti Silvestri unmittelbar östlich des Rifugio Sapienza.
- Besonders bei exzentrischen Ausbrüchen, die sich in größerer Distanz vom Gipfelaufbau ereignen und von selbstständigen Förderkanälen gespeist werden, bilden sich durch den kräftigen Auswurf von Pyroklastika große Nebenkrater (auch Parasitär- oder Adventivkrater genannt, Abb. 17, 18). Diese besitzen eine relative Höhe von meist mehreren Zehnermetern, vereinzelt auch mehr als 100 m. Als Beispiel können die Monti Rossi bei Nicolosi genannt werden, von denen der verheerende Lavastrom, der 1669 einen Teil von Catania zerstörte, seinen Ausgang nahm (Gratzl 2012). Wie die große Zahl der Kegel zeigt, fanden solche Ausbrüche in früheren Zeiten häufig statt, nicht jedoch mehr seit dem Beginn des 19. Jahrhunderts (Pichler 1984, S. 101).

Abb. 14: Schön ausgebildete Lavawälle an den Lavaströmen der 1970er-Jahre an der Nordostseite des Ätna (Blickrichtung Südwest mit dem Nordostkrater in der Bildmitte). (Foto: G. K. Lieb)

Abb. 15: Lavastrom von 1792 an der Straße von Zafferana Etnea – Rifugio Sapienza in rund 1 200 m. Die Vegetationssukzession hat erst ein Stadium erreicht, worin einzelne Sträucher aufkommen. Im Hintergrund der Monte Arcimis, ein Nebenkrater des Ätna. (Foto: G. K. Lieb)

Abb. 16: Beispiel einer perfekt entwickelten, beim Ausbruch von 1923 entstandenen Schlackenkegelreihe über einer Eruptionsspalte – Tiefblick vom Monte Nero nach Osten. (Foto: G. K. Lieb)

Abb. 17: Der Monte Frumento delle Concazze (2151 m), hier betrachtet von Norden, gilt mit einem Basisdurchmesser von rund 900 m als einer der größten Nebenkrater des Ätna. (Foto: G. K. Lieb)

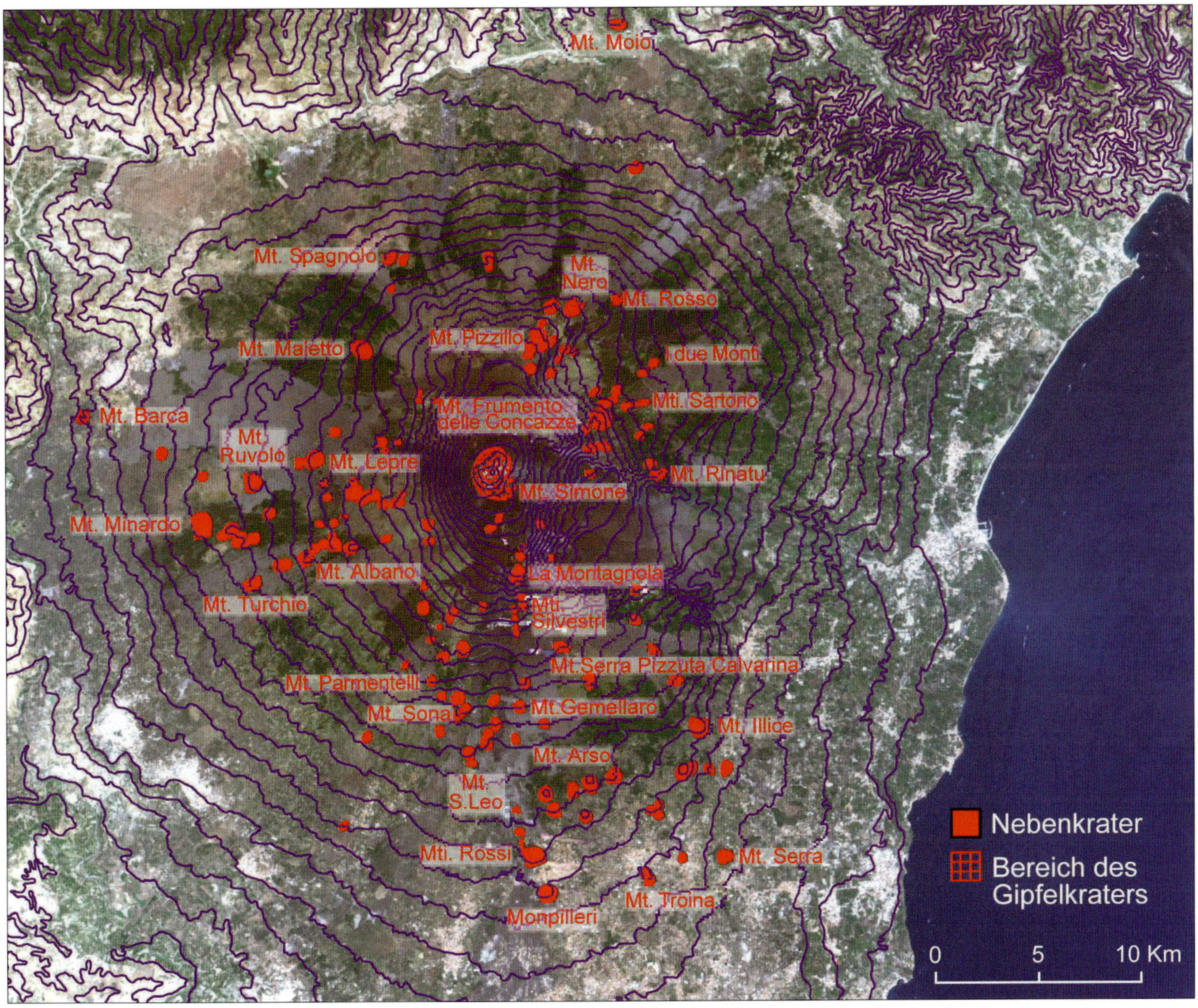

Abb. 18: Die wichtigsten Nebenkrater des Ätna. (Quelle: Club Alpino Italiano 1991, ergänzt und aktualisiert aus Satellitenbildern; Hintergrundbild: LANDSAT-Aufnahme 2006; Bearbeitung: M. Muick)

In der Literatur werden diese Nebenkrater, egal ob sie genetisch lateralen oder exzentrischen Ausbrüchen entstammen (die Art des Ausbruchs festzustellen ist durch bloße Betrachtung der Krater nicht möglich), als besonders typisch für den Ätna hervorgehoben. Werner (1966, S. 13–18) hat sie nach ihrer Form und Entstehung typisiert, Pichler (1984, S. 91–93) gibt ihre Zahl mit „mehr als 270" und ihren Verbreitungsschwerpunkt im Höhenstockwerk zwischen 700 und 2 500 m Höhe an. Zu recht hält er die meisten dieser Krater für geologisch jung (maximal etwa 3 000 Jahre), da sie ja aus leicht abtragbaren Pyroklastika bestehen und somit kurzlebige Gebilde sein müssen. In Abb. 18 sind die wichtigsten Krater eingetragen, die größeren von ihnen kommen aber auch in der Abb. 11 gut zur Geltung.

Die alte Lavastrom-Landschaft (4 in Abb. 8): Wie oben angedeutet, sind vorneuzeitliche Lavaströme sowohl in der Landschaft als auch im Satellitenbild nicht mehr (oder nur im Einzelfall) als individuelle Lavaströme zu erkennen. Dieser Relieftyp unterscheidet sich wenig von Hanglagen nicht vulkanischer Gebirge, außer dass eben das Gestein vulkanisch ist. Die Ursache hierfür ist die weit fortgeschrittene Verwitterung, die zur Zerkleinerung der Gesteinsstücke der ursprünglichen Aa-Lava und zur Auffüllung der Poren zwischen diesen durch Feinmaterial geführt und somit die Bodenbildung begünstigt hat. Aus diesem Grund ist auch die Vegetationssukzession weit fortgeschritten, und es hat sich entweder ein der Höhenstufe entsprechendes Pflanzenkleid eingestellt oder das Areal wurde längst unter Kultur genommen. Dies gilt im Besonderen für große Areale an der Süd- und Westseite des Ätna, wo bis in etwa 1 000 m Höhe Sonderkulturen wie Wein und Pistazien auf künstlich angelegten Steinterrassen (Abb. 19) angebaut werden. Dieser Relieftyp beherbergt zum Großteil jene einzigartige Kulturlandschaft des Ätna, deren Wert bei Caffo (2012) ausführlich geschildert ist.

Vulkanische Erosionslandschaft (5 in Abb. 8): Waren die bisherigen Relieftypen (mit Ausnahme des Valle del Bove) von vulkanischen Aufbauformen wie etwa Lavaströmen und Schlackenkegeln dominiert, haben wir nun Oberflächenformen vor uns, die schon vor so langer Zeit gebildet wurden, dass sie durch die Kräfte der Verwitterung und Abtragung in Zerstörung bzw. Umgestaltung begriffen sind. Hiervon sind die bei den frühen Entwicklungsphasen des Vulkans entstandenen Gesteine (im Wesentlichen also jene, die älter als das Stratovulkan-Stadium sind) betroffen. An die Stelle der ursprünglich vulkanischen Formen ist hier ein Relief getreten, wie wir es aus nicht vulkanischen Gebirgen kennen – besonders die Erosionswirkung der sich einschneidenden Bäche ist zum wichtigsten Faktor der Oberflächengestaltung geworden. Das durch ein Nebeneinander von Taleinschnitten und dazwischen aufragenden Geländerücken geprägte Zerschneidungsrelief (Abb. 20) nimmt am Ätna, wie aus Abb. 8 deutlich zu erkennen ist, jedoch nur geringe Flächen ein, weil die Gesteinsmassen der jüngeren Entwicklungsphasen am Ätna quantitativ so deutlich überwiegen.

Diese älteren Bauelemente des Ätna wurden an vielen Stellen von jüngeren tektonischen Vorgängen erfasst, wodurch es entweder zum Aufreißen von Spalten oder zur relativen Absenkung von Gebietsteilen gegenüber anderen kam. Die Spalten wurden in der Regel durch das Eindringen von Magma verfüllt – in manchen Fällen haben diese „Gänge" der späteren Abtragung mehr Widerstand entgegengesetzt und sind in Form von Felsrippen aus dem umliegenden Gestein herauspräpariert worden (wie dies mehrfach an den Hängen beiderseits des von der Montagnola zum Monte Zoccolaro ziehenden Kammes zu sehen ist). Wie schon erwähnt, erfolgte die regionaltektonische Absenkung von Schollen entlang von Bruchlinien, die als Bruchstufen mit Sprunghöhen bis zu etwa 100 m in Erscheinung treten. Diese Steilhänge werden am Ätna *Timpe* (Singular: *Timpa*) genannt und sind als lokale Verkehrs- und Nutzungshindernisse sowie dadurch von Bedeutung, dass sie wegen des erhöhten Gefälles die Erosion verstärken. Diese Stufen sind für die Ost- und Südostseite des Ätna (besonders die weitere Umgebung von Sant'Alfio) so typisch, dass Werner (1966) hier in seiner Gliederung des Ätna eine eigene „Bruchstufenlandschaft" ausgewiesen hat. Auch die Steilküste östlich unterhalb der Stadt Acireale gilt als bruchtektonisch entstanden (Pichler 1984, S. 181), wenn auch durch die Brandung überformt.

Die durch Lavaströme geprägten Täler (6 in Abb. 8): Die Taleinschnitte des Simeto im Westen und des Alcántara im Norden haben bezüglich ihrer Oberflächenformen eine deutliche Sonderstellung inne. Die Gemeinsamkeit der beiden Flüsse ist, dass ihre Zubringer jeweils in der dem Ätna nordwestlich benachbarten Gebirgsgruppe der Nébrodi entspringen und die Flüsse in ihren jeweiligen Mittelläufen in „Kontakt" mit dem Vulkanbau des Ätna kommen. Dabei wurde durch das vulkanische Geschehen auch das Flussnetz verändert – so etwa versperrten die Lavaströme des Ätna in der Nacheiszeit einigen Zubringern des Simeto ihren Lauf und zwangen sie, zum Alcántara abzufließen, d. h. der Ätna hat die Lage und Höhe der Wasserscheide zwischen den beiden Flussgebieten verändert. Aber auch der Alcántara dürfte durch den Aufbau des Ätna in ein neues Tal gezwungen worden sein.

Von besonderem Interesse ist beim Alcántara jedoch die Tatsache, dass dessen Tal als Abflussbahn für einen Lavastrom fungierte: Ausgehend vom nördlichsten, durch einen exzentrischen Ausbruch entstandenen Nebenkrater des Ätna, des Monte Moio (703 m), ergoss sich die Lava, den Talboden vollständig bedeckend, bis zur Küste und baute dort sogar eine Halbinsel ins Meer vor (Abb. 6). Diese wurde von den griechischen Kolonisten 757 v. Chr. als erster Siedlungsplatz auf Sizilien (Naxos) ausgewählt, woraus man schließen kann, dass der Lavastrom deutlich älter sein muss (denn ein erst frisch erkalteter Lavastrom eignet sich wegen seiner unabhängig vom Lavatyp rauen und kahlen Oberfläche nicht zur Anlage einer Siedlung). Die Oberfläche des Lavastroms, wie sie sich heute darbietet, entspricht in ihrem Charakter dem Typ der „alten" Lavastrom-Landschaft und wird landwirtschaftlich intensiv genutzt, vor allem durch Orangen-

Abb. 19: Terrassenkulturen mit Ölbäumen und Wein an der Nordseite des Ätna westlich von Linguaglossa – eine typische Nutzungsform auf „alten" Lavaströmen. (Foto: G. K. Lieb)

Abb. 20: Vulkanische Erosionslandschaft an der Süd- und Ostflanke des Verbindungskammes La Montagnola – Monte Zoccolaro (Bildmitte). Blick von Südosten über Zafferana Etnea (unmittelbar hinter der Ortschaft zwei erosive Taleinschnitte in Gesteinen des Valle del Bove-Stadiums). Im Hintergrund v.l.n.r.: La Montagnola, Gipfelkrater und Pizzo Deneri. (Foto: G. K. Lieb)

kulturen. Der Alcántara hat sich mittlerweile auf weiten Strecken eine tiefe Schlucht in die Lava gegraben und dabei deren Inneres aus prachtvoll entwickeltem Säulenbasalt freigelegt (Abb. 21).

Das Tal des Simeto weist davon abweichende Gegebenheiten auf. Dieser Fluss folgt im Großteil seines Verlaufs am Fuß des Ätna der geologischen Grenze zwischen den Flyschgesteinen der Nébrodi im Westen und den vulkanischen Gesteinen des Ätna im Osten. Dabei hat er letztere durch Seitenerosion unterschnitten und markante, terrassenförmige „Lavakanten" (Werner 1966, S. 26) geschaffen. Nur auf kürzeren Passagen hat der Simeto demgegenüber Schluchtstrecken in den Basalt geschnitten – etwa beim spektakulären, aus arabischer Zeit stammenden Ponte dei Saraceni (Foto auf S. 90).

Nicht vulkanische Relieftypen der Umgebung: Alle übrigen, in Abb. 8 ausgewiesenen Relieftypen gehören nicht dem Vulkankomplex des Ätna an und sind weder in ihrem inneren Bau noch in ihrer Oberflächengestaltung von jenem abhängig (sieht man von Randeffekten wie etwa den erwähnten Veränderungen des Flussnetzes im Bereich Simeto und Alcántara ab). Es handelt sich hierbei um ein intensiv durch Flusserosion zerschnittenes Bergland aus Kristallin im Nordosten (Monti Peloritani, Abb. 22), um ein sanfter geformtes Bergland aus Flysch im Nordwesten und Westen (Nébrodi), um ein Hügelland aus tertiären Sedimenten im Südosten und um die aus Flussablagerungen bestehende Talböden des Simeto und des Alcántara (außerhalb von Relieftyp 6) sowie die Ebene von Catania im Süden.

Die alte Frage: Ist der Ätna Freund oder Feind des Menschen?

Der seit Beginn der historischen Überlieferung andauernden Aktivität zum Trotz gilt der Ätna im Allgemeinen nicht als gefährlicher Vulkan. Dies äußert sich im Speziellen darin, dass seine Hänge bis in rund 1 000 m Höhe landwirtschaftlich außerordentlich intensiv genutzt werden und dicht besiedelt sind: Scholz (1992, S. 29) gibt an, dass die Bevölkerungsdichte in der Ätna-Region 500 Einwohner/km^2 (zum Vergleich Sizilien: 199 Einwohner/km^2) und im Dreieck Catania – Nicolosi – Acireale sogar 1 200 Einwohner/km^2 betrage und ein positiver Bevölkerungssaldo zu verzeichnen sei. Insgesamt leben in dem von Eruptionen des Ätna potenziell betroffenen Gebiet derzeit rund 900 000 Menschen (Istituto Nazionale di Geofisica e Vulcanologia 2012). Als Reaktion auf den hohen Nutzungsdruck wurde bereits 1987 der 590 km^2 umfassende regionale Naturpark „Parco dell'Etna" eingerichtet, um zumindest die Areale oberhalb der besiedelten und agrarisch genutzten Höhenstufe unter Schutz zu stellen (Caffo 2012, Poli Marchese 2004). Als Ursachen dieses Nutzungsdruckes (vgl. hierzu den Beitrag von Sulzer 2012) kommen in Betracht:

- Die landwirtschaftliche Nutzung profitiert natürlich von der Gunst des mediterranen Klimas, was jedoch für ganz Sizilien gilt und somit zur Erklärung der Sonderstellung des Ätna nicht ausreicht. Diese ergibt sich vielmehr aus den Bodenbedingungen, die sich wegen des vulkanischen Ausgangsgesteins erheblich von denen auf anderer geologischer Basis unterscheiden. Der Vorteil der meist sandigen vulkanischen Böden liegt neben ihrer mineralischen Zusammensetzung, guten Durchlüftung und leichten Bearbeitbarkeit vor allem in der guten Wasserspeicherfähigkeit (Werner 1966). Diese ist für die landwirtschaftlichen Kulturen während des heißen, niederschlagsarmen Sommers von zentraler Bedeutung. Hinzu kommt als weiterer Vorteil besonders gegenüber den zentralsizilianischen Agrarregionen die geringe Neigung der Böden zu Bodenerosion und anderen Abtragungsmechanismen.
- Die dichte Besiedlung hängt in historischer Perspektive zum einen mit der agrarökologischen Gunst, zum anderen aber auch mit den Besitzverhältnissen zusammen, die hier nie wie in weiten Teilen Siziliens von Latifundien, sondern von klein strukturiertem Privatbesitz geprägt waren. In der Gegenwart bewirken zudem die attraktiven Wohnlagen an den Unterhängen des Ätna mit geringer Pendeldistanz zum Arbeitsmarktzentrum Catania starke Suburbanisierungserscheinungen. Diese zeichnen für die außerordentliche Siedlungsverdichtung auf durchaus urbane Werte im genannten Städte-Dreieck verantwortlich. Aber auch von Catania nach Westen kann von der Entwicklung einer „Bandstadt" gesprochen werden, womit ein streifenförmiger Verstädterungsprozess beiderseits der Schnellstraße mit einem Zusammenwachsen der Städte Catania, Misterbianco und Paternò gemeint ist.

Abb. 21: Die Säulenbasalte, in die sich der Fiume Alcántara eine Klamm gegraben hat, können im „Parco Botanico e Geologico Gole Alcántara" besichtigt werden. (Foto: G. K. Lieb)

Abb. 22: Landschaftskontrast am Rand des Ätna – Blick von Südwesten auf Linguaglossa mit vulkanischem Relief der Ätna-Abdachung im Vorder- und Zerschneidungsrelief des Flyschberglandes im Hintergrund. (Foto: G. K. Lieb)

Abb. 23: Der Ätna als Gefahrenherd – ein beim Ausbruch 2002/03 durch einen Lavastrom zerstörtes Gebäude wenig nördlich oberhalb des Piano Provenzana. (Foto: G. K. Lieb)

Diesen Gunstfaktoren stehen die Schäden, die durch die Ausbrüche des Ätna immer wieder verursacht werden, gegenüber. Wie dargelegt, gelten bei der gegenwärtigen vulkanischen Aktivität des Ätna die Lavaströme als das größte Gefährdungspotenzial insbesondere für Infrastrukturen (Abb. 23), während Menschen normalerweise rechtzeitig in Sicherheit gebracht werden können. Ungeachtet dessen gibt es verständlicherweise eine lange Tradition der Erforschung der Möglichkeiten, Schutzvorkehrungen zu treffen, worüber etwa Tazieff (1988) sehr anschaulich berichtet hat. Diese gehen einerseits in Richtung Monitoring (Langzeit-Beobachtungen und -messungen) aller vulkanisch relevanten Erscheinungen (z. B. seismische Aktivität, Chemismus von Laven und Gasen), was durch ein umfangreiches, seit den 1960er-Jahren eingerichtetes Messnetz bewerkstelligt wird. Andererseits versucht man, die Abflussbahnen siedlungsgefährdender Lavaströme u.a. durch Aufschüttung von Erdwällen zu beeinflussen. Zusätzlich gibt es im Sinne eines zeitgemäßen integralen Risikomanagements ganze Sets an gut aufeinander abgestimmten Maßnahmen, die von der Gefahrenprävention bis zur Intervention im Ernstfall reichen. Dennoch sollen vor allem im ländlichen Raum manche Bewohnerinnen und Bewohner der Muttergottes und anderen Heiligen mehr vertrauen als den offiziell Verantwortlichen – schließlich seien es ja die Gebete gewesen, die den Lavastrom im Herbst 1991 knapp vor dem Ortsrand von Zafferana Etnea gestoppt hätten (Donatsch 1994, S. 92).

Zuletzt darf nicht vergessen werden, dass es auch in historischer Zeit immer wieder paroxysmale Aktivität gegeben hat und Wissenschafter große explosive Ereignisse, ja sogar einen neuerlichen Kollaps eines Teils des Ätna im Umfeld des Valle del Bove nicht mehr ausschließen, nachdem sich dort zu Beginn der 2000er-Jahre die Aktivität verstärkt und die Magma-Zusammensetzung verändert hat (Zimanovski 2003). Auch wenn die Wahrscheinlichkeit hierzu in den nächsten Jahrzehnten als gering erachtet wird, zeigt der Blick auf die Entwicklungsgeschichte – wie man sie nicht zuletzt auch aus den Oberflächenformen erschließen kann – doch klar genug, dass der Ätna nicht nur ein gutmütiger dampfender Riese ist, sondern wie alle Vulkane auch die Disposition zum bedrohlichen Feuerberg in sich trägt. Somit kann keineswegs ausgeschlossen werden, dass sich der einleitend gezeigte Blick von Taormina in nicht allzu ferner Zukunft auf einen merkbar anders geformten Ätna richten wird.

Zitierte Literatur:

Caffo S. (2012): Naturpark Ätna. Mensch und Landschaft. In diesem Band, S. 126–144.

Club Alpino Italiano (Hrsg.) (1991): Mt. Etna. Carta naturalistica e turistica (Naturalistic and touristic map), 1:60000 (mit Erläuterungen, bearbeitet von R. Romano). S.EL.CA., Firenze.

Club Alpino Italiano (Hrsg.) (2007): Mt. Etna. Carta escurcionistica altamontana (touristic-high mountain map), 1:25000. 4. Auflage. S.ELCA., Firenze.

Donatsch P. (1994): Ätna – wo die Freude Trauer trägt. In: Berg '94, Alpenvereinsjahrbuch („Zeitschrift" 118), S. 85–92.

Geyer E. (2012): In der Unterwelt des Ätna – Höhlenforschung am Vulkan. In diesem Band, S. 240–250.

Gratzl K. (2012): Die größten Ausbrüche des Ätna. In diesem Band, S. 145–159.

Istituto Nazionale di Geofisica e Vulcanologia, Sezione di Catania (2012): Evoluzione geologica del Monte Etna. www.ct.ingv.it (Zugriff: Februar 2012).

Monheim R. (1998): Taormina – Evergreen mit Anpassungsproblemen. In: Breuer T. (Hrsg.), Fremdenverkehrsgebiete des Mittelmeerraumes im Umbruch. Regensburger Geographische Schriften 27, S. 157–179.

Murawski H. u. Meyer W. (1998): Geologisches Wörterbuch. 10. Auflage. Ferdinand Enke Verlag, Stuttgart, 278 Seiten.

Pichler H. (1984): Italienische Vulkan-Gebiete IV. Ätna, Sizilien. Sammlung geologischer Führer, Band 76, Verlag Gebrüder Borntraeger, Berlin, Stuttgart, 326 Seiten.

Pichler H. u. Schick R. (1985): Der Ätna. In: Vulkanismus. Naturgewalt, Klimafaktor und kosmische Formkraft. Spektrum der Wissenschaft Verlagsgesellschaft (Verständliche Forschung), Heidelberg, S. 16–28.

Poli Marchese E. (2004): Ätna. In: Burga C. A., Klötzli F. u. Grabherr H. (Hrsg.), Die Gebirge der Erde. Landschaft, Klima, Pflanzenwelt. Eugen Ulmer Verlag, Stuttgart, S. 291–300.

Scholz E. (1992): Der Ätna. Freund und Feind des Menschen. In: Geographie heute 98, S. 23–29.

Sulzer W. (2012): Landnutzung und Landschaftswandel am Ätna. In diesem Band, S. 227–239.

Tazieff H. (1988): Ätna. Der Berg – seine Gefahren – seine Zukunft. Verlag Busse + Seewald, Herford, 259 Seiten.

Werner D. (1966): Naturräumliche Gliederung des Ätna. Landschaftsökologische Untersuchungen an einem tätigen Vulkan. Dissertation a. d. Universität Göttingen, 197 Seiten.

Zimanovski B. (2003): Der Ätna, il Vulcano buono? In: Petermanns Geographische Mitteilungen 147/1, S. 16–17.

Naturpark Ätna – Mensch und Landschaft

Salvatore Caffo (Parco dell'Etna, Nicolosi)
Redaktionelle Bearbeitung: Gerhard Karl Lieb, Institut für Geographie und Raumforschung, Universität Graz, Österreich

Geotektonische Position des Ätna

Wie uns die geologischen Erkenntnisse zeigen, ist der Vulkanismus global betrachtet ein Phänomen, das über Jahrmillionen hinweg auf der Erde existiert und als Folge jener Kräfte gilt, die sich tief im Erdinnern, durch mikroskopisch kleine radioaktive Partikel verursacht, entwickeln. Das führt zu ruhigen Lavaausflüssen einerseits und gigantischen Explosionen andererseits, die so heftig sein können, dass sie zu enormen Aufwölbungen der Erdoberfläche führen. Aus diesem Grund sind wir daran gewöhnt, die negativen Aspekte in den Vordergrund zu stellen und an die Folgen der Vulkanausbrüche zu denken. Feuer, unzugänglich, tief im Erdinneren, tritt in Form von Ausbrüchen zutage, die zum Anwachsen der Erdkruste führen. Diese Vorgänge beeinflussen in der Folge die Erdatmosphäre und die Hydrosphäre, was letztendlich die Biosphäre und das Leben schlechthin betrifft.

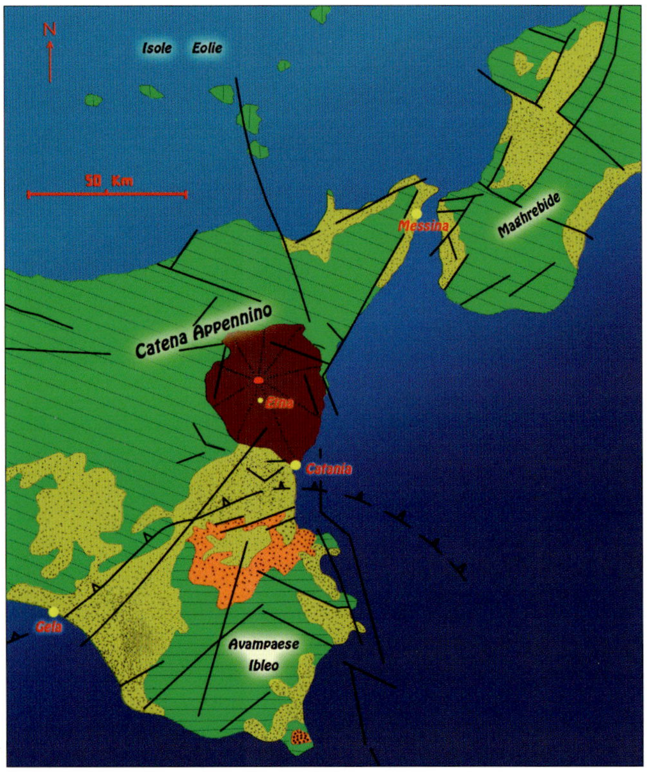

Skizze 1: Geotektonische Position des Ätna. Das Mittelmeer-Becken wird von tektonischen Prozessen beherrscht, die sich erstmals wahrscheinlich während des Mesozoikums entwickelt haben. Der Vorgang der Plattenverschiebung zwischen Afrika und Eurasien ist durch verschiedene Etappen von Kollisionen gekennzeichnet. Subduktion und Expansion haben in der ozeanischen Erdkruste (Tetide) zu einer Veränderung der ursprünglichen Struktur der Lithosphäre (Erdschale) geführt und ein mehr oder weniger stabiles Mosaik von Mikroplatten geschaffen, die sich sowohl untereinander als auch gegen die größeren Platten (Afrikanische und Eurasiatische) bewegen.

Der Mittelmeerraum wird (eingebunden in das globale Modell der Plattentektonik) von tektonischen Prozessen beherrscht, die vermutlich erstmals während des Mesozoikums auftraten und sich durch Konvergenz von Lithosphärenplatten (Prozess, bei dem sich Teile der Erdkruste aufeinander zu bewegen) auszeichnen. Diese wiederum hängen mit unterschiedlichen Geschwindigkeiten der Öffnung der Erdkruste (Divergenz) entlang des mittelatlantischen Rückens zusammen. Die stärkere Divergenz im südlichen Segment des Rückens im Vergleich zum nördlichen hat eine Beschleunigung der Afrikanischen Platte gegenüber der Eurasiatischen Kontinentalmassse bewirkt. So erhielt Afrika eine gegen den Uhrzeigersinn gerichtete Drehung, die zur Kollision mit Eurasien geführt hat. Der Entwicklungsprozess der Konvergenz zwischen Afrika und Eurasien war verschiedenen, zeitlich aufeinander folgenden Etappen der Kollision unterworfen. Diese haben zu ausgedehnten Phänomenen der Subduktion (Verschluckung von Teilen der Erdkruste) und Expansion der ozeanischen Erdkruste sowie folglich zur Veränderung und Zerbrechung der ursprünglichen Struktur der Lithosphäre (Gesteinshülle der Erde) geführt. So wurde ein mehr oder weniger stabiles Mosaik von Mikroplatten geschaffen, die sich sowohl gegeneinander als auch gegen die größeren Platten (Afrikanische und Eurasiatische) hin bewegen.

Entlang der östlichen Küstenlinie Siziliens haben seit dem Ende des Miozän, also seit ca. 10 Millionen Jahren, fortwährend starke Vulkanausbrüche mit basischem Chemismus stattgefunden. Diese Vorgänge haben zuerst einen etwa 30–40 km von der Küste des Ionischen Meeres landeinwärts reichenden Bereich betroffen, sich im Laufe der Zeit jedoch nach Norden verlagert und schließlich den Bereich der heutigen Position des Ätna erreicht.

Das andauernde Wachstum der Äolischen Vulkane, die sich alle über einen tief liegenden Meeresboden erheben, hat während der letzten 500 000 Jahre zum Auftauchen und zur Ausbildung der sieben Inseln geführt, die heute den Archipel ausmachen. Weitere vulkanische Gebilde, die unter der Meeresoberfläche ein beachtliches Relief aufbauen (Untermeerische Berge oder Seamounts: Marsili, Vavilov, Magnaghi), vervollständigen jene Struktur, welche die typischen Merkmale eines vulkanischen Bogens besitzt. Unter den strukturellen Bauelementen, die diesen Äolischen Bogen ausmachen, ist jene Nordnordwest-Südsüdost gerichtete Bruchlinie hervorzuheben, entlang derer die Inseln Vulcano, Lipari und Salina liegen, und die sich weiter nach Süden, quer durch Nordost-Sizilien vom Cap Tindari bis zur Ionischen Küste bei Giardini-Naxos, fortsetzt. Diese große Störungslinie, die man „Tindari-Letojanni-Linie“ nennt, bildet zusammen mit dem System von Störungen, die Süd-Sizilien im Osten begleiten und für gewöhnlich als „Hybläisch-Maltesische Bruchzone“ bezeichnet werden, die Ursache für die häufigen und oft zerstörerischen Erdbeben, die das östliche Sizilien betroffen haben.

Skizze 2: Blockbild zur geologisch-tektonischen Struktur des östlichen Sizilien. Der Ätna liegt in der Zone der Hauptverwerfungen des östlichen Sizilien und wird im Norden durch die östlichen Ausläufer der Monte-Kumeta-Alcantara-Verwerfung und im Osten durch die Äolisch-Maltesische Verwerfung begrenzt.

Der geologische Werdegang des Ätna

Der Ätna stellt ein spezielles „Asthenosphärisches Fenster“ (Asthenosphäre, Erdmantel in 100–200 km Tiefe) dar, das durch den erwähnten Vorgang der Konvergenz zwischen der Afrikanischen und der Eurasiatischen Platte verursacht wird. Diese strukturelle Entwicklung ist mit anderen geodynamischen (geologischen, tektonischen) Prozessen im Mittelmeerbecken, aber auch mit der Entwicklung der Biosphäre (von Organismen belebter Teil der Erde) und letztlich dem Leben an sich eng verknüpft!

Diodorus Siculus, Pindar, Thukydides, Empedokles, Vergil, Lukrez, Ovid, sie alle beschreiben den Ätna und seine vulkanische Tätigkeit, die ganz wesentlich die Geschichte der Menschen bestimmte, die in diesem Teil Ost-Siziliens seit Generationen gelebt haben. Die Wechselwirkung zwischen ursprünglich wirksamen Kräften und den verschiedenen Ausformungen pflanzlichen und tierischen Lebens, die im Laufe der Zeit stattgefunden hat, führte zur Bildung einer außergewöhnlichen Vielfalt von Naturlandschaften im mediterranen Becken.

Die Araber nannten ihn Djebel Utlamat (Herausragender Berg), die Normannen Mons Djebel (Berg-Berg), die Sizilianer Mungibeddu (schöner Berg). Der Venezianer Pietro Bembo nannte ihn in seiner Schrift *De Aetna* (1496) gar „Unverheirateter Berg“, um seine Einmaligkeit im geomorphologischen Kontext Siziliens auszudrücken. Der Ätna, mit seinem Umfang von 135 km, die legendäre Schmiedewerkstatt der Götter, ist ein sehr komplex aufgebauter Vulkan, der das Ergebnis der Anhäufung und Überlagerung von Ausbruchsmaterial darstellt, welches sich zu verschiedenen Zeiten und durch verschiedene Magma-Aufstiegssysteme angesammelt hat. Die geologische Entwicklung dieses „Asthenosphärischen Fensters“ kann als Antwort auf die geschilderten geodynamischen Prozesse (Konvergenz von Platten) aufgefasst werden und hat zur Entwicklung, Veränderung, Zerstörung und zum Wiederaufbau durch eine Reihe von Ereignissen in den letzten Jahrzehntausenden geführt.

Die Tausenden von Lavaströme, die ungeheuren Mengen an Schlacken, Schotter, Sand, Aschen und Tuffen, die fortwährend durch die vulkanische Tätigkeit dieser außergewöhnlichen thermodynamischen Maschine ausgestoßen wurden, haben durch stratigraphische (schichtweise) Überlagerung die Überbleibsel zahlreicher früherer Ausbruchszentren zerstört, in manchen Fällen versiegelt oder dem heutigen Blick entzogen. Seit dem 19. Jahrhundert hat Carlo Gemmellaro, der berühmteste sizilianische Vulkanologe seiner Zeit, herausgefunden, dass es sich nicht um einen einzelnen vulkanischen Komplex handelte, sondern zumindest um zwei, dem „Trifoglietto" und dem „Mongibello", die aufeinander gefolgt sind und sich im Laufe der Zeit überlagert haben. Aber es ist der ausdauernden Arbeit der Geologen im Zusammenwirken mit Mineralogen und des Weiteren den Erkenntnissen aus Erdbeben und vulkanischen Ausbrüchen zu verdanken, dass es den Geologen von heute möglich ist, eine Geschichte des Vulkankomplexes – wenn auch unvollständig – zu erarbeiten. Heute z. B. wissen wir, dass die vulkanische Tätigkeit des Ätna stark von den örtlichen tektonischen Gegebenheiten beeinflusst ist, was den Wissenschaftern die Möglichkeit gibt festzustellen, wo größere Ausbrüche am wahrscheinlichsten sind.

Um den Beginn der faszinierenden Geschichte dieses aus verschiedenen Entstehungszeiten stammenden vulkanischen Komplexes zu verstehen, wollen wir mit Hilfe der verfügbaren geologischen Erkenntnisse einen kurzen Ausflug in die Zeit des Mittleren bis Unteren Pleistozän (Eiszeitalter) machen. Während dieser sehr weit zurückliegenden Epoche (rund 570 000 Jahre, was jedoch viel jünger ist als unser Planet, dessen Entstehung heute mit 4,6 Milliarden Jahren angesetzt wird) fanden die ersten Ausbrüche statt. An der Stelle, an der heute die Siedlungen von Aci Castello, Aci Trezza, Ficarazzi und Capo Mulini liegen, war damals eine riesige Bucht, worin untermeerische Ausbrüche jene einzigartige Szenerie schufen, die wir heute vor Augen haben: Die Basaltsäulen der wunderschönen Insel des mythischen „Lachea" und die bizarren Felsen von Aci Trezza, die eindrucksvolle Masse vulkanischen Glases (Hyaloklastit) und die Kissen- oder Pillow-Lava, auf dem die Burg von Aci Castello steht, sind nur einige der heute sichtbaren Gebilde.

Die Entdeckung des „blauen Lehms" aus dem Pleistozän in 700 m Seehöhe an der Nordostflanke des Ätna und die Existenz von Meeresterrassen in verschiedenen Höhen an den südöstlichen und südwestlichen Hänge des Ätna beweisen, dass die noch aktiven tektonischen Kräfte sich auch in Hebungsvorgängen manifestieren. Zwischen 350 000 und 200 000 Jahren vor heute entstanden durch große Spalteneruptionen (dünnflüssige Lava drang aus Spalten, die sich in der Erdkruste gebildet hatten) Ablagerungen, die an mehreren Stellen 50 m mächtig sind und die heute als Geländeterrassen in Höhen zwischen 300 und 600 m über dem Meeresspiegel in der Nähe der Ortschaften Valcorrente, Santa Maria di Licodia, Biancavilla und Adrano zu sehen sind. Bedauerlicherweise ist viel an geologisch bedeutsamer Information über diese Periode verloren gegangen, weil das damals gebildete Gestein von den Lavaströmen in prähistorischer und historischer Zeit überdeckt wurde. Diese vulkanischen Produkte (unter dem Meeresspiegel und an der Erdoberfläche), die sogenannten Basis-Tholeiite, gehören derselben geologischen Periode an. Diese speziellen vorätnäischen Basalte haben die Entwicklung des Ätna selbst vorweggenommen.

Nach einer ziemlich langen Zeitspanne (Oberes Pleistozän: 200 000 – 100 000 Jahre vor heute) begann als ein Zusammenwirken von physikalischen und chemischen Prozessen magmatischer Differenzierung und der Verschiebung der Eruptionsachse Richtung Nordwest sowie durch Veränderungen des Aufstiegsmechanismus, der chemischer Zusammensetzung des Magmas und der Art der Tätigkeit, der sogenannte „Timpe-Vulkanismus".

Eine noch radikalere Veränderung der Magmabildung und des Magmaaufstiegs fand in einer noch jüngeren Phase des Pleistozäns (100 000 – 60 000 Jahre vor heute) statt. Der Beweis für diese vulkanischen Aktivitäten kann im Valle del Bove, einer der faszinierendsten Landschaften des Ätna, gefunden werden. In geologisch jüngster Zeit (18 000 – 10 000 Jahre vor heute) hat der Ätna seine maximale Höhe von 3 880 m erreicht. Aufgrund eines schrecklichen Katastrophenereignisses vor ca. 14 000 Jahren brach die Spitze dieses immens hohen Gebäudes zusammen, wodurch sich der vulkanische Krater der „Caldera Ellitico" (elliptische Caldera) mit einem Durchmesser von ca. 3–4 km bildete. Die Pizzi Deneri im Nordosten und die Punta Lucia im Nordwesten sind die Reste dieses Kraters. Nur einige hundert Jahre nach dem Ende des „Ellitico-Vulkanismus" begann im südlichen Teil der Caldera die vulkanische Tätigkeit, die zur Bildung des Ätna in seiner heutigen Form führte. Wiederholte starke explosive Ausbrüche erfolgten in den Jahren 8140, 7100, 6100, 5000, 4280, 2840, 1280 und 122 v. Chr., die die ver-

Abb. 1: Der südöstliche Gipfelkrater, gesehen vom Belvedere (2800 m; Juli 1997). (Foto: S. Caffo)

schiedenen Stufen dieses ruhelosen, jungen rauchenden Berges charakterisieren.

Geologische Erkenntnisse, die erst kürzlich von den Wissenschaftern durch ozeanographische Untersuchungen entlang der Küste des Ionischen Meeres gewonnen wurden, machen es möglich, den apokalyptischen Ausbruch, der ca. 6000 v. Chr. stattgefunden hat und einen großen Teil des Ätna betraf, zu rekonstruieren. Dabei bildeten sich Bimsstein- und überaus heiße Glutaschen-Wolken, die große Teile des Landes in Schutt und Asche legten. Die Pyroklastika (vulkanische Auswurfprodukte) verursachten heiße Schlammlawinen (Lahare), außerdem stürzte oberflächlich abfließendes Wasser in Form von Wildbächen zu Tal. Beide Prozesse führten dazu, dass große Massen an umgelagerten Pyroklastika im östlichen Abschnitt des Ätna das Meer erreichten und dort einen riesigen Tsunami verursachten: Es war eine Katastrophe mit Riesenwellen, die die Küsten Kalabriens, Albaniens, West-Griechenlands und danach Ägyptens und Libyens bis zur libanesischen und syrischen Küste verheerten.

Mit Hilfe der C14-Methode war es möglich, einen ebenfalls apokalyptisch zu nennenden Ausbruch des Ätna zu rekonstruieren, der 1280 v. Chr. stattfand. Es war ein heftiger explosiver Ausbruch, der als „sub-plinianisch" bezeichnet wird und der durch Ablagerung ausgedehnter Schichten von Tuffen gekennzeichnet ist, die sich aufgrund sogenannter „Glutwolken" und Schlammlawinen gebildet haben. Dieses Ereignis wurde in Legenden der ursprünglichen Bewohner Siziliens, der Sikaner, überliefert, wobei der östliche Teil der Insel aufgrund von andauernden Ätna-Ausbrüchen aufgegeben werden musste. Ein weiterer Ausbruch fand im Jahre 122 v. Chr. statt, der zur Bildung des großen „Cratere del Piano" führte und wofür auch archäologische Beweise vorliegen.

Die Vorgänge, wie wir sie heute am Ätna beobachten können, sind seit zumindest 2000 Jahren dieselben. Die letzte große Eruption des Ätna fand im Jahre 1669 statt, die zur Zerstörung Catanias und anderer, kleinerer Ortschaften am Ätna führte. Seit 1971 haben wir wiederholt effusive und explosive Tätigkeiten des Berges beobachten können, deren Häufigkeit in den letzten zehn Jahren deutlich zugenommen

Abb. 2: Kleine Ausbruchskegel (Hornitos) auf einer Eruptionsspalte (2400 m; Ausbruch 1983). (Foto: S. Caffo)

hat. Dieser naturgegebene Zustand ist trotz des außergewöhnlichen Charakters vulkanischer Tätigkeit Teil der entwicklungsgeschichtlichen Dynamik des Ätna.

Mensch und Landschaft

Die Art des Aufbaus, die chemische Zusammensetzung der vulkanischen Gesteine, die klimatischen Gegebenheiten und die Pflanzen und Tiere, die mit dem Boden in Wechselwirkung treten, haben die Entwicklung der Ökosysteme an den Hängen des Ätna bestimmt. Hunderte von Sekundärkegeln, die einzeln oder entlang von Eruptionsspalten entstanden sind, sind das Ergebnis des Auswurfes von Pyroklastika, die durch intensive explosive Tätigkeit in Flankeneruptionen entstanden sind. Sie stellen eine der Eigentümlichkeiten des Landschaftsbildes am Ätna dar, an denen Generationen von Menschen gelernt haben, mit der „Muntagna" zu leben. Sie haben ihre Umwelt gestaltet, die Basis für Ackerbau und Viehzucht geschaffen und einen unauslöschlichen Eindruck durch unverwechselbare und bedeutungsvolle Zeichen in der Landschaft hinterlassen. Alte Gebäude, mit Lava gepflasterte Straßen, Trockenmauern, Terrassen, *„casudde"*, Türme, all diese Elemente charakterisieren die Ätna-Landschaft.

Die Entwicklung der Hausformen, die Anlage der Äcker, die alten Bewässerungsanlagen, die Bearbeitung der Felder, all dies ermöglicht es, den Kernpunkten einer langen und komplexen Wirtschaftsgeschichte nachzuspüren, deren Spuren überall zu erkennen sind und die eine lange Wechselwirkung zwischen Natur und Mensch unter Einbeziehung geodynamischer Vorgänge aufzeigen. Natürliche und anthropogene (menschenbezogene) Faktoren bilden eine überall sichtbare Synthese innerhalb eines kulturellen Kontexts. In diesem Sinne offenbaren die alten Straßen, die einsam liegenden Bauernhäuser oder die aus Lavasteinen aufgeschichteten Mauern die Geschichte jener Örtlichkeiten und stellen einen Wert dar, der es uns ermöglicht, das typisch Ätnäische dieser Landschaft zu verstehen und zu schätzen.

Abb. 3: Der südöstliche Gipfelkrater, aus 2 950 m Höhe gesehen (7. Jänner 1998). (Foto: S. Caffo)

Abb. 4: Strombolianische Tätigkeit (Auswurf von Pyroklastika) im Südostkrater (gesehen vom Zentralkrater aus ca. 3 300 m; September/Oktober 1998). (Foto: S. Caffo)

Wein- und Obstgärten sind wesentliche Elemente der Landnutzung an den Hängen des Vulkans, die sich zusammen mit den alten Bauernhäusern harmonisch in die Landschaft einfügen. Es ist vornehmlich eine ländliche Gesellschaft, in der die Häuser durch das verwendete Baumaterial und durch ihre Architektur der sichtbarste und klarste Ausdruck davon sind. Im Laufe der Jahrhunderte hat der Mensch die naturgegebene Landschaft durch seine Präsenz und seine Aktivitäten umgeformt. Auf diese Weise gibt uns die Ätna-Landschaft in ihrer Komplexität und Einheit die Möglichkeit, alle Einzelfaktoren zu erkennen, die zu ihrer Bildung und Entwicklung beigetragen haben, und lassen uns die vom Menschen geformte Landschaft des Ätna besser verstehen. Auf diese Weise können wir alle biotischen und abiotischen Faktoren, ja selbst die am wenigsten sichtbaren und verborgensten erkennen. So wird die Umwelt nicht nur „gesehen", „betrachtet" und „beschrieben", sondern auch „verstanden".

Der Ätna-Regionalpark

All das wurde möglich durch die Ideen und durch die Arbeit von Menschen, die eine moralische Verpflichtung empfunden haben, diese Landschaft durch die Errichtung des ersten sizilianischen Naturparks zu schützen und zu erhalten. Es ging darum, die bestmöglichen Bedingungen für die Bewohnbarkeit in Einklang mit der wirtschaftlichen Entwicklung und dem richtigen Umgang mit den lokalen Gegebenheiten zu schaffen. Trotz aller Ähnlichkeiten mit anderen Naturparks ragt er wegen seiner Vielfalt als aktiver Vulkan innerhalb des mediterranen Raumes heraus. Es ist eine Landschaft, in der Mensch und Vulkan in stetiger Auseinandersetzung miteinander stehen. Während jeder neuen Eruption ist es erforderlich, sich dem Willen des Vulkans anzupassen. Die natürliche Umwelt verschmilzt und vermischt sich mit der Prägung durch den Menschen: die menschliche Aktivität wird Teil der Landschaft.

In den Jahren der unkontrollierten sozialen Entwicklung (in den 1950er- bis 1980er-Jahren) lässt sich die Situation als eine Attacke des Menschen auf die Natur und ihre Ausbeutung auffassen. Um diesen Angriff zu stoppen und um die außergewöhnliche Landschaft zu erhalten, wurde 1987 nach heftigen Debatten und äußerst kontroversiellen Auseinandersetzungen das erste Naturreservat durch die sizilianische Regional-Regierung geschaffen. Die Leute verstanden sehr wohl, dass es nicht angeht, das Naturerbe zu zerstören. Dieses erste unter Schutz gestellte Gebiet Siziliens war in der Folge in der Lage, den offensichtlichen – manchmal auch verborgenen – Interessen entgegenzutreten und hervorzuheben, dass die Erhaltung von einmaligen Ökosystemen jedermann angeht und gleichzeitig in Einklang zu bringen ist mit den ökonomischen Interessen durch den Schutz der natürlichen Umwelt.

Der Ätna-Regionalpark hat durch die Kommunikation zwischen den Vertretern der einzelnen Interessensgruppen seit vielen Jahren speziell der jüngeren Generation die Botschaft vermittelt, dass die naturgegebene Umwelt ein unverzichtbares Erbe der Menschheit darstellt, dessen Schutz den dort lebenden Menschen zum Wohl gereicht. Es war schwierig, den Menschen klarzumachen, dass nicht alles gleichzeitig geschehen kann, wie die Vertreter des „Jetzt alles" wollten, aber durch fortlaufende und ernsthafte Bemühungen wird es möglich sein, effiziente Lösungen zu finden und geplante Aktivitäten durchzuführen, die auf eine nachhaltige ökonomische und soziale Weise der Gemeinschaft dienen. All das macht es nicht leicht, einen solchen Naturpark hinsichtlich der Verträglichkeit mit den natürlichen Gegebenheiten zu managen. Dies betrifft Tätigkeiten wie z.B. die Schlägerung von Waldflächen, die Errichtung von Infrastruktur, die Herstellung von Produkten aller Art, das Betreiben von Basaltsteinbrüchen, den Tourismus (geführte Touren) oder Aufsichtspflichten aller Art.

Der Ätna ist eine Seite im Buch der Natur- und Menschheitsgeschichte. Er ist ein Teil der Erde, in der man Geschichte erwandern und erleben kann. Darüber hinaus versucht der Ätna-Naturpark eine wirtschaftliche Entwicklung zu fördern, die darauf abzielt, die Schäden an der Natur, die ihr in der Vergangenheit zugefügt wurden, wieder gutzumachen. Das Verhältnis zwischen Mensch und Vulkan, selbst in Hinblick auf die unvermeidbaren Veränderungen in der Landnutzung aufgrund der Entwicklung der Menschen im Laufe der Jahrhunderte, war immer von der Spannung zwischen Ängsten und Erwartungen gekennzeichnet. Dank des eingerichteten Naturparks sind die ökonomischen Aktivitäten im Laufe der Zeit um den Vulkan auch unter Einbeziehung städtischer Siedlungen geregelt und kontrolliert, mit dem Ziel, die Erhaltung der natürlichen Umwelt zu gewährleisten. Es liegt an uns allen dafür zu sorgen, dass diese Landschaft nicht zerstört oder dem Verfall preisgegeben wird.

Abb. 5: Lavastrom in einer Lavahöhle (2600 m; Ausbruch 2004). (Foto: S. Caffo)

Abb. 6: „Fenster" durch eine bereits erkaltete Lavaoberfläche auf die darunter noch fließende Lava (2300 m; Ausbruch 2004). (Foto: S. Caffo)

Abb. 7: Lavastrom in einer Lavahöhle (2700 m; November 2004). (Foto: S. Caffo)

Abb. 8: Kleine Ausbruchskegel (Hornitos) (2700 m; Ausbruch 1983). (Foto: S. Caffo)

Abb. 9: „Kanal" eines Lavastroms (2700 m; Ausbruch 1999). (Foto: S. Caffo)

Abb. 10: Fließender Lavastrom (2400 m; Ausbruch 1991–93). (Foto: S. Caffo)

Abb. 11: Lavastrom am Grund des südöstlichen Gipfelkraters (2900 m; Ausbruch 1999). (Foto: S. Caffo)

Abb. 12: Kleiner Ausbruchskegel (Hornito) mit strombolianischer Tätigkeit (Auswurf von Pyroklastika) (2700 m; Ausbruch 1999). (Foto: S. Caffo)

Abb. 13: Explosive vulkanische Aktivität auf dem Piano del Lago (2 550 m; Juli 2001). (Foto: S. Caffo)

Abb. 14: Lavastrom, im Hintergrund die Lichter der Siedlungen an den Hängen des Ätna (Ausbruch 1983). (Foto: S. Caffo)

Abb. 15: Strombolianische Tätigkeit (Auswurf von Pyroklastika) über einer Eruptionsspalte nahe dem Monte Calcarazzi (2 100 m; Juli 2001). (Foto: S. Caffo)

Abb. 16: Lavafontänen auf dem Piano del Lago (2 550 m; Juli 2001). (Foto: S. Caffo)

Abb. 17: Der südöstliche Gipfelkrater, aus 2 600 m Höhe von Süden gesehen (November 1998). (Foto: S. Caffo)

Abb. 18: Eruptionsspalte nahe dem Monte Calcarazzi mit phreatomagmatischer Tätigkeit (explosionsartig verdampfendes Wasser in Kontakt mit Lava) (2 100 m; Juli 2001). (Foto: S. Caffo)

Abb. 19: Eruptionsspalte mit strombolianischer (Auswurf von Pyroklastika) und phreatomagmatischer Tätigkeit (Dampfexplosionen) (2 100 m; Juli 2001). (Foto: S. Caffo)

Abb. 20: Gasexhalationen aus einem Aschenkegel im Inneren der Bocca Nuova, dem westlichen Teil des Zentralkraters (3 200 m; Mai 1997). (Foto: S. Caffo)

Abb. 21: Explosive vulkanische Tätigkeit auf dem Piano del Lago (2 550 m; Juli 2001). (Foto: S. Caffo)

Abb. 22: Strombolianische Tätigkeit (Auswurf von Pyroklastika) auf einer Eruptionsspalte (Vordergrund) und phreatomagmatische Tätigkeit (Dampfexplosionen, Hintergrund) auf dem Piano del Lago (2 550 m; Juli 2001). (Foto: S. Caffo)

Abb. 23: Strombolianische Aktivität (Auswurf von Pyroklastika) mit Lavastrom am Fuß des südöstlichen Gipfelkraters (2 800 m; Juni 1999). (Foto: S. Caffo)

Abb. 24: Der Lavastrom der Eruption von 2002/03 versperrt die Straße zum Piano Provenzana nahe der ehemaligen Touristensiedlung Mareneve (1 600 m; Oktober 2002). (Foto: S. Caffo)

Abb. 25: Blick in das Innere des nordöstlichen Gipfelkraters (3 330 m; 26. Juli 1996). (Foto: S. Caffo)

Abb. 26: Gasaustritt entlang einer Eruptionsspalte, von der Bergstation der Ätna-Seilbahn (2 500 m) aus gesehen (April 1983). (Foto: S. Caffo)

Abb. 27: Phreatomagmatische Tätigkeit (Dampfexplosionen) auf dem Piano del Lago (2 550 m; Juli 2001). (Foto: S. Caffo)

Abb. 28: Lavastrom in einer Lavahöhle (2 600 m; Ausbruch 1985). (Foto: S. Caffo)

Abb. 29: Auswurf von Lavafetzen aus dem südöstlichen Gipfelkrater (3 200 m; 1998). (Foto: S. Caffo)

Abb. 30: Trockenmauern und isoliert liegende *casudda*. Ätna-Südseite, Sept. 2010, 600 m Seehöhe. (Foto: S. Caffo)

Abb. 31: Einsame *casudda* auf der Ätna-Südseite: Tremestieri etneo, Sept. 2010, 450 m Seehöhe. (Foto: S. Caffo)

Abb. 32: Pagghieru, an der Westseite des Ätna, Winter 2008. (Foto: S. Caffo)

Abb. 33: Der Wanderweg *Altomontana* an der Westseite des Ätna, 1 850 m Seehöhe. (Foto: S. Caffo)

Abb. 34: Altes Bauernhaus an der Südseite des Ätna, Winter 2007, 950 m Seehöhe. (Fotos S. Caffo)

Abb. 35: Die Weingärten von Serra La Sciara (Nicolosi), März 2011, 700 m Seehöhe. (Fotos S. Caffo)

Verwendete Literatur:

BEMBO, P. (1496). De Aetna. Aldo Manuzio Ed.

CAFFO, S. (2007). In Ima Tartara. Pubbliscuola LG.E. Palermo.

CAFFO, S. (2009). Bollettino dell'Ordine dei Geologi di Sicilia Anno XVII, n. 2.

CENTRO SPELEOLOGICO ETNEO (1999). Dentro il Vulcano. Parco dell'Etna Ed.

DURIEUX, J., BOURSEILLER, P. (2001). Uomini & Vulcani. White Star Ed.

POLI, E. (1991). Piante e Fiori dell'Etna. Sellerio Ed., Palermo.

RITTMANN, A. (1963). Vulkanismus und Tektonik des Ätna. In: Geologische Rundschau 53 (2), 788–800.

RITTMANN, A., SATO, M. (1973). Structure and evolution of Mount Etna. In Phil. Trans. R. Soc. London. A 274, 5–16.

RUSSO, F. (1992). Il Parco dell'Etna. ARBOR Ed.

Die größten Ausbrüche des Ätna

Karl Gratzl

Eine genaue Auflistung aller bekannten Ausbrüche unseres Vulkans ist im Rahmen dieser Publikation aufgrund des begrenzten Umfanges nicht möglich, wir können daher nur einen Überblick liefern, der zwar chronologisch dargestellt ist, sich jedoch methodologisch unterscheidet. Die vorgeschichtliche Periode wird von den Geologen und Archäologen bearbeitet, in geschichtlicher Zeit liegen die Berichte entweder von Augenzeugen oder von deren Gewährsleuten vor. Diese historische Periode wird für gewöhnlich in die Zeit vor und nach Christi Geburt gegliedert.

Über die erdgeschichtlich relevante Zeit gibt der Beitrag des Geologen und Vulkanologen des Naturparks Ätna, Dr. Salvatore Caffo, in diesem Buch Auskunft, während wir uns für die historische Periode im Wesentlichen auf die Arbeit von Sartorius von Waltershausen stützen dürfen. Das betrifft natürlich nur die Zeit bis zum Erscheinen seines Standardwerkes über den Ätna im Jahre 1880. Für die Jahre danach stehen verschiedene Quellen zur Verfügung.

Wiederholte explosive Ausbrüche erfolgten nach Caffo in den Jahren 8140, 7100, 6000, 5000, 2840 und 1280 v. Chr. Apokalyptischen Charakter hatten besonders jene von 6000 und 1280 v. Chr. Besonders ersterer verursachte einen Tsunami, der beinahe alle Küsten des Mittelmeers verheerte. Die Geologen konnten das aufgrund von Tuff-Ablagerungen von gigantischen Ausmaßen feststellen und mit Hilfe der C 14-Methode datieren.

Historische Periode

Eruptionen in vorchristlicher Zeit

Der erste historisch fassbare Bericht stammt aus dem Jahr **693 v. Chr.**, bei dem wahrscheinlich der Kegel des Mompelieri entstand (WERNER, 112). Dieser Ausbruch interessiert uns auch, weil er in Verbindung mit den frommen Brüdern Amphinomos und Anapias aus Catania steht, die ihre alten Eltern vor dem drohenden Feuerstrom retteten, indem sie sie auf ihre Schultern nahmen. Diese Sage erwähnt als Erster der Redner Lykurgos, danach Aristoteles sowie später der Geograph Strabo und andere. Siehe dazu das entsprechende Kapitel in unserem Buch.

Der Bericht vom Ausbruch des Jahres **476/75 v. Chr.** stammt von Pindar, der an den Hof Hierons von Syrakus gekommen war, wobei der gewaltige Ausbruch ihn zu den Versen der 1. Pythischen Ode inspirierte. Nach den Olympischen Spielen des Jahres 476 v. Chr. war Pindar in Sizilien selbst Zeuge des Ausbruchs geworden. Auch Aischylos redet darüber in *Prometheus* (363 ff.), wo er den Ätna als die Säule bezeichnet, die den Himmel stützt.

Eine weitere Erwähnung des Ausbruchs von 476/75 hat sich in einer Inschrift erhalten, die sich auf einem Marmorblock fand und die besagt: „*Seitdem die Schlacht bei Plataä zwischen den Athenern und Mardonius, dem Feldherrn des Xerxes, stattfand, in der die Athener Sieger blieben und Mardonius fiel – auch das Feuer strömte in Sicilien um den Ätna – sind 216 Jahre verflossen …*“ (SARTORIUS I, 197)

426/25 v. Chr. soll nach dem Bericht des Thukydides der nächste verheerende Ausbruch des Ätna erfolgt sein, der wieder die „Ländereien der Cataner“ betroffen habe. Der unbestritten beste Kenner der Lavaströme am Ätna, Sartorius von Waltershausen, sagt dazu: „*In der Nähe von Catania ist nur ein einziger Lavastrom, auf welchen die Angaben des Thucydides bezogen werden könnten, es ist der, welchen wir Seiara del Rotolo nennen. Diese Lava entspringt auf dem Monte Arso, NNO von Nicolosi, fliesst in der Richtung nach Pedara … und geht bei Longina in das Meer.*“ (SARTORIUS I, 198)

394 v. Chr. bereitete ein kürzlich erfolgter Lavaausbruch der Armee des Karthagers Himilkon, der von Messina nach Catania ziehen wollte, erhebliches Kopfzerbrechen, denn die Lavamassen, die dem Monte Urna entströmt waren, versperrten die Straße entlang des Ionischen Meeres zwischen

Abb. 1: Porträt von Wolfgang Sartorius, Freiherr von Waltershausen (1809–1876), berühmter deutscher Ätna-Forscher, *„dessen Name auf ewige Zeiten mit dem flammenden Riesenberge der Trinakrischen Insel verknüpft sein wird"*. (Gedenkblatt zu der Ausgabe seines zweibändigen Werkes „DER AETNA" im Jahre 1880, Bd. 1, S. XIII)

Giarre-Riposto und Aci Reale. (SARTORIUS I, 199) Weitere Eruptionen fanden 135, 126, 122, 49, 44 und 36 v. Chr. statt. Die Details dazu finden sich im 1. Band des Werkes von Sartorius von Waltershausen.

Eruptionen in christlicher Zeitrechnung

Um das Jahr 40 n. Chr. hören wir wieder von einem Ausbruch des Vulkans, der Caligula dazu veranlasste, Messina fluchtartig zu verlassen. Auch in den Jahren 50 und 72 ist der Berg ausgebrochen. In der Folgezeit gibt es keine Berichte bis zum Jahr 252, als sich wieder einmal ein Lavastrom in Richtung Catania wälzte. Diese Eruption ereignete sich im Jahr nach dem Tod des berüchtigten Christenverfolgers Decius (251 n. Chr.). Sie ging vom Mompeloso (Sartorius schreibt Monte Peluso) aus und wird von den Bewohnern von Catania *Lava di Cefali* genannt. Der Strom floss ca. 100 m östlich von Nicolosi vorbei und wird von der Straße zwischen Nicolosi und Pedara durchschnitten. (SARTORIUS I, 206)

Zwischen dem 7. und 11. Jahrhundert fehlen westliche Berichte über Ausbrüche des Ätna, aber es stehen dafür islamische Quellen für diese Zeit zur Verfügung, die von M. Amari ausgewertet wurden. Siehe dazu seine Schrift *„Storia dei Musulmani in Sicilia I"*. Erst für das Jahr 1169 haben wir wieder einen westlichen Bericht von einem Ätna-Ausbruch, den uns Falcandus in seiner Schrift *„Historia de rebus gestis in Siciliae regno"* mitteilt:

„In demselben Jahre 1169 am 4. Februar, um die erste Stunde desselben Tages, erschütterte ein gewaltiges Erdbeben Sicilien so heftig, dass es auch in Calabrien um Rhegium und in den nächsten Städten bemerkt wurde. Die blühende Catanerstadt wurde dermassen zerstört, dass kein Haus in der Stadt übrig blieb. Ungefähr 15 000 Männer und Weiber wurden mit dem Bischof dieser Gemeinde und dem grössten Theile der Mönche unter den Trümmern der Gebäude begraben …" (SARTORIUS I, 211)

Dieser wie auch einige weitere Texte, die wir in der Folge zitieren, wurden von Sartorius aus den lateinischen oder italienischen Originalquellen ins Deutsche übertragen.

In den Jahren 1175, 1194, 1197, 1222, 1250 und 1285 kam es immer wieder zu kleineren Eruptionen, auch 1323 und 1328 werden solche erwähnt. Zu einem größeren Ausbruch kam es jedoch erst wieder 1329, von dem uns Nicolo Specialis in *„Rerum Sicularurn libri octo"* (1282–1337) als Augenzeuge berichtet. Sartorius hat den Text übersetzt, von dem wir einige Auszüge bringen:

„Im Jahre des Herrn 1329 am 28. Juni, als die Sonne untergehen wollte, erbebte … der Aetnaberg unter furchtbaren Schwankungen und schien unter gewaltigen Donnerschlägen zu brüllen: dies erschreckte nicht nur die Bewohner des Berges, sondern setzte auch die Bewohner der meisten Ortschaften Siciliens in Furcht. Und es geschah, dass plötzlich an den Seiten des Berges selbst, hoch oben, an der östlichen Seite, über dem sogenannten Musarra-Felsen, wo man bis jetzt immer gefrorenen Schnee sah, plötzlich die Erde zerriss und sich zu senken schien; heftig brach das Feuer daraus hervor.

Auch hässlicher Rauch, wie eine schwarze Wolke, erhob sich in die Luft ... Als aber die Sonne unterging und die Abenddämmerung begann, erhob sich das Feuer wie Flammenbälle gen Himmel und flüssige runde Steinmassen wurden gleichsam wie die ausgerissenen Eingeweide des Berges hervorgespieen ..." (SARTORIUS I, 215)

Da sich im selben Jahr am 27. Juli 1329 eine Sonnenfinsternis ereignete, dürfte dies den Schrecken der Sizilianer noch vergrößert haben. Die Lava ergoss sich von den Monti Rossi di Fleri bis zum Meer und der Aschenregen erstreckte sich bis zur Insel Malta und beeinträchtigte die Viehweiden Siziliens ganz wesentlich. (SAPPER, 32)

Den Bericht über den Ausbruch des Jahres 1408, den Don Bartolomeo von Paternò, der sich in der Chronik des Klosters S. Maria di Licodia fand und von Sartorius übersetzt wurde, geben wir hier auszugsweise wieder:

„*... es sich ereignete, dass an einem Freitage, am 9. November, um die dritte Nachtstunde der Aetna ausbrach ... zuerst Flammen durch die grosse Oeffnnung des genannten Berges herauskamen und sichtbar wurden und sogleich und unmittelbar darauf kam viel Feuer hervor durch die verschiedenen Oeffnungen, die aufgebrochen und sichtbar waren, von Neuem am Fuss des genannten Berges, nämlich über dem Kloster des H. Nicolaus vom Sande (de Arenis), über einen Raum von 3 Meilen hin und sogleich hörten jene Flammen, die durch die grosse Oeffnung hervorkamen, auf, und besagtes Feuer war gross und hoch an jedem Ausgange jener Oeffnungen und schrecklich anzusehen ... weshalb die Bewohner von Catana umzukommen glaubten und deshalb an diesem Tage und in der Nacht nicht aufhörten, Processionen zu veranstalten mit den Reliquien der H. Agathe, und sodann ging der Bischof von Catana, der damals in der Gemeinde anwesend war, mit einer grossen Menge von Fussgängern und Barfüsslern (!), welche Thränen vergossen, heran und trug bis zur Stelle des Feuers den Schleier und die Brust (!) der H. Jungfrau Agathe, welcher Ort von vorhergenannter Gemeinde einen Raum von 12 Meilen entfernt war, und von jenem Tage an hat das Feuer nicht gewagt, gegen die Stadt zu kommen, sondern es fing an östlich und westlich zu gehen und ging darauf in immer geringerem Masse vorwärts, that aber vielen Schaden, weil es verheerte und verwüstete viele Weinberge und die Gebäude des Landgutes La Pedara und vernichtete vollständig eine Grancia (Getreidespeicher?) des Klosters S. Maria.*" (SARTORIUS I, 219 f.)

Während Sartorius der Meinung ist, dass die Lava ihren Ursprung aus der Gegend des Monte Arso nördlich von Nicolosi nahm, gibt Dietrich Werner als Ursprungsorte den Monte Piniteddu und den Monte Serra Pizzuta Calvarina an. (WERNER, 109)

Wen man unter dem Begriff „Barfüssler" zu verstehen hat, kann ich nicht mit Gewissheit sagen, es dürfte sich jedoch um die ärmere Bevölkerung handeln, die sich Schuhe nicht leisten konnte. Dass man neben dem Schleier auch die Brust der hl. Jungfrau in der Prozession mitgetragen hat, ist aus der Geschichte ihres Martyriums abzuleiten, wobei der Märtyrerin u. a. auch die Brüste abgeschnitten wurden, was einige Maler auch zur Darstellung veranlasst hat.

Als der Ätna 1444 neuerlich ausbrach, trug man den Schleier der hl. Agathe wieder dem Feuerstrom entgegen, worauf die Lava einen anderen Weg einschlug und 20 Tage später erlosch. (SARTORIUS I, 220 f.)

1494 kam es zu einem Ausbruch in der Gipfelregion. Er ist insoferne von Interesse, als wir den Bericht darüber in Pietro Bembos *De Aetna Dialogus*, der 1495 in Venedig erschienen ist, finden. Die Jahreszahl 1494 beruht auf der Annahme, dass Bembo den Ausbruch ein Jahr vor dem Erscheinen seines Buches selbst erlebt hat. Dass seine Beschreibung *„im Ganzen dürftig und mangelhaft"* sei, wie Sartorius urteilt, möchte ich nicht sagen, aber der Leser möge selbst urteilen:

„Auf der Höhe sind zwei Krater, von denen wir den einen, und zwar den tiefer gelegenen, selbst gesehen haben; er ist eng und wie ein Brunnen; ausgebrannte und buntfarbige Steine sendet er rings aus, wie aus einem Doppelbett. Diesen umgibt eine Steinebene von geringem Umfange. Als wir ihn das erste Mal bestiegen hatten, stieg uns der Schwefeldunst und der versengende Rauch ins Gesicht, gleich als käme er aus einem Schornstein, so dass wir fast umgekehrt wären, bald aber wuchs unsere Kühnheit; dort wo der Wind ging, stiegen wir allmälig hinein und berührten den Krater selbst mit der Hand. Es strömte Rauch wie aus einem Kamin heraus, ohne dass die Ausdünstung aufhörte ..." (SARTORIUS I, 222)

Im März **1536** findet dann wieder ein größerer Ausbruch des Ätna statt, worüber wir mehrfach unterrichtet sind, einmal durch das Archiv der Benediktiner, das von Giuseppe Recupero (1720–1778) ausgewertet wurde, das andere Mal durch

Thomas Fazellus, den wir schon im Kapitel „Im Übergang zur Neuzeit" durch eine Textprobe in diesem Buch kennengelernt haben. Hier wollen wir seinen Bericht vom folgenden Jahr anfügen:

„Im Jahre 1537, am 1. Mai, fing ganz Sizilien an zu dröhnen, ungefähr 12 Tage lang, und häufig wurden heftige Töne, wie sie bei Stössen in Kriegsmaschinen verursacht zu werden pflegen, und auch noch heftigere gehört, und nicht nur in Catana und den benachbarten Ländereien, sondern auch in Palermo … und fast auf der ganzen Insel. Als nun diese Töne und dieses Brüllen zunahmen, öffneten sich am 11. Mai auf dem Aetna unter dem Hügel, den die Bewohner Sparverium nennen, einige neue Schlünde, aus denen eine solche Masse Feuerstoff geschüttet wurde, dass er … Alles im Wege Befindliche verbrannte und bis zum Kloster des H. Nicolaus de Arenis hinab floss. Dort ballte er sich zusammen, liess das Kloster unberührt, griff aber die Dörfer Nicolosum und Monpellierum an und zerstörte und bedeckte mehrere Häuser in ihnen…" (SARTORIUS I, 228)

Aber nicht nur Nicolosi und Mompelieri waren von dem Ausbruch betroffen, auch die Bewohner von Catania verließen ihre Stadt. Und wieder musste der Schleier der hl. Agathe herhalten, um dem Lavastrom Einhalt zu gebieten. Der Ausbruch des Jahres 1537 war derart massiv, dass die Asche bis Kalabrien und weit hinaus aufs offene Meer flog. Der Lavastrom von 1537 ist nur mehr in kleinen Resten im Oberlauf und unterhalb von Nicolosi zu erkennen. Die ausgeflossenen Laven zwischen 1766 und 1910 bedecken heute den größten Teil. Auch Nicolosi ist zu einem erheblichen Ausmaß auf dem Strom von 1537 erbaut worden. (WERNER, 109)

Eine größere Eruption ereignete sich erst wieder im Jahr **1566**, wobei die Lava Linguaglossa im Nordosten des Vulkans bedrohte. Sie muss wirklich bedrohlich auf die Bevölkerung gewirkt haben, sonst hätte man wohl nicht das Bild davon in einer der Kirchen des Ortes in Auftrag gegeben. Die Lava war bis 1880 in ihrer ganzen Ausdehnung zu verfolgen. Ihren Ursprung nahm sie aus den vier kleinen Kratern von S. Egidio. (SARTORIUS I, 233)

Zwischen 1566 und 1643 gab es mehrere kleinere Ausbrüche des Ätna; eine bedeutende Eruption erfolgte erst wieder in den Jahren **1646/47**, wobei größere Schäden die Ortschaft Castiglione (nördlich von Linguaglossa gelegen) betrafen. Die Ausbruchsstellen der Lava befanden sich am oberen Ende der Nadelbaumregion beim Monte Nero del Bosco und Monte Ponte di Ferro. Die Lava durchfloss die Laubholzregion, zerstörte auch noch die Weinkulturen und endete oberhalb des Monte Dolce. (SARTORIUS I, 242)

1651 betraf ein gewaltiger Lavaausbruch die Stadt Bronte. Darüber berichtet wieder der oben erwähnte Giuseppe Recupero:

„Das Jahr 1651 war unheilvoll für die Stadt Bronte wegen der am nördlichen Ende geschehenen Zerstörungen durch den Aetna. Im Monate Februar dieses Jahres zerbarst der Glutofen des Aetna … und ein sehr breiter und gewaltiger Feuerstrom brach aus … berührte im Norden die genannte Stadt und, nachdem er einige Häuser verschlungen, verschüttete er die Kirche delle Anime dei Purgatorio …" (SARTORIUS I, 243)

Eine lateinische Inschrift unter einem Bild der Chiesa Annunziata zu Bronte nimmt auch auf diesen und spätere Ausbrüche Bezug:

„Durch die frommen Beiträge der Bürger wurde das Heiligthum in prächtiger Weise von Grund auf errichtet und der vom Engel angeredeten Jungfrau geweiht … Durch ihren ganz besonderen Schutz jedoch rettete die gottgebärende Jungfrau 1651 die Bürgerschaft von einem ähnlichen Feuerausbruch, im Jahre 1693 machte sie die Stadt fest und sicher gegen die Erdbebenplage; im Jahre 1743 befreite sie dieselbe von der Pest; ebenso löschte sie im gegenwärtigen Jahr 1763 das Feuer, welches sie zu verbrennen drohte. Zur Zeit, wo der Capellan und königliche Schatzmeister Abt Benedictus Vorsitzender der Inquisition ist." (SARTORIUS I, 243)

Siehe das entsprechende Bild in der Chiesa Annunziata von Bronte in dem Beitrag „Heiligenverehrung am Ätna" (S. 63).

Eigenartigerweise wird in obiger Inschrift der Ausbruch von 1654 nicht erwähnt, der ebenfalls Bronte betraf. Auch damals musste wieder der Schleier der hl. Agathe geholt und dem Feuerstrom entgegengetragen werden. Die Bewohner waren in ihrer Not zum Bischof von Catania geeilt und erhielten von ihm „*… jenes seidene Gewand, mit welchem der wunderthätige Schleier der Jungfrau bedeckt ist, nahmen es in grossem Vertrauen mit, hielten es dem Feuerstrom entgegen*

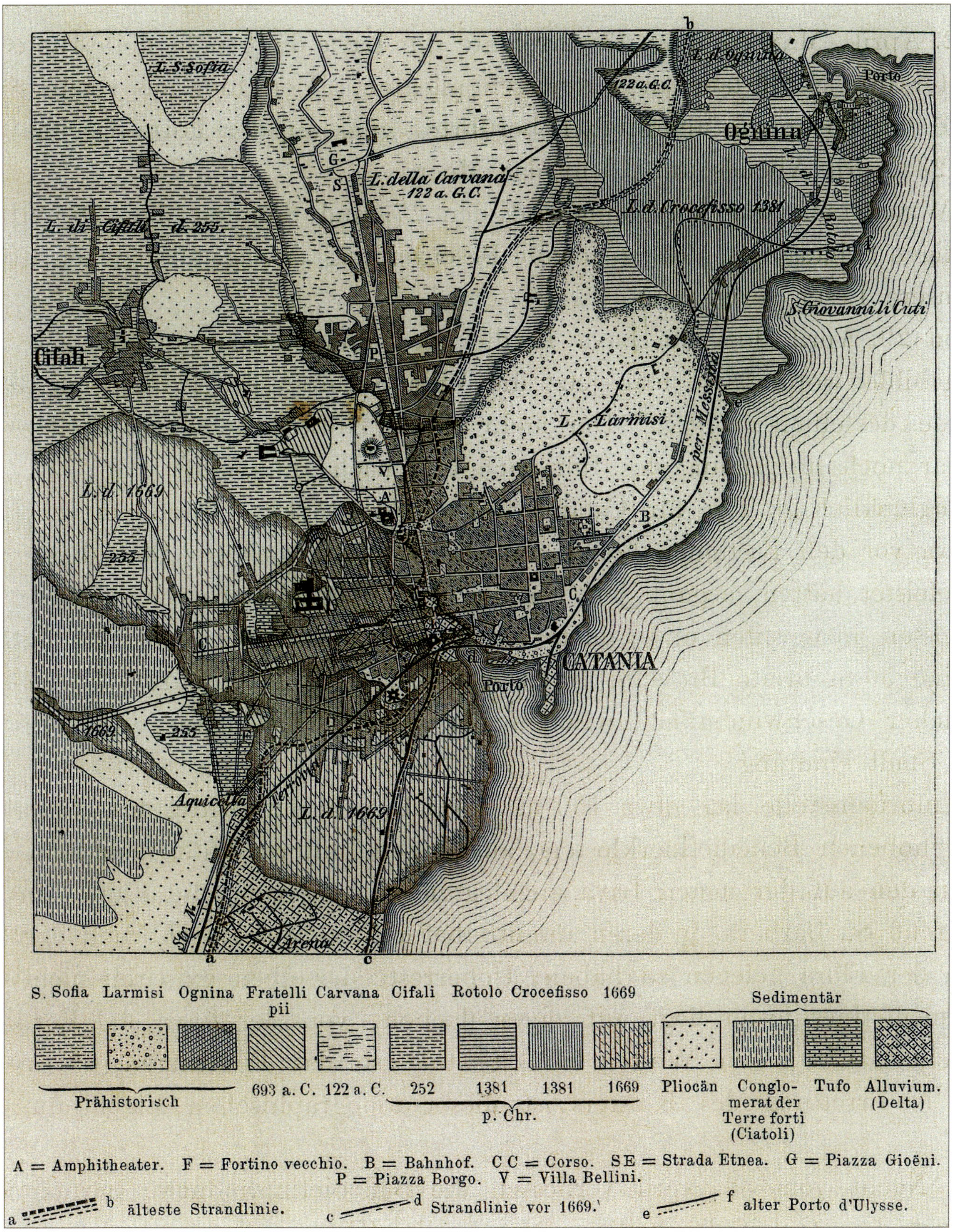

Abb. 2: „Geognostische Skizze von Catania und nächster Umgebung“, aus Sartorius von Waltershausen, W. – Der Aetna, Bd 1.

und merkten die Kraft alsbald, indem der Ausbruch vollständig zur Ruhe kam." (SARTORIUS I,244).

Reich fließen die Quellen über den größten Ausbruch des Ätna in historischer Zeit. Er fand im März / April **1669** statt. Sartorius erwähnt dazu nicht weniger als 11 Schriftsteller mit ihren Berichten darüber. Wir haben darüber bereits den deutschen Reisenden G. F. v. Hoffweiler im Kapitel *„Der Ätna in der Literatur"* ausführlich zu Wort kommen lassen, sodass sich hier eine Wiederholung erübrigt.

13 Jahre waren seit dem größten aller Ätna-Ausbrüche vergangen, von dem Catania fast ausgelöscht worden war, als im Jahre **1682** der Berg neuerlich zu toben begann. Den Bericht darüber verdanken wir dem Jesuiten And. Massa, der Augenzeuge einer Gipfeleruption wurde. Auch 1688 und ein Jahr darauf brach der Berg wieder auf, wie Massa uns berichtet. Dabei sollen Schaulustige durch fallende Steine und durch die Lava umgekommen sein. (SAPPER, 320)

Im 18. Jahrhundert kam es immer wieder zu Ausbrüchen unseres Vulkans, ohne aber größere Schäden zu verursachen. Erst **1763** kam es wieder zu einer bedeutenderen Eruption oberhalb von Bronte in einer Gegend, die die Einheimischen *Femina Morte* nennen. Als Recupero den Ort am 27. Februar aufsuchte, fand er an der Ausbruchsstelle einen neuen Berg vor, der jetzt unter dem Namen *Monte Nuovo* bekannt ist. Im selben Jahr entstand der Krater der *Montagnola*. Sein Eruptionskegel bildet heute zusammen mit der *Rocca della Valle del Bove* einen der Gipfel des Ätna. Von der *Montagnola* hat man einen hervorragenden Überblick über weite Teile der Ätna-Landschaft und sie wurde deshalb auch bei der Vermessung des Gebirges durch Sartorius als einer der „Hauptdreieckspunkte" gewählt. (SARTORIUS I, 46 f.)

Im Jahr **1766** musste beim nächsten bedeutenden Ausbruch des Vulkans gleich eine ganze Reihe von Heiligen angerufen werden, um größeren Schaden abzuwenden. Diese Eruption erfolgte oberhalb der Schneebehälter von Paternò, ca. 1,5 km unterhalb der *Montagnola* und bedrohte massiv die Ortschaft Nicolosi:

„Am 29. April verschrieb der Magistrat von Nicolosi die gloriöse Jungfrau S. Agata mit ihren Reliquien und ihrer geheiligten Baumwolle, der sich auch die Heiligen der Nachbarschaft S. Antonio di Padua, S. Antonio Abbate, der heilige Märtyrer S. Vito und andere nebst Priesterschaft und Volk in solenner Procession anschlossen ... wie im Kirchenbuche ausführlich beschrieben worden ist. Diese Procession fand am 1. Mai statt, nachdem der Lavastrom bereits zwei Tage vorher zu erkalten begann. – Wenn wir jene zum Theil humoristischen Scenen aus dem angeführten Manuscripte im Anhange mit abdrucken liessen, so glaubten wir die Sitten der damaligen Zeit, sowie zugleich den kulturhistorischen Standpunkt des sicilianischen Volkes im 18. Jahrhundert zu schildern und von seinem niedrigen geistigen Leben unsern Lesern ein Bild vorzuführen, welches sie vielleicht nicht ohne Interesse betrachten werden. Dieser Zwischenfall ereignete sich etwa 12 Jahre vor GOETHE's Besuch in Sicilien." (SARTORIUS I, 274)

Als die angerufenen Heiligen geholfen hatten, wurde der Ausbruch von kirchlicher Seite für beendet erklärt. Kaum war dies geschehen, begann der Berg neuerlich zu toben, bis die Eruption schließlich am 6. November doch beendet war. Sie hatte mehr als sechs Monate gedauert.

Der Lavastrom von 1766 ist sodann weitgehend von den Ausflussmassen der Jahre 1886 und 1892 bedeckt worden. Östlich der *Monti Silvestri* ist diese Lava bis zu ihrem Untertauchen unter die Lava von 1892 noch zu verfolgen, wird aber von den Auswürfen der *Monti Silvestri* überlagert. (WERNER, 110)

Wie um diese Zeit die Öffentlichkeit in Mitteleuropa über die Gestalt und den Charakter des Ätna informiert wurde, zeigen zwei Kupferstiche, die dem Buch *„Erinnerungen an merkwürdige Gegenstände und Begebenheiten ..."*, VI. Band, Wien – Prag 1826, entnommen wurden. Eine Ansicht stammt aus dem Jahr 1788 und zeigt vier Herren in Gehrock und Zylinder, die in den rauchenden Zentralkrater schauen – einer ist sitzend dargestellt mit einem Schreib- oder Zeichenblock in Händen. Es ist ein reines Phantasiebild, das der Kupferstecher angefertigt hat, um dem Betrachter die Schauer über den Rücken laufen zu lassen (s. S. 151).

Schon wesentlich näher der Wirklichkeit kommt das Bild oberhalb, das das Innere des Hauptkraters aus dem Jahre 1815 zeigt. Aus mehreren Kegeln strömen gerade gewaltige Rauchmassen aus. Fünf Männer sind gerade dabei, die letzten Meter bis zum Kraterrand zu erklimmen, um das Schauspiel zu bewundern. Ihre Kleidung ist schon wesentlich besser den Umständen in mehr als 3000 m Höhe angepasst.

Abb. 3: „Krater des Aetna 1815" (oben) und „Krater des Aetna 1788 (unten). Nach Original-Kupferstichen aus „Erinnerungen an merkwürdige Gegenstände und Begebenheiten", Bd. VI, Wien – Prag 1826.

Abb. 4: „Der Aetna in Sicilien". Nach Original-Kupferstich aus „Erinnerungen an merkwürdige Gegenstände und Begebenheiten", Bd. VI, Wien – Prag 1826.

Wohl am besten zeigt die tatsächliche Landschaft der Kupferstich, der leider nicht datiert ist, aber aus demselben Buch wie die obigen Bilder stammt. Vier Herren in städtischer Kleidung um die Wende des 18. zum 19. Jahrhundert stehen diskutierend in einer hellen Rauchwolke, die aber wohl nur aus künstlerischen Überlegungen gestaltet wurde, neben der *Casa Inglese*. Daneben werden zwei gesattelte Maultiere von einem Treiber versorgt.

Zwischen 1780 und 1842 kam es immer wieder zu Ausbrüchen des Ätna, die hauptsächlich von Mario Gemmellaro beschrieben worden sind.

Außergewöhnlich war die Eruption des Jahres **1792**, über die Agatino Recupero und auch Abbate Ferrara berichten. Sie selbst waren Augenzeugen des Geschehens, das ein ganzes Jahr über zu beobachten war. Im Mai dieses Jahres floss aus dem Zentralkrater Lava in mehreren Strömen aus, der eine in Richtung Adrano, der zweite, mächtigere Strom, stürzte sich in das Trifoglietto und kam beim Monte Zoccolaro zum Stillstand. Dieser Ausbruch zählt in Hinblick auf die Masse ausgeschütteter Lava zu den bedeutendsten, die am Ätna je stattgefunden haben. (SARTORIUS I, 286)

Dieser Lavastrom entsprang einer Bocca am Außenhang der *Serra Solfizio* und bedeckte teilweise die Lava von 1634/36 bis hin nach *Zafferana Etnea*. (WERNER, 111)

Um den Lavastrom von 1792 hat sich besonders Marcus Würmli gekümmert, der 1976 seine Beobachtungen in den

Abb. 5: „Der Aetnakrater von 1810–1816" (nach Gemmellaro). Abb. der Skizze aus SARTORIUS, Bd. I, S. 292.

Abb. 6: „Veduta Cratere dell'Etna 1836". Kupfertafel aus Sartorius von Waltershausen, W. – Der Aetna, Bd. I, S. 48.

Abb. 7: „La Casa Inglese". Kupfertafel aus Sartorius, Bd. I. Die Abb. zeigt nicht nur links die „Casa Inglese", sondern am Fuß des Zentralkegels zwei weitere Hütten.

Sitzungsberichten der Österreichischen Akademie der Wissenschaften (Jg. 1976) veröffentlichte. (WÜRMLI, 141)

Am 27. März 1809 machte sich der Ätna wieder stärker bemerkbar, zunächst mit Erdbeben und dann durch gigantische Ascheauswürfe, die den Himmel verdunkelten. Ein aus Südwest kommender Wind trieb die Rauchwolken bis Messina, wo die Asche etwa eine Stunde lang auf die Stadt fiel. Als Mario Gemmellaro am 1. April den Gipfel bestieg, sah er im Zentralkrater noch einen glühenden Lavasee. (SARTORIUS I, 289)

Auch im Oktober 1811 beobachtete Mario Gemmellaro mehrere Ausbrüche, wobei ein gewaltiger Lavastrom am oberen Rand des *Valle del Bove* hineinstürzte. Der dadurch verursachte Lärm war bis Nicolosi zu hören. Gemmellaro stieg mit einigen Freunden zur *Casa Inglese* hinauf, wo sie elf neue Ausbruchslöcher auf dem Piano beobachten konnten. Während dieser Eruption wurde ein großer Kegel aufgeschüttet, der zu Ehren des Apostels Simon, dessen Fest am 28. Oktober gefeiert wurde, den Namen *Monte Simone* erhielt. Wie der Gipfelkrater damals aussah, zeigt die Skizze, die von Mario Gemmellaro angefertigt wurde. (SARTORIUS I, 292)

Am 1. November **1832** gab es zunächst auf der Westseite des Vulkans bei Adrano, Bronte und Maletto Erdstöße, wonach sich am Zentralkegel eine Spalte öffnete und Lava ausfloss, die bis in die Nähe von Bronte gelangte, und dort eine gewaltige Explosion verursachte. Der Grund dafür war die Dampfentwicklung in einem Schneebehälter. (SARTORIUS I, 295)

Wie die Kraterlandschaft im Gipfelbereich damals ausgesehen hat, zeigt die Zeichnung, die von Sartorius veröffentlicht wurde. Diese wurde von Benedict Listing gezeichnet, einem Freund von Sartorius und Begleiter auf seinen Reisen in den Jahren 1834 und 1835. Danach hat Julius Hey, ein Schüler

Abb. 8: Monti Centenari (1852) und oberes Valle del Bove.

des sizilianischen Kupferstechers Cavallari, das Blatt gestochen. Auch im Dezember **1842** kam es wieder zu einem Ausbruch des Zentralkegels, wobei Lava in Richtung der *Casa Inglese* floss. Sartorius konnte diesen Ausbruch selbst beobachten, da er noch in der Nacht des Geschehens zur *Casa Inglese* aufgebrochen war. Das Feuer des Gipfels leuchtete so hell, „... *dass die Maulthiere ihren Schatten warfen und man die Zeit auf der Uhr erkennen konnte. Von der Casa Inglese aus war das Schauspiel vollkommen zu übersehen.*" (SARTORIUS I, 299)

Die vorhergehende Abbildung (S. 154) zeigt nicht nur auf der linken Seite die *Casa Inglese*, sondern auch noch zwei weitere Hütten unterhalb des rauchenden Zentralkegels. Die Zeichnung wurde von Sartorius selbst angefertigt, der Kupferstich hingegen wieder von Julius Hey.

Am 17. November **1843** begann ein neuer Ausbruch in der *Regione deserta*, also im obersten Bereich des Vulkans, oberhalb von Bronte. Eine ca. 50 m breite Spalte hatte sich geöffnet, aus der sich die Lava mit großer Geschwindigkeit ergoss und durch die Wälder von Adrano und Maletto floss. Als die Menschen versuchten, wenigstens einige der noch stehenden Bäume zu retten, fand eine heftige Explosion statt, ausgelöst durch die heiße Lava, die mit einer größeren Menge von Wasser in Berührung gekommen war und dabei Dampf entwickelt hatte. Ein großer Teil der Holzfäller wurde dabei getötet oder schwer verletzt. (SARTORIUS I, 300)

Im August **1852** öffneten sich an der Ostflanke des Ätna oberhalb des Trifoglietto an der *Serra Giannicola* eine Reihe von Spalten, aus denen Asche und Lava ausgestoßen wurden. Dabei bildeten sich am Fuße der *Serra Giannicola* zwei Eruptionskegel.

Eine *Serra* ist ein gratartiger Rücken, der durch die Erosion entstanden ist und der den obersten Bereich der Steilhänge einer *Caldera* bildet. *„Die Serren sind aufgelöst in Türme,*

Abb. 9: Die Monti Sartorio, die 1865 entstanden sind, von den Concazze aus gesehen, aus Sartorius, Bd. I.

Bastionen, kleine Schutthänge, Schuttrinnen und Mauern …" (WERNER, 134) Die *Serra Giannicol*a befindet sich am Westabhang des *Valle del Bove.*

Durch die ausfließende Lava, die sich in mehrere Arme geteilt hatte, waren die Ortschaften Zafferana Etnea, Ballo, Caselle und Milo betroffen, wo große Teile der Kulturlandschaft zerstört wurden. (SARTORIUS I, 302)

Eine schöne Abbildung des Ausbruchs von 1852 findet sich auf S. 190 von „Imago Aetnae". Die Bildunterschrift dazu lautet: *„Veduta della Eruzione dell'Etna del 1852 nel giorno 29. agosto da Catania".*

Prof. O. Silvestri verdanken wir die genaue Beschreibung der Eruption des Jahres **1865**. Ein Bericht darüber erschien von J. Roth in der Deutschen Geologischen Zeitschrift. Der bei diesem Ausbruch entstandene Kegel von 67 m Höhe, 90 m Durchmesser und 280 m Umfang nannte Silvestri zu Ehren des deutschen Ätnaforschers Monte Sartorio. (SARTORIUS I, 308)

Den Monte Sartorio erreicht man ausgehend vom Rifugio Brunek, indem man die Straße zum Rifugio Baracca nimmt. Von dort folgt man der Route hinüber zum Rifugio Citelli, wobei man am 1 770 m hohen Monte Sartorio vorbeikommt.

In den Morgenstunden des 19. August 1874 kam es in der Gegend von Randazzo und Linguaglossa wieder zu Erdstößen und über dem Nordabhang des Zentralkegels erhob sich eine schwarze Rauchwolke. Wie später von Silvestri festgestellt wurde, hatte sich an der Nordflanke des Ätna in einer Höhe von 2 450 m eine 50 m lange und 3 m breite Spalte gebildet, aus der gewaltige Massen von Lava austraten. Silvestri schätzte das Volumen auf 1,3 Millionen Kubikmeter.

Mit der Eruption des Jahres **1879** endet die Berichtszeit des zweibändigen Werkes von Sartorius von Waltershausen. Der

Abb. 10: Eruptionsspalte des Jahres 1874 (nach Silvestri), in: Weiß, Bd. I.

Ausbruch betraf die Ortschaften Biancavilla und Adrano auf der Südwestseite sowie Randazzo und Castiglione an der Nordostflanke des Ätna. Der Krater, der im Jahre 1879 entstand, erhielt den Namen des italienischen Königspaares, *Monte Umberto-Margherita*. Angeblich sollen die Lavamengen damals eine Fläche von 200 Quadratkilometer bedeckt haben. (HESSE-WARTEGG, 268 ff.)

Die folgenden Jahre 1886, 1892 und 1910 haben wieder Ausbrüche des Vulkans gebracht, deren Lavamassen oberhalb von Nicolosi besonders von Marcus Würmli untersucht wurden. 1886 entstand der *Monte Gemmellaro*, 1892 türmten sich die *Monti Silvestri* auf, und 1910 bildete sich die Kraterkegelreihe östlich des *Monte Castellazzo*. (WERNER, 112)

Der Ausbruch des Jahres **1923** ist insoferne von Bedeutung, als bei ihm die Höhle *Abisso Profondo Nero* (auch unter dem Namen *Pozzi dell'Eruzione del 1923* bekannt) entstanden ist. Es handelt sich um das tiefste bis jetzt erforschte Höhlensystem am Ätna. Erforscht und vermessen wurde die längste Höhle des Berges, die durchschnittlich in einer Tiefe von 50 m verläuft und lediglich eine Breite von ca. 2 m aufweist, in den 90er-Jahren des 20. Jahrhunderts. Der Vulkanologe G. Giudice hat eindrucksvolle Farbbilder von den Vermessungsarbeiten in der Höhle gemacht, die im Bericht über das *„IX International Symposium on Vulcanospeleology"* veröffentlicht wurden. Das tiefste Höhlensystem des Ätna liegt südlich von Castiglione di Sicilia in einer Höhe von 1 995 m. Die Gesamtlänge beträgt rund 1 170 m.

Über den Ausbruch des Jahres **1928** liegt der ausführliche Bericht von Alfred Rittmann vor. Danach stieg am 2. November zuerst aus dem Nordostkrater des Ätna eine Eruptionswolke etwa 1 000 m hoch. Eineinhalb Stunden später öffnete sich in 2 660 m Höhe eine Spalte, aus der Schlacken und Lava ausgeworfen wurden. Am folgenden Tag kam es unter heftigem Donnern zum Ausbruch einer weiteren Spalte und tags darauf neuerlich in einer Höhe von 1 200 m, aus der große Lavamassen in bewohnte Gegenden flossen, wobei der Ort Màscali betroffen war. (FRIEDLAENDER zitiert bei RITTMANN, 55)

Immanuel Friedlaender war ein vulkanologischer Autodidakt und Mäzen, der jungen Wissenschaftlern die Gelegenheit bot, an seinem Vulkan-Institut in Neapel zu arbeiten. Davon profitierte auch der Schweizer Alfred Rittmann, der dann in der Folge durch seine in der Fachwelt Aufsehen erregenden Arbeiten zu den führenden Vulkanologen um die Mitte des 20. Jahrhunderts wurde. Auf seine Initiative hin wurde 1960 das Internationale Institut für Vulkanologie in Catania gegründet, das heute zu den führenden Instituten dieser Art zählt.

1964 kam es besonders in der ersten Jahreshälfte zu effusiven Gipfelausbrüchen, deren Lavafontänen aus dem Zentralschlot in die Höhe geschleudert wurden und eine Ausbruchswolke von mehreren Kilometern Höhe bildeten. Dünnflüssige Lava füllte den gesamten Krater aus und floss schließlich an sieben Stellen über dessen Rand. (RITTMANN, 56)

1971 wurde das Observatorium unterhalb des Gipfels durch einen Ausbruch überflutet. Das geschah am 22. April. Im Mai war von dem Gebäude nichts mehr zu sehen. Auch die obere Station der Seilschwebebahn wurde zerstört. Während dieses Ausbruchs hat sich an der Ostflanke des Ätna im Gemeindegebiet von Milo die *Grotta di Serracozzo I* gebildet. Sie stellt ein schönes Beispiel für einen Lavatunnel dar, der aufgrund einer Ausbruchsöffnung entstanden und teilweise begehbar ist. Der Hauptschacht besitzt eine Länge von 300 m. Eine schöne Übersicht über die 1971 erfolgten Ausbrüche am Ätna liefert Rittmann in Abb. 3.3. Unter der Nr. 9 hat er den Lavaverlauf bei der *Contrada Serracozzo* eingezeichnet, der zur Bildung der Höhle geführt hat.

Bei dem Ausbruch des Jahres 1971 mit einem Explosionsindex von E = 3,8 waren zwar keine Menschenleben zu beklagen, doch der Sachschaden war enorm. Ca. 4 km^2 Kulturland und mehrere Landhäuser und Straßenbrücken wurden dabei zerstört. (RITTMANN 47 ff.)

Einen weiteren Ausbruch beschreibt Rittmann aus dem Jahre 1974, der den Westhang des Berges betraf. Dabei hatte sich eine Bocca geöffnet, aus der glutflüssige Lavafetzen über 150 m hoch geschleudert wurden. Es bildete sich dabei ein Schlackenkegel, aus dessen Krater Lava ausfloss. Danach öffneten sich weitere Bocchen, aus denen Lavafontänen geschleudert wurden und danach ungemein heftige Detonationen in den Kratern erfolgten, wobei große Lavaklumpen „*in flachen Wurfbahnen nach allen Seiten 700 bis 800 m weit geschleudert wurden. Die Brisanz dieser Explosionen glich völlig derjenigen von Knallgasexplosionen.*“ (RITTMANN, 65)

Rittmann hat auch vorgeschlagen, geobotanische Luftbilder zur Überwachung des Vulkans einzusetzen. Es hatte sich nämlich gezeigt, dass in der späteren Ausbruchszone schon einige Zeit vor dem Ausbruch von 1974 eine Veränderung der Färbung des Baumbestandes zu beobachten war, der bei gewöhnlichem Tageslicht und von der Erde aus nicht aufgefallen war. Die Gase des hochdringenden Magmas dürften eine chemische Veränderung des Grundwassers bewirkt haben, sodass ein Einfluss auf den pflanzlichen Stoffwechsel die Folge war. (RITTMANN, 96)

1979 kam es erneut zu einem Ausbruch im Gipfelbereich, bei dem neun Todesopfer zu beklagen waren. (MARIC, 223)

1987 kamen bei einer Explosion bei demselben Krater zwei Menschen ums Leben und zehn weitere wurden verletzt.

Ein weiterer Ausbruch bedrohte wieder einmal Zafferana Etnea **1991/92**. 200 m oberhalb des Ortes kam in der Gegend, die *Piano dell'Aqua* genannt wird, der Lavastrom knapp vor einem Wohnhaus zum Stillstand. Dem italienischen Militär war es durch eine Sprengung gelungen, die Lava zu stoppen. Manche glaubten jedoch, man habe die Rettung des Ortes der Madonna zu verdanken. Eine Gedenktafel sowie eine Madonnenstatue erinnern noch an das damalige Geschehen. (GRÜNDEL-TOMEK, 146)

In den Jahren **2001–2003** kam es wieder zu Ausbrüchen am Südosthang der Ätna, wobei ziemlicher Sachschaden an Kulturen und Gebäuden entstand.

Während unserer Sizilien-Rundreise im Frühjahr des Jahres **2011** war es wieder an der Südostseite des Berges im Bereich des *Valle del Bove* zu einem Ausbruch in der *Regione deserta* gekommen, der jedoch keine der Ortschaften betraf. Wie aus den Berichten des Fernsehens im August 2011 zu entnehmen war, erfolgten um diese Zeit weitere Ausbrüche unseres Vulkans, bei denen besonders gut sichtbar in den Nachtstunden Lavafontänen hochgeschleudert wurden.

Am frühen Morgen des 9. Februar **2012** zeigte der Ätna neuerlich starke vulkanische Tätigkeit, die zwar geringer war als bei den vorhergehenden Ausbrüchen, wobei jedoch spektakuläre Lavafontänen hochgeschleudert wurden und ein Lavastrom ins *Valle del Bove* floss. Dieser Ausbruch erfolgte 35 Tage nach dem vorhergehenden des 5. Jänner 2012. Aber nicht nur die Heftigkeit der Eruption, auch die geförderte Tephra-Masse war geringer als das letzte Mal. Darüber hinaus gab es keine vulkanische Tätigkeit außerhalb des Zentralkraters. Hinsichtlich der Dauer zählt dieser Ausbruch zu den längsten der laufenden Periode. Die Krone des Südostkraters (SEC) nahm an Höhe zu, und zwar hauptsächlich am nordöstlichen Kraterrand.

Mit dieser Tätigkeit erhöhte sich die Zahl der Ausbrüche, die im Jänner 2011 begonnen hatten, auf 20, was in etwa jener der früheren Ausbruchsphasen entspricht, die am Nordostkrater (NEC) zwischen 1977 und 1978 (23 Ausbrüche) oder beim Südostkrater zwischen 1998 und 1999 (22 Ausbrüche) stattgefunden haben. (Mitteilung von Dr. Salvatore Caffo vom 14. Februar 2012)

Europas höchster und spektakulärster Vulkan wird weiterhin alle Jahre wieder Lava und Asche, glühende Gesteinsbrocken auswerfen und neue Kraterkegel bilden. Wie wir gesehen haben, liegen rings um den Berg Städte und Ortschaften, die davon bedroht sind. Es ist zwar heutzutage möglich, durch Messungen kurzfristig festzustellen, wann ein Ausbruch erfolgen wird, doch nach wie vor kann man den Ort des Geschehens nicht voraussagen. Die Menschen, die rund um den Berg wohnen, ihre Obstplantagen und Weinberge pflegen, haben gelernt, mit dieser Bedrohung umzugehen. Und wenn Bulldozer und Sprengungen nicht der Lavamassen Herr werden, so gibt es ja noch die Möglichkeit, die Madonna und die zuständigen Heiligen um Hilfe anzuflehen, allzu großen Schaden abzuwenden.

Literatur:

BEMBO, P. (1495) – De Aetna Dialogus, Venedig.

Erinnerungen an merkwürdige Gegenstände und Begebenheiten (1826) – Bd. VI, Wien – Prag.

FALCANDUS (1550) – Historia de rebus gestis in Siciliae regno.

FAZELLO, T. (1558) – De rebus siculis decades duae, Palermo.

FRIEDLAENDER, I. (1929) – Der Ätna-Ausbruch 1928, in: Zeitschrift für Vulkanologie 12, Berlin, S. 33–46.

GRÜNDEL, E. und H. TOMEK (2009) – Sizilien. DuMont Richtig Reisen, 2. Aufl. Ostfildern.

HESSE-WARTEGG. E. v. (0.1.) – Die Wunder der Welt, Bd. 2, Stuttgart, Berlin, Leipzig.

MARIC, V. (2008) – Sizilien, 1. Auflage in deutscher Sprache, Ostfildern.

RECUPERO, A. (1815) – Storia naturale e generale dell'Etna del canonico Giuseppe Recupero, opera postuma, Catania.

RITTMANN, A. (1981) – Vulkane und ihre Tätigkeit, 3. Aufl. Stuttgart.

SAPPER, K. (1917) – Katalog der geschichtlichen Vulkanausbrüche, Schriften der Wissenschaftlichen Gesellschaft in Straßburg, Heft 27, Straßburg.

SARTORIUS v. WALTERSHAUSEN, W. (1880) – Der Aetna. Nach den Manuscripten des Verstorbenen hrsg., selbständig bearb. u. vollendet von Arnold v. Lasaulx, 2 Bde, Leipzig.

WERNER, D. (1968) – Naturräumliche Gliederung des Ätna. Landschaftsökologische Untersuchungen an einem tätigen Vulkan, Bd. 3 der Göttinger Bodenkundlichen Berichte, Göttingen.

WÜRMLI, M. (1976) – Zur pflanzlichen und tierischen Besiedlung der rezenten Laven und Aschen des Ätna, Sitzungsberichte der Österr. Akad. d. Wissensch., Bd. 185.

Flora und Vegetation des Ätna

Gianpietro Giusso del Galdo und Salvatore Brullo,
Università degli Studi di Catania, Dipartimento di Scienze Biologiche, Geologiche e Ambientali, Italia

Übertragen aus dem Italienischen und redaktionelle Bearbeitung: Gerald Kastberger und Thomas Hötzl,
Institut für Zoologie, Universität Graz, Österreich

Die Landschaft des Ätna

Es gibt nur wenige Orte, die so starke und widersprüchliche Emotionen wecken wie der Vulkan Ätna. Am Ätna kommen Naturvielfalt, Naturschönheit und Naturgewalt zusammen und schaffen so den „perfekten" Berg des Mittelmeerraums. Dieser mediterrane Berg hat schon seit jeher Wissenschaftler, Bergsteiger und Reisende fasziniert, auch wenn sie nur wenige Stunden hier verbracht haben. Der Ätna als Vulkan par excellence wird seit den arabischen Zeiten als „Berg der Berge", im Italienischen als *Mongibello* (sizil. *Mungibeddu*) benannt. Dieser Name setzt sich aus dem lateinischen *„mons"* (= *Berg*) und dem arabischen *„Djebel"* (= *Berg*) zusammen.

Der Ätna bildet mit seinen 3 325 Metern Höhe und einer Fläche von 1 200 Quadratkilometern einen mächtigen Vulkankegel (Abb. 1). Er hat viele Entwicklungsphasen über einige Millionen Jahre durchlaufen und so oft genug auf dramatische Weise Landschaft und Ökosystem verändert. Aus geomorphologischer Sicht zeigt sich der Ätna als ein großer Vulkankomplex; er ist durch die immer wiederkehrenden

Abb. 1: Höhenzonen am Ätna. Frühjahrsansicht, Blick von östlich von Linguaglossa nach Westen; Seite 161 oben: Herbstansicht, Blick von westlich von Randazzo nach Süden. (Fotos: G. Kastberger)

Eruptionen des Zentralkraters geprägt, aber auch durch die rund 300 exzentrischen monogenen Krater rundum, die auf jeweils singuläre Eruptionen zurückgeführt werden können. Auf dem Hauptvulkankegel erkennt man die charakteristischen radialen Täler, aber es gibt auch einige ausgedehntere Areale, wie das *Valle del Bove* (Abb. 2), das von einem imposanten Einsturz einer oberflächennahen Magmakammer stammt und eine Restcaldera darstellt.

Das Bioklima des Vulkans

Der Ätna hat wegen seiner paläogeographischen Faktoren eine große Bedeutung in bioklimatischer und floristischer Hinsicht. Insbesondere Höhenentwicklung und geographische Isolation führten zu einer außergewöhnlichen Artenvielfalt von Flora und Vegetation. Zusätzlich beeinflussen Höhe und Exposition das Klima, die orographischen Struk-

Abb. 2: Zwei Blickwinkel ins Valle del Bove, ein Einbruchskessel am Ätna, der südöstliche Ausrichtung hat. Links: Blick vom Osservatorio Etneo in 2900 m östlich der Hauptgipfel. Man erkennt auch den Geländebus, der Touristen von der Piano Provenzana (Etna Nord) heraufführt. Rechts: Blick nördlich der La Montagnola auf 2800 m nach Osten hinunter ins Valle del Bove. (Fotos: G. Kastberger)

turen und die Zusammensetzung der Böden und bilden so weitere bestimmende Faktoren für das Leben pflanzlicher und tierischer Organismen. Nach Rivas-Martínez et al. (2002) gehören auch die höchsten Zonen am Ätna zum mediterranen *pluviosaisonalen ozeanischen* Klimabereich. *Pluviosaisonal* bedeutet, dass der Regen saisonal beschränkt ist, im speziellen Fall auf Herbst und Winter, und *ozeanisch* bedeutet, dass die Temperaturmittel der kältesten und heißesten Monate sich um weniger als 21° unterscheiden. Aber auch trotz der mit 1 500 mm pro Jahr hohen Niederschlagswerte in den Gipfelregionen des Vulkans gibt es im Sommer eine Trockenperiode, die auch über 60 Tage andauern kann. Was zur Folge hat, dass alle Pflanzenarten am Ätna, auch jene in den höheren Lagen, nicht nur mit Trockenstress, sondern auch mit Wasserstress fertig werden müssen.

Die solcherart extrem spezialisierte und artenreiche Vegetation am höchsten aktiven Vulkan Mitteleuropas führte zu einer im gesamten Mittelmeerraum einmaligen Naturlandschaft. Die Pflanzendiversität und damit auch die Fülle an endemischen Arten beweist, dass die geographische Isolation am Ätna andauert. Das zeigen auch *Neoendemiten*, die sich gerade in geologisch jüngster Zeit an die speziellen ökologischen Bedingungen im Besonderen im Gipfelbereich des Vulkans angepasst haben.
Die Ätna-Landschaft zeigt sich heute reichhaltig strukturiert. Der Mensch hat seit Jahrtausenden Habitat und Landschaft vor allem durch die Ausbeutung der natürlichen Ressourcen stark verändert. Bei einem virtuellen Schnitt durch den Ätna zeigt sich an seinen Flanken ein deutlich asymmetrisches Muster zwischen Nord und Süd und auch zwischen Ost und West. Dies lässt sich auf lokale Einflüsse des Klimas zurückführen, durch die Niederschläge als Regen oder Schnee, durch Wind, Nebel und durch die Temperaturverhältnisse, aber auch durch die Entfernung zum Meer, oder durch saisonale Wasserläufe, und auch durch die Feuchtgebiete, wie sie sich bei Randazzo beim Lago Gurrida auf der Nordseite des Ätna auf 900 m finden.

Der Küstenbereich

Entlang der ionischen Küste, die zum thermomediterranen Gürtel gehört (mit einem Jahresmittel von 16–18°C und 600–800 mm), findet man die typische Strauchformation, in der immergrüne oder Sommer-laubwerfende Sträucher dominieren. Es sind Pflanzengesellschaften mit ökologisch anspruchslosen Arten wie Baum-Wolfsmilch (*Euforbia arborea*, lat. *Euphorbia dendroides*), Wilder Olivenbaum (*Olivo*, lat. *Olea europaea ssp. oleaster*), Stechpalmen-Kreuzdorn (*Alaterno*, lat. *Rhamnus alaternus*), Großer Klippenziest (*The siciliano*, lat. *Prasium majus*), Dornginster (*Sparzio infesto*, lat. *Calicotome infesta*), Weißer Spargel (*Asparago bianco*, lat. *Asparagus albus*), Mastixstrauch (*Lentisco*, lat. *Pistacia lentiscus*). Sie können Extremhabitate kolonialisieren mit steinigen oder jungen und stark erodierten Böden. Unter diesen Boden- und Klimaverhältnissen lässt diese *thermo-xerophile* (Wärme- und Trockenheitliebende) Macchia an der ionischen Küste keinen Wald aufkommen.

Abb. 3: Pflanzengesellschaften an der ionischen Küste mit ökologisch anspruchslosen Arten wie die Baum-Wolfsmilch (*Euforbia arborea*, lat. *Euphorbia dendroides*). (Fotos: Pietro Minissale, Gianpietro Giusso del Galdo)

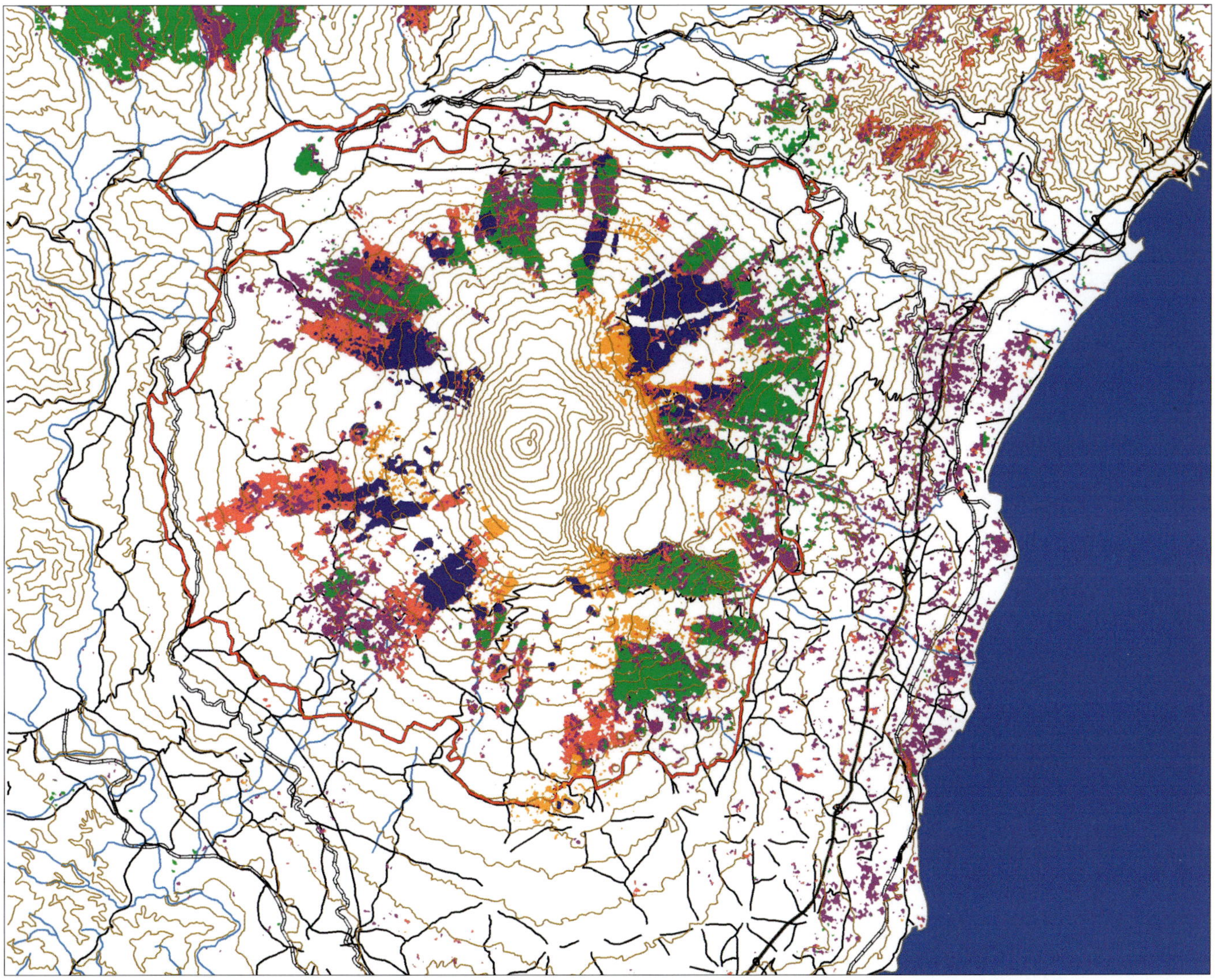

Abb. 4: Waldzonen am Ätna. Farbcodierungen bedeuten: blau, *Pineta* (Schwarzföhren); grün, Buchen; dunkel-orange, Kastanien, Eichen; hell-orange, Birken; violett, Ginsterwälder; die braune Linie gibt die Grenzen des Parco dell'Etna an. (W. Sulzer & G. Kastberger)

Abb. 5: Typische, dominante Vertreter der Eichenzone am Ätna. Früchte der (links) Italienischen Eiche (*Quercia castagnara*, lat. *Quercus virgiliana*) und (rechts) von *Q. amplifolia*. (Fotos: Gianpietro Giusso del Galdo)

Abb. 6: Der Zürgel- oder Nesselbaum (*Bagolaro dell'Etna*, lat. *Celtis aetnensis*). (Fotos: Gianpietro Giusso del Galdo)

Die Beispiele (Abb. 3) charakterisieren auch die Ursprünglichkeit dieser Landschaft. Es gibt allerdings auch Sekundärvorkommen dieser Formation, die dann anthropogen verursacht sind. Besonders am Fuß des Ätna auf 200–300 m gibt es Stellen, die besonders trocken sind und der Sonne ausgesetzt, und verarmte Pflanzengesellschaften, die Stickstoff-liebende Ruderalpflanzen fördern.

Die collinen Waldgesellschaften

Noch im *thermomediterranen* Gürtel, im Hügelland bis in eine Höhe von 600 m, trifft man am Ätna auf die ersten Wälder, die dann aber an *xerikales*, also extrem trockenes Klima angepasst sind. Hier gibt es zwei laubwerfende Eichen aus der Verwandtschaft der *Flaumeichen* (*Roverella*, lat. *Quercus pubescens*) als die typischen dominanten Vertreter (Brullo et al. 1998, 1999), nämlich der *Italienischen Eiche* (*Quercia castagnara*, lat. *Q. virgiliana*) und *Q. amplifolia* (Abb. 4, 5).

Noch im 18. Jahrhundert war dieser Eichengürtel am Fuß des Ätna flächenbestimmend, während heute die Eichen nur mehr sehr begrenzt zu finden sind. Einige Reste dieser ehemaligen collinen Wälder haben Urbanisierung und intensive Nutzung durch Land- und Viehwirtschaft überdauert. Sie bestehen vor allem aus der *Italienischen Eiche* und sind heute deshalb bedroht, weil sie nur mehr inselartig vereinzelt vorkommen, meist nur als Enklaven in Obst- und Weinbaugebieten und im verbauten Areal (Abb. 4). Möglicherweise verdanken diese Restwälder ihr Überleben nur dem Umstand, dass sie sich in Gebiete zurückziehen konnten, die für eine landwirtschaftliche Nutzung unzugänglich waren. Oder aber war gerade der Umstand für den Erhalt dieser Restwälder wichtig, dass die großen Tannin-armen Samen der *Italienischen Eiche* als Viehfutter sehr begehrt waren.

Unter kleinklimatisch günstigen Bedingungen wird der Eichenwald (*Q. virgiliana*) auch durch *mesophile* Arten erschlossen; diese stehen hinsichtlich Temperatur und Niederschlag zwischen den Extremen. Eine solche Art ist der Zürgel- oder Nesselbaum (*Bagolaro dell'Etna*, lat. *Celtis aetnensis*; Abb. 6), der als rosenartiges Hanfgewächs in Sizilien endemisch ist. Die Reste der Eichen- und Zürgelbaum-Wälder sind für die südwestlichen Hänge des Ätna bis zu 900–1000 m charakteristisch. In anthropogen gestörten Waldgebieten finden sich zusätzlich häufig noch zwei ein-

Abb. 7: Früchte der (links) immergrünen Steineiche (Leccio, lat. *Quercus ilex*) und der blattwerfenden Eiche *Q. dalechampii* (rechts). (Fotos: Saverio Sciandrello, Gianpietro Giusso del Galdo)

Abb. 8: Die blattwerfende Eiche *Quercus congesta*. (Foto: Saverio Sciandrello)

Abb. 9: Ätna-Ahorn (*Acero dell'Etna*, lat. *Acer obtusatum* subsp. *aetnense*). (Fotos: Gianpietro Giusso del Galdo)

Abb. 10: Steineichenwald (*Lecceta*; lat. *Quercus ilex*). (Foto: Pietro Minissale)

geschleppte (*allochthone*) Baumarten: Zum einen ist es der *Götterbaum* (*Albero del paradiso*, lat. *Ailanthus altissima*), der ursprünglich aus China stammt und sich gut an das Klima am Ätna angepasst hat. Die invasive Verbreitung am Ätna wird durch seine ausgeprägte Fähigkeit zur Sprossbildung und zur Produktion *alleopathischer* Substanzen begünstigt, die das Aufkommen anderer Arten hemmen. Die zweite flächenbestimmende, aber eingeschleppte Art ist die *Robinie* oder *Falsche Akazie* (ital. *Robinia*, lat. *Robinia pseudoacacia*). Diese Leguminose wurde im 17. Jahrhundert aus Nordamerika nach Europa eingeführt; sie ist sehr fruchtbar und produziert eine große Zahl äußerst keimfähiger Samen, insbesondere wenn sie an anthropogen gestörten Standorten mit lockeren und humusreichen Böden auftritt. Wegen ihrer außergewöhnlichen Schnellwüchsigkeit und ökologischen Anpassungsfähigkeit wurde die Robinie auch zu Wiederaufforstungen und Befestigungen auf steilem Gelände genutzt. Allerdings sind solche Aufforstungen gerade mit diesem invasiven Element problematisch, insbesondere wenn das umgebende natürliche Ökosystem unbeachtet bleibt.

Die Höhenstufe zwischen 600 und 1 200 m stellt den *mesomediterranen* Klimabereich dar (Abb. 1–3). Unter günstigen Klimabedingungen, bei einem Jahresmittel von 13°–16° C und 1200 mm Niederschlag, wird der Eichenwald durch gut strukturierte, *mesophile* Wälder abgelöst, in denen die immergrüne Steineiche (*Leccio*, lat. *Q. ilex*; Abb. 7) und die beiden blattwerfenden Eichenarten, *Q. dalechampii* (Abb. 7) und *Q. congesta* (Abb. 8) dominieren.

Unter mikroklimatisch und Boden-begünstigten Bedingungen erreicht die Baumschicht Höhen von 10–15 m. Vor allem auf der Ost- und Südseite des Ätna kommen hier noch andere wichtige Baumarten hinzu, wie Esche (*Orniello*, lat. *Fraxinus ornus*), Ätna-Ahorn (*Acero dell'Etna*, lat. *Acer obtusatum subsp. aetnense*) und Hopfenbuche (*Carpino nero*, lat. *Ostrya carpinifolia*).

Es handelt sich um ökologisch anspruchsvolle Pflanzengesellschaften, die an besonders feuchte (Jahresmittel nicht unter 1 000 mm Niederschlag) und kühle Habitate gebunden sind, mit humosen Böden, reich an organischen Substanzen. In diesen Regionen kommen auch *thermophile* (wärmeliebende) Formen vor, die sie als Übergangsbereich von den Wäldern des tiefer liegenden *mesomediterranen* Gürtels zu den montanen Wäldern der höheren Lagen kennzeichnen. Die Kraut- und Strauchschicht zeigt viele *acidophile* (saure) Böden bevorzugende Arten, wie Baumheide (*Radica*, lat. *Erica arborea*), Geißklee oder Besenginster (*Citiso villoso*, lat. *Cytisus villosus*), Gamander (*Camedrio siciliano*, lat. *Teucrium siculum*), Bogen-Gänsekresse (*Arabetta maggiore*, lat. *Arabis turrita*), Schwingel (*Festuca*, lat. *Festuca exaltata*) oder Wirbeldost (*Clinopodio dei boschi*, lat. *Clinopodium vulgare* subsp. *arundanum*).

Abb. 11: Steineiche, die in der *Contrada Ilice* (bei Milo, nordöstlich von Catania) unter dem lokalen Namen *Ilice du Pantano* und *Ilice du Carrinu* bekannt ist. (Foto: G. Kastberger)

Reine Steineichenwälder (*Lecceta*; lat. *Quercus ilex*; Abb. 10) sind am Ätna nur lokal und nicht allgemein verbreitet, sie stellen aber eine Pflanzengesellschaft von besonderer ökologischer Bedeutung dar. Die Steineiche ist als immergrüne Art ein Charakterbaum der mediterranen Klimazone. Ihr langsames und kontinuierliches Wachstum führt zu beachtenswerten Dimensionen von Baumkronen und Stammdicken. Das Holz ist sehr hart und kompakt, widerstandsfähig gegen Pilzinfektionen und extreme Umweltbedingungen. Das majestätische Aussehen der Steineiche am Ätna bezeugen einige besonders mächtige, hunderte Jahre alte Bäume, die man auf der Südwestflanke (um Biancavilla) und auf der Ostflanke (um Zafferana Etnea) des Berges findet.

Besonders eindrucksvoll, nicht nur aus botanischer Sicht, ist jene Steineiche, die lokal unter dem Namen *Ilice du Pantano* und *Ilice du Carrinu* bekannt ist. Es handelt sich um einen monumentalen Baum (Abb. 11) in der *Contrada Ilice* (bei Milo), sein Alter wird auf 700 Jahre geschätzt und er besitzt einen Stamm von 5 m Umfang und einer Krone mit 25 m Durchmesser. Der populäre italienische Name *ilice* (oder auf Sizilianisch *inice*) ist in Sizilien weit verbreitet und erscheint auch im wissenschaftlichen Beinamen *Quercus ilex*, gewissermaßen aus Respekt, den die Bevölkerung seit urdenklichen Zeiten diesem Baum entgegenbringt.

Pioniere auf Lavagestein

Bevor noch im Detail weitere Höhenstufen der Ätnawälder besprochen werden, sollen zwei Pflanzengesellschaften erläutert werden, die in ihrer ökologischen Pionierrolle auf Lavagestein die Ätna-Landschaft ganz besonders prägen. Die erste dieser Pflanzengesellschaften trifft man auf den jungen Lavaströmen aus losem, klastischem Material. Es handelt sich dabei um eine extrem spezialisierte artenreiche Ruderalflora, die beste Entwicklungsbedingungen gerade auf steinigen, instabilen und nährstoffarmen Substraten finden. Die Lavafelder in tieferen Lagen des Ätna bis zu einer Höhe von 1 800 m bilden das ideale Habitat für eine solche Pioniervegetation mit nur sehr wenigen solcher *glareicolen* Schotterpflanzen-Arten, die an die besondere Trockenheit dieser Habitate angepasst sind.

Typische und häufige Pionierarten (Abb. 12) sind Spornblume (*Valeriana rossa*, lat. *Centranthus ruber*), Schild-Ampfer (*Romice*, lat. *Rumex scutatus* subsp. *glaucescens*), Braunwurz (*Scrofularia comune*, lat. *Scrophularia canina* subsp. *bicolor*), Strohblume (*Perpetuino siciliano*, lat. *Helichrysum italicum*) und die Greiskräuter (*Senecione ambiguo*, lat. *Senecio ambiguus*; und *Senecione glabro*, lat. *Senecio glaber*). Daran schließen sich Formen, die trotz ihres Pioniercharakters auf schon etwas anspruchsvolleren Böden gedeihen (Abb. 13, 14), wie der Riesenfenchel oder „Steckenkraut“ (*Ferula*, lat. *Ferula communis*), Sommerwurz (lat. *Orobanche variegata*); Orchideen wie Knabenkräuter (lat. *Anacamptis morio, Dactylorhiza romana*), Zungenstengel (lat. *Serapias vomeracea*), Aronstab (lat. *Biarum tenuifolium*), Lilien wie die Affodill (lat. *Asphodelus ramosus*, die Winternarzisse (lat. *Sternbergia lutea*), der Alraun (lat. *Mandragora autumnalis*), die Sommerwurz (lat. *Orobanche variegata*) und die Ätna-Frühlingszyklame, die Geschweiftblättrige Zyklame (lat. *Cyclamen repandum*).

Offenbar ist die Vegetation der Lavafelder (Abb. 15) eng verwandt mit den glareicolen Lebensgemeinschaften der Schotterflussbetten (ital. *fiumare*) an der Basis des Ätna. Im Gegensatz zu einem echten Fluss oder Bach wird eine Fiumara nicht von einer Quelle gespeist, sondern leitet lediglich Oberflächenwasser nach Regen und bei der Schneeschmelze ab. Daher trocknen die *Fiumare* in der niederschlagsarmen Zeit (in Süditalien im Sommer) oft vollständig aus, während sie sich in der niederschlagsreichen Zeit in reißende Gewässer verwandeln können und so auch tief eingeschnittene Täler bilden. Der Alcantara-Fluss im Osten des Ätnagebiets ist dafür ein typisches Beispiel (Abb. 16).

Die Strauchgesellschaft des Ätna-Ginsters

Die zweite typische Pflanzengesellschaft des Ätna mit einem extremen Pioniercharakter ist die Strauchgesellschaft des Ginsters (*Genisteti dell'Etna*). Diese Ginsterart kommt auf Sizilien zwar nur am Ätna vor, ist aber trotzdem keine endemisch-sizilianische Art, weil sie noch auf Sardinien verbreitet ist. Dieser Ätna-Ginster (ital. *Ginestra dell'Etna*, lat. *Genista aetnensis*; Abb. 17) ist sehr erfolgreich in der Wiederbesiedelung der Lavagebiete mit seinen spezifischen Anpassungen an Trockenhabitate: Er besitzt haarfeine Wurzeln (die noch in kleinste Ritzen des Felsens eindringen) und schmale Blattoberflächen (damit wird seine Evaporation minimiert), und er weist, als eine Eigenschaft vieler Leguminosen, eine überaus reiche Samenproduktion auf. Die Ginsterflächen zeigen eine geringe pflanzliche Vielfalt und sind auf älteren Lavafeldern wie auf den sandigen Lavasubstraten in 800 – 1 800 m verbreitet. Als typische und häufigste Arten dieser Phytozönosen gelten hier Binsenginster (*Ginestra comune*, lat. *Spartium junceum*) und Geißklee (*Citiso villoso*, lat. *Cytisus villosus*), oder auch endemische Arten wie der Drüsenginster (*Adenocarpo di Bivona*, lat. *Adenocarpus bivonii*; Abb. 18).

Abb. 12: Pflanzengesellschaften, die in ihrer ökologischen Pionierrolle auf Lavagestein die Ätna-Landschaft prägen. Typische und häufige Arten davon sind Spornblume (*Valeriana rossa*, lat. *Centranthus ruber*), Schild-Ampfer (*Romice*, lat. *Rumex scutatus* subsp. *glaucescens*), Braunwurz (*Scrofularia comune*, lat. *Scrophularia canina*); unten Mitte: Kreuzkraut (*Senecione ambiguo*, lat. *Senecio ambiguus*), unten rechts: *Senecione glabro*, lat. *Senecio glaber*. (Fotos: Gianpietro Giusso del Galdo, Cristian Brullo)

Abb. 13: „Steckenkraut", Riesenfenchel (*Ferula*, lat. *Ferula communis*), das als Pionierpflanze den Monte Mojo Vulcanetto bei Mojo Alcantara prägt; dieser Vulkan repräsentiert den Alcantara-Vulkanismus am Nordostfuß des Ätnakegels. Oben: Blick vom Malvagna nach Südwesten über den Vulcanetto zum Ätnagipfel. Unten: Blick von Süden auf den Vulcanetto. (Fotos: G. Kastberger)

Abb. 14: Pionierpflanzen auf Lavagestein, um Linguaglossa und Solicchiata. Obere Zeile, 1. und 2. Abb. von links: Affodill (lat. *Asphodelus ramosus*); obere Zeile, 3. Abb. von links: Kleines Knabenkraut (lat. *Anacamptis morio*); obere Zeile, 4. Abb. von links: Sommerwurz (lat. *Orobanche variegata*); zweite Zeile, links: Zungenstengel (lat. *Serapias vomeracea*); zweite Zeile, Mitte: Aronstab (*Biarum tenuifolium*); zweite Zeile, rechts: Herbst-Goldbecher, Winternarzisse (lat. *Sternbergia lutea*); dritte Zeile, links: Alraun (lat. *Mandragora autumnalis*); dritte Zeile, rechts: Ätna-Frühlingszyklame; vierte Zeile: Geschweiftblättrige Zyklame (lat. *Cyclamen repandum*). (Fotos: G. Kastberger)

Abb. 15: Pionierpflanzen auf Stricklava oberhalb (südlich) von Bronte. (Foto: G. Kastberger)

Abb. 16: Alcantara-Durchbruch; Abschnitt der Säulenbasalte, der auch für Touristen erschlossen ist. (Fotos: G. Kastberger)

Abb. 17: Als typische und häufigste Arten dieser Phytozönosen auf älteren Lavafeldern in 800–1800 m gelten hier Binsenginster (*Ginestra comune*, lat. *Spartium junceum*) und Geißklee (*Citiso villoso*, lat. *Cytisus villosus*). Oben links: blühender Ginster oberhalb des Weinanbaugebiets in Solicchiata; oben rechts: Ginsterwald (*Genista aetnensis*) oberhalb Randazzo auf 1200 m; zweite und dritte Bildzeile: *Genista-aetnensis*-Gesellschaften auf Lava; unten: Genisteta-Habitat. (Obere zwei Bildzeilen: G. Kastberger; untere zwei Bildzeilen: Gianpietro Giusso del Galdo)

Abb. 18: Drüsenginster (*Adenocarpo di Bivona*, lat. *Adenocarpus bivonii*) als Ätna-Endemit. (Fotos: Gianpietro Giusso del Galdo)

Die Vielfalt der Bergwälder

Der nächsthöhere Klimabereich, die supra-mediterrane Zone, kennzeichnet die Höhenstufe von 1 000 – 2 000 m mit Jahresmitteln von 8°–13°C und 1 600 – 1 700 mm Niederschlag. Er ist das „Reich der Ätna-Wälder“ (*Regno dei boschi etnei*), das seinerzeit die Römer als einen *„undurchdringlichen und geheimnisvollen Wald“* (Bleicken 2004) bezeichnet haben. Früher noch gewannen die Griechen und später noch die Völker nach ihnen wie Araber und Normannen aus dieser Waldzone des Ätna riesige Holzmengen zum Schiffsbau, für die Errichtung ihrer Häuser und für die Erzeugung vieler Gebrauchsgegenstände. Der Großteil dieser Bergwälder ist erstaunlich gut erhalten und erscheint besser gepflegt als andere Waldgesellschaften in den tieferen Lagen am Ätna. Die weite Höhenspanne des *supramediterranen* Bergwalds ist durch den Einfluss der Hangausrichtung bedingt, sie schafft eine große Variabilität des Kleinklimas und damit auch eine Variabilität des Waldcharakters.

Zerreichengürtel

Die eigentlichen Bergwälder am Ätna beginnen bei den Waldgesellschaften der Zerreiche (*Cerro*, lat. *Quercus cerris*; Abb. 19). Sie kommt ausschließlich an den Osthängen in einer Höhe von 1 200 – 1 500 m vor und macht dort aber nur einen relativ kleinen Teil ihres möglichen Verbreitungsgebietes aus. Das wird durch die *autoökologischen* Eigenschaften der Zerreiche bedingt, weil sie reife, schwere Böden mit genügend hohem Anteil an Ton und Humus bevorzugt. Reine Zerreichenbestände (Abb. 19) findet man fast ausschließlich in der *Contrada Giarrita* (bei Sant’Alfio), kleine Insel-Bestände oder auch einzelne Bäume sind aber auch im gesamten Ätna-Gebiet in den laubwerfenden Mischwäldern häufig anzutreffen.

Kastaniengürtel

Ein für die Ätna-Landschaft besonders charakteristisches Element stellt die *Edelkastanie* (*Castagno europeo*, lat. *Castanea sativa*) dar (Abb. 20). Die Ursprünglichkeit dieser Art am Ätna wird oft in Zweifel gestellt, denn sie hat seit Tausenden von Jahren auf Sizilien eine große ökonomische und soziale Bedeutung. Die Nutzung der Edelkastanien als Nahrungsmittel wird schon in historischen Quellen erwähnt (Bostock, & Riley 1855) und hat in der lokalen Wirtschaft immer eine fundamentale Rolle gespielt. Diese Herbst- und Winterfrucht ist reichlich vorhanden und äußerst nahrhaft und war bis heute für die lokale Bevölkerung kulturell wichtig. Ebenso ist das Holz der Edelkastanie bis heute von großer wirtschaftlicher Bedeutung. Es wurde früher vielfältig genutzt, in der Köhlerei, in der Fassbinderei und auch für Weidezäune oder Rebstock-Pfähle. Noch heute werden am Ätna die Kastanienstecken aus gespaltenen Baumstämmen (*Paletti spaccati*) für die Stützung der Weinstöcke eingesetzt (Abb. 21). Seit Jahrhunderten hat der Mensch die Kastanienwälder eben durch ihre wirtschaftliche Bedeutung gepflegt und gefördert. Das ist auch der Grund, dass es noch einige wenige besonders alte Kastanienbäume am Ätna gibt (Abb. 22). Die ausgedehnten Edelkastanien-Waldgesellschaften belegen mit ihrer reichen floristischen und ökologischen Diversität ihre ursprüngliche Herkunft am Ätna. Die wohl natürlichsten und best-strukturierten Kastanienwälder finden sich dabei auf der Süd- und Ostflanke des Vulkans. Dort ist die

Abb. 19: Waldgesellschaft der Zerreiche (*Cerro, lat. Quercus cerris*) westlich von Linguaglossa. (Fotos oben: Gianpietro Giusso del Galdo; Mitte und unten: G. Kastberger)

Abb. 20: Waldgesellschaft der Edelkastanie (*Castagno europeo*, lat. *Castanea sativa*). Oben links: Blick von oberhalb Nicolosi nach Norden Richtung Sapienza, Restbestände von Kastanienwäldern; Mitte und unten links: ein durch den Lavastrom von 2002 verschüttetes Haus, die Straße wurde hier neu angelegt, dahinter noch intakter reiner Kastanienwald; unten rechts: Kastanienmarkt in Zafferana. (Fotos: G. Kastberger; oben rechts: Gianpietro Giusso del Galdo)

Baum-, Kraut- und Strauchschicht besonders vielfältig und differenziert. Damit kann man diesen Kastanienwäldern auch einen Ätna-Typus zuweisen, gerade im Vergleich mit anderen Verbreitungsgebieten der Edelkastanie auf der italienischen Halbinsel oder in Zentraleuropa. Sie sind typisch für eine *mesophile, mediterrane* Waldformation.

Buchengürtel

Die außergewöhnliche Besonderheit der Ätna-Wälder als landschaftsprägende Pflanzengesellschaft wird wohl der Buchenwald sein (Abb. 23). Die Buche (*Faggio*, lat. *Fagus sylvatica*) ist vorwiegend in Zentraleuropa verbreitet, aber ist dabei auch in die Bergregionen Südeuropas vorgedrun-

Abb. 21: Kastanien-Stecken im Albarello-Weinbau. Oben: Weingarten in Solicchiata mit der typischen Ätna-Rauchwolke. Unten: Blick von Solicchiata auf den Mojo Vulcanetto und die Ortschaft Malvagna. (Fotos: G. Kastberger)

Abb. 22: Kastanienbaum der Hundert Pferde (ital. *Castagno dei cento Cavalli*) am Osthang des Ätna nahe Sant'Alfio im Wald von Carpineto. Wird mit 2000–4000 Jahren als der älteste Baum Europas angesehen. Der Baum ist seit mehreren Jahrhunderten schon in drei Teilstämme von 13, 20 und 21 Metern Umfang aufgeteilt. Oben: alte Stiche (Riccobono & Tempio 2005, p. 76) aus dem 18. und frühen 19. Jh.; Mitte und unten links: Frühjahrsansichten; rechts: Herbstansicht innerhalb des abgezäunten Geländes nach Süden. Die Legende erzählt von einer Königin, wahrscheinlich von der Johanna II. von Anjou, die mitsamt hundert Reitern und Pferden während einer Treibjagd von einem Gewitter überrascht wurde und mit ihrem zahlreichen Gefolge unter dem Baum mit seinen weitausladenden Stämmen Unterschlupf fand. Das Gewitter dauerte bis zum Abend an, und so verbrachte die Königin hier die Nacht in Gesellschaft von einem oder mehreren ihrer Liebhaber, die sich unter den Reitern ihres Gefolges fanden (http://www.prolocosantalfio.it/ilcastagno100cavavalli.htm). (Fotos oben: mit freundlicher Genehmigung von Domenico Sanfilippo Editore; Mitte und unten: G. Kastberger)

gen, zum Beispiel in den Balkan oder den Apennin, wo sie für ihre Entwicklung günstige Boden- und Klimaverhältnisse vorfand. Sie ist eine schnellwüchsige Art, vor allem in ozeanischen Klimabereichen, wo großteils kühl-feuchte Bedingungen im Jahr herrschen. Am Ätna erreicht sie die südliche Grenze ihres europäischen Verbreitungsgebietes. Die Buchenwälder des Ätna sind in der Höhenstufe von 1 500 – 2 000 m verbreitet. Zwergformen von *Fagus sylvatica* steigen auf der Nordseite des Ätna bis zur Waldgrenze von 2 300 m. Damit erreicht sie in den Berglagen des Vulkans auch europaweit, was die Seehöhe anlangt, ihr höchstes Vorkommen. Sie unterstreicht damit auch ihren stark *reliktären* Charakter und auch ihren besonderen *phytogeographischen* Wert am Ätna. Die Buchenwälder bilden artenarme

Abb. 23: Buchenwälder am Ätna. Oben: kleinräumige Vegetationsinsel (Dagale) eines Buchenwalds zwischen Lavafeldern am Nordhang des Ätna. Unten links: Buchenwald zwischen der *Grotta dei Lamponi* und der *Grotta del Gelo* auf 1 600 m. Unten rechts: vielstämmige Buchen in der Nähe des Rifugio di Monte Santa Maria am Nordhang des Ätna. (Fotos oben: Gianpietro Giusso del Galdo; unten: G. Kastberger)

Abb. 24: *Pineta* westlich von Linguaglossa auf dem Weg zur Piano Provenzana. Oben: die größte Schwarzföhre der Pineta Ragabo („Zappinazzu Il più grande pino dell'Etna"); am oberen rechten Bild erkennt man zum Größenvergleich den Editor Karl Gratzl. (Fotos: G. Kastberger)

Pflanzengesellschaften, dabei wird die Baumschicht fast ausschließlich von der Buche gebildet. In der Kraut- und Strauchschicht fehlen die *mesophilen* Arten, die anderswo auf Sizilien, wie in den Buchenwäldern der *Nebrodi* oder in der *Madonie*, durchaus vorkommen.

Zum Unterschied zu anderen Bergregionen Süditaliens, wie in den *Nebrodi* Siziliens oder in Kalabrien, sind die Buchenwälder am Ätna auch inselartig verstreut und dadurch auch sehr ausgedehnt, vor allem an seinen Nord- und Ostflanken. Es gibt am Ätna von *F. sylvatica* also kein geschlossenes Verbreitungsgebiet, wohl aus zwei Gründen: Zum einen hat die Buche besondere ökologische Ansprüche, sie benötigt für ihre Entwicklung tiefe, reife Böden, die gut humusversorgt sind, ohne grobes Gestein. Zum anderen wurden die Buchenwälder in ihrer regionalen Verbreitung von den regelmäßigen Lavaflüssen immer wieder gestört (Abb. 23); das bezieht sich natürlich auch auf alle anderen, mit diesen Buchenwäldern assoziierten Baum- und Strauchschichten der *supramediterranen* Region. Als Folge ergeben sich typische, kleinräumige Vegetationsinseln auf den Lavafeldern, die italienisch *Dagale* (vom arabischen *Dahala* = was so etwas wie ein Brunnen heißt, der oben ein kleines Loch, unten aber eine große Kaverne besitzt) genannt werden.

Kiefergürtel

In Verbindung mit den Buchenwäldern sind noch zwei andere Waldtypen erwähnenswert, die auf den gleichen Höhenlagen am Ätna exklusiv anzutreffen sind: die Nadelholzwälder (*Pinete*) und die Birkenwälder (*Betullete*). Die Nadelhölzer sind durch die Kalabrische Schwarzkiefer (*Pino calabro*, lat. *Pinus nigra* subsp. *calabrica*) charakterisiert. Sie ist ein robuster Nadelbaum, der wegen seiner reichen Samenproduktion und großen Keimfähigkeit extreme Standorte wie die Lavazonen besiedeln kann (Abb. 24, 25). Sie zählt dadurch zur Pioniervegetation am Ätna. Die ausgedehnten Kiefernwälder kommen an den Bergflanken des Ätna bis 2000 m vor. Sie zeigen sich als offene, lockere Formation, in denen die Baumschicht fast ausschließlich durch *Pino calabro* bestimmt ist. Die dazugehörige Strauchschicht kann sehr dicht, homogen und floristisch wenig differenziert sein. Typische und häufigste Arten dieser Strauchvegetation (Abb. 26) sind Ätna-Sauerdorn (*Crespino dell'Etna*, lat. *Berberis aetnensis*) und Gemeiner Wacholder (*Ginepro emisferico*, lat. *Juniperus hemisphaerica*). Dieser Wacholder kommt dabei recht häufig vor, dank der Biegsamkeit und Flexibilität seines Holzes hält er den Schneedruck von sogar einigen Metern Höhe gut aus. Die Anwesenheit von verschiedenen typischen Waldpflanzen wie Lorbeer-Seidelbast (*Dafne laurella*, lat. *Daphne laureola*), Wald-Zwenke (*Paleo silvestre*, lat. *Brachypodium sylvaticum*) und Wiesenplatterbse (*Cicerchia dei prati*, lat. *Lathyrus pratensis*) unterstreichen zwar den mittellagigen Charakter dieser Waldgesellschaften, in denen aber *Pinus nigra* subsp. *calabrica* eine Dichte oft über 80% erreicht. Größtenteils bilden diese Kiefernwälder natürliche Pflanzengemeinschaften. Die kalabrische Schwarzkiefer wurde am Ätna auch häufig forstwirtschaftlich genutzt, im Besonderen wegen des Holzes, ihres Harzes und durch den Vorteil ihrer Genügsamkeit, die sie auch unter schwierigen ökologischen Bedingungen wachsen lässt. Diese forstwirtschaftlich genutzten Gebiete sind durch den Monokultur-Status geprägt, dadurch sind sie auch extrem arm an Begleitflora.

Birkenzone

In der gleichen Höhenlage der Pinete findet man auch lockere Wälder, die von der endemischen Birkenart, der Ätna-Birke (*Betulla dell'Etna*, lat. *Betula aetnensis*) gebildet werden. Diese Birkenwälder (*Betullete*) finden sich aber auf durchlässigen und nährstoffarmen Schlackenböden (*Scoria*). Sie werden von jedem Naturliebhaber durch die magische Grazie und kontrastgebende Weiße ihrer Stämme als eine der faszinierendsten Waldgesellschaften am Ätna geschätzt. Einzelne, sehr alte Exemplare trifft man am Ätna häufig an, aber reine Birkenwälder sind selten und lokal begrenzt. Wenn man entlang der Ostflanke des Vulkans aufsteigt, von Fornazzo (Region Milo) zum Rifugio Citelli, stößt man auf die eindrucksvollsten Vorkommen von *Betula aetnensis* (Abb. 27). Sie präsentieren sich hier als reine Birkenwälder, offenbar weil unter den rauen ökologischen Bedingungen sich keine geeignete Bodenstruktur für andere Pflanzengesellschaften aufbauen konnte. Im Besonderen ist die Ätna-Birke ein Relikt des letzten Vereisungszyklus der Würm-Kaltzeit vor 10000 Jahren. Sie war damals weit verbreitet, hat sich heute aber nur mehr auf wenige Insel-Bereiche am Ätna zurückgezogen. Hier wird die Ätna-Birke aber leider auch durch aggressive Pilzkrankheiten bedroht, und durch die manchmal zu intensive Beweidung im *Altomontano* wird dann auch die natürliche Erneuerung der Birkenwälder nachhaltig verhindert. Es scheint somit dringend notwendig zu sein, diese *orophile* Waldformation an der Waldgrenze zu schützen, vor allem um sie als letztes Zeugnis der „nicht-mediterranen" Eiszeit-Vergangenheit Siziliens zu erhalten.

Abb. 25: *Pineta* in der Kampfwaldregion. Oben und Mitte: Lavaströme von 2002/03 in der Piano Provenzana; Unten: auf den Monti Sartorius nahe dem Refugio Citelli. (Fotos: G. Kastberger)

Abb. 26: Typische und häufigste Arten der Strauchvegetation. Oben und Mitte: der Gemeine Wacholder (*Ginepro emisferico*, lat. *Juniperus hemisphaerica*); unten: Ätna-Sauerdorn (*Crespino dell'Etna*, lat. *Berberis aetnensis*). (Fotos: Gianpietro Giusso del Galdo)

Abb. 27: Birkenwaldregion oberhalb des Rifugio Citelli am Osthang des Ätna; oben: am Anstieg zum Osservatorio vulcanologico dell'Etna, 2900 m. (Fotos: G. Kastberger)

Abb. 28: Spino santo (Ätna-Tragant, *Astragalo dell'Etna*, oder *Spino santo*, lat. *Astragalus siculus*) als landschaftsprägende Polsterpflanze oberhalb der Waldgrenze. (Fotos: G. Kastberger)

Abb. 29: Vegetation der höchsten Bergstufe am Ätna. Oben links: (lat. *Saponaria sicula*); oben rechts: Violettrispe (*Fienarola dell'Etna*, lat. *Bellardiochloa aetnensis*; Mitte links und Mitte rechts unten: *Astragalus siculus*; Mitte rechts oben: Ätna-Greiskraut (*Senecio dell'Etna*, lat. *Senecio aethnensis*); unten links: Ätna-Veilchen (*Viola dell'Etna*, lat. *Viola aethnensis*); unten rechts: Ätna-Labkraut (*Caglio dell'Etna*, lat. *Galium aetnicum*). (Fotos: Gianpietro Giusso del Galdo, Pietro Pavone)

Abb. 30: Vegetation der höchsten Bergstufe am Ätna. Oben links und Mitte links: Ätna-Goldlack (*Violaciocca dell'Etna*, lat. *Erysimum aetnense*), oben rechts: Ampfer (*Romice dell'Etna*, lat. *Rumex aetnensis*). Mitte rechts: Hundskamille (*Camomilla dell'Etna*, lat. *Anthemis aetnensis*). Unten: Übersichtsbild. (Fotos: Gianpietro Giusso del Galdo, Cristian Brullo)

Die Niederstrauchvegetation und „Vulkanwüste"

Über 2 000 m beginnt die *kakuminale* Region an der Schneegrenze, wo auch der Wald endet und sich die Vegetation mit niederen Sträuchern in einer großen Zahl an endemischen Arten fortsetzt, die an den Lavaboden spezialisiert sind. Diese hochmontane Zone des Ätna bildet eine besondere ökologische Nische, die die Entwicklung solcher selektiver Pflanzengesellschaften mit einem besonderen Reichtum an hoch-spezialisierten, endemischen Arten durch extremökologische Randbedingungen wie auch durch die geographische Isoliertheit begünstigt hat. Ähnliche Aspekte gibt es auch in den Gebirgssystemen anderer Mittelmeerinseln wie Sardinien, Kreta oder Zypern. Solche Habitate an der Schneegrenze auf Mittelmeerinseln werden auch als *Isole nell'isola* bezeichnet, wo es zusätzlich zur geographischen, eben auch eine bedeutsame ökologische Barriere gibt, die solche Pflanzenarten des *Altomontano* mit einer Vielzahl von morphologischen Anpassungen ausstattet.

Durch die Gipfelhöhe von 3 325 m ist die Hochgebirgsregion am Ätna über der Baumgrenze weitflächig durch seine Polstervegetation geprägt. Die schönsten und typischen Vorkommen dieser Gebirgspflanzen-Gesellschaften mit stacheligen Strauchpolstern findet man auf einer Höhenlage von 2 000 – 2 500 m. Das Klima ist rau mit seinen großen täglichen und jährlichen Temperaturschwankungen, Starkwind, einer lang anhaltenden Schneedecke und starker Sonneneinstrahlung. Dieses Klima und die Beschaffenheit der Böden sind begrenzende Faktoren für die Entwicklung der Vegetation und tragen aber auch zur Schönheit einer solchen kargen Mondlandschaft bei. Diese Polsterpflanzen werden dadurch zu ihren eigenen Protagonisten. Die steilen Flächen mit losem, porösem Substrat (*Sciare*), die schon länger von Lavaströmen verschont waren, werden vom Ätna-Tragant (*Astragalo dell'Etna*, oder *Spinosanto*, lat. *Astragalus siculus*; Abb. 28) besiedelt. Er ist ein endemischer und typischer Vertreter der orophilen Polsterstrauch-Vegetation.

Andere Arten dieses Habitats sind Ätna-Labkraut (*Caglio dell'Etna*, lat. *Galium aetnicum*; Abb. 29), Seifenkraut (*Saponaria siciliana*, lat. *Saponaria sicula*), Ätna-Greiskraut (*Senecio dell'Etna*, lat. *Senecio aethnensis*), Ätna-Veilchen (*Viola dell'Etna*, lat. *Viola aetnensis*), das filzige Hornkraut (*Peverina tormentosa*, lat. *Cerastium tomentosum*), Violettrispe (*Fienarola dell'Etna*, lat. *Bellardiochloa aetnensis*; Abb. 29), und Ätna-Goldlack (*Violaciocca dell'Etna*, lat. *Erysimum aetnense*; Abb. 30).

Über 2 500 m werden die Umweltbedingungen zunehmend unwirtlicher. Einige der widerstandsfähigsten Arten dringen bis über 3 000 m vor, einer Höhe, die am Ätna die absolute Grenze von höherem pflanzlichem Leben bildet. Der Pioniercharakter solcher Pflanzengesellschaften wird durch die geringe Artenvielfalt wie auch durch die geringe Bodenbedeckung betont. Diese Gesellschaften haben eine phyto-geographische Bedeutung, weil sie als Endemiten extrem-ökologisch spezialisiert sind und weil sie als Individuen nur punktförmig im Terrain vorkommen. Vertreter

Abb. 31: In den höchsten Zonen trifft man die Vesuv-Korallenflechte (*Lichene*, lat. *Stereocaulon vesuvianum*) weit verbreitet an. Sie gibt es aber auch an der Lava an den Nordosthängen des Ätna bis herunter auf unter 1 000 m oberhalb von Randazzo. (Foto links: Gianpietro Giusso del Galdo, rechts: G. Kastberger)

Abb. 32: Vulkanwüste am Ätna, unmittelbar südlich des Hauptgipfels. (Foto: Gianpietro Giusso del Galdo)

davon sind Hundskamille (*Camomilla dell'Etna*, lat. *Anthemis aetnensis*), Ampfer (*Romice dell'Etna*, lat. *Rumex aetnensis*; Abb. 30) und Knäuelkraut (*Centograni vulcanico*, lat. *Scleranthus vulcanicus*).

Über 3000 m Seehöhe betritt man die sogenannte „Vulkanwüste" (*Deserto vulcanico*), die auch schon wegen der ständigen Vulkanaktivität keine Pflanzenbesiedelung mehr zulässt (Abb. 31, 32). Nur eine Vertreterin der Fruchtflechten, die Vesuv-Korallenflechte (*Lichene*, lat. *Stereocaulon vesuvianum*; Abb. 31) trifft man hier noch weit verbreitet an.

Zusammenfassung

Die gegenwärtige Landschaft des Ätna ist das Ergebnis außergewöhnlicher geologischer und klimatischer Ereignisse, die das Vorkommen bestimmter Pflanzengesellschaften selektioniert haben. Die Naturgeschichte des Ätna ist aber auch eng mit der Anwesenheit des Menschen verflochten, der seit Jahrtausenden die Entwicklung der Vegetation bedeutend beeinflusst hat. Vor allem die Zonen am Fuß des Berges, die am leichtesten erreichbar und für Land- und Forstwirtschaft und Weidenutzung am geeignetsten waren, zeigen sich als eine stark anthropogen geprägte Landschaft. Die ältesten Spuren ständiger Besiedelung auf Sizilien und damit auch der mögliche Start der anthropogen beeinflussten Landschaftsgestaltung am Ätna gehen auf einige vorgriechische Kulturen, zum Beispiel der Sikaner, Sikuler und Elymer, zurück. Sie wurden als erste am Fuß des Berges und an den fruchtbarsten Hängen des Vulkans sesshaft und betrieben Weidehaltung und Ackerbau.

Der Ätna wurde seit damals als das Feuer speiende Ungeheuer angesehen, das man fürchtet und dem man aber auch mit Ehrfurcht begegnet. Obwohl er regelmäßig das Lebenswerk von Generationen zerstört hatte, blieb er eine Quelle, die die wirtschaftliche Existenz dieser Kulturen am Fuß des Ätna überhaupt ermöglichte. Heute wird der Ätna von den Sizilianern als eine *Magnifica signora* gesehen, die seit Jahrtausenden auf die Bewohner Siziliens Einfluss ausübt. Diese versuchten immer wieder aus den vorhandenen Ressourcen einen ökonomischen Profit zu ziehen, trotz der stets sie bedrohenden Naturgewalt durch einen aktiven Vulkan. Während des letzten Jahrhunderts, speziell nach dem Zweiten Weltkrieg, konnte man beobachten, dass der traditionelle Landbau am Ätna zugunsten hochtechnisierter Agrochemie aufgegeben wurde. Hinzu kommt, dass es in einzelnen Bergregionen im Norden (Randazzo) und Osten (Linguaglossa) des Ätna zu massiver Abwanderung kam, aber im

Süden (Raum Catania) zu einem rasanten Bevölkerungszuwachs mit all seinen Folgen. Bis Anfang des 19. Jahrhunderts konnte der Historiker und Vulkanologe Giuseppe Recupero in seiner *Storia naturale e generale dell'Etna* (Recupero 1815) die Hänge des Ätna als einen geschlossenen Wald (*Bosco continuato*) beschreiben. Der Raubbau in den letzten zwei Jahrhunderten in den Waldgebieten des Ätna wird durch den Vergleich mit der Gegenwartssituation offensichtlich. Doch in den letzten Jahren wird der Reichtum und Wert des Ätna erkannt, und das nicht nur im engen ökologischen Sinn. Das Spiel ist gerade eröffnet, bei dem zwei Typen von Kontrahenten verwickelt sind: Auf der einen Seite stehen jene, die mit dem Ätna großen wirtschaftlichen Profit erwarten; auf der anderen Seite jene, die den Ätna als *Vulcano* schätzen und damit auch die besonders reiche und vielfältige Flora, die aus der Sukzession und Interferenz von Pflanzengesellschaften aus unterschiedlichen geologischen und klimatischen Epochen entstand. Diese Natur-Interessierten hinterfragen zunehmend, wie der strukturierte und auch zerbrechliche Naturraum des Ätna weiter funktionieren soll, im Besonderen im Hinblick auf den immer stärkeren anthropogenen Einfluss. Wir können aber heute davon ausgehen, dass die kulturelle und damit auch wissenschaftliche Bedeutung des Ätna auch von einer Mehrheit der Meinungsträger verstanden wird. Immerhin wird dieser Stellenwert des Ätna durch seinen im gesamten mediterranen Raum einzigartigen Reichtum an Biodiversität begründet.

Literatur:

Bleicken, Jochen (2004) *Geschichte der römischen Republik.* 6. Aufl., Oldenbourg, München.

Bostock, J., Riley, H.T. (1855) *Pliny the Elder. The Natural History.* Taylor and Francis, London. Online Ausgabe: Perseus Digital Library, Tufts University, http://www.perseus.tufts.edu/hopper/text?doc=Plin.+Nat.+toc.

Brullo, S., Guarino, R., Siracusa, G. (1998) *Considerazioni tassonomiche sulle querce caducifoglie della Sicilia.* Monti e Boschi 2: 31–40.

Brullo, S., Guarino, R., Siracusa, G. (1999) *Revisione tassonomica delle querce caducifoglie della Sicilia.* Webbia 54 (1): 1–72.

Piovene, G., (1957) *Viaggio in Italia.* Dalai Editore, Milano.

Recupero, G., (1815) *Storia Naturale e Generale dell'Etna.* Stamperia della Regia Università degli Studi, Catania.

Riccobono, F., Tempio, A. (2005) *Imago Aetnae. Iconografia storica dell'Etna 1544–1892.* Domenico Sanfilippo Editore, Catania.

Rivas-Martínez, S., Díaz, T.E., Izco, J., Fernández-González, F., Loidi, J., Lousã, M., Penas, Á. (2002) *Vascular plant communities of Spain and Portugal. Addenda to the syntaxonomical checklist of 2001.* Itinera Geobotanica 15 (1–2): 5–922.

Der Ätna-Wein

Gerald Kastberger, Thomas Hötzl

Historisches über Wein in der Ätna-Region

Die Hänge des Ätna waren seit Menschengedenken immer schon von natürlicher Vegetation bedeckt (Abb. 1), aber auch von land- und forstwirtschaftlich genutzten Flächen. Weinbau spielte seit alters her eine große Rolle (*Ovid:* Albrecht 2010, Kraus 1690, Günther 2012; *Vergil:* Schmidt 1974, Albrecht 2007), mindestens seit dem 8. Jahrhundert v. Chr., als griechische Einwanderer die am Ätna autochthonen Wildreben (Bica 2007) kultivierten. Es gibt zwei Geschichten aus dem klassischen Altertum, die diese spezifische Bedeutung des Ätna und seines Weines in besonderer Weise hervorheben. Eine der Geschichten mit direktem Bezug zum Wein vom Ätna erzählt Homer (Voß 2001) in seiner Odyssee.

Die zweite Geschichte aus der Antike mit Bezug auf den Ätna und seinen lokalen Wein war jene von *Daphnis*, der als ein Sohn des *Hermes* und einer Nymphe galt. Die Geschichte wurde erstmals von *Diodorus Siculus* erzählt, der im 1. Jahrhundert v. Chr. in Agyrion auf Sizilien lebte. Er verfasste das umfassendste Historienbuch, das von einem Griechen in der Antike überliefert ist (Wurm 1827, 1832, 1838, 1839). Diodorus bezog sich immer wieder auf seine vielen Reisen und verarbeitete dabei auch mythologische Erzählungen, eben wie diese von *Daphnis*. Das *Daphnis*-Epos wurde in der Folge von einer Reihe von Autoren in verschiedenen Versionen aufgegriffen, gleich wenige Jahrzehnte später von *Vergil* (Albrecht 2007, Schmidt 1974) und *Ovid* (Albrecht 2010, Bernsdorff 2001).

Auch wenn es im Epos Homers (Voß 2001) über *Polyphem* und *Odysseus* offenkundig einige Ungereimtheiten mit der Besorgung von Ätna-Wein gibt, und auch wenn in der Lebensgeschichte von Daphnis nicht ganz klar ist, von welcher Gegend am Ätna jener Wein denn wirklich stammt, mit dem die sizilianische Prinzessin den Schafshirten *Daphnis* berauschen konnte, es steht fest, dass beide Geschichten mit der griechischen Tradition des Weinbaus zu tun haben. Die Griechen waren nach Sizilien gekommen, um diese Insel zu kolonialisieren. Damit waren ihre großen Städte im weiteren Einzugsgebiet des Ätna, im Speziellen *Syrakus* und *Taormina* (Abb. 1), von Anfang an auch blühende Weinhandelszentren (Sestini 1812, Bostock & Riley 1855, Signorelli 1991).

Abb. 1: Die Hänge des Ätna waren seit Menschengedenken immer schon von natürlicher Vegetation bedeckt, aber auch von land- und forstwirtschaftlich genutzten Flächen. Links: Bild des Ätna von Thomas Cole (1801–1848) von Taormina 1842 [Studies on Thomas Cole, Baltimore Museum of Art, Annual II. pp. 123. Baltimore, Maryland 1967]; rechts: Ansicht von Catania von 1669, Tage oder Wochen bevor die Lavaströme von den Monti Rossi bei Nicolosi den Weg bis zum Castello Ursino (links unten) gefunden und es umflossen haben. Die collinen Ätna-Hänge waren schon im Mittelalter von einzelnen Gehöften und auch von Weinanbau geprägt. [Mit freundlicher Genehmigung durch Domenico Sanfilippo Editore aus Riccobono & Tempio 2005, Seite 115; Anonymus 1708]

Die Geschichte Polyphem und der Ätna-Wein

Laut diesem Epos lebte der einäugige Riese *Polyphem* mit anderen Zyklopen auf einer Insel. In späteren Quellen (Käppel 2001) wird dieser Aufenthaltsort *Polyphems* beim Ätna in Sizilien identifiziert. Er wohnte abseits von ihnen, offensichtlich in einer küstennahen Lavahöhle (Brunelli & Scammacca 2012) und hütete Schafe und Ziegen, was auch die heimische Landbevölkerung tat. Odysseus landete während seiner beabsichtigten Heimkehr aus dem Trojanischen Krieg hier auf Sizilien und tat einen entscheidenden Missgriff auf seinem Landgang: Er wählte für sich und seine zwölf Gefährten als Unterschlupf, ohne es zu wissen, *Polyphems* Höhle. Als der Kyklop am Abend seine Schafe in seine Behausung trieb und die Eindringlinge bemerkte, stellte sich Odysseus als schiffbrüchiger Grieche vor und bat um Bewirtung. *Polyphem* gewährte aber kein Gastrecht, sondern witterte seine Chance auf zusätzliche Nahrung. Er rollte einen großen Felsblock so vor den Ausgang der Höhle, dass Odysseus mit seinen Gefährten keine Chance hatten zu fliehen, und er tötete einige der Griechen, um sie zu verspeisen. Als sich der Riese daraufhin schlafen legte, wagte sich Odysseus nicht heran, diesen Unhold umzubringen. Die Griechen konnten den Stein auch nicht gemeinsam wegwälzen. Nachdem am nächsten Tag der Kyklop abermals einen der Kameraden Odysseus verspeiste, griff Odysseus zur berühmt gewordenen List. Er servierte dem *Polyphem* starken Wein (Abb. 2). Dabei ist es wohl ein Rätsel, wie sich Odysseus einen solchen Wein vor Ort besorgen konnte, wenn er doch vom Zyklopen eingesperrt war. Diese Erklärung bleibt das Epos schuldig. Auch ist es nicht nachvollziehbar, dass der Zyklop, der ja in seiner Region heimisch war, vom lokalen Wein nichts wusste und daher verwundert und angenehm berührt diesen ihm kredenzten Wein verkostete. Dieser Wein jedenfalls, so die Schilderung, soll so dickflüssig und dunkelrot wie Tinte gewesen sein (Solche Weinqualitäten sind noch heute aus der Region bekannt. Der „Marsala-Wein" ist ein Süßwein aus der autochthonen Rebe Nerello Mascalese, dessen 17–20% Alkoholgehalt durch Gärung erreicht wird). Es ist nicht wahrscheinlich, dass Odysseus als Schiffsbrüchiger selbst über diese Menge Rotwein verfügt hätte. Jedenfalls war die Menge dieses Weins, den Odysseus besorgt hatte, so ausreichend, dass sich sogar ein Riese betrinken konnte. Offenbar hat dem *Polyphem* der Wein auch geschmeckt, denn er wollte den Namen von Odysseus, seines Weinspenders, erfahren. Dieser jedoch nannte sich in listiger Vorsicht als „Outis" (griech. Οὔτις; deutsch: *Niemand, Keiner*). Als *Polyphem* durch den Wein seinen Rausch ausschlief, rammten die verbliebenen Griechen ihm einen glühenden Pfahl in sein einziges, mitten auf der Stirn befindliches Auge (das *Zyklopenauge*). Auch dabei bleibt es unerklärlich, wie sie zu einem angespitzten Olivenbaumstamm gekommen sein sollen. Vielleicht gab es diesen samt dem Feuer in der Höhle. Jedenfalls wachte *Polyphem* in seinem Schmerz auf und schrie die anderen Zyklopen herbei. Ob er dazu den Felsblock weggerollt hat, weiß die Sage auch nicht, jedenfalls konnten die Griechen trotzdem nicht entkommen. Hier kam dann die List Odysseus' zu tragen, dass er offenbar in der Landessprache der Zyklopen seinen eigenen Namen als *Niemand* bezeichnete. Denn auf die Fragen der herbeigeeilten Zyklopen rief *Polyphem* jenen zu, *Niemand* habe ihn geblendet, Niemand habe versucht, ihn zu ermorden. Daraufhin kümmerten sich die anderen Kyklopennachbarn nicht mehr weiter um ihn. Als der Geblendete seine Schafe am nächsten Morgen zur Weide hinausließ, tastete er alle seine Schafe am Rücken ab. Odysseus und seine Gefährten konnten dabei nur deshalb, so die Sage, aus der Höhle entkommen, indem sie sich am Bauch der Schafe festklammerten. Dabei ist es wiederum unerklärlich, wie ein ausgewachsener Mann sich am Fell eines Schafs, das ja viel kleiner ist als ein durchschnittlich gewachsener Grieche, festhalten kann, noch dazu am Bauch, ohne entdeckt zu werden. Jedenfalls gelang die Flucht, und Odysseus konnte von seinem Schiff aus den blinden Riesen noch verhöhnen, der ihn dann offenbar fast noch mit einem Fels getroffen hätte. Das belegt wiederum, dass die Lavahöhle des *Polyphem* ganz in der Nähe der Küste war. Die Sage endet damit, dass sich *Polyphem* an Odysseus dadurch gerächt hatte, dass er seinen Vater Poseidon, der ohnehin Odysseus nicht mochte, darum gebeten hat, ihn nie wieder in seine Heimat zurückkehren zu lassen (Voß 2001). Dies verhinderte zwar nicht die Heimkehr Odysseus', aber verlängerte dessen Leidensweg.

Die Geschichte Daphnis und der Ätna-Wein

Daphnis wird in dieser Geschichte als Sizilianischer Held eingeführt, der als der Begründer der bukolischen Dichtkunst bekannt geworden ist. Er ist der Sohn des Gottes *Hermes* (Hederich 1770), oder der Geliebte von ihm (Dilts 1974); *Ovid* (Albrecht 2010) nannte ihn einen Schafhirten von den Iden, ohne aber einen Bezug mit Kreta herstellen zu können, weil es ja dort keine Wälder gab. Vielmehr spielte seine Geschichte auf Sizilien, und zwar namentlich am Ätna. Seine Mutter, ein Nymphe, setzte ihn in einem Lorbeerhain aus, wo er von Nymphen und Schafhirten gefunden und aufgezogen wurde. Davon kam auch sein Name *Daphnis*. Er wurde dann auch Schafhirte und verbrachte Sommer und Winter an den Berghängen des Ätna. Er spielte Flöte, was vielleicht begründet, dass sich schließlich auch eine Nymphe in ihn verliebte. Ihr Name wurde von verschiedenen Autoren unterschiedlich verwendet (*Echenais, Xenea, Nomia,* oder *Lyce*; Smith 1867). Diese Nymphe drohte ihm, wenn er ihr untreu würde, dann würde er daran erblinden. Wie es kam, musste es kommen. Er widerstand zwar eine Zeitlang allen Versuchungen, bis es aber einer sizilianischen Prinzessin doch gelang, ihn zu verführen. Diese setzte den Trick mit dem Wein ein, übrigens ganz so wie *Odysseus* mit dem *Polyphem* auch. Sie berauschte Daphnis mit Wein vom Ätna und konnte ihn so verführen. Die eifersüchtige Nymphe machte ihn blind, genauso wie sie es angedroht hatte. Zufolge einer anderen Erzählversion verwandelte sie Daphnis in einen Stein (Abb. 3). Weil Daphnis aber inzwischen auch berühmt für seine selbst komponierten bukolischen Lieder war (Müller 1841), hatte er auch das Bouvoir und den Draht nach oben, um seinen Vater Hermes bitten zu können, dass dieser ihm in dieser misslichen Lage hilft. Dieser holte ihn hinauf in den Himmel, was auch als eine burleske, antike, vorchristliche Parallelgeschichte zur *Auferstehung in den Himmel* im christlichen Glauben gut gelten kann. Übrigens, andere Autoren (Smith 1867) lassen das Leben von Daphnis etwas prosaischer ausklingen (Bernsdorff 2001), so verunglückt in einer Version der blinde Daphnis am Ätna. Jedenfalls entstand dort, von wo Daphnis gen Himmel zog, ein Brunnen, immerhin etwas, was für Schafhirten an den Ätna-Hängen immer recht nützlich war. Dieser Brunnen erhielt seinen Namen, und die Sizilianer, sagt man, opferten damals dort alljährlich am Jahrestag seiner „Himmelfahrt" (Smith 1867).

Abb. 2: Die Geschichte des Zyklopen Polyphem und der Ätna-Wein. Oben links: Odysseus und seine Mitstreiter blenden Polyphem (Detail einer proto-attischen Amphore, 650 v. Chr., Museum von Eleusis, Griechenland); oben rechts: Polyphem, Gemälde von Johann Heinrich Wilhelm Tischbein (1751–1829) aus dem Jahr 1802; unten: Odysseus reicht dem bereits berauschten Polyphem, der offenbar auf einem toten Gefährten von Odysseus sitzt, in einer Schale weiteren Wein; dieser wird von einem anderen Gefährten von Odysseus in einem in der Antike gebräuchlichen aus Ziegenhaut gefertigten Weinschlauch bereitgehalten (Zeichnung von Johann Heinrich Wilhelm Tischbein, 1818–19). Auf diesem Bild ist Polyphem von seiner Statur her den Griechen als ebenbürtig dargestellt. Das Zyklopenauge ist auf der Stirn, eigenartigerweise wurden von den Malern und Bildhauern die beiden Augenhöhlen eines „normalen" Menschen immer wieder betont. (Oldenburger Landesmuseum für Kunst- und Kulturgeschichte)

In der Literatur wird die einheitliche Meinung vertreten (Signorelli 1991, Sciacca 2011), dass Weinproduktion und Weinhandel für die Bevölkerung der Regionen im Südosten des Ätna bis in die Neuzeit die ökonomische Basis geblieben war. Jedenfalls wird dies für die im Mittelalter historisch gewachsenen Weinorte *Mascali, Giarre, Riposto, San Veneraina, Sant'Alfio* und *Milo* gesagt (Sestini 1812, Signorelli 1991, Sciacca 2011).

In diesem Zusammenhang ergab sich im 16. Jahrhundert ein besonderer Meilenstein bezüglich des Weines in der Ätna-Region, als nämlich *Kaiser Karl V.* seinen Herrschaftsbereich 1516 mit Neapel und Sizilien erweitern konnte. Er tat dies als Habsburger über seine dynastischen Verbindungen mit den spanischen Häusern *Aragon* und *Kastilien* (Reimann 2005, Colletta & Davis 2009). Er begründete 1540 in *Mascali* (Rossi 2006) eine ausgedehnte Grafschaft, mit der er den Bischof von Catania, *Maria Nicola Carracciolo*, belehnte (Rossi 2006). Dieser wiederum gab nach 1558 diese ihm zugewiesenen Ländereien an angesehene und verlässliche Familien weiter. Sie sollten ihm garantieren, dass der Boden für die Landwirtschaft aufbereitet würde und, was für ihn wohl wichtiger war, die jährlich fälligen Zehenten an ihn auch abgeführt würden. Offenbar war in diesem Zusammenhang der Weinbau bereits dafür bekannt, dass dieser einer Region

Abb. 3: Daphnis und Chloe. Von einer Nymphe wird der Hirte Daphnis aus Eifersucht in einen Stein verwandelt. Die Szene spielt an den Hängen des Ätna, der Kupferstich stammt von Johann Ulrich Krauss (1655–1719) in der Edition von 1690 und bezieht sich auf Ovid, Met. IV, 276–277.

relativ schnell zu einer einträglichen ökonomischen und sozialen Entwicklung verhelfen konnte.

150 Jahre später haben Reisende, die auf der damals beliebten Grand Tour nach Sizilien kamen (diese *Grand Tour* boomte gegen Ende des 17. Jahrhunderts, als es im englischen Adel Mode wurde, seine Sprösslinge auf eine mehrjährige Bildungsreise auf den Kontinent zu schicken; siehe Knebel 1981, Griep 1986, Krempien 2000), die Grafschaft *Mascali* als einen mediterranen Garten beschrieben, in dem Weinreben und Zitrusbäume das ganze Land prägten, und zwar von der Küste hinauf zu den Hügeln des Ätna (Abb. 1). Straßen mit hohen Steinwällen an ihren Seiten begrenzten die Landgüter. Es war eine Kulturlandschaft entstanden, wo sich Guts- und Bauernhäuser, Presshäuser und Weinkeller in Terrassenlagen als Dörfer formierten. Diese Nuklei ließen die Landwirtschaft entwickeln und förderten die Wirtschafts- und Kulturbeziehungen zwischen Landbevölkerung und den Städten im Süden und Südosten des Ätna. Wald- und Brachland wurde in landwirtschaftlich genutzte Flächen verwandelt, und der Weinbau zog flächendeckend am Ätna bis hinauf auf seine Hügelregionen. Ende des 18. Jahrhunderts wurde die damalige Weinproduktion mit 109 000 Hektoliter geschätzt (Signorelli 1991, Recupero 1815). Im Vergleich dazu beträgt die heutige (Stand 2000, La Malfa 2006) Weinproduktion in der Provinz Catania 103 013 Hektoliter, also etwa gleich viel wie damals. Nach dieser Statistik (La Malfa 2006) entspricht dies heute 1,45% der Weinproduktion von Sizilien. Eine sogar sechsfach größere Menge an Wein wurde am Ätna um 1860 mit 680 000 Hektolitern erzielt. Das hat die Katasteraufnahme der spanischen Bourbonen (Sciacca 2011) erbracht, die offenbar unter Ferdinand II. von Sizilien (*König beider Sizilien:* 1810–1859) erstellt wurde.

Diese überlieferten Zahlen zeigen, dass der Weinbau im 18. Jahrhundert an den Ätna-Hängen eine große Expansion erfahren haben musste. Tatsächlich waren in dieser Zeit von dort Wald und Viehweiden größtenteils verschwunden, und es wurde nur mehr Wein angebaut. Man schätzt (Sciacca 2011), dass am Fuß des Ätna 50% der landwirtschaftlich genutzten Flächen mit Weinstöcken bedeckt war. Im höher gelegenen Hügelland muss der Bedeckungsgrad von Wein sogar über 70% gelegen haben.

Wechselnde Zeiten für den Weinbau in der Ätna-Region

Vom frühen 18. bis in das frühe 19. Jahrhundert expandierte der Weinbau im Nordosten des Ätna und brachte Reichtum in die Weinbaudörfer. Damals war das administrative Zentrum *Mascali*, bis die damalige Hauptverkehrsader Siziliens, die *Via Valeria*, die von Rom über Messina nach Catania führte, weiter nach Südwesten ausgebaut wurde. Dies wird als die Folge des Erdbebens vom 1. November 1693 im *Val di Noto* (Stucchi 2000) angesehen, bei dem 60 000 Menschen ums Leben kamen. Damals war das *Val di Noto* einer der drei Verwaltungsbezirke Siziliens und umfasste die heutigen Provinzen *Ragusa* und *Syracus* und auch einen Teil von *Catania*. Der florierende Handel mit Frankreich, Österreich und England ließ den Weinbau im 19. Jahrhundert regelrecht boomen (Maus & Bassler 2011). In der Folge gewannen aber die *Mascali* benachbarten Orte *Giarre* und *Riposto* an wirtschaftlicher Macht und Bedeutung (Sciacca 2011) und erhielten sogar einen autonomen Status (1815: *Giarre*, 1851: *Riposte*). Der Grund war, dass in dieser Zeit innerhalb weniger Jahrzehnte der Weinbau

Die griechischen Städte auf Sizilien waren auch Weinhandelszentren

Die zentrale Lage Siziliens im Mittelmeer hat die Städte *Syrakus* und Taormina immer wieder als Stützpunkte für die Seefahrt von fremden Mächten beherrschen lassen. Zur Zeit des Fabelwesens Polyphem und des bukolischen Helden Daphnis (jedenfalls um das Jahr 1000 v. Chr.) war Sizilien hauptsächlich von den Sikanern, Sikulern und Elymern (Dittelbach 2010) bewohnt. Etwa 800 v. Chr. folgte die Kolonialisierung durch Griechen und Phönizier. Als Teil Großgriechenlands waren die Landstriche von der griechischen Kultur geprägt, was auch dann noch anhielt, als die Karthager auf Sizilien Fuß fassen wollten. Schließlich übernahmen aber die Römer die damals wichtigste Stadt Siziliens, *Syrakus*. Sie wurde trotz des Einsatzes des Griechen *Archimedes* (dieser hatte Wurfmaschinen und Katapulte entwickelt und ließ mit Brennspiegeln die Segel angreifender römischer Schiffe in Brand stecken) 212 v. Chr. von den Römern eingenommen. Übrigens hat Cicero (Krüger 2010) dann 120 Jahre später dieses Syrakus, als die damals größte Stadt in Ätnanähe, als *die größte und schönste aller griechischen Städte* beschrieben. Und das war ja mit ein Grund, dass sich die römischen Schriftsteller intensiv mit der griechischen Mythologie beschäftigt hatten. Die Stadt Catania wurde von griechischen Siedlern aus Naxos im 8. Jahrhundert v. Chr. gegründet, entwickelte sich aber erst im 3. Jahrhundert v. Chr. unter römischer Vorherrschaft zum wichtigsten Handelsstützpunkt des damaligen Sizilien. *Taormina* war dagegen eine alte sikulische Stadtgründung, und erst 358 v. Chr., 400 Jahre nach der Kolonialisierung Siziliens durch die Griechen, wurde sie als *Tauromenion* eine griechisch regierte Stadt.

aus dem Raum *Mascali* abwanderte, nach Norden in die Regionen *Piedemonte Etneo, Linguaglossa, Randazzo* und *Castiglione di Sicilia*. Dort gab es bereits Weinland, das von ansässigen wohlhabenden Familien betrieben wurde. Der rege Mittelstand von Giarre und Riposto kaufte in diesen nordöstlichen Ätna-Regionen Ländereien auf, meist Waldland und Lavabrachland (*sciare*), um der damals großen Nachfrage nach landwirtschaftlich nutzbaren Flächen für Wein gerecht zu werden. Das führte natürlich erneut zu einer Abholzung des Waldes in tieferen Lagen (Abb. 1, 4).

Die Menschen, die diese Urbarmachung des Bodens am Ätna betrieben, galten als ein besonderer Menschenschlag; der Agronom *Attilio Mezzasalma* (Sciacca 2011) aus Catania bezeichnete ihn als *Homo Etneus*.

Bis zum Ende des 19. Jahrhunderts ging der Weinbau an den Küstenabhängen des Ätna zurück, gleichzeitig expandierten aber im Nordosten des Ätna die Weingärten. In dieser Region entstanden Landgüter, kleine Ortschaften, Presshäuser und Weinkeller, jedenfalls alles, was für die

Domenico Sestini (1750 – 1832)

Domenico Sestini wurde 1750 in Florenz geboren, studierte in der Scuole Pie und anschließend im *Convento della Treppa di Buonsollazzo*. Er verließ das Kloster und schloss sich den Aufklärern der *Toscana leopoldina* an. Im Alter von 24 Jahren erhielt er eine Stellung als Bibliothekar von Ignazio Paternò Castello (1719 – 1786), dem Fürsten von Biscari in Catania. Er blieb drei Jahre, wo er sich auch mit Geologie und Landwirtschaft beschäftigte. Er war einer der Ersten, der von der Vielfalt und den Möglichkeiten des Anbaues von landwirtschaftlichen Produkten (Getreide, Feldfrüchte, Wein, Oliven, Zitrusfrüchte, Mandeln, Pistazien, Maulbeeren, Pflanzenfasern als auch von damals weniger bedeutenden Kulturen, wie Haselnüsse, Safran oder Carrube, als Produkt aus den Früchten des Johannisbrotbaums) ein geschlossenes Bild Siziliens lieferte. Nach diesen drei Jahren brach er in die Türkei auf, wo er sich der Archäologie und speziell den römischen Münzen Kleinasiens widmete. Damit erwarb er sich den Ruf als Begründer der modernen Numismatik. Viele seiner Schriften gingen aber verloren. Erhalten blieben Manuskripte von drei Vorträgen, die er 1812 an der *Accademia de Georgofili* in Florenz hielt. In seinem ersten Vortrag *Dei Vini in generale della Sicilia* suchte er die lange Tradition des Weinbaues auf Sizilien durch Zitate von griechischen und römischen Autoren zu belegen. Seine Beschreibung der Rebsorten Siziliens beruht auf der Basis des *Hortus Catholicus* des Botanikers Francesco Cupani (1657 – 1710).
In den beiden nachfolgend skizzierten Vorträgen beschreibt er exemplarisch den Weinanbau in den Gebieten von *Mascali* und *Vittoria* (insbesondere die *Mascali*-Weine waren damals bereits in ganz Europa bekannt).

***

Zusammenfassung seines Vortrags Dei Vini della Mascali vom 6. Februar 1812 an der Accademia de Georgofili in Florenz (Signorelli 1991).
Die schwarzen Böden von Mascali seien bestens für den Weinbau geeignet, weil sie gut mit Stickstoff und Schwefel versorgt sind. Die vielen großen vulkanischen Steine würden jedoch die Bearbeitung erschweren und erfordern dadurch andere Arbeitsweisen als in der Toskana, der Heimat von Sestini. Es folgt eine ausführliche Beschreibung des Pflanzens von Rebstecklingen, deren Pflege in den ersten Jahren, bis sie schließlich ab dem 8. Standjahr Vollertrag bringen.

- Im Allgemeinen bevorzuge man für die Neuanlage von Weinbergen rote Trauben (*uva nera*), hauptsächlich den Nigrello, weil diese Sorte gut dem rauen Wetter am Ätna standhält und weil deren Beeren nicht leicht faulen. Er zählt auch andere rote Rebsorten auf, wie die *Barbarossa, Moscatella nera* (*Moscadellone*), *Mendella, Guarnaccia* und *Gerosolimitana nera*, die aber besser als Tafeltrauben geeignet sind.
- Als weiße Sorten führt er den *Cataratto* auf, der offenbar einen vorzüglichen Wein ergibt, die Trauben der *Insolie, Moscatelle, Minnella, Guarnacia bianca, Verdisi, Malvagna, Nocellara* und *Gerosolimitana bianca*. Und vor allem würde eine Rebe gepflanzt, die *Carricante* genannt wird, die zwar reichlich trägt, dessen Wein aber von mäßiger Qualität ist.
- Er beschreibt die Arbeiten im Weinberg, die Ernte, wo man Körbe (*cuffini*) und keine Butten (*Bigoncie*) verwendet und den Weinkelter (*Palmento*). Transportiert würde der Most in Schläuchen, einem seit der Antike gebräuchlichen Transportgefäß, das in den heißen Ländern Vorteile gegenüber den hölzernen Fässern hat, die durch den gärenden Most ja immer wieder zerplatzen.
- Er berichtet, dass in Mascali 170–200 000 Salme Wein (1 Salma = 8 Quartara für Wein, 10 Quartara bei Most; 1 Quartara = 8,6 l) auf rund 3 000 ha Anbaufläche produziert würden. Für 200 000 Salmen würde dies einen Hektarertrag von 45.87 hl ergeben (im Vergleich dazu produzierte die Provinz Catania im Jahre 1990 48,80 hl pro ha; im Jahre 2000 allerdings nur mehr 25,32 hl pro ha, weil offenbar viele Weingüter auf DOC-Wein-Produktion umgestellt haben und daher weniger produzieren; laut statistischen Daten von La Malfa 2006).
- Die Hälfte des Ertrags sei außer Landes gebracht worden. Die Genuesen hätten den größten Handel betrieben, allerdings nicht nur mit dem fertigen Wein, sondern zur Lesezeit auch mit dem Most. Der Rotwein von *Mascali* wäre für den Schiffstransport bestens geeignet, denn durch die Ausscheidung des Weinsteins auf dem langen Seeweg würde der Wein an Qualität zunehmen und bekömmlicher werden.
- Sestini führte aus, dass 70 Jahre vorher der Bischof von Catania, als *Conte di Mascali*, einige Waldgebiete an die Bewohner von Acireale vergab. Sie rodeten diese Waldfächen und pflanzten Weinreben. Er interpretierte diese Rodung mit den Worten; *„e d'un luogo orrido, ed inculto, ne fecero un delizioso giardino, …"* (*„und aus einem schauerlichen, unbewirtschafteten Ort machten sie einen prächtigen Garten, …"*).
- Zum Abschluss des Vortrages folgte eine Beschreibung von anderen Obstsorten und Feldfrüchten, von Maulbeerbäumen, die wiederum für die Seidenraupenzucht notwendig wären, von Wassermelonen und Kürbissen. Auch gäbe es in der Region 60 kupferne Schnapsbrennkessel, die Weingeist und Acqua vite erzeugen. Auch Zitronensaft, Leinöl, Weinstein und *Cenere di feccia* (Waidasche aus verbrannter Hefe) würde exportiert werden.

Nach diesem Vortrag verabschiedete er sich vom Auditorium mit dem Hinweis auf seinen nächsten Vortrag zum Thema Vittoria-Wein (*„Dei Vini della Vittoria"*).

Abb. 4: Das Bild links zeigt den Ausbruch des Ätna in der *Pineta* oberhalb von Linguaglossa von 1566, der Lavastrom durchströmte damals den Ort. Der Künstler (Sebastiano Ittar 1810, Riccobono & Tempio 2005, Seite 143) sah offenbar am Bergrücken oberhalb von Castiglione hinüber nach Linguaglossa; allerdings hatte er das Valle del Bove nach Norden verschoben. Wahrscheinlich hat er das Bild nachträglich in Catania aus der Erinnerung gezeichnet und den Blickwinkel auf das Valle del Bove aus Catania angewandt. Das Bild zeigt aber, wie sehr die Umgebung von Linguaglossa vom Wald dominiert war. Heutzutage gibt es nur weiter oberhalb von Linguaglossa Restbestände des Eichen- und Kiefernwaldgürtels. Rechts: Blick von den collinen Weingärten von Solicchiata Richtung Ätna-Gipfel, weit oben rechts ist der Rand des Waldes zu erkennen. (Bild links: Mit freundlicher Genehmigung durch Domenico Sanfilippo Editore aus Riccobono & Tempio 2005; Foto rechts: G. Kastberger)

Das Italienische Weingesetz

Das Italienische Weingesetz (Castiglione 2012) teilt die Weine in vier Klassen. Die höchste Klasse ist als *Denominazione Di Origine Controllata E Garantita* (DOCG) kategorisiert, sie stellt eine „Überklasse" des tieferen DOC-Weines dar und wurde 1980 eingeführt (Castiglione 2012). Die Klasse *Denominazione Di Origine Controllata* (DOC) regelt dabei den Ertrag, die zulässigen Rebsorten, die Weinherstellung, die Lagerung und den geographischen Ursprung (Castiglione 2012). Wie auch in Frankreich wird dabei die Qualität selbst nur indirekt geregelt. Die Kategorie *Indicazione Geografica Tipica* (IGT) gibt es seit 1992 und ist zwischen DOC und der untersten Kategorie *Vino da Tavola* etabliert (Castiglione 2012). Die IGT-Weine dürfen von einer größeren geographischen Abgrenzung stammen als DOC-Weine, müssen aber höhere Qualitätsanforderungen standhalten. Letztlich repräsentiert die Klasse *Vino da Tavola* (Tafelwein) die einfachsten Weine, aber sie bezieht auch Weine ein, die aus örtlich nicht zugelassenen Trauben erzeugt wurden. Obwohl Sizilien eines der Ursprungsländer des Weinbaus gilt, erkannten die sizilianischen Winzer trotz des guten Reben-Potenzials später als auf dem Festland die Chancen eines Anbaus von Qualitätsweinen. Sizilien, die Insel des *Nero d'Avola*, ist dabei gemeinsam mit Pantelleria und den nordöstlich gelegenen Liparischen Inseln mit einer Weinanbaufläche von 133 518 ha die größte Weinregion Italiens. Seit Juli 2005 gibt es den ersten DOCG-klassifizierten Wein. DOC-Weine in Sizilien machen nur ca. 3 % der Gesamt-Rebfläche aus. Folgende DOC-Weine sind in Sizilien seit 2005 gemeldet (in alphabetischer Reihenfolge) *Alcamo, Contea di Sclafani, Contessa Entellina, Delia Nivolelli, Eloro, Erice, Etna* (Abb. 6), *Faro, Inzolia, Malvasia delle Lipari, Mamertino di Milazzo o Mamertino, Marsala, Menfi, Monreale, Moscato di Noto, Moscato di Pantelleria, Moscato di Siracusa, Riesi, Salaparuta, Sambuca di Sicilia, Santa Margherita di Belice, Sciacca, Vittoria* (Bica 2007, La Malfa 2006). In Italien gibt es über 200 Weine mit kontrollierter Herkunfts-bezeichnung wie beispielsweise Chianti oder Soave. Daneben gibt es noch Klassifizierungen wie in Spanien, die auf die Lagerung hinweisen, so etwa die Prädikate Riserva oder Vecchio, die auf eine längere Fasslagerung als vorgeschrieben hinweisen. Das Wort *Superiore* steht in der Regel für einen Wein, der einen höheren Alkoholgehalt hat als der Standard-DOC-Wein. Zusätzlich gibt es Bezeichnungen wie *„vino nobile di ..."* (beispielsweise Montepulciano – dabei zählt die Ortsangabe, nicht die Traube). Generell verboten ist in Italien das Anreichern von Weinen mit Zucker (*Chaptalisation, Aufbesserung*, Bauer 1996), wie es in Deutschland oder im Bordeaux durchaus erlaubt ist. Zulässig ist jedoch das Anreichern schwacher Weine Mittelitaliens mit starkem Most, der oft gerade aus Süditalien, speziell von Sizilien stammt (mündliche Mittelung Diego Laudani, Pedara).

Das Österreichische Weingesetz

Die österreichischen Weinkategorien (Bauer 1996, Steidl 2010) sind denen Deutschlands (Vogt 2000, Bärmann et al. 2004) ähnlich. Im Allgemeinen sind höhere Mostgewichte für jede Kategorie vorgeschrieben. Das Mostgewicht wird in Österreich in Klosterneuburger Zuckergrade °KMW gemessen (die Bezeichnung kommt von der gleichnamigen Klosterneuburger Mostwaage, Bauer 1996). Die höchste Qualitätsstufe wird Prädikatswein (mit den Synonymen *Spätlese, Auslese, Beerenauslese, Ausbruch, Trockenbeerenauslese, Eiswein, Strohwein* oder *Schilfwein*) bezeichnet. Diese Kategorien dürfen nicht angereichert sein und es darf keine Süßreserve zugesetzt werden. Die nächste Stufe ist der Kabinettswein, der ebenfalls nicht angereichert sein darf und mindestens 17 Grad KMW aufweisen muss (mit höchstens 13% vol. Alkohol bzw. 9 g je Liter Restzucker). Die dritte Stufe ist der Qualitätswein; er kommt aus einer bestimmten Region und darf angereichert sein (der Mindestzuckergehalt ist 15 Grad KMW). Die vorletzte Stufe ist der Landwein. Dieser stammt aus einer bestimmten Weinbauregion und enthält mindestens 14 Grad KMW von Qualitätsrebsorten. Schließlich ist die letzte Stufe der Wein (früher Tafelwein). Einfacher Wein hat mindestens 10,6 Grad KMW (Bauer 1996, Steidl 2010).

Abb. 5: Alte und neue Weingärten. Obere Bildzeile: Weingut Diego in Pedara nördliche von Catania, in dem die alten Terrassierungen seit 2003 sukzessive neu bepflanzt werden. Untere Bildzeile: neu bepflanzte Weingärten oberhalb von Solicchiata, die bis zu den Brachen an der Grenze zur *Pineta* aus den alten Terrassierungen reichen. Rechts unten: neue Weingartenpflanzung in alten Grenzmauern. Im Hintergrund sind auf den alten Terrassen verwilderte und neu gesetzte Büsche und alte Bäume zu sehen. (Fotos: G. Kastberger)

Produktion des Weins notwendig war (Abb. 4). Professionelle Weinbauexperten kamen als Pioniere von den angestammten Weinbaugebieten um Mascali in diese neuen Weingüter und halfen beim Aufbau. Dieser Boom hielt bis zum Ersten Weltkrieg an, bis dann viele dieser Weingärten wiederum anderen Früchten weichen mussten, die höhere Profite erbrachten. Weiter unten im Tal, wo es mehr Wasser gab, entstanden Zitrusplantagen, und auf den Hügeln entwickelten sich Haselnussplantagen. Mancherorts war so der Wein wieder gänzlich verschwunden. Jener Mittelstand, der durch Wein wohlhabend geworden waren, verließ den Nordosten des Ätna wieder und zog in die Städte nach *Catania, Taormina* und *Syrakus.* Diese Abwanderung der Vermögenden ließ alsbald die Landstriche im Nordosten der Ätna-Region von *Linguaglossa* bis *Randazzo* verarmen. Nur die mondän ausgestatteten Friedhöfe erinnern an den damaligen Reichtum.

Der Weinbau hat die Landschaft am Ätna grundlegend verändert. Zuerst wurden Terrassen geschaffen, um am wasserdurchlässigen Lavaboden die Humusbildung zu fördern, alles mit dem persönlichen Einsatz der Menschen, unterstützt durch geduldige Esel, die Steine und Erde transportierten. Zahlreiche Presshäuser, alte Weinkeller und architektonische Relikte, die an Weingärten und Weinproduktion erinnern, zeugen immer noch von einer ruralen funktionalen Architektur. Insbesondere die alten Steinwälle, wo Lavagestein sorgfältig aufeinandergeschichtet wurde, unterstützten die Wiedererrichtung der Weingärten und verhinderten Hangrutschungen. Vielerorts laden aufgelassene Terrassenpflanzungen ein, den Weinbau wieder zu forcieren (Abb. 4, 5). Die heutige Ausbreitung von Weinbau rund um den Ätna kann in der Satellitenkarte (Abb. 6) abgelesen werden, in der die Weingärten mit angepflanzten Reben rot markiert sind.

Die zweifache Renaissance des Ätna-Weins im 20. Jahrhundert

In der Ätna-Region gibt es erst seit 1980, im Jahr der Einführung der DOC-Kategorisierung, detaillierte Statistiken (La Malfa 2006, Sciacca 2011) über den Weinbau. Allerdings lassen sich darüber hinaus indirekte Schätzungen über die Verbreitung des Weins am Ätna durchführen, wenn man die Gründerjahre der heute noch in Produktion aktiven Weingüter analysiert. Die Catanische Wirtschaftskammer (*Camera di Commercio I.A.A. di Catania*) hat sich der Statistik der DOC-Weine nach 2000 detailliert angenommen.

Mit ihrem Almanach (Sciacca 2011) haben die Autoren bereits mehrfach, zuletzt 2011, 79 repräsentative Weingüter (*Aziende*) aus dem DOC-Gebiet der Ätna-Region (Abb. 6) aufgenommen. Die daraus ableitbare Analyse vermittelt den Überblick über diese ausgewählten Weingüter. In den Graphen sind sie nach ihrem Gründungsjahr gepoolt und berücksichtigen vier Messgrößen: die Anzahl der Weingüter und ihre Ertragsflächen in Hektar, das Gesamtvolumen der Weinproduktion in Flaschenquoten und deren Anzahl an Etiketten, zu denen sich die Weinproduzenten verpflichtet haben. Diese Zahlen machen deutlich, dass es seit Mitte des 19. Jahrhunderts zwei Phasen der Renaissance des Ätna-Weins gegeben hat. Man erkennt die Zäsur, die durch beide Weltkriege verursacht wurde. Man erkennt auch, dass 60% der Weinnutzungsflächen im Ätna-DOC-Gebiet erst nach 1970 hinzukamen. Auf diesen werden auch 60% der DOC-Wein-Mengen produziert; die Hektar-Erträge unterscheiden sich nicht signifikant zwischen althergebrachten und neuetablierten Weingütern. Zwischen 1990 und 2005 entstanden jedenfalls unter den ausgewählten Weingütern 44,6% neue DOC-Anbaugebiete. Von den Weingütern, die nach 1950 entstanden sind, werden 60,54% der Weinmengen und 70,88% der Etiketten-Weine produziert. Von jenen Weingütern, die nach 1990 entstanden sind, ist die Weinmenge zwar mit 23,16% nur ein Fünftel, aber die Zahl der Etiketten ist mit 45,8% stark diversifiziert.

Eine andere, etwas umfangreichere Statistik (La Malfa 2006) aus dem Jahr 2004 (Abb. 6) zeigt die Entwicklung des Weinbaues in der Provinz *Catania* ähnlich wie das selektive Ergebnis durch die Wirtschaftskammer in Catania. Sie ist auch auf den DOC-Wein-Anbau beschränkt, stellt aber mit 8008 Weinproduzenten eine weitaus flächendeckendere Analyse dar. In Abb. 6b zeigt sich bis 1950 ein leichter, aber steter Zuwachs an Weingütern ohne eine weltkriegsbedingte Zäsur (ähnlich wie in Abb. 6a sind in dieser Statistik nur jene Weingüter berücksichtigt, die 2004 Wein produziert haben). Entsprechend dieser Zahlen gab es unmittelbar nach dem Zweiten Weltkrieg um 1950 einen starken Boom mit Neugründungen von 19,8% Weingütern, rund ein Fünftel der heute produzierenden Weinanbauflächen stammen aus dieser Zeit. Es gab dann zwischen 1970 und 1980 einen weiteren Boom (27,6% aller heute produzierenden Weingüter), während nur 6,6% in den darauf folgenden 15 Jahren (von 1990 bis 2004) entstanden. Das heißt aber auch, dass alteingesessene Weinbauern mit der DOC-Wein-Produktion gestartet haben, und zwar, dass auf 50,1% jener Rebflächen, auf denen schon länger als seit 1950 Wein produziert wurde, der Wechsel zur DOC-Wein-Produktion vollzogen wurde. Von jenen Weingütern, die älter als 1990 sind, haben sich immerhin 94,2% der DOC-Wein-Kategorisierung verpflichtet.

Dazu passen auch jene Zahlen, die hinterfragen, wie groß die Weinanbauflächen sind, auf denen DOC-Weine produziert werden (Abb. 6). Der Vergleich zwischen DOC-Wein-Flächen und jenen Flächen, auf denen andere kategorisierte oder nicht-kategorisierte Weine (*Vini communi*) angebaut werden, ergibt in der doppellogarithmischen Darstellung beider Datenverteilungen einen konvergenten und nicht-parallelen Verlauf. Das heißt, dass Weingüter mit größeren Hektarflächen ihres Weinanbaus zwar zahlenmäßig rarer sind, aber in einem relativ größeren Anteil DOC-Weine produzieren.

In einer weiteren Statistik (La Malfa 2006) (Abb. 6) werden die 20 Regionen am Ätna vollständig und explizit aufgezählt und nach ihrem relativen Anteil an der Fläche der DOC-Weinproduktion sortiert (und, nicht dargestellt, auch als absolute Hektargrößen der Flächen ausgewiesen). Es gibt zwölf Regionen mit einem Anteil an mehr als 40% DOC-Wein, sie verteilen sich über das gesamte DOC-Gebiet, auf den Nordosten (mit *Linguaglossa, Randazzo, Castiglione di Sicilia*) und Südosten (*Mascali, Viagrande, Piedimonte Etneo, Milo, Zafferana Etnea*), auf den Süden (*Pedara, Nicolosi*) und den Südwesten (*Biancavilla, Santa Maria di Licodia*). Die drei Regionen *Paterno, Aci S. Antonio* und *Acireale* machen mit 0 bis 11,34% kaum im DOC-Programm mit, die absolut datierten, größten Hektarflächen an DOC-Gebieten haben *Randazzo* und *Castiglione di Sicilia*.

Abb. 6: Statistik der DOC-Weine der Region Catania. Oben links: Alter der 85 Weingüter im Raum Catania, von der Aziende Agricoli (Sciacca 2011) erfasst, in Prozentanteilen dargestellt; zweite Diagrammzeile von oben: die zu den 85 Betrieben assoziierten Weinanbauflächen in Hektar; dritte Diagrammzeile: Produktion in Anzahl von Flaschenabfüllungen; vierte Diagrammzeile: Anzahl der Etiketten.
Oben Mitte: Anzahl der Weingüter (Ordinate) in den jeweiligen Hektarklassen (Abszisse) erfasst (La Malfa 2006); weiße Vollkreise, Anbau von Vini comuni (Regressionsfunktion: $y = 1630.1x^{-1,209}$, $R^2 = 0.9861$); rote Vollkreise, Weingüter, die sich der Einhaltung der DOC-Qualität verpflichtet haben ($y = 35.85x^{-0.755}$, $R^2 = 0.8195$).
Mitte links: Statistische Erhebung (La Malfa 2006) der 2005 bestehenden Weingüter im Großraum Catania hinsichtlich ihrer Gründungsjahre, in Klassen von 5 Jahren dargestellt (oberes Diagramm); unteres Diagramm zeigt die gleichen Daten kumulativ in Prozent.
Oben rechts: Statistische Erhebung (La Malfa 2006) der 2005 bestehenden Weingüter, die DOC-Qualität produzierten, im Vergleich des Großraums Catania (rot) mit Gesamtsizilien (gelb); obere Zeile: Anbaugebiete in Hektar; untere Zeile: Ertrag in Hektoliter.
Unten links: relativer Anteil an Wein-Anbaugebieten von drei Qualitätsklassen (comuni: weiß; IGT: orange; DOC: rot) in der Region Catania; die Gemeinden sind sortiert nach steigendem DOC-Anteil (La Malfa 2006).
Karte rechts: Aktualisierte Karte des Weinbaus am Ätna. In der von der EU referenzierten Liste (2006) sind nur wenige Weinbauareale offiziell ausgewiesen (Datenquelle: http://sia.eionet.europa.eu, European Topic Centre on Spatial Information and Analysis, Zugriff April 2012; Bearbeitung: Sulzer und Kastberger). Die von der Aziende Agricoli (Sciacca 2011) erfasste DOC-Region am Ätna wird als Gürtel zwischen 400 und 900 m Höhe ausgewiesen (grüne Umrandungslinie), der von Randazzo im Norden über die Ost- und Südflanke bis in den Südwesten nach Biancavilla reicht.

Vergleicht man die Region *Catania* (sie wird hier immer stellvertretend für die Ätna-Region verwendet) mit Gesamtsizilien (La Malfa 2006) im DOC-Wein-Anbau, so ergeben sich abnehmende Flächendaten seit 1982. Bezogen auf das Jahr 2000 nahmen die Flächenanteile in den DOC-Regionen am Ätna um 36% ab. Wenn man die Produktionsflächen aller Weine (DOC-Weine und *vini communi*) bemisst, reduzierten sich am Ätna die Produktionsflächen zwischen 1982 und 2000 sogar um 65%; in Gesamtsizilien aber nur um 33% (La Malfa 2006). Die Traubenproduktion nahm am Ätna im gleichen Zeitraum (1982–2000) um 76% ab, dagegen stieg die Traubenproduktion von Gesamtsizilien um das Vierfache (La Malfa 2006). Dieser besondere Steigerungsfaktor kommt davon, dass Sizilien außerhalb der Ätna-Region die Produktion von Tafeltrauben erhöht hat. Im Ätnagebiet wiederum verdoppelte sich die Produktion von DOC-Weinen von 4 635 hl im Jahr 1990 auf 9 800 hl im Jahr 2000 (Abb. 6). Das hängt mit der Vergrößerung jener Wein-Anbauflächen im DOC-Bereich zusammen. Diese waren in diesem Zeitraum von 5,20% auf 9,54% gestiegen, während im Vergleich dazu die DOC-Produktion in Sizilien von 5,76 auf 3,72% geschrumpft war (La Malfa 2006).

Weintechnisches

Rebsorten am Ätna

Noch vor drei Jahrzehnten (1985) wurden am Ätna zehn Rebensorten auf einer Fläche von 12 000 ha angebaut (Pastena 1989, La Malfa 2006). Damals waren die beiden Rottraubensorten *Nerello mascalese* mit 79,16% und *Calabrese o Nero d'avola* mit 3,67% angebaut und die weiße *Carricante* mit 11,75%. Der Rest (5,42%) teilte sich auf sieben weitere Rebsorten auf (*Sangiovese, Trebbiano Toscano, Frappato di Vittoria, Catarratto bianco lucido, Altre uve nere, Altre uve bianche*). Seit dem Jahr 2004 gibt es nur mehr 23,96% der Weinbaufläche aus den 80er-Jahren. Mit 2 377 ha wird die *Nerello mascalese* mit 82,69% der Gesamt-Rebenfläche angebaut (Abb. 7), die *Calabrese o Nero d'Avola* folgte mit 440 ha (7,27%). Damit macht das Rotwein-Areal am Ätna heutzutage 89,96% (Stand 2004) aus. Dagegen ist die *Carricante*-Traube nur mehr mit 66 ha (2,30%) vertreten. Die restlichen 7,74% der Weinanbaugebiete in der Ätna-Region beziehen sich heute aber auf mindestens weitere 27 Sorten (Abb. 7) mit mindestens 16 *Nero*- und 11 *Bianco*-Reben.

Die rote Rebsorte *Nerello mascalese* (syn. *Nerello, Nireddu, Nirello mascalese, Niureddu Mascalese, Niureddu Mascalisi*) wächst im Ätnagebiet in einer Höhe zwischen 350 – 1 000 m (Abb. 7) und im Raum von *Capo Faro* in der Provinz Messina. Diese Rebe ist nativ für den Ätna-Raum und wird seit urdenklichen Zeiten kultiviert. Bei Domenico Sestini, in seinen *„Memorie sui vini siciliani"*, findet man sie unter der Gruppe der *„Nigrelli"*. (Signorelli 1991, Bica 2007). Den Namen bekam die Traube *Nerello mascalese* vom Grafen Mascali, dessen Familie diese Rebe über Jahrhunderte auf vulkanischen Lavaboden anbauen ließ. Noch heute steht die Ortschaft *Mascali* im Zentrum des Weingebietes im Südosten der Ätna-Region. Die Traube hat eine längliche Form und eine hellrote Farbe. Die Traubenlese für diese spätreifende Sorte findet zwischen der zweiten und dritten Woche im September statt und wird zu sehr hochwertigen, tanninreichen und ausgewogenen Rotweinen verarbeitet. Der Alkoholgehalt des Weines hat einen Wert von 13–14° Vol. *Nerello Mascalese* ist eine rote Rebsorte, die nach der Sorte *Nero d'Avola* die am häufigsten angebaute Rebsorte auf Sizilien ist. Sie rangiert damit sizilienweit noch vor der Sorte *Nerello Cappuccio*. Für die Provinzen *Agrigent, Catania, Enna, Messina, Palermo, Ragusa, Syrakus* und *Trapani* gibt es Anbauempfehlungen für *Nerello Mascalese*, und sie ist sogar in der Provinz *Catanzaro* in der Festlandregion Kalabrien zugelassen. Die spätreifende Sorte wird sortenrein und im Verschnitt häufig zu Tafelwein akzeptabler Qualität verarbeitet. In der DOC-Region Etna (Abb. 6) wird sie zu sehr hochwertigen tanninreichen und ausgewogenen Rotweinen verarbeitet; außerdem darf die Sorte im roten *Marsala*-Wein verwendet werden (Bica 2007).

Die zweite Rottraubensorte *Nero d'Avola* (Bica 2007, Dippel 2003, Robinson 2007) (Synonyme: *Calabrese de Calabria, Calabrese d'Avola*) ist wahrscheinlich auch sizilianischer Herkunft, sie ist in Süditalien weit verbreitet und wird von Einheimischen auch *Sizilianischer Prinz* (ital. *Principe Siciliano*) genannt. Die Anbaufläche dieser Rebe in Sizilien beträgt heute (Stand 2004) 14 000 Hektar, in der Ätna-Region reduzierte sich die Fläche von 440 ha (1985) auf 209,24 ha (2004); das entspricht heute 7,27% der dortigen Weinanbauflächen (La Malfa 2006). *Nero d'Avola* ist eine der traditionellen Rebsorten Siziliens und ist auch unter dem Namen *Calabrese* bekannt (Kalabrien wird als der Ursprung dieser Rebsorte vermutet, obwohl sie dort heutzutage wenig angebaut wird; die Vorläufer von *Nero d'Avola* sind wahrschein-

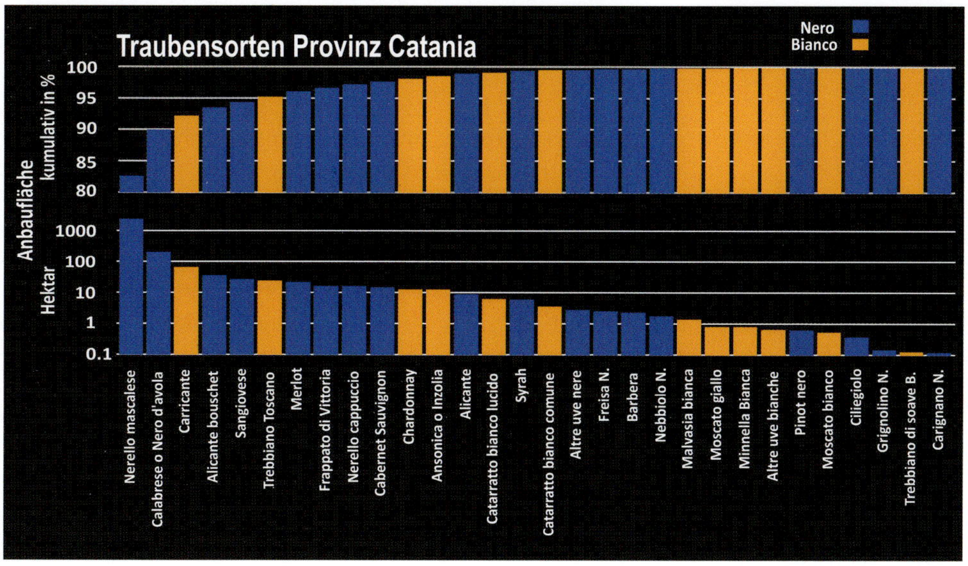

Abb. 7: Traubensorten am Ätna. Fotos oben linke Spalte, Nerello mascalese, Weingut Frank Cornelissen in Solicchiata, mit Blick zum Ätnagipfel; rechte Bildspalte, Carricante-Trauben, Bild rechts unten: Blick von Solicchiata nach Castiglione. Histogramm: obere Zeile zeigt den kumulativen Anteil in Hektar von 30 aufgelisteten Traubensorten (siehe Diagrammtext unten); die untere Diagrammzeile listet die absoluten Hektarflächen auf; blau, Rotweinsorten; orange, Weißweinsorten. (Fotos: G. Kastberger)

lich in Griechenland zu suchen, kleine Bestände sind auch aus der Schweiz bekannt). Der *Nero d'Avola* wird oft im Verschnitt mit *Cabernet Sauvignon, Merlot* und *Syrah* verwendet. In letzter Zeit wird er zunehmend auch sortenrein, oft bei reduzierten Erträgen, eingesetzt. Der Wein ist meist tiefdunkel und konzentriert, ohne dass ihm die notwendige Säure fehlt.

Die *Carricante*-Traube (Synonyme: *Carricanti, Catanese Bianco, Catarratto alla porta bianca di Sicilia, Catarratto amantidatu, Catarratto Mantellato, Catarratto Scalugnatu, Catarratto Scarugnatu, Nocera Bianca*) ist eine autochthone weiße Rebsorte Süditaliens und wird ebenfalls auf Sizilien kultiviert (Abb. 7) und ist als spätreifende Sorte Hauptbestandteil im DOC-Weißwein *Etna*. Zumeist wird sie mit den Rebsorten *Catarratto Bianco comune, Catarratto Bianco lucido* und/oder *Minnella Bianca* verschnitten. Sortenrein ausgebaut ergibt die *Carricante* einen frischen, strohgelben, leicht duftigen Weißwein. Der Name *Carricante* kommt vom italienischen *caricare* (laden, belasten) und bezieht sich auf die Ertragsstärke der Sorte. Aktuell (Stand 2001) sind ca. 810 Hektar Rebfläche in Sizilien mit dieser Rebsorte bestockt. Im Ätna-Gebiet baute man 1985 noch 1410 ha (11,75%) an, dies reduzierte sich bis 2004 auf nur mehr 66 ha (2,96%) der lokalen Reben-Anbauflächen (La Malfa 2006).

In der Ampelographie wird der Habitus der *Carricante* folgendermaßen beschrieben (Bica 2007): Die Triebspitze ist offen, dichtwollig behaart und von weißgrünlicher Farbe; die grüngelblichen Jungblätter sind spinnwebig überzogen. Die mittelgroßen, fast fünfeckigen Blätter sind fünflappig (manchmal dreilappig) und stark gebuchtet, die Stielbucht ist lyrenförmig geschlossen und das Blatt spitz gesägt. Dabei sind die Blattzähne im Vergleich zu anderen Rebsorten eng gesetzt. Die Traube ist walzenförmig und mittelgroß, manchmal geschultert und mäßig lockerbeerig. Die leicht elliptischen Beeren sind mittelgroß von gelbgrüner Farbe, saftig und von einfachem Geschmack. *Carricante* gilt als spät reifend, bringt aber als wuchskräftige Sorte gleichmäßig hohe Erträge. Wenn die Trauben durch Zurückschneiden im Ertrag nicht stark eingegrenzt werden, sind die Weine wässrig und flach. *Carricante* ist anfällig gegen Pilzkrankheiten wie *Echter* und *Falscher Mehltau*.

Erziehungssysteme

Im Weinbau versteht man unter einem *Erziehungssystem* (Redl et al. 1996) die Kombination aus Stütz- und Rankenhilfen, Pflanzentfernung und den Schnitt des einjährigen Holzes. Mit jährlichen Rebschnitt-Maßnahmen wird der Trieb- und Blattbildung im äußeren Laubwandbereich entgegengewirkt und das Wachstum von Seitentrieben gefördert. Das *Erziehungssystem* wird abgestimmt auf die Rebsorte, auf die beabsichtigte Qualität, auf Kelter- oder Tafeltraubenproduktion, auf das Ernteverfahren und auf gebietstypische Besonderheiten. Bei allen Erziehungssystemen ist man bestrebt, eine möglichst gute Laubwandstruktur bei gleichzeitiger Optimierung des Arbeitsaufwands zu erzielen. Vorrangiges Ziel der Erziehung ist es, die Trauben frei hängen zu lassen, sodass alle Pflegearbeiten (Laubarbeit, Traubendesign, Traubenernte) in angenehmer Arbeitshöhe leicht durchzuführen sind.

Die Griechen brachten das noch heute gebräuchliche *Erziehungssystem* nach Sizilien, bei dem die Reben, ohne Unterstützung durch Drahtspaliere oder Pergola-Rahmen, an alleinstehenden Pfählen hochgebunden werden, und letztlich in Buschform (*Alberello:* „Bäumchen") meist in Form eines „Bechers" (franz. *Gobelet:* „Becher") sich darstellen. Alberello eignet sich für schwachwüchsige Reben in einem trockenen Klima.

Auch in Frankreich wird die *Gobelet-Erziehung* immer noch für mehr als ein Drittel der Rebflächen verwendet. In der Region Ätna werden die *Erziehungsformen* durch *Albarello* deutlich dominiert (Abb. 8; La Malfa 2006). Von den 3 778 ha (Stand 2002) werden im Durchschnitt 66,33% mit dieser Stockkultur erzogen, 24,09% mit der Spalier-Erziehung und nur 4,76% mit der Pergola-Erziehung. Von den 22 Regionen, die in der Statistik (La Malfa 2006) angeführt sind und über den Mittelwert von 66,62% hinaus ihrer Flächen *Alberello-Erziehung* betreiben, sind *Mascali* (66,77%), *Santa Venerina* (68,67%), *Linguaglossa* (71,42%), *Castiglione di Sicilia* (74,91%), *Giarre* (77,61%), *Pedara* (84,22%), *Aci S. Antonio* (85,69%), *Trecastagni* (87,37%), *Sant'Alfio* (88,57%), *Nicolosi* (95,02%) und *Santa Maria di Licodia* (96,95%). Darüber hinaus gibt es vier Regionen, die über 30% der Weinanbaufläche *Spalier-Erziehung* betreiben, das sind *Acireale* (33,42%), *Viagrande* (37,58%), *Piedimonte Etneo* (50,02%), *Randazzo* (59,86%); und schließlich findet man allein in *Belpasso* dominant verbreitete (51,55%) *Pergola-Erziehung*. Reiht man die relative Verteilung der *Erziehungssysteme* nach den DOC-Anteilen, so gibt es keinen Zusammenhang zwischen der Wahl des Erziehungssystems und der Entscheidung DOC-Weine zu produzieren.

Die speziellen Eigenschaften des Ätna-Weins

Am Ätna wird spezieller Wein produziert, das heißt alle Produktionsgänge, von der Traubenernte bis hin zur Fermentationskontrolle und Lagerung der Maische und ihrem Endprodukt des Weines, sind am Ätna durch spezielle technologische Lösungen ausgezeichnet. Es beginnt schon mit der Einzigartigkeit des Bodens und des Klimas, bei dem die Bodenchemie, die Höhe und die Exposition aufeinanderwirken. Gegenwärtig erlebt gerade dieses Areal eine Ära exzellenter Weinerzeugung (Sciacca 2011), es wird als die Stunde des *Etna rosso* bezeichnet (Abb. 9), des spezifischen Rotweins der Ätna-Region. Die beiden nativen Weinsorten (Abb. 7), die rote *Nerello Mascalese* und die weiße *Carricante*-Rebe, sind seit Menschengedenken nur hier gewachsen und waren wahrscheinlich seit der Geburtsstunde der Weinproduktion am Ätna wesentlich. Und heute stehen *Nerello Mascalese* und *Nero d'Avola* im Mittelpunkt des Interesses, um strukturvolle Weine zu schaffen, die ein harmonisches Design in Geschmack und Aroma versprechen. Sie bestehen meist exklusiv aus autochthonen Rebsorten. Vereinzelt werden auch nicht-native Sorten eingestreut und dadurch die Provenienz der Ätna-Weine verflacht.

Der *Etna rosso* (Abb. 9) zeigt im Alter seine typisch Rubin-Granat-rote Färbung. Der Duft ist stark, und der Geschmack ist reich, angenehm und fruchtig. Wenn man den komplexen, reich von Tanninen und Säure geprägten Wein kostet, spürt man, so sagt man, *die eindrucksvolle Vulkanlandschaft mit der dunklen Farbe des Lavasandes und der Lavabrocken* (Sciacca 2011). Der Wein ist dazu prädestiniert in Holzfässern zu reifen und den unverwechselbaren Geschmack darin zu entwickeln.

Es gibt neuerdings auch einen *Etna rosé* (Abb. 9); er ist ein milder Wein, das Rosa wird im Alter ebenso wie beim *Etna rosso* zu einem Rubinrot, wenngleich zarter. Die lebhaften Nuancen sind von der Ausgangsfarbe der Weinbeere abhängig, und natürlich von der Dauer, in der die Beerenschalen in der Maische belassen werden. Die fermentierte Maische ist trocken, zart und leicht herb. Dieser Rosé-Wein, sagt man (Sciacca 2011), wird gerne von jungen Frauen konsumiert.

Abb. 8: Erziehungssysteme in der Provinz Catania. Oben: typischer Schnitt der Nerello mascalese-Traube in der Alberello-Erziehung, Weingut Frank Cornelissen in Solicchiata; eingeblendetes Histogramm ganz oben: Gesamtanteile der drei Erziehungsformen (rot, Alberello; orange, Spalier; grün, Pergola; violett, nicht spezifiziert). Mitte: Spaliererziehung im Weingut Diego in Pedara. Das Histogramm unten zeigt die relative Verteilung der drei Erziehungssysteme (La Malfa 2006). (Fotos: G. Kastberger)

Abb. 9: Vielfalt der Ätna-Wein-Etiketten. Viele Weingüter, aber auch das Consortium für den DOC-Wein der Ätna-Region gestalten ihre Etiketten mit dem Ätna als Logo, aber auch mit dem Hinweis auf das antike Erbe. (Fotos: G. Kastberger)

Der Weißwein vom Ätna wird am Ätna zu 50,92 % von allen Weißweinen von der autochthonen Traube *Carricante* produziert. Die Anbauflächen von *Carricante* machen heute (Stand 2004; La Malfa 2006) 2,30% der gesamten Weinanbaufläche aus, während die anderen 11 *Bianca*-Reben mit 2,21% einen ähnlichen Anteil repräsentieren (Abb. 7). Der *Carricante*-Wein besticht mit seiner strohgelben Färbung, welche zart-goldene Reflexionen aufweist, und auch mit seinem dezent-zarten Duft, gekoppelt mit einem trockenfrischen, harmonischen Geschmack. Dieser Wein unterscheidet sich von den Weißweinen anderer sizilianischer Provenienz oder auch von den Weinen aus nicht-autochthonen Rebsorten durch seine Farbhelle und seine wohlige Duftnote. Der *Carricante*-Wein wird vorwiegend in der Region *Milo* im Südosten des Ätna produziert, dabei weist im Speziellen die Weinsorte *Etna bianco superiore* mit über 80% *Carricante*-Reben auf.

Die speziellen Eigenschaften des Ätna-Weins

Die Reform des Italienischen Weingesetzes (1980) hat die Kategorisierung von Weinqualitäten gesetzlich definiert und seither auch PR-Aktivitäten ausgelöst. Die nunmehr bereits jahrzehntelange Bewerbung durch die ampelographische Plattform der sizilianischen Provinzen (Abb. 9) bewirkte eine Renaissance in der internationalen Wahrnehmung des Ätna-Weins. Trotz des Verschneidens mit nicht-indigenen Rebensorten wird allgemein anerkannt (Sciacca 2011), dass der Ätna-Wein eine ganz spezifische Rolle unter allen sizilianischen Sorten einnimmt. Im Sizilianischen Weinführer (Maus & Bassler 2011) wird darauf hingewiesen, dass sich Ätna-Wein von den Weinen anderer Weingegenden deutlich unterscheidet, was nichts anderes heißt, dass der Weinkenner Rot- und Weißwein vom Ätna von anderen sizilianischen Weinen deutlich unterscheiden kann. Es wird argumentiert, dass es im Fall des Ätna-Weins nunmehr zu einem glückhaften und einmaligem Zusammenspiel von bodenklimatischen Bedingungen und Winzertum gekommen sei.

Der oft gehörte Ausspruch, dass die Ätna-Region *eine Insel innerhalb einer Insel* (*un isola nell'Isol*a) sei, passt nicht nur auf die geologische Besonderheit mit ihrer geobotanischen Artenvielfalt (Artikel Flora und Vegatation in diesem Buch), sondern wird neuerdings gerne auch zur Charakterisierung des Ätna-Weins verwendet. Diesen Vorzug des Ätna-Weins hat der italienische Staatspräsident auch offiziell in einem Dekret im Jahre 1968 ausgesprochen (Sciacca 2011).

Abb. 10: Neue Geschäftsideen am Ätna. Oben: Frank Cornelissen lagert den Wein in Solicchiata in neu erbauten Hallen und lässt den Wein auch in voll versiegelten Amphoren reifen, in denen kein Austausch über Poren mit dem umgebenden Erdreich auftritt. Das Weingut Etna Wine (Bild Mitte) in Passopisciaro (Castiglione di Sicilia) und Diego in Pedara (Bild unten) verwenden die alten Presshäuser und Weinkeller, aber verkoppelt mit modernen Techniken, zum Beispiel, um die Maische zu durchlüften. (Fotos: G. Kastberger)

Es gibt die Meinung, dass trotz dieser Aktivitäten die Ätna-Weine noch relativ unbekannt blieben und vom nationalen und internationalen Weinmarkt kaum beachtet würden, und dass sich der kommerzielle Erfolg bis jetzt (2012) immer noch deutlich in Grenzen halte. Sogar auf Sizilien gäbe es noch immer eine unverständliche Zurückhaltung beim Vertrieb der Ätna-Weine (Sciacca 2011), das träfe auf Restaurantbesitzer wie auf Weinhändler gleichermaßen zu. Diese wären immer noch auf die größeren Weinbaugebiete West-Siziliens fixiert, weil diese offenbar gängigere, das heißt allgemein bevorzugte Geschmacksrichtungen bereithalten.

Trotzdem gibt es in den letzten 20–30 Jahren (Sciacca 2011) eine Trendumkehr (Abb. 10), gewissermaßen eine Neuentdeckung des Ätna-Weins, in seinem besonderen Status als Kulturerbe der Region Ätna. Der Ätna-Wein wird jetzt sogar erstmalig in seiner chemischen Zusammensetzung und in seiner Geschmackslinie mit den weltberühmten Burgunderweinen verglichen. Die am Ätna autochthonen Rebsorten, *Nerello Mascalese* und *Nerello Cappuccio* unter den Rottraubensorten und *Carricante* und *Cataratto* unter den Weißtraubensorten, werden von den *Istitute Regionale delle Vite e del Vino, Scuola Enologica di Catania* (*Universita degli Studi di Catania*) wissenschaftlich untersucht (Grippi 2006), im Besonderen, um das gesamte Potenzial noch unerschlossener Geruchs- und Geschmackshorizonte zu entdecken, wie sie den größten Weinen der Welt zukommen (Sciacca 2011).

Zum anderen kamen couragierte Weinbauern hinzu (Abb. 10) und protegierten ihren Ätna-Wein innerhalb und außerhalb der Staatsgrenzen Italiens. In den letzten Jahrzehnten wurden vor allem in der Nord- und Nordost-Region Ätna von nationalen und lokalen und internationalen (Cornelissen 2006) Proponenten im Weinbau investiert. Erhebliche Flächen an Land wurden wieder neu bewirtschaftet, neue Weingärten gepflanzt oder verlassene Weingärten (Abb. 5), die für die Qualität ihrer Trauben bekannt waren, erneuert. In dieser Welle wurden neue Geschäftsideen mit dem Ätna-Wein (Sciacca 2011) initiiert und Signale gesetzt, die diesem Produkt vermehrt Aufmerksamkeit entgegenbringen sollen. Mit dabei sind jetzt auch eine Anzahl von Körperschaften und regionaler Gemeinschaften (Sciacca 2011), wie die Handelskammer in Catania, die DOC-Kommission (*Consorcio tutela vini Etna D.O.C.*; Abb. 9), oder die Weinplattform *Vinitaly*, um die Bewerbung des Ätna-Weins hinsichtlich seiner qualitätsvollen Charakteristik voranzutreiben.

Die Arbeiten im Weingarten in Solicchiata im Jahreslauf, frei gestaltet nach „*I lavori stagionali nei vigneti*“ (Bonaventura 2012).

Jahrhundertelang hat der Wein in den Ostregionen des Ätna, zum Beispiel in Solicchiata, ganze Familien wirtschaftlich erhalten. Heute gibt es beträchtlich weniger Weinberge auf den Nordost-Hängen des Ätna mit seinen vulkanischen, wenig tiefgründigen Sandböden als vor 100 Jahren (Abb. 4, 5, 7, 8). Diese Weingärten bringen einen guten Ertrag, vor allem einen Rotwein, der typisch im Geschmack, Aroma und Alkoholgehalt ist. Die Weine aus den Rieden (*contrade*) um *Solicchiata* (*Moltedolce, Rampante, Chiuse di Barbagallo, Moganazzi, Puntalemarino*) gehören wohl zu den besten der Ätna-Region. Alle diese Böden befinden sich heutzutage auch in der Zone der DOC-Weine (Abb. 6).

Die Weinberge in der Ätna-Region sind durch ihre Terrassierung geprägt (Abb. 5, 11), mit ihren Mauern aus Lavasteinen und vulkanischer Schlacke. Der landschaftliche Reiz dieser Weinberge ist einzigartig und von einigen architektonischen Elementen geprägt. Das sind einmal die bis zu zwei Meter hohen Terrassenmauern, die dazwischen liegenden Gehwege (*rasole*), die aus Stein und Vulkanerde errichtet wurden und laufend instand gehalten werden müssen, da gibt es die Stiegen aus gehauenen Lavasteinstufen, die wiederum die Gehwege der Terrassen verbinden, es gibt die großen Steinhügel (*torrette*), die durch das Ausklauben der Steine sich in einer Zikkurat-Form (*ziggurat*) mitunter einige Meter hoch aufhäufen, da sind die Trockenmauern zur Einfriedung der Weingärten, die gut zwei Meter hoch aus Lavagestein geschlichtet sein können (Abb. 11), und schließlich gibt es die *munzeddi*, die Erdhügel zwischen den Reben, die von der saisonalen Bodenbearbeitung herrühren.

Bis in die Sechzigerjahre des 20. Jahrhunderts waren die Jahreszeiten am Ätna in Solicchiata von den Arbeiten in den Weinbergen bestimmt. Dazu zählten Bodenbearbeitung (*zappatura*), Rebschnitt (*potatura*), Schwefelstäubung (*solforatura*) und Weinlese (*vendemmia*). Die Weinstöcke waren wegen der Terrassenwirtschaft vor allem *ad alberello* („Bäumchen“) erzogen, mit einer Höhe von ungefähr 90 cm und einem Abstand von 1,20 m zwischen den Reben. Mitte des 20. Jahrhunderts noch existierten nicht die anderswo modernen Spaliersysteme.

Nach der Weinlese

Kurz nach der Weinlese begann man mit der Befreiung der Reben von ihrer Unterstützung, das heißt man hat die Reben von den *Stecken* (*pali*) oder den *Rohren* (*canne*) losgeschnitten. Nach der ersten Kälte und dem einsetzenden Laubfall folgte die *Rasur* (*sbraula* oder *sbarbattura*), insbesondere betraf es die amerikanischen (Reblaus-resistente) Unterlagen, die im Jahr zuvor gepflanzt worden waren. Dabei wurden die Oberflächenwurzeln bei den jüngsten Reben entfernt, damit sich schließlich ihre Hauptwurzeln besser im Boden verankern. So konnten die Reben der sommerlichen Trockenheit besser widerstehen und bekamen dadurch auch einen robusten Stamm, der für eine nachfolgende *Veredelung* (*innesto*) auch notwendig war.

Winterarbeit

Die Winterzeit rechnet man von Ende November bis Ende Jänner, sie wird von den Weinbauern auch als *tote Zeit* (*periodo morto*) bezeichnet. Die kurzen Tage im Winter erschweren naturgemäß die Bodenbearbeitung, die ja aufwendig ist und auch lange dauert; daher wurde im Winter darauf verzichtet. Man wendete sich vielmehr den

Abb. 11: Lava-Steinmauern in Weingärten. Diese haben seit alters her die Grenzen der Weingüter bestimmt und steileres Gelände terrassiert. (Fotos: G. Kastberger)

Arbeiten im Weinkeller zu. Dazu gehörte das Umfüllen des Weins oder das Sammeln von verschiedenen Pflanzenresten oder anderen Materialien, die später im Jahr als Dünger in den Weingartenboden eingearbeitet wurden.

Rebschnitt

Der Jänner war hauptsächlich dem Rebschnitt gewidmet; gemäß dem Sprichwort, dass man „Im Jänner alles schneiden kann" (*Innaru puta paru*). Allerdings wurde in den höheren Lagen der Rebschnitt oft schon im November ausgeführt, aber dann hielt man sich strikt an die Regeln der Mondphase, der Almanachen und Kalender. Ein alter dazu passender Spruch lautet: „Schneide bei Neumond und lese bei Vollmond" (*Puta di manca e vinnigna di china*). Der Rebschnitt wurde alla latina ausgeführt, das heißt mit zwei Augen, und bei niedriger Stockhöhe wurden drei Triebe je Schenkel (*sperone* oder *spalla*) gezogen (Abb. 8). Der mittlere Ertrag lag bei 60–70 Doppelzentner (*quintali*), das sind 6 000 – 7 000 kg je Hektar in der Ebene. Auf den höher gelegenen Terrassen (*scarogne* oder *scarruni*) war der Ertrag nur gut die Hälfte, dafür waren dort die Trauben zuckerreicher und erbrachten mehr Alkohol. Der Rebschnitt wurde von den sozial ärmeren Schichten aufmerksam beobachtet, sie sicherten sich die Bündel der Rebenzweige (*sarmenti*), das zusammen mit der Kohle als Heizmaterial vor allem zum Brotbacken in den steinernen Backöfen gut geeignet war, damals wohl die wichtigste Arbeit der Frauen von Solicchiata und Passopisciaro. Im Jänner wurden noch die Wildreben und die amerikanischen Hybriden aus den Rebschulen gepflanzt. Diese Hybriden, die ja gegen die Reblaus resistent sind, wurden mit verschiedenen heimischen Varietäten veredelt, wie die sehr alten *Catarratto* und *Carricante*, die *Inzolia, Moscatella, Minella bianca* und *Minella nera* und der *Mantonico* (Abb. 7).

Bodenbearbeitung vor dem Austrieb

Nach dem Rebschnitt Ende Jänner begann man den Boden zu bearbeiten. Zuerst wurde er mit verschiedenen Substanzen angereichert, zum Beispiel mit Mist von Rindern und Schafen, aber man verwendete dazu auch Gründünger, wie grünes Reisig, Farne, den Bewuchs der Mauern, Ginster, Brombeersträucher, trockenes Laub und Zweige, und auch alle trockenen Kräuter, die man sich auf den Lavabrachen (*sciare*) und den Kastanienwäldern der Gemeinde besorgte. Vielfach wurde Ende März auch in den Furchen (*saiuni*), die zwischen den Rebstockreihen mit einer Tiefe von 50–60 cm offen gelassen wurden, Saubohnen (*fave*) und Lupinen ausgesät. Alle drei bis vier Jahre wurden diese dann in den Boden eingepflügt, damit reicherte man den Boden am Weinberg zusätzlich mit Humus und Stickstoff an.

Saisonale Pachtabschlüsse

Vor Beginn der Arbeiten im Frühjahr folgte man einem sehr alten Brauch, dass nämlich die Landlords ihre Weinberge wieder neu verpachteten. Es fanden sich dann immer wieder Interessenten (*gabelloti*), die alle notwendigen Arbeiten mit der eigenen Familie und mit Hilfe von Tagelöhnern organisierten. Letztlich galt es dann, das Endprodukt, Trauben und Wein, mit den Eigentümern zu teilen, die, wenn das Jahr gut war, ihren Pächtern 40% der Ernte gaben. Es gab allerdings auch Fälle, in denen die Pächter nur 30% bekamen, was ganz offensichtlich nicht die Mühen eines Jahres aufwiegen konnte.

Bodenbearbeitung nach dem Austrieb

Nach dem Pflügen, der Anreicherung des Bodens mit Gründünger und nach der Rasur (*sbraula*) folgte schließlich die erste Runde der Bodenbearbeitung mit der Haue (*zappatura*). Damit wurden zwischen den Rebenstöcken Erdhügel von 50–60 cm kegelförmig (*munzeddi*) aufgebaut. Letztlich waren sie kleine Komposthaufen, mit denen das Erdreich belüftet und den Sonnenstrahlen exponiert wurde, und sie speicherten auch das Regenwasser zu einem Gutteil. Für diese für das Gedeihen der Reben entscheidenden Arbeiten wurden für tausend Rebenstöcke drei Tage benötigt, und sie wurden unter der Kontrolle der Vertrauensleute (*massari*) der Eigentümer ausgeführt. Im Allgemeinen machte ein erfahrener Landarbeiter den Anfang mit den Haueschlägen (*zappa, zappone*) und kommandierte die anderen Tagelöhner. 50–60 Tage nach dieser ersten Bodenbearbeitung warben die Massari dann weitere Arbeitskräfte an, die schließlich die Munzeddi erneuerten, was den Boden erneut durchlüften sollte. Dafür wurde eine andere Bodenbearbeitungstechnik verwendet (*zappuneddu*, Verkleinerungsform von *zappuni*), die etwas schneller die Erdhügel erneuern ließ. Für 1 000 Rebenstöcke benötigten sie jetzt zwei Tage. Schließlich folgte nur wenig später eine tiefergründige Bearbeitung (*riterza*), die die Anzahl der Hügel wiederum reduzierte. Wenn genügend Arbeitskräfte vorhanden waren, folgte auf die Riterza noch die Riterzicchia, vor allem auf feuchteren Böden, die schnell verunkrauten. Auch heute muss man noch einige leichte Bodenarbeit und den Rebschnitt mit der Hand durchführen, sogar im Herbst erfolgen Hauen und Jäten (Abb. 8), allerdings erfolgen die größten Arbeiten heute maschinell mit der Fräse.

Arbeitsteilung

Das Sammeln des Reisigs (*sarmenti*) war ausschließlich Frauenarbeit. Dagegen war die Bodenbearbeitung, und natürlich die vorlaufenden Arbeiten alles Männersache, zum Beispiel um Lavabrachen (*sciarose scatinu*) urbar zu machen und die Erde fein zu sieben. Nur selten waren Frauen hier dabei, nur wenn dringende Arbeiten anstanden, aber auch, wenn sie das Land bestellten, das sie selbst besaßen. Im Familienverband arbeiteten auch die Kinder mit, wenn Steine, Erde mit Zweigen oder Mist getragen werden mussten. Armut war weit verbreitet, daher erlaubte die Arbeit am Weinberg nicht, dass die Kinder daneben noch die Grundschule besuchen konnten. Die Folge davon war Analphabetismus unter den ärmeren Schichten.

Verpflegung

Die schwere Arbeit mit der Haue verlangte ausreichende Nahrung. Ein Arbeitstag dauerte ja von Sonnenaufgang bis Sonnenuntergang, eine erste Pause gab es um 9 Uhr, als die Tagelöhner die erste Mahlzeit zu sich nahmen. Sie bestand meist aus gekochtem Stockfisch mit Zwiebeln (*pesce stocco a ghiotta*). Um 13 Uhr gab es die zweite Mahlzeit mit Nudeln, Kichererbsen, Linsen oder mit Saubohnenpüree (*maccu*), gefolgt von gebratenen Pfefferoni, Sardinen, Schafkäse und Oliven. Manchmal, im späten Frühling, machte man eine zusätzliche Jause (*viterna*), bei der gewöhnlich harte Eier gegessen wurden. Das war aber nicht unbedingt der Versorgungsstandard; Tagelöhner mussten vielerorts ihre Mahlzeiten selbst von zu Hause mitbringen. Dieses Essen bestand dann aus einem Brotlaib (*vastedde*), gesalzenem Speck und Käse. Dazu wurde Wasser aus den Zisternen getrunken oder perlender Treberwein, in seltenen Fällen auch reiner Wein.

Kastanienstecken

Anfang April zeigten die Reben die ersten Triebe, sie wurden mit Bast von Raffia-Palmen (Raphia sp.) an die Kastanienstecken (*palacciuni*) oder an Rohre gebunden. Dies verhinderte, vor allem in ausgesetzten Lagen, dass plötzliche Windstöße sie beschädigten. Diese Praxis bescherte wiederum den Waldarbeitern in den Nachbardörfern Arbeit, denn sie wurden beauftragt, die Stecken aus den Kastanienwäldern zu besorgen (Abb. 7). Äste der Kastanienbäume wurden in verschiedenen Längen zwischen 1,60–1,80 m zugerichtet, zugespitzt und entrindet. Die Spitze wurde leicht angekohlt, damit das Holz im Erdreich nicht gleich zu morschen beginnt.

Schädlingsbekämpfung

Wenn die Rebentriebe 10 cm ausgeschlagen hatten, wurde mit Handspritzen Kupfersulfat und Kalk ausgebracht. Dies diente dem Schutz der Rebe vor dem Peronospora-Pilz, der die Entwicklung von Blättern und Trauben beeinträchtigen konnte. Gegen Echten Mehltau wurde mit Schwefelpulver gestäubt. Für gewöhnlich nahm man für die Schwefelausbringung Kannen (*caffettiera*) oder Blasebälge (*mantici*). Diese Arbeiten wurden meist alle 15 Tage durchgeführt und folgten der Entwicklung der Blätter an den Reben. Allerdings waren die gesundheitlichen Vorsorgemaßnahmen kaum entwickelt; der Schwefel verursachte in den meist ungeschützten Augen der Tagelöhner Rötungen und Schwellungen.

Reben-Reinigung

Anfang Juni, nach einer gewissen Blattentwicklung an den Reben, wurde die *Reinigung* (*spulera*) der einzelnen Reben von den Frauen durchgeführt. Dabei wurden die seitlichen Triebe ohne Fruchtansatz und einige Blätter in der Nähe des Stammes entfernt. So konnten die Triebe mit den Trauben wachsen und sich kräftigen. Anfang Juli wurden schließlich die *Munzeddi* geebnet und das Unkraut gejätet.

Abb. 12: Weinlese am Weingarten von Frank Cornellissen in Solicchiata. (Fotos: G. Kastberger)

Weinlese

Nachdem die Monate Juli und August vergangen waren, begann man im Oktober mit den lang ersehnten Arbeiten der Weinlese, die das Erscheinungsbild des ganzen Gebietes um Castiglione veränderten. Alle Beteiligten, die Besitzer und die Tagelöhner, Frauen und Kinder, bereiteten sich auf die Traubenernte vor (Abb. 12, 13). Vor allem für die armen Bevölkerungsschichten bot die Weinlese ein wichtiges Einkommen. Sie konnten sich damit ein paar Groschen (*piccolo gruzzolo*) auf die Seite legen. Viele Tagelöhner kamen aus den benachbarten Regionen, vor allem aus den Nebrodi. Die Pflücker wurden von den *Capiciurma* (*capo*: Kopf, Führer; *ciurma*: Menschenmenge, Gesinde) eines jeden Dorfes rekrutiert und täglich in die Weinberge geschickt. Die *Capiciurma* waren im Ätnagebiet angesehene Leute und von guter sozialer Stellung. Sie vermittelten zwischen den verschiedenen Erntehelfern und den Weingut-Besitzern und spielten ähnlich Gewerkschaftsvertretern heutzutage vor allem bei der Lohnvereinbarung eine entscheidende Rolle.

Während der Zeit der Weinlese, die sich in höheren Lagen bis Mitte November erstreckte, wohnten die *Ciurma* in ländlichen Bauten, die extra für sie errichtet worden waren. Am frühen Morgen in den Weinbergen angekommen, wo sie Trauben sammeln mussten, füllten sie mit ihren Kindern die Körbe (*cufini*) im Akkord. Nachdem die Körbe gefüllt waren, schmückten die Frauen diese mit über den Rand gehängten Trauben (Abb. 13), banden sich am Kopf ein Tuch (*cruna*) um und trugen ihren mit Trauben gefüllten und geschmückten Korb auf Kommando *Aufstehen!* (*isamu!*) des *Capiciurma* im Gänsemarsch zur *Kelter* oder zum *Presshaus* (*palmento*).

Die Kinder (*carusi*), oft aufwieglerisch und zänkisch, gehorchten nicht immer den Kommandos des *Capiciurma*, dieser verschaffte sich dabei Respekt mit einer dünnen Rute aus Kastanien- oder Olivenzweigen, Zeichen seines „Ranges“, mit der er die Beine des Aufmüpfigen (*caruso ribelle*) „behandelte“. Die Massuri waren die ganzen Zeit während der Weinlese darauf bedacht, dass die Erntehelfer keine Trauben für den eigenen Bedarf abzweigten. Ständig wurden die Leute ermahnt, sogar jene einzelnen Beeren (*coccia*) zu sammeln, die beim Traubenschnitt zu Boden gefallen waren.

Abb. 13: Traditionelle Weinlese in früheren Jahrzehnten. Flötenproduzent am Markt in Zafferana. Solche heimischen Flöten wurden auch während der Traubenlese verwendet. (Fotos: links, aus Folder Grotta dei Buoi, Sandro Dibella, Solicchiata; rechts: G. Kastberger)

Die Arbeit bei der Weinlese lief mit viel Harmonie ab, mit Musik von der Mundharmonika (*organino di bocca*), der *Friscaletti* (kleine Flöte; Abb. 13) und mit viel Gesang und Tanz. Dabei entwickelten sich Liebschaften zwischen den Reihen der Reben, nach einem langen und lebendigen Augenkontakt, oder während des Gemeinschaftstanzes im Hof eines *Palmento* oder Bauernhauses am Ende eines arbeitsreichen Tages. Den Frauen oder Verwandten der *Massari* fiel die Aufgabe zu, die Speisen für das Gesinde zuzubereiten. Es gab *Pasta con salsa alla carrettiera*, gebratene Pfefferoni, manchmal *Stockfisch alla Messinese* und die erste nach der Sommerhitze selbst produzierte Wurst (*salsiccia*), schließlich auch die süße Nachspeise *Mostarda*. Diese wurde mit frisch gepresstem Traubensaft zubereitet. Man kochte ihn zuerst mit einer angemessenen Menge von Asche, die aus den Rebenzweigen gewonnen wurde. Nach einer Stunde Kochen nahm man ihn vom Feuer und ließ den Most über Nacht klären, indem sich die Asche absetzen konnte (*sciumatura*). Der klare und süße Überstand wurde mit Stärke und Zimt erneut aufgekocht, und die *Mostarda* war fertig. Während der Weinlese wurden auch ausgesuchte Trauben gesammelt, vor allem von den *Catarratto, Inzolia, Moscatella* und *Mascatellone*. Sie wurden kurz an der Sonne getrocknet und schließlich auf eiserne Räder in den Weinkellern für den Eigenbedarf im Winter gehängt.

Das Presshaus (*palmento, parmentu*)

Die Traube war unter den bäuerlichen Produkten in der nordöstlichen Ätna-Region die bedeutendste Einkommensquelle. Nahezu die gesamte Bevölkerung war hier damit beschäftigt, die Trauben an den Berghängen des Ätna zu sammeln. Die Weinlese war alljährlicher kultureller Höhepunkt und immer ein Fest für Groß und Klein. Diese besondere Bedeutung des Weinbaus am Ätna in den früheren Zeiten wird auch dadurch unterstrichen, dass bis zur Mitte des zwanzigsten Jahrhunderts fast zu jedem Weinberg auch ein eigenes Presshaus gehörte, das für die Produktion größerer Mostmengen ausgestattet war (Abb. 14, 15). Ein Grund dafür war, dass es, wie am Beispiel *Solicchiata*, bis ins vorige Jahrhundert an fahrbaren Straßen mangelte. Damit konnten die Trauben kaum zu entfernteren Kelterorten transportiert werden. So wurden die vielen Kelterhäuser gleich in die Nähe der Weinberge gebaut. Es gab alle Größen, alle entsprachen aber denselben technischen Architekturstandards von Baumkelter-Anlagen. Im Grunde waren diese eine Weiterentwicklung des *Torcularium* der antiken pompejischen und stabianischen Villen (Castiglione 2012) aus römischer Zeit und wurden vor allem durch die Einführung der hölzernen Spindel verbessert (Abb. 14, 15).

Das äußerliche Erscheinungsbild der *Palmenti* am Ätna war dadurch geprägt, dass Lavagestein für die Gebäudemauern selbst und für seine Einrichtung verwendet wurde. Im Inneren des Gebäudes gab es ein Steinbecken (*pista*), in das die Trauben von den Erntehelfern direkt durch ein Fenster geleert wurden (Abb. 14, 15). Die Trauben wurden dann gewöhnlich von mehreren *Pistaturi* mit den nackten Füßen, oder mit schweren Schuhen mit Nägeln auf den Sohlen, zerdrückt. Anschließend kam ein großes, schweres Weidengeflecht zum Einsatz, der sogenannte *Sceccu* („Esel"). Es wurde über diese Traubenmaische gelegt, und die *Pistaturi* sprangen auf ihm herum und führten synchron rhythmische Bewegungen aus, um den Saft aus der Traubenmaische zu pressen.

Die Baumpresse (*conzu*)

Dieser Traubensaft gelangte durch einen Abfluss in ein tiefer liegendes Becken (*ricevituri*; Abb. 14–16). Bevor die nächste Charge an Trauben vom Weinberg kam, wurden die zerdrückten Traubenreste mit Holzschaufeln dem Most im *Ricevituri* zugegeben. Dort fand die erste Gärung statt, die

Abb. 14: Das traditionelle Presshaus am Weingut von Diego Làudani in Pedara. (Fotos: G. Kastberger)

bis zu einer Woche dauern konnte. Die Maische wurde einige Male umgerührt, um die Freisetzung der Inhaltsstoffe und vor allem der Farbstoffe aus den Traubenschalen zu fördern. Dieser *Ricevituri* war der wichtigste Ort in der Kelter. Ihm zugeordnet war auch die Baumpresse (*conzu*) mit dem wuchtigen Pressbaum (*lignu di conzu*) aus Eichenholz (Abb. 14–16). Seine funktionelle Architektur war in der gesamten Ätna-Region ähnlich: der gezinkte hintere Teil konnte entlang eines Pfostens, dem *Fuß* (*pedi*), mit Hilfe von Traversen aus Holz oder Eisen (*trafitta*) in der Höhe verstellt werden. In der Mitte wurde der Pressbaum auf beiden Seiten durch zwei Pfosten (*scale*) flankiert, diese wiesen 4 bis 5 Löcher auf, in die ebenfalls Traversen gesteckt werden konnten.

So konnte das Absenken des Baumes gesteuert werden. Der Vorderteil war gegabelt (*forcella*). Dazwischen befand sich die Spindel (*vite di lignu*), aus dem Holz des *Speierlings* (*Sorbus domestica*) gefertigt. Dieser Baum war wegen des besonders harten Holzes, aber auch wegen seiner Früchte seit alters her hoch begehrt (Abb. 14–17). Das Gewinde ging durch einen auf der Gabel aufliegenden Holzblock (*scufina*), und am anderen Ende war die Spindel mit einem Lavablock über ein im Stein eingelassenes Holzstück (*vaina*) verbunden.

Nach der Maischezeit wurden der *Ricevituri* über einen Abfluss (*tappu*) in den darunterliegenden Raum entleert, und zwar in Steinbecken oder in Holzbottiche (*tina*).

Die Traubenreste wurden zum sogenannten Kuchen (*pasta*) aufgetürmt und mit Hilfe von Bändern (*fasce*), die mit Holznägeln (*cavigghiuni*) an der Masse befestigt waren, zusammengehalten. Zwischen Pressbaum und Kuchen wurde ein schweres rundes Holzbrett (*tavuleri*) mit verschiedenen Accessoires gelegt (Abb. 18). Mit Hilfe von Stangen (*stanga*) konnte die Spindel vorsichtig in Bewegung gesetzt werden,

Abb. 15: Die Bedeutung des Presshauses. Diarama im kleinen Heimatmuseum von Pro Loco di Linguaglossa. (Foto: G. Kastberger)

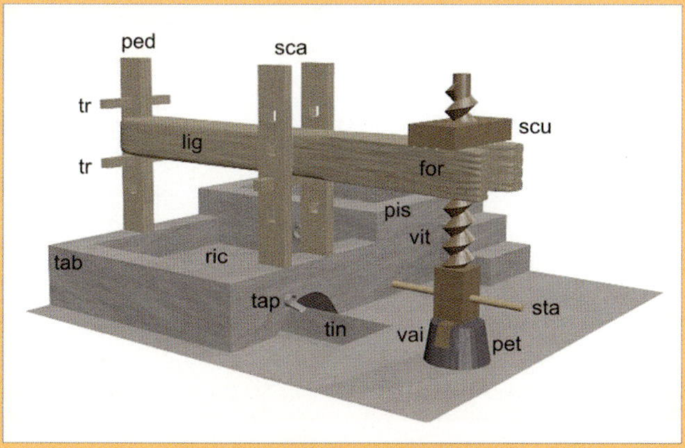

Abb. 16: Die Funktionskomponenten der Baumkelter. Erklärung der Abkürzungen: *for* (*forcella*), der vordere gegabelte Teil des Pressbaums; *lig* (*lignu di conzu*), der Pressbaum; *ped* (*pedi*), der hintere Pfosten für den Pressbaum; *pet* (*petra di conzu*), Lavagesteinsblock als Gewicht; *pis* (*pista*), das Becken zur Aufnahme der geernteten Trauben; *ric* (*ricevituri*), das große Steinbecken unter dem Pressbaum; *sca* (*scale*), Pfosten mit Löchern zur Steuerung des Pressbaumes; *scu* (*scufina*) auf der Gabel aufliegende Schraubenmutter; *sta* (*stanga*) Stange zum Drehen der Holzspindel; *tab* (*tabuneddu*), Mäuerchen um die Steinbecken; *tap* (*tappu*) Abfluss; *tin* (*tina*), Auffangbecken des Mostes; *tr* (*trafitte*), Querstangen aus Holz oder Eisen zur Steuerung der Bewegung des Pressbaumes; *vai* (*vaina*) im Stein eingelassenes hölzernes Verbindungsstück mit der Spindel; *vit* (*viti di lignu*) Holzspindel.

Abb. 17: Rund um die Presshäuser oder Traubensammelstellen wurden Johannisbrotbäume (*Ceratonia siliqua*) und Speierling (*Sorbus domestica*) angebaut. Diese hatten für die funktionale Ausstattung und die Weinproduktion große Bedeutung. (Fotos: G. Kastberger)

Abb. 18: Traditionelles Pressen mit einer alten Baumkelter. Etna Wine Agriturismo, Passopisciaro – Castiglione di Sicilia. Oben: die Maische im Becken der Baumkelter; Mitte: Presskuchen, der mit *fasci* (den geflochtenen Bändern) zusammengehalten wird; unten: über den Presskuchen werden als Abschluss Traubenstiele geschichtet. (Fotos oben: G. Kastberger; unten: http://www.etnawineagriturismo.com/uk/galleria-fotografica.htm)

der Lavastein wurde dadurch um 60 cm angehoben. Bei großen Keltern waren dazu bis zu vier Männer notwendig. Das Eigengewicht des Baumes und das Gewicht des Steines übten den notwendigen Pressdruck auf den Maischekuchen aus. Dieser Vorgang wurde mit neuen Einstellungen der Traversen zwei bis dreimal wiederholt. Das Pressen der Trauben dauerte unter der Anleitung des *Mastru du Conzu* eine ganze Nacht.

Weinkeller (*ispenza, cantina*)

Große Weingüter hatten ihre Weinkeller gleich unterhalb der *Palmenti*, der Most konnte so direkt in die großen Fässer, meist aus Kastanienholz oder Eiche, fließen (Abb. 19). Im Allgemeinen wurde der Most aber in eigene Weinkeller am Wohnsitz der Gutseigentümer transportiert, das heißt am Beispiel von *Solicchiata* hinunter bis nach *Castiglione di Sicilia* (Abb. 7). Auf Straßen kamen die für Sizilien typischen Fuhrwerke (*carretti*) in Einsatz, sonst wurde der Transport auf Maultieren durch ihre Treiber (*bordonari*) übernommen. Zwei bis vier mit Most gefüllte Schläuche (*otre*) wurden auf den Rücken der Esel oder Maultiere gebunden, die in einer Karawane (*redina*) entlang schmaler Saumwege zu den Weinkellern zogen. Das Abfüllen des Mostes aus der *Tina* des *Palmento* übernahm der *'nsaccaturi*. Mit einem 8,6 l-Krug (*quartara*) wurden unter lautem Zählen die Schläuche gefüllt: eins hieß dabei *„In nome di Diu"*, zwei war *„Di Maria"*, drei *„San Giuseppe"*, vier *„nncumpagnia"*, fünf *„Di tutti i Santi"*. Das ging bis zur 50. *Quartara* so weiter.

Das Reinigen der Fässer war meist Aufgabe des *Massaro*. Die Fässer wurden zuerst mit Wasser und einer Mischung aus Lauge, Pottasche oder einer Säure, danach mit gekochtem Most gespült, dem Früchte des *Johannisbrotbaumes* (*carrubbe*) hinzugefügt waren (Abb. 17). Ein Knecht kletterte durch das kleine Fasstürl (*purtedda*) und schrubbte das Innere des Fasses gründlich (*paliata*). Nicht selten gab es Lagerverluste durch undichte Fassböden (*timpagnu*), undichte Fassdauben (*doghe*) oder undichte Fasstürl (*purtedda*).

Der Keller war halb unter der Erde angelegt und hatte traditionellerweise einen gestampften Erdboden, der den Wein kühl, aber nicht zu feucht hielt, was besonders in den langen und heißen Sommern von *Castiglione* wichtig war. Zwischen November und Dezember verwandelte sich der Most in Wein, und zu St. Martin am 11. November wurde der erste Wein verkostet (*si tasta u primu vinu*). Die erste Kälteperiode begünstigte die Klärung (*nchiarire*) des Weines von den Trübstoffen, und im Jänner gab es schließlich den ersten Abstich auf andere Fässer. Der Bodensatz (das heißt die Hefe) wurde durch große Leinensäcke gefiltert, die über den nach oben sich verjüngenden Holzbottich (*tineddu*) an einer an der Decke befestigten Holzrolle aufgehängt wurden. Diese Hefereste wurden für die Produktion eines leichten, aber geschätzten Weins verwendet, den *Torcifezza* (*torcere:* auswringen). Schließlich wurden die leeren Fässer geschwefelt. Dazu entzündete man eine kleine Menge Schwefel im Fass und verschloss es dicht mit Gips (*gesso*).

In den ersten Monaten des neuen Jahres begann die Aktion der Weinmakler (*sensali*), das waren Personen, die sich hauptberuflich mit dem Ein- und Verkauf des Weines beschäftigten. Lange Zeit wurden fast 80% des Weines zum Hafen von *Riposto* gebracht. Der Rest wurde von kleinen Händlern eingekauft, die den Wein an die Geschäfte und Gasthäuser in *Catania* und anderen Provinzstädten vertrieben. Die *Etna Rossi* aus *Solicchiata* hatten ja eine große Anhängerschaft.

Abb. 19: Weinkeller im Weingut Etna Wine Agriturismo, Passopisciaro – Castiglione di Sicilia, eine historische Cantina mit 32000 Liter Kastanienfässern. (Fotos: G. Kastberger)

Literatur:

Albrecht M. v. (2007) *Vergil, Bucolica, Georgica, Aeneis. Eine Einführung.* Heidelberger Studienhefte zur Altertumswissenschaft. Universitätsverlag Winter, 2. Auflage 2007, VI, Heidelberg.

Albrecht M. v. (2010) *Ovid Metamorphosen (lateinisch und deutsch).* Reclam, Ditzingen.

Ambrosi H. et al. (2011) *Farbatlas Rebsorten: 300 Sorten und ihre Weine.* Ulmer, Stuttgart.

Bärmann E. et al. (2004) *Weinrecht zum Anfassen.* Staatliches Weinbauinstitut Freiburg Promoverlag, Freiburg.

Bauer K. (1996) *Kellerwirtschaft.* Österr. Agrarverlag, 8. Aufl., Klosterneuburg.

Bauer K. (2008) *Weinbau.* Österr. Agrarverlag, 8. Aufl., Wien, ISBN 978-3-7040-2284-4.

Bernsdorff H. (2001) *Hirten in der nicht-bukolischen Dichtung des Hellenismus.* Franz Steiner Verlag, Stuttgart.

Bica D. (2007) *Vitigni di Sicilia.* Assessorato Agricoltura e Foreste, Palermo.

Bonaventura G. (2012) *I lavori stagionali nei vigneti.* http://www.solicchiata.it.

Bostock J., Riley H.T. (1855) *Pliny the Elder. The Natural History.* Taylor and Francis, London. Online Ausgabe: Perseus Digital Library, Tufts University, http://www.perseus.tufts.edu/hopper/text?doc=Plin.+Nat.+toc.

Brunelli F., Scamacca B. (2012), *Grotte vulcaniche di Sicilia.* http://www.mungibeddu.it/mungibeddu/frames.html.

Castiglione G. (2012) *Il Vino.* Provincia Regionale di Catania – Servizio Attività Produttive, URL: http://www.provincia.ct.it/produzioni/Vino.htm.

Krüger G. (2010) *Cicero, Marcus Tullius: Reden gegen Verres.* Reclam, Stuttgart.

Colletta P., Davis J.A. (2009) *The history of the kingdom of Naples. From the accession of Charles of Bourbon to the death of Ferdinand I.* Tauris, London.

Cornelissen F. (2006) Homepage: http://www.frankcornelissen.it/eng_azienda.htm.

Cupani F. (1696) *Hortus Catholicus.* F. Benzi, Napoli.

Di Baudo G. (2012) *Istituto Regionale Vini e Oli – Regione Siciliana.* http://www.vitevino.it.

Dilts M.R. (Hg.) (1974) *Claudii Aeliani varia historia.* Teubner, Leipzig.

Dippel H. u.a.(2003) *Das Weinlexikon.* S. Fischer Verlag, Frankfurt, ISBN 3596158672.

Dittelbach T. (2010) *Geschichte Siziliens – Von der Antike bis heute.* Verlag C.H. Beck, München, ISBN 978-3-406-58790-0.

Griep W. (Hg.) (1986) *Reisen im 18. Jahrhundert. Neue Untersuchungen.* Winter, Heidelberg 1986. (Neue Bremer Beiträge 3), ISBN 3–533–03846–7.

Grippi F. (2006) Valore aggiunto e potenzialità.

del vino siciliano. Vite & Vino 13, supplemento a L'Informatore Agrario.

Günther H.-J. (2012) *Ovids Metamorphosen, Buch IV reichhaltig mit Werken aus der Kunstgeschichte illustriert.* http://www.latein-pagina.de/ovid/ovid_m4.htm#inhalt.

Hederich B. (1770) *Gründliches mythologisches Lexikon.* Gleditsch, Leipzig. Nachdruck: Wissenschaftliche Buchgesellschaft, Darmstadt 1996.

Käppel L. (2001) *Polyphemos.* In: *Der Neue Pauly* Enzyklopädie der Antike. Band 10, Metzler, Stuttgart, ISBN 3-476-01480-0.

Knebel H.-J. (1981) *Die „Grand Tour" des jungen Adeligen.* In: Tourismus – Arbeitstexte für den Unterricht. Reclam, Stuttgart, ISBN 3-15-009564-6.

Kraus J.U. (1690) *Die Verwandlungen des Ovidii: in zweyhundert und sechs- und zwantzig Kupffern.* Augsburg.

Krempien P. (2000) *Geschichte des Reisens und des Tourismus. Ein Überblick von den Anfängen bis zur Gegenwart.* FBV Medien-Verlags GmbH, Limburgerhof.

La Guzza V., *Gli arnesi dei nostri nonni.* Guida del piccolo museo etnografico della PRO LOCO di Linguaglossa.

La Malfa C. (2006) *La vitivinicultura nell'area Etnea.* Coreras, Catania.

Maus S., Bassler M. (2011) *Italiens Weinwelten.* Gebrüder Kornmayer, Frankfurt, http://issuu.com/tomsocialhub/docs/14_sizilien_etnarosso_s-352-357_final_low.

Müller K.O. (1841) *Geschichte der griechischen Literatur.* Josef Max und Komp., Breslau.

Pastena B. (1989) *La civiltà della vite in Sicilia.* Edizioni Leopardi, Palermo.

Recupero G. (1815) *Storia naturale e generale dell'Etna.* Catania.

Redl H., Ruckenbauer W. Traxler H (1996) *Weinbau heute.* 3. Auflage. Leopold Stocker Verlag, Graz 1996, ISBN 3-7020-0725-3.

Reimann J. (2005) *Neapel und Sizilien 1450 bis 1650. Politik, Wirtschaft, Bevölkerung und Kultur.* Kovac, Hamburg.

Riccobono F., Tempio A. (2005) *Imago Aetnae. Iconografia storica dell'Etna 1544–1892.* Domenico Sanfilippo Editore, Catania.

Robinson J. (2007) *Das Oxford Weinlexikon*, 3. überarbeitete Ausgabe. 1. Auflage. Gräfe und Unzer Verlag, München, ISBN 978-3-8338-0691-9.

Rossi P.N. (2006) *Comune di Mascali: Notizie storiche.* http://www.comune.mascali.ct.it/la_citt%C3%A0/storia/default.aspx.

Scamacca B. (2012) *Polifemo.* http://www.mungibeddu.it/mungibeddu/frames.html.

Schuhmann F. (1970) *Historische Erziehungsmaßnahmen im Weinbau.* In: Deutsches Weinbau-Jahrbuch 1970, Waldkircher Verlagsgesellschaft, Waldkirch i. Br., S. 26–36.

Sciacca O. (2011) *Guida alle Cantine dell'Etna e dell'area del Calatino.* Camera di Commercio I.A.A. di Catania, Catania.

Schmidt E.A. (1974) *Zur Chronologie der Eklogen Vergils.* Universitätsverlag Winter, Heidelberg.

Signorelli A. (1991) *Domenico Sestini, Memorie sui vini siciliani.* Sellerio editore, Palermo.

Sestini D. (1812) *Dei Vini in generale della Sicilia.* In: *L'immagine della Sicilia nell'Italia del Settecento*, Carlo Ruta, Edi.bi.si, Palermo 2000, p. 39–49.

Smith W. (Hrsg.) (1867) *Dictionary of Greek and Roman Biography and Mythology.* Little, Brown, and Company, Boston.

Steidl R. (2010) *Kellerwirtschaft.* 7., aktualisierte und überarbeitete Aufl., Österr. Agrarverlag, Wien.

Stucchi M. et al. (2000) *Il terremoto del 9 gennaio 1693*, in L. Decanini e G.F. Panza (A cura di), *Scenari di pericolosità sismica ad Augusta, Siracusa e Noto.* CNR-Gruppo Nazionale per la Difesa dai Terremoti – Roma, ISBN 8888151079.

Vogt E., Schruft G. (2000) *Weinbau.* Ulmer, Stuttgart, ISBN 978-3-8001-5720-4.

Voß J.H. (2001), *Homers Odyssee.* Winkler Weltliteratur. Blaue Reihe. Zürich, Stuttgart, ISBN 3-538-06920-4.

Wurm J.F. (1827) *Diodor's von Sizilien historische Bibliothek.* Metzler (Buch 1–10), Stuttgart.

Wurm J.F. (1832) *Diodor's von Sizilien historische Bibliothek.* Metzler (Buch 11–14), Stuttgart.

Wurm J.F. (1837) *Diodor's von Sizilien historische Bibliothek.* Metzler (Buch 15–18), Stuttgart.

Wurm J.F. (1838) *Diodor's von Sizilien historische Bibliothek.* Metzler (Buch 19–40), Stuttgart.

Pineta Ragabo – Holz und Harz in Linguaglossa

Thomas Hötzl, Gerald Kastberger

Abb. 1: Linguaglossa am Fuße des Ätna. (Foto: G. Kastberger)

„Ad ogni arrivo in Pineta una impressione sempre nuova e irrepetibile ti invade, ma rimane costante la sensazione del divino e del sacro che occupa la solennità infinita del luogo: i pini fittissimi si trasfigurano nelle colonne svelte e rastremate di un tempio immenso, la cui volta è il cielo azzurro sostenuto dai mille verdi ricami dei capitelli frondosi; l'aria è profumato dall'offerta della resina e il coro invisibile ricanta eternamente i miti della nostra gente.“[1]
(aus Nostalgia del Cratere, Santo Calì, 1954)

U Zappinazzu

Wir fahren entlang der Via Mareneve, der Straße, die gleichsam das blaue Meer um Taormina mit dem Schnee des Ätna verbindet (ital. *mare*, das Meer, ital. *neve*, der Schnee), in Richtung Piano Provenzana. In einer der vielen Kehren sticht mir ein hölzerner Wegweiser mit der Aufschrift Zappinazzu ins Auge. Wir halten. „Zappinazzu“ und darunter „Il piu grande pino dell'Etna“. Eine mit Lavasteinen gepflasterte Forststraße führt uns durch einen Pinienwald mit sehr alten Schwarzkiefern (*Pinus nigra ssp. calabrica*). Kurz darauf stehen wir vor der mächtigen Föhre, Zappinazzu (Abb. 2). Zappinu ist das sizilianische Wort für Kiefer, *-azzu* die Vergrößerungssilbe. Diese 300-jährige Föhre hat eine Höhe von 31 m und einen Stammumfang von 5,20 m.

Auffallend, nicht nur an Zappinazzu, auch an den anderen Bäumen ringsum, sind gut verwachsene Narben am unteren Teil der Stämme. Beim näheren Hinsehen erkennt man fischgrätenförmige Muster von Schnittwunden (ital. *incis-*

1 *Bei jedem Besuch der Pineta wirst du von einem neuen und einmaligen Eindruck erfasst, nur das Gefühl von Göttlichem und Heiligem, das die unendliche Würde dieses Ortes erfüllt, ist immer vorhanden: dicht gedrängte Föhren verwandeln sich in schlanke, sich verjüngende Säulen eines gewaltigen Tempels, dessen Gewölbe, der blaue Himmel, von Tausenden grünen, kunstvollen Kapitellen getragen wird; die Luft ist vom Duft des Harzes erfüllt, und ein heimlicher Chor erzählt nie enden wollend von den Mythen unseres Volkes.*

Abb. 2: U Zappinazzu. (Foto: G. Kastberger)

ioni a liscia di pesce), die einst für das Gewinnen von Harz angelegt wurden. Kaum einer der alten Bäume wurde in diesem reinen Kiefernbestand nicht genutzt (Abb. 3).

Bilder aus der Kindheit kommen mir vor Augen, als man auf der Zugfahrt nach Wien, im Steinfeld kurz vor Wiener Neustadt, die Tontöpfe der Pecher an den Stämmen der österreichischen Schwarzkiefer (*Pinus nigra ssp. austriaca*) hängen sah.

La Resina, der Rohstoff

Bis in die siebziger Jahre des letzten Jahrhunderts war Harz ein begehrter Rohstoff für viele Produkte und wurde leider durch synthetische Stoffe aus der Erdöldestillation nach und nach verdrängt. So kann man noch 1946 bei Karl Mazek-Fialla lesen:

Das Harz gehört demnach zu den wichtigsten Rohstoffen, welche der Wald zu liefern vermag. In den Destillationsanstalten wird dieser Rohstoff zu den Halbfabrikaten Kolophonium und Terpentinöl verarbeitet (vordestilliert). Es sind dies Grundstoffe, welche zur Herstellung von Waren dienen, die im Wirtschaftsleben eines Staates unentbehrlich sind. Die Erzeugung von Papier, Fiberplatten, Lacken, Kampfer, Zelluloid, Seife, Schuhcreme, Linoleum, Wachstuch, Bohnerwachs, Imprägnierungsmitteln, Karbolineum, Pflanzenschutzmittel, Rostschutzmittel, Schmierölen, technischen Fetten, Druckerfirnissen, Bürsten-, Schuster- und Brauerpech, Kunstharz, pharmazeutischen Präparaten, Riechstoffen, Kitten, Fliegenleim, Siegellack, Isoliermassen u.a.m. ist vom Vorhandensein dieser Rohstoffe abhängig. Große Industrien sind bei der Herstellung ihrer Erzeugnisse auf die Anlieferung der Harzprodukte angewiesen. (Mazek-Fialla 1946)

Der Baum bildet das Harz in langen dünnen Röhren, den Harzgängen. Bei einer Verletzung nehmen die Holzzellen Feuchtigkeit auf und lassen dadurch unter hohem Druck den Balsam ausfließen. Das Holz an der Wundstelle wird vom Harz durchsetzt, es verkient, und es bildet sich eine feste Kruste, die den Baum vor schädlichen Einflüssen und Infektionen schützt. Die Kunst der Pecherarbeit bestand nun darin, im richtigen zeitlichen Abstand dem Baum neue Verletzungen zuzufügen, um im Laufe des Jahres eine höchstmögliche Harzausbeute zu erreichen. Die traditionellen Verfahren hatten einen hohen Stammverbrauch, und das Harz wurde in Erdgrübchen am Fuße des Stammes oder in einer Vertiefung, die in den Stamm gehackt wurde, aufgefangen.

Mit Beginn der Industrialisierung steigerte sich die Nachfrage nach dem Rohstoff und führte auch zu Verbesserungen in der Gewinnung und Verarbeitung des Rohharzes: Die Schonung der Bäume durch verschiedene Schnitttechniken, womit man die Nutzungsdauer der Bäume verlängern konnte und damit auch ihren Ertrag, die Einführung von Sammelgefäßen, den Zapfbechern aus Ton oder Glas, auch mit Deckel zur Reduzierung der Terpentinölverluste und bei der Weiterverarbeitung die Einführung der Wasserdampfdestillation. Der Ertrag einer Schwarzkiefer belief sich auf durchschnittlich 2 bis 3 kg pro Jahr. So konnte zum Beispiel zur Blütezeit der Harzgewinnung in Österreich allein von der Schwarzkiefer eine Menge von 5000 bis 6000 t jährlich an Rohharz gewonnen werden.

Abb. 3: Schwarzkiefernwald mit Wunden der Harzgewinnung. (Fotos: G. Kastberger)

Die siebziger Jahre des letzten Jahrhunderts brachten das Aus für die industrielle Harznutzung. Trotzdem erhielt sich der Pecherhof in Hernstein, der bis heute die Tradition pflegt und diesen wertvollen Rohstoff vermarktet oder zu kosmetischen Produkten weiterverarbeitet und damit ihn und das Handwerk nicht nur museal im Bewusstsein der Menschen erhält. Aber auch hier am Ätna gab es einstmals Harzgewinnung, in der Pineta Ragabo.

Pineta Ragabo

Der heutige Wald erstreckt sich auf einer Seehöhe zwischen 1 200 bis 2 000 m auf einer Fläche von mindestens 1 450 ha, wovon allein auf die Schwarzkiefer 80% entfallen (Crimi 1999). Der Rest sind Flaumeichenwälder, und oberhalb von 1 650 m gesellen sich die Buche und vor allem die Ätna-Birke hinzu, die mit ihren märchenhaften weißen Stämmen den Wald ausklingen lässt. Seit der Aufnahme des Bosco Ragabo in den Parco Regionale dell'Etna im Jahre 1987 steht der Erhalt dieses Waldes im Vordergrund. Die Nutzung von Holz und Harz wich dem Nutzen eines sanften Tourismus.

In der Geschichte des Waldes verwendeten schon die Griechen das begehrte Holz zum Schiffsbau und das Pech zum Kalfatern, dem Abdichten der Fugen des Schiffsrumpfes. Auch die Amphoren wurden mit Harz undurchlässig gemacht und verliehen im Falle des Weines den auch heute noch geschätzten Geschmack. So war es auch bis zur Einführung der Edelstahlfässer üblich, die Bierfässer aus Holz abzudichten, zu pichen.

Später, ab 270 v. Chr., entwaldeten die Römer, noch bevor sie durch Rodungen Sizilien zur Kornkammer des römischen Reiches machten, weite Teile am Fuße des Ätna, um eine mächtige Flotte im Kampf gegen ihre Feinde, vor allem die Karthager, aufzubauen. Im ersten Punischen Krieg (264 – 241 v. Chr.) konnten die sonst auf See unterlegenen Römer bei Mylae (Milazzo) 260 v. Chr. einen ersten Sieg erzielen. Dazu schreibt Lucius Annaeus Florus (2. Jh. n. Chr.) in der „Römischen Geschichte" (Florus 2005):
„Intra enim sexagensimum diem, quam caesa silva fuerat, centumsexaginta navium classis in anchoris stetit, ut non arte factae, sed quodam munere deorum conversae in naves atque mutatae arbores viderentur."[2]

2 *Denn innerhalb von 60 Tagen, nachdem ein Wald gefällt worden war, stand eine Flotte aus 160 Schiffen zum Auslaufen bereit, sodass die Bäume nicht durch Kunstfertigkeit, sondern gewissermaßen als Geschenk der Götter zu Schiffen verwandelt schienen.*

Abb. 4: „Weites Land", der Vulkankegel rechts unten ist der Monte Corvo. (Foto: G. Kastberger)

Der Konsul Gaius Duilius setzte erstmals den Corvus (Rabe), die neue Waffe auf den römischen Schiffen ein, eine Enterbrücke mit einem schnabelförmigen Eisendorn (daher der Name) zum Verankern auf dem gegnerischen Schiff. Mit dieser Einrichtung konnten sie ihre Überlegenheit im Nahkampf ausspielen und die punischen Schiffe erobern, während es vormals üblich war, den feindlichen Schiffen die Ruder zu zerbrechen und sie mit Hilfe eines Rammsporns zu versenken.

Um 241 v. Chr. besiegten die Römer schließlich unter dem Konsul Gaius Lutatius Catulus in der Seeschlacht bei den Ägadischen Inseln die Seemacht der Karthager endgültig. Karthago musste sich aus Sizilien zurückziehen.

Im Laufe der Völkerwanderung bemächtigten sich Vandalen, Ostgoten und Byzantiner der Insel, um sie schließlich nach Jahrzehnten der Kämpfe mit dem Fall Taorminas (902 n. Chr.) an die Araber, die Sarazenen, zu verlieren. Die folgenden 200 Jahre erwiesen sich aber als Segen für Sizilien. Im Besonderen wurde unter der Herrschaft der Fatimiden die Landwirtschaft gefördert mit dem Bau von Bewässerungsanlagen, dem Pflanzen von Zitrusfrüchten oder Zuckerrohr, und die Seidenraupenzucht wurde eingeführt.

Die Bedeutung der Araber spiegelt sich auch bis in die heutige Zeit in vielen Ortsnamen und Wörtern der sizilianischen Sprache wider. So ist *Sciara* ein häufiges Wort am Ätna und bezeichnet die Flächen mit den losen porösen Gesteinstrümmern, die sich beim Erstarren der Lava bilden. Aber auch die flüssige Lava wurde mit diesem Wort bezeichnet, *vocabolo per vero barbaro e saracenesco* (Recupero 1815). Im Arabischen bedeutet *dschara* fließen.

Auch *Ragabo* ist arabischen Ursprungs, wird in der Literatur von *Rahab* abgeleitet und mit Wald übersetzt. Ein arabischer Freund befragt, was er unter *Rahab* verstünde, antwortete sofort mit „Weites Land". Kann man einen dichten, dunklen Wald als weites Land bezeichnen? Oberhalb der Baumgrenze, beim Aufstieg zu den Pizzi Deneri hinabblickend, umhüllt eine grüne Decke von Föhrenwipfeln den Fuß des mächtigen Vulkankegels, zerschnitten von Lavaströmen, die sich in vergangenen Zeiten den Weg durch den Wald bahnten. Es ist ein „Weites Land" (Abb. 4).

Linguaglossa, Linguagrossa, ...

Untrennbar verbunden mit der Pineta Ragabo und der Bewirtschaftung des Waldes ist die Stadt Linguaglossa.

„Rose von Jericho, Lilie der Täler weit,
Du findest Gefallen an der rauen Kiefer.
Von den Falten, die in ihren Mantel geritzt,
Träufelt auf die gläubigen Bewohner des Tales,
Wie frischer Balsam des Harzes,
Die Gnade Deines Sohnes Jesu.“

So lautet die Inschrift von Pater Emanuele Calì (Abb. 5) auf dem Denkmal Madonnina della Pineta gegenüber der Chiesa Madre, Santa Madonna delle Grazie, errichtet 1958 vom Catanischen Bildhauer Eugenio Russo (1910 – 2000) auf einem Block von Lava, die im Jahre 1566 die Stadt Linguaglossa bedrohte und zum Teil zerstörte. Madonnina della Pineta, eine Hommage an die enge Verbundenheit des Ortes und seiner Bewohner mit dem Wald und seiner lebenswichtigen Nutzung von Holz und Harz.

Linguaglossa, urkundlich 1145 n. Chr. erstmals in einem Dokument von Ruggero II d'Altavilla (1095 – 1154) erwähnt, wurde wahrscheinlich als Holzfällerdorf um 1100 n. Chr. angelegt, am Rande des großen Waldes zur Zeit der Normannenherrschaft von Langobarden, die bereits in Castiglione di Sicilia ansässig waren.

In der *Aetnae topographia* (Omodei 1591) aus dem Jahre 1533 (Ausgabe posthum, Venedig 1591) leitet Antonio Filoteo degli Omodei (geboren zwischen 1500 und 1506 in Castiglione di Sicilia, gestorben 1573) den Namen Linguaglossa (in der alten Schreibweise Linguagrossa, wie noch am Palazzo Municipale zu lesen ist; Abb. 6) von der derben (ital. *rozzo*) Sprache (ital. *lingua*) ab:
„Longobardis forte, à quorum idiomate, ut Sicanio craßiore, nomen retinet.“[3]

Und weiter:
„... qui primi picis conficiundae magisterium noverant in Aetna commodum.“[4]

Omodei beschreibt ausführlich die Methode des Pechölbrennens aus dem toten Holz, den Aufbau des Ofens ähnlich einem Kohlenmeiler, das Spalten und Schlichten der *Tedae* (ital. *teda*, sizil. *deda* bedeutet Fackel, Kienspan, Kienholz oder wird auch für die ganze harzige Föhre verwendet), den Vorgang des Ausschwitzens (lat. *sudor*) des Harzes und die Umwandlung in verschiedene Qualitäten des Peches. Diese Arbeit wurde von den *Mannisi*, den Pechern, ausgeübt:
„..., incisoresque Manisios, à Manara vulgares vocant.“[5]

Er nennt die unterschiedlichsten Arten des Peches und ihre Verwendung: Das *Pix Graecam* (griechisches Pech) als Flussmittel zum Löten von Metall (lat. *ad ferruminationem*), das im Sizilianischen als *Catalana* bezeichnete Pech als Heilmittel für hartnäckige Geschwüre und zur Vertreibung von stechenden Fliegen, und das *Pix di Barca*, das Schiffspech

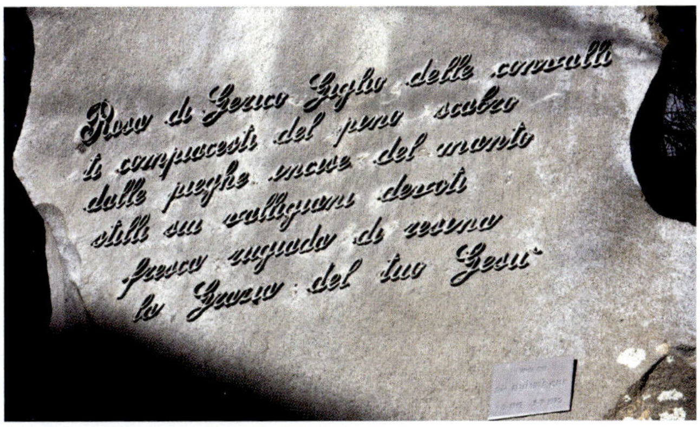

Abb. 5: Inschrift auf dem Denkmal Madonnina della Pineta. (Foto: G. Kastberger)

Abb. 6: Rathaus von Linguaglossa. (Foto: G. Kastberger)

3 Den Namen erhielt sie wahrscheinlich von der Sprache der Langobarden, einem derben Sizilianisch.
4 *„... die als Erste die nützliche Fertigkeit, Pech herzustellen, am Ätna einführten.“*
5 *„... und die Holzfäller werden allgemein als Mannisi, von Mannara* (Spaltaxt, Henkerbeil), *bezeichnet.“*

zum Kalfatern der Planken. Die Ragia ist das Harz, das der Baum von selbst absondert und von der lokalen Bevölkerung gesammelt wurde.

Durch Anhacken der äußeren Rindenschicht gewinnt man den wertvollen Terpentin zur Anwendung in der Volksmedizin, einen wahren „Arzt“:

„... pinguior scilicet prima Pinus Cortex, parum incisa bipenni, medicum quidem illum, divinum penè liquorem, laudatissimum resinae genus, Terebenthinam appellatum, guttatim affluenter emittit.“[6]

Das kleine Holzfällerdorf hat sich zu Omodeis Zeiten bereits zu einer bevölkerten Stadt (lat. *populosum oppidum*) entwickelt. Der Vorteil der Nähe zum Wald wurde aber mit der ständigen Bedrohung durch den Vulkan erkauft.

Lava di Sant'Egidio

Immer wieder wurden die Pineta und ihr Ort Linguaglossa von den Ausbrüchen des von den Einheimischen *Mungibeddu* (ital. *Mongibello*, aus dem lateinischen mons, Berg und dem arabischen *dschebel*, Berg zusammengesetzt) genannten Ätna heimgesucht. Doch die schier unerschöpflichen Ressourcen des Waldes, der fruchtbare Ackerboden zusammen mit dem starken Überlebenswillen der Bevölkerung siegten über die Angst, die die unberechenbaren Gefahren des Berges auslösten.

Abb. 7: „Miracolo di Sant'Egidio“ auf der Wand eines Hauses in Linguaglossa. (Foto: G. Kastberger)

Im Jahre 1566 ereignete sich ein gewaltiger Ausbruch, der, wie bereits erwähnt, die Hälfte der Stadt zerstörte. Aus einer Öffnung unterhalb des Monte Corruccio wälzte sich der Feuerstrom durch die Pineta Ragabo in Richtung Linguaglossa: die „Lava di Sant'Egidio“, benannt nach der Legende, die vom Aufhalten des Lavastromes durch den heiligen Ägidius erzählt (Abb. 7):

Beim Heranrücken der Lava verließen die Bewohner fluchtartig ihre Häuser, versammelten sich in sicherer Entfernung und beteten zum heiligen Antonius, dem damaligen Schutzpatron von Linguaglossa. Niemand kümmerte sich um eine arme, alte, verkrüppelte Frau, die sich noch in die Chiesa Sant'Egidio schleppte, die vor der Errichtung der heutigen Chiesa Madre (1613) die Hauptkirche gewesen war. Betend zum heiligen Ägidius erwartete sie die tödliche Gefahr. Plötzlich erschien ihr der Heilige, heilte sie von ihrer Lähmung, befahl ihr, seinen Bischofsstab vor die unaufhaltsam alles zerstörende Lava zu pflanzen und schließlich die Glocken der Kirche zu läuten, um den Flüchtigen das Ende der Bedrohung anzukündigen.

Abb. 8: Ägidius-Fest am 1. September. (Bild: www.linguagrossa.it)

6 *„... am ergiebigsten ist nämlich der erste Teil (unter) der Föhrenrinde, die, ein wenig mit der zweischneidigen Axt eingeschnitten, reichlich tropfenweise jenen „Arzt“, die beinahe göttliche Flüssigkeit, die am höchsten gelobte Art von Harz, Terpentin genannt, ausfließen lässt.“*

In der Folge wurde der heilige Antonius abgesetzt und Ägidius Abt von St. Gilles zum Schutzpatron von Linguaglossa erklärt, dessen Fest am 1. September alljährlich in einer Prozession mit der geschmückten Statue begangen wird (Abb. 8). Ihm, einem der 14 Nothelfer, der Frömmigkeit der Bewohner und schließlich seinem Bastone (sizil. *Baculu*, der Bischofsstab) ist es zu verdanken, dass die Stadt selbst von weiteren so verheerenden Lavaströmen bis heute verschont wurde.

Sant'Egidio – L'Uomo del Bastone

Die Kraft des Stabes wurde nie in Zweifel gestellt. So erzählt auch eine weitere Legende von einem Ausbruch des Ätna, der Catania bedrohte: In ihrer Verzweiflung wandten sich die Catanier an die Bewohner von Linguaglossa mit der Bitte, sich den Stab ausborgen zu dürfen. Sie stimmten zu, und der Stab wurde vor dem Lavastrom aufgestellt. Catania war gerettet. Nach der Rückgabe passierten aber seltsame Dinge. Als man der Statue des Ägidius den Stab in seine Hände zurückstellen wollte, fiel er zu Boden. Tausende Male, trotz Gebete der Gläubigen, blieb er nicht in den Händen der Statue. Endlich entdeckte man, dass es sich nicht um das Original handelte. Die Catanier hatten den Bastone geraubt und eine Fälschung zurückgegeben. Das Volk von Linguaglossa zerstörte den Stab und ließ einen neuen aus Silber anfertigen, der in einer großen Zeremonie dem Heiligen geweiht wurde. Ägidius konnte nicht ablehnen, und die Gläubigen waren wieder zuversichtlich, dass er ihnen bei den nächsten zu erwartenden Ausbrüchen zur Seite stehen wird. Diese Legende wurde zum Auslöser eines Zwischenfalls während des Ausbruchs von 1923. Doch davon später und zurück ins Jahr 1566.

Wiederaufbau, Le Mandre

Der Feuerstrom zerstörte große Teile des Waldes, verschlang Wein- und Obstgärten, dann teilte er sich. Ein Zweig zerstörte Teile der Stadt und kam kurz vor der Ägidiuskirche zum Erliegen. Dieser Ortsteil wurde nach dem Wiederaufbau als *Sciara* bezeichnet. Die Abbildung 9 zeigt einen Blick durch die Via del Miracolo („Straße des Wunders") mit den Häusern, die auf und mit dem Lavagestein errichtet wurden, im Hintergrund die Chiesa Sant'Egidio.

Der zweite Lavastrom wendete sich mehr südlich des Ortes über den heutigen Ortsteil beim Kloster der Cappuccini bis zum Bachbett des Ciapparotto. Doch die Bewohner kehrten zurück, errichteten ihre zerstörten Häuser von Neuem und begannen den Boden zu kultivieren. Zeugen aus dieser Zeit

Abb. 9: Blick durch die Via del Miracolo, im Hintergrund die Chiesa Sant'Egidio. (Foto: G. Kastberger)

Abb. 10: Trockenmauern im Parco Etnoantropologico „Le Mandre". (Foto: G. Kastberger)

Abb. 11: *Ficus indica* wächst genügsam auf dem sciarosen Land. (Foto: G. Kastberger)

des Wiederaufbaus sieht man im Parco Etnoantropologico „Le Mandre" (Abb. 10). Dieses wertlose *Terreno sciaroso* (steiniges Land) auf der Lava von 1566 wurde an die arme Bevölkerung abgegeben, die sich damit ihren Lebensunterhalt aufbessern konnte. Durch Ausklauben der Steine wurden die noch heute zu sehenden Trockenmauern errichtet und Boden geschaffen, um im günstigsten Fall einen kleinen Gemüsegarten anzulegen, Obst und Oliven zu pflanzen. Vor allem der Feigenkaktus (ital. *Fico d'india*, lat. *Opuntia ficus-indica*; Abb. 11), schon kurz nach der Entdeckung Amerikas im Mittelmeerraum eingeführt, konnte sich gut auf dem steinigen Boden verankern und so durch seine Früchte die Nahrung der Bevölkerung ergänzen.

Civitas Dilecta Integra

Obwohl die Rechte und Pflichten der Bewohner von Linguaglossa in den *Consuetudini della Città* verankert waren, waren sie oft der Willkür der Feudalherren ausgeliefert. Sie unternahmen viele Versuche, als freie Stadt unter dem *Regio Demanio*, nur dem König unterstellt, anerkannt zu werden. Zuletzt leistete noch Don Orazio Bonanno auf die Einhaltung der *Consuetudini* einen Eid, doch kaum ein Jahr später beschwerten sich die Bürger über die *aggravii et molestii* (Lasten und Bürden) des neuen Barons und stellten erneut ihre Forderung. Unter der Regierung von König Philipp IV. von Spanien, als Philipp III. von 1621 bis 1665 auch König von Neapel und Sizilien, wurde dem Wunsch der Bevölkerung stattgegeben. Mit dem *Riscatto* von 1634, dem Loskauf durch eine Entschädigungszahlung an den Baron, wurde Linguaglossa zu einer freien Stadt und die Pineta Ragabo zum Gemeindewald erklärt. Damit ergaben sich zum Beispiel Rechte der Bewohner zum Sammeln von trockenem Brennholz, zur Verwertung umgestürzter Bäume, aber auch, nach Ansuchen bei der Gemeinde, das Recht auf eine gewisse Anzahl lebender Bäume zur Errichtung ihrer Häuser. Doch diese gewonnene Freiheit war mit einer hohen Verschuldung der Gemeinde verbunden. Nachfolgende Naturkatastrophen, Heuschrecken, Seuchen und eine zwei Jahre währende Trockenheit dezimierten die Einwohnerzahl durch Tod und Abwanderung.

Die Hungersnot, als *Carestia del 1672–73* in die Geschichte eingegangen, wurde lebhaft von einem Zeitzeugen, dem Notar Francesco Copani (1636–1723), beschrieben, in Versform in sizilianischer Sprache verfasst, wovon durch glückliche Umstände ein Fragment erhalten geblieben ist (Copani 1909). Von über 4 000 Einwohnern (bei Copani ist sogar von 7 000 die Rede) sank die Einwohnerzahl auf knapp 2 000. Die finanzielle Lage der Stadt verschlechterte sich, und erst 1839, mit dem Verkauf eines Teiles des Waldes, wurden die Schulden durch den *Riscatto* getilgt.

Im Jänner 1865 ereignete sich wieder ein schwerer, 150 Tage andauernder Ausbruch des Ätna, der die Monti Sartorio aufwarf. Tausende Bäume wurden sowohl durch die Lava als auch durch Brände vernichtet. Doch der hauptsächlich betroffene Teil des Waldes gehörte seit 1839 nicht mehr zu Linguaglossa.

Romantik der Waldarbeit

Die Eigenschaften der Schwarzkiefer, ihr Samenreichtum und die Genügsamkeit an den Boden, machen sie zu einem Pionier auf den frischen Lavaböden. So erholte sich der Wald immer wieder und blieb bis in jüngste Zeit durch die Nutzung des Holzes die Lebensgrundlage der Bevölkerung.

Im kleinen ethnographischen Museum des Tourismusbüros *PRO LOCO* in Linguaglossa findet man unter dem Titel *„Gli arnesi dei nostri nonni"* (Gerätschaften unserer Großeltern) Werkzeuge und Gebrauchsgegenstände aus einer gar nicht so fernen Vergangenheit: Darunter Sägen und Beile der *Tagghiaturi* (Holzfäller), Werkzeuge des *Carbunaru* (Köhler), Sättel und Transportbehälter des *Bardunaru* (Maultiertreibers). Die *Mannisi* (Pecher) sind mit einem Baumstrunk vertreten, an dem man das typische fischgrätenförmige Schnittmuster erkennt (Abb. 12). Das Harz floss die Wundfläche hinab, an deren Ende es mit Hilfe von Blechstreifen in einen am Baum befestigten Tontopf geleitet wurde. Obenauf liegt das *Scalpello per scorticare la corteccia.* Es ist das sogenannte Röteleisen, womit man im Frühjahr die grobe Borke entfernte und so die Wundfläche, die Lachte, vorbereitete. Mit den *Raschietti* (Risser, Reißhaken) wurden dann die schmalen Rillen zur Öffnung der Harzgänge in den Stamm geschnitten. Je Arbeitsgang wurden zwei Rillen angelegt und nach einer Pause von ungefähr einer Woche wurden die nächsten eingeschnitten (Stefano 2011). So erzielte man in der Zeit von Juni bis Oktober an die 40 Kerben und einen Harzertrag von durchschnittlich 2,5 kg.

Abb. 12: Baumstrunk und Werkzeuge der *Mannisi*, Museum Pro Loco di Linguaglossa. (Foto: G. Kastberger)

Bei aller Romantik der Waldarbeit, die man heute empfindet oder sich vorstellt, darf man nicht das harte, entbehrungsreiche Leben dieser Arbeiter und Bauern im Kampf um das tägliche Brot aus den Augen lassen. Ungleiche Verteilung des Ertrages der Waldnutzung ließ die einfache Bevölkerung immer ärmer werden. Auswanderungswellen zwischen 1861 und 1930, hauptsächlich nach den USA und Argentinien, waren die Folge. Wird die Pineta um die erste Hälfte des 20. Jahrhunderts für die einen, mit dem Aufkommen des Tourismus, als ein grünes Paradies („... *puru pi li turisti italiani la me pinita è un paradisu virdi, ...*"), wird sie für die Tagelöhner des Waldes und ihre Familien als lebendige Hölle („... *la me pinita evi lu nfernu vivu ...*") beschrieben. „*E un diavulu arreri a ogni zappinu*" (Calì 1966) („*Und ein Teufel steckt hinter jeder Kiefer*"), lautet ein Gedicht in sizilianischer Sprache des Schriftstellers Santo Calì (1918 – 1972), aus Linguaglossa stammend und von 1956 bis 1962 als Vizebürgermeister und Gemeinderat tätig, ein Sprachrohr für die armen Bevölkerungsschichten seiner Heimat.

Santo Calì wurde als Sohn eines Sägewerksbesitzers, der das Holz der Pineta Ragabo aufschnitt, geboren. Früh verwaist, kam er in die Obhut eines Onkels, eines Priesters, genoss das Privileg einer fundierten Schulausbildung und studierte in Rom klassische Literatur, die seinem Interesse in Archäologie und Geschichte, der Geschichte seiner Heimat und seiner Pineta, zugute kam. Und es war nicht die Geschichte der Herrscher, Päpste und Feldherrn, Mächtigen und „*Barbassori*" (Wichtigtuer).

„*La vera storia è quella del popolo, del grande popolo, del popolo dei contadini, dei braccianti, degli artigiani, di tutti i lavoratori che nei secoli, giorno dopo giorno, giorno su giorno, hanno incessantemente costruito, ...*"[7] (Calì 1959b)

Er wurde Lehrer in verschiedenen Schulen seiner Heimat, schließlich ans Gymnasium von Giarre berufen. Wurde politisch aktiv und schloss sich der Kommunistischen Partei Italiens an. *Il Professorino* (der Herr Professorchen) scheute sich nicht, mit den Tagelöhnern, Hirten und Bauern gemeinsam auf die Straße zu gehen. Das spiegelt sich auch in seiner Vorliebe wider, in seiner Muttersprache, dem sizilianischen Dialekt, der Sprache des Volkes seiner Heimat, zu schreiben.

Ausbeutung des Waldes, La Teleferica

Die aufkommende Industrie in der zweiten Hälfte des 19. Jahrhunderts verlangte gierig nach immer mehr Rohstoffen. Es waren dies vor allem Kohle, Holz und Harz. Wo es keine fossilen Kohlevorkommen gab, wurde Holzkohle erzeugt. Metallindustrie und Eisenbahn verbrauchten Unmengen davon. Weite Flächen an Wald fielen dieser Nutzung zum Opfer. Das schwer zugängliche Gebiet der Pineta Ragabo, nur von Maultierpfaden durchzogen, war anfangs zum Vorteil des Waldes. Nur einzelne ausgesuchte Bäume wurden geschlagen. Jedoch im Juli 1919 beschloss die Gemeinde von Linguaglossa, das Holznutzungsrecht an die Firma *Carrara Brothers* zu verpachten. Gleichzeitig wurde mit dem Bau einer Seilbahn zur Holzbringung begonnen.

Die Teleferica (Abb. 13) wurde bei ihrer Einweihung am 18. September 1922 als Wunderwerk der Technik und Segen für

7 *„Die wahre Geschichte ist die des Volkes, des gesamten Volkes, des Volkes der Bauern, Tagelöhner, der Handwerker, aller Arbeiter, die sie jahrhundertelang täglich, Tag für Tag unaufhörlich gestaltet haben, ..."*

den Ort gepriesen. Die Bergstation befand sich bei der heutigen Ruine des Rifugio „*Attilio Conti*" auf einer Höhe von 1 585 m, die Seilbahnlänge betrug 8 350 m und brachte das Holz direkt bis zur Eisenbahnstation der *Circumetnea*. Aber bereits 1923, nach dem verheerenden Ausbruch des Ätna, ging die Firma in Konkurs und hinterließ der Gemeinde die ungenutzte Seilbahn samt Schulden. Schließlich wurde sie 1938 verkauft und abgetragen und der Wald schloss allmählich die Narbe der Trasse. Nur noch der Straßenname „*Via della teleferica*" erinnert an den einstigen Standort.

Abb. 13: La Teleferica. (Bild: www.linguagrossa.it)

Ausbruch 1923

Ein kurzer Ausbruch geschah im Jahre 1911, der viele Weinberge im Gemeindegebiet von Castiglione vernichtete und abrupt zum Stillstand kam.

Dann, nach zwölf Jahren Ruhe, öffnete sich am 3. Mai 1923 der Krater von 1911 von Neuem, die Bocchen entstanden auf der gleichen Bruchlinie. Die Lava ergoss sich in unbewohntes Gebiet, weit weg von der Kulturlandschaft und stoppte bald. Doch in der Nacht vom 16. auf den 17. Juni wurde die Bevölkerung durch heftige Erdstöße aus dem Schlaf gerissen. Die Menschen liefen auf die Straße und erkannten, dass sich südlich des Monte Nero ein neuer Krater gebildet hatte und sich ein Lavastrom direkt in Richtung Linguaglossa bildete. Für einen Augenblick schien er zum Stillstand zu kommen, doch nach einem gewaltigen Donner und hoch aufsteigenden Rauchsäulen öffneten sich zahlreiche Krater. Die schnell fließende Lava folgte zuerst dem Lauf der Lava von 1911, vernichtete darauf Eichen- und Buchenwälder und erreichte bald Kulturland. Haselnuss-, Mandelplantagen und Weinberge verschwanden unter einer braunen, rauchenden Schicht. Eine sieben Meter hohe Lavawand schob sich in Richtung Cerro und bedrohte den Bahnhof von Castiglione. Die Bürger von Linguaglossa wandten sich ein weiteres Mal an ihren Beschützer, den heiligen Ägidius, dessen Statue im Beisein des Bischofs von Acireale in einer Prozession zum Vorplatz des Bahnhofes gebracht wurde. Der Bastone des Heiligen wurde vor der Lava aufgestellt, die sich in Richtung des Gemeindegebietes von Castiglione bewegte. Viele Bewohner aus Castiglione waren gekommen, um sich an den Gebeten der Linguaglossesi zu beteiligen. Doch die Lava floss unbeeindruckt weiter.

Die Situation wurde kritischer, die Gebete wurden zu Hilferufen, und als man den Stab nachrücken wollte, um auch den Bewohnern von Castiglione Anteil an der Gunst des Ägidius zu gönnen, kam einem gewissen Baron Francesco die Geschichte vom Diebstahl der Catanier in den Sinn. Er drängte sich durch die Menge zu den Polizisten und Militärs, die den Stab bewachten, schnappte ihn und stürzte sich in Richtung Linguaglossa. Doch er wurde von den Polizisten gestoppt. „*Vogliono rubare il Bastone*", schreit der Baron, worauf ihm viele Linguaglossesi zu Hilfe eilten. Es entstand ein Gerangel, wobei einige Polizisten einiges abbekommen. Nur durch Warnschüsse ließ sich die aufgebrachte Menge auf Distanz halten. Der Bastone blieb in der Gewalt des Barons, der in Begleitung der Menge nach Linguaglossa zog, wo sie der Bischof zu beruhigen versuchte. Der Stab wurde in der Kirche aufbewahrt und am nächsten Tag der Statue des heiligen Ägidius am Bahnhof zurückgebracht, die Tag und Nacht von mit Knüppeln bewaffneten Bauern bewacht wurde (Cavallaro 2003). Die Lava setzte ihren zerstörerischen Lauf fort und stoppte erst am 18. Juli nach 32 Tagen, nachdem sie den Bahnhof von Cerro verschlang und das kleine Dorf Catena vollständig zerstörte.

Das Ende

Am frühen Morgen des 22. Juli 1956 wurden die Bewohner von Linguaglossa durch das Läuten der Kirchenglocken geweckt. Der Wald stand in Flammen. Jeder, der konnte, versuchte sich an den Löscharbeiten zu beteiligen. 380 ha wurden ein Raub der Flammen. Der Brand war gelegt, doch konnten die Schuldigen nie ausgeforscht werden. Mit einem Schlag war die Ausbeutung des Waldes beendet, auch die Harznutzung wurde wie in anderen Gebieten Europas um 1970 eingestellt. Der Wald war sich selbst überlassen.

Tourismus

An einem Wintertag des Jahres 1928 kam eine Gruppe von Schifahrern der *Sezione Universitaria del Club Alpino Italiano di Catania (SUCAI)* in „unbekanntem Gebiet" an der aufgelassenen Bergstation der Teleferica vorbei. Spontan wurde der Entschluss gefasst, das Gebäude als ein Rifugio, eine Schutzhütte, herzurichten. Und im Februar 1930 war die Eröffnung mit dem ersten Schirennen am Ätna. Im darauffolgenden Mai wurde die Ortsgruppe *CAI di Linguaglossa* gegründet. Teilweise im Zweiten Weltkrieg zerstört, doch wieder aufgebaut, wurde das Rifugio auf den Namen *„Attilio Conti"* (zu Ehren eines im Krieg gefallenen Vereinsmitgliedes) getauft. 1947 wurde mit dem Bau der *Via Mareneve* begonnen und neue Schutzhütten entstanden. Immer mehr Touristen entdeckten den *Bosco Ragabo* zum Wandern, Langlaufen und Schifahren. Immer wieder gab es Rückschläge. 1971 drückte eine gewaltige Schneelast das Dach des Rifugio *„Attilio Conti"* ein, das bis heute eine Ruine blieb. Der Ausbruch von 2002 zerstörte das Rifugio *„Monte Nero"*, die Liftanlagen auf dem *Piano Provenzana* und zwei Lavaströme bahnten sich den Weg durch die Pineta (Abb. 14).

Heute ist vieles wieder errichtet (Abb. 15), im Winter tummeln sich Schifahrer auf den Pisten und in der schneearmen Zeit befördern geländegängige Busse Touristen zum Osservatorio auf die Pizzi Deneri oder an den Rand der Vulkankrater (Abb. 16). Ein neues Kapitel in der langen Geschichte des Waldes von Linguaglossa ist aufgeschlagen.

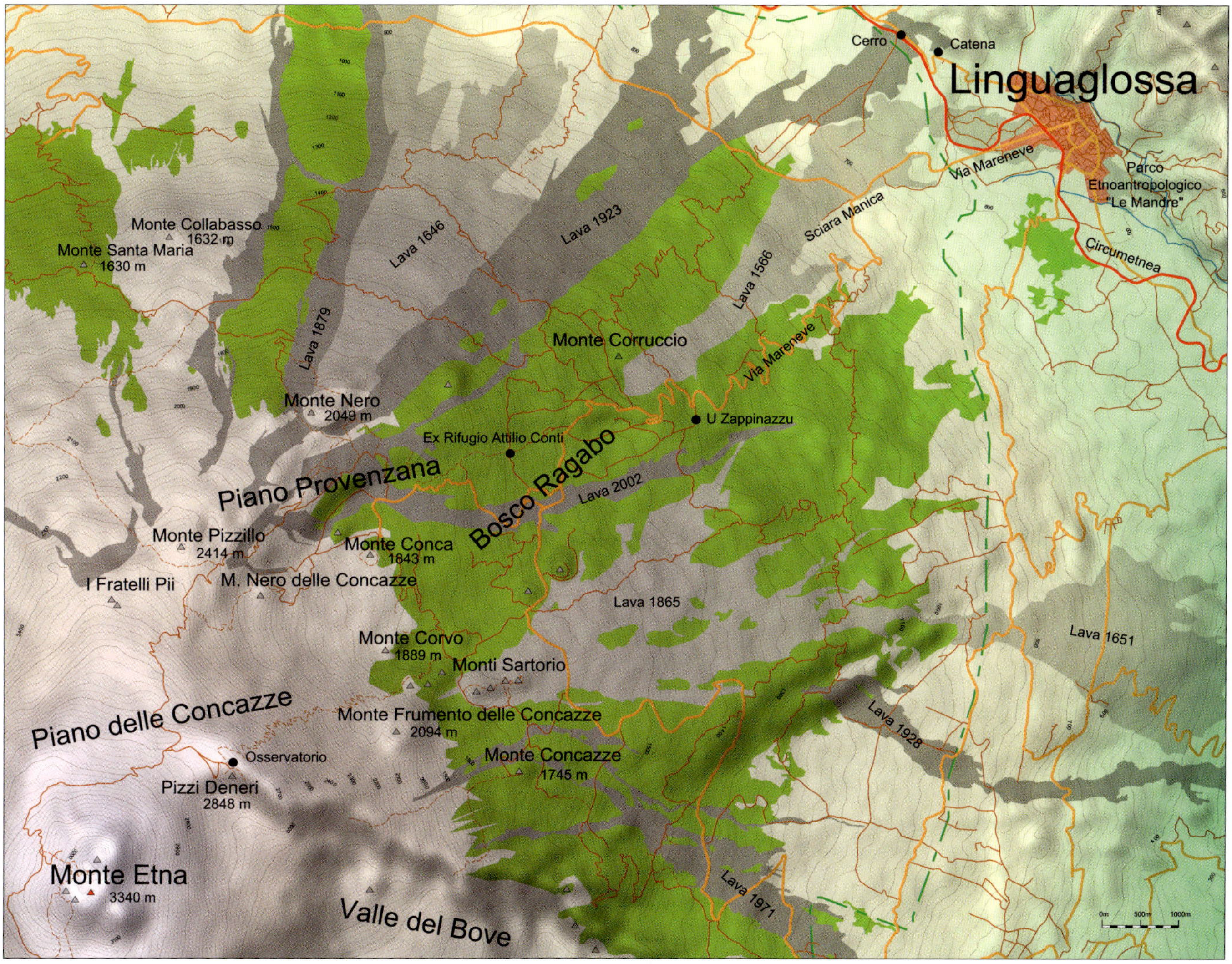

Abb 17 : Karte von Linguaglossa. [© OpenStreetMap (and) contributors, CC-BY-SA, Bearbeitung: Thomas Hötzl]

Abb. 14 (links): Lava 2002 durch die Pineta Ragabo. Abb. 15 (Mitte): Neu gebauter Schilift nach dem Ausbruch von 2002. Abb. 16 (rechts): Geländegängige Autobusse mit Touristen von Piano Provenzana bis zum Osservatorio. (Fotos: H. Kaiser, G. Kastberger)

Quellen und weiterführende Literatur:

Barreca L. et al. *(2009) Struttura delle Pinete di Laricio dell'Etna: Il Caso della Pineta Ragabo.* ATTI del Terzo congresso Nazionale di Selvicoltura. Taormina (ME), 16–19 ottobre 2008, Accademia Italiana di Science Forestali, Firenze, p. 95–100.

Bufalino G. (2001) *Museum der Schatten. Geschichten und Bilder aus dem alten Sizilien.* Wagenbach, Berlin.

CAI Linguaglossa, www.cailinguaglossa.it.

Calì S. (1954) *Nostalgia del Cratere.* Edizioni Camene, Catania.

Calì S. (1956) *Linguaglossa e la sua pineta.* Edizioni Camene, Catania.

Calì S. (1959a) *Le strade aspettano un nome.* Edizioni Camene, Catania.

Calì S. (1959b) *La pazienza dei contadini.* Edizioni Camene, Catania.

Calì S. (1962) *Cento lire al giorno per morire di fame.* Edigraf, Catania.

Calì S. (1966) *E un diaulu arreri a ogni zappinu.* Santo Calì Editore, Catania.

Cavallaro A. (1987) *Eruzioni storiche nel territorio di Linguaglossa.* Palermo.

Cavallaro A. (2003) *1923 – Un'eruzione – Un Miracolo.* Ed.Monty System.

Cavallaro A. (2007a) *Sant'Egidio – L'Uomo del Bastone.* Linguaglossa.

Cavallaro A. (2007b) *Il Riscatto di Linguagrossa.* Linguaglossa.

Cavallaro A. (2007c) *Linguaglossa – La sua Montagna.* Linguaglossa.

Cavallaro A. (2010) *Placet Domino: Sfruttamento del bosco Ragabo – La Teleferica.* Linguaglossa.

Copani Mannino G. (1909) *Linguaglossa nella Carestia del 1672–73.* Linguaglossa.

Crimi V.(2010) *La Resinazione.* (www.etnalcantara.it/resinazione.htm).

Crimi V. (1999) *Rahab – Il bosco Ragabo di Linguaglossa.* (digilander.libero.it/laconteadimascali/Pineta.htm).

Florus L.A. (2005) *Römische Geschichte.* Eingeleitet, übersetzt und kommentiert von Günter Laser. Wissenschaftliche Buchgesellschaft, Darmstadt.

Grünn H.(1960) *Die Pecher.* Manutiuspresse, Wien – München.

Kohlross H. (2011) *Der Große Wiener Neustädter Föhrenwald und seine wechselvolle Vergangenheit: mit Beiträgen zur Geschichte der Pecherei und zur historischen Holzverwendung.* Eigenverlag, Gutenstein.

La Guzza V. *Gli arnesi dei nostri nonni.* Guida del piccolo museo etnografico della PRO LOCO di Linguaglossa.

Manndorff H. (1996) *Die Pecher und das Pecherland.* Abele-Druck, Baden.

Mazek-Fialla K. (1946) *Die Harzgewinnung in Österreich.* Österr. Staatsdruckerei, Wien.

Moia A. (2008) *La pece ed il suo utilizzo.* (http://www.magellano.org/it/magellano/articoli/indice_articoli.asp?anno=2008).

Musumeci T. (2010) *Parco dell'Etna e Isole Eolie.* Fbe Edizioni, Trezzano.

Omodei A.F.d. (1591) *Aetnae topographia.* Venetiae.

PRO LOCO Linguaglossa, www.prolocolinguaglossa.it.

Recupero G. (1815) *Storia naturale e generale dell'Etna.* Catania.

Sciascia L. (2009) *Mein Sizilien.* Wagenbach, 5. Aufl., Berlin.

Stefano B. (2011) *Resinazione del Pino nero. La pratica della resinazione in val Alba.* Riserva Naturale Val Alba (www.youtube.com/watch?v=mvAGzkmx1CM).

Storaci S.M. (2004) *Nuovo Dizionario Siziliano – Italiano e Italiano – Siciliano.* Brancato Editore, Catania.

Wagenführ R. (1989) *Anatomie des Holzes – unter besonderer Berücksichtigung der Holztechnik.* VEB Fachbuchverlag, 4. neubearb. Aufl., Leipzig.

Landnutzung und Landschaftswandel am Ätna

Wolfgang Sulzer

Einleitung

Der Mensch hat im Laufe seines Wirkens am Ätna dessen ursprüngliche Vegetation nachhaltig verändert und ist zu einem der wichtigsten Umweltfaktoren geworden. Die natürliche Waldbedeckung wurde stark reduziert, um Kulturland in den Niederungen und an den unteren Hängen des Ätna zu schaffen. Zuerst wurde Wald- und Weidenutzung durchgeführt, später waren es intensiver Acker- und Gartenbau, die die Landschaft radikal und nachhaltig verändert haben.

Die Anordnung der Vegetation und der Landnutzung am Ätna beruht auf unterschiedlichen Faktoren wie etwa dem Klima, den vulkanischen Böden und natürlich den menschlichen Einflüssen. Auf einem aktiven Vulkan wie dem Ätna kommt dem Substrat eine besondere Bedeutung zu, da es zu dessen ständiger Erneuerung kommt (Polli Marchese, 2004). Dadurch werden große Landschaftsteile tiefgreifenden Veränderungen unterworfen, wobei die frischen Lavaoberflächen das Relief häufig neu modellieren und sich somit das heterogene Gefüge von Lavaflächen, Wald- und Kulturland immer wieder neu ordnet.

Die klimatischen Rahmenbedingungen mit einer unterschiedlichen Ausprägung an der Küste und im Landesinneren bzw. die vertikale Erstreckung des Gebietes von Meereshöhe hinauf bis zur Gipfelregion des Ätna (3 321 m) bedingen eine horizontale und auch vertikale Zonierung der natürlichen Vegetation sowie auch der Landnutzung.

Zahlreiche Autoren haben Höhenstufeneinteilungen der Vegetation am Ätna beschrieben (siehe Beitrag Kastberger). Im Folgenden soll nun eine einfache Gliederung der Landnutzungsstufen erfolgen, die sich primär mit der Höhe wandeln und in weiterer Folge auch expositionsbedingt um den dominanten Ätna unterschiedlich anordnen. Der Fuß des Ätna und hier im Besonderen die Ost- und Südhänge sind am stärksten vom Menschen in Wert gesetzt. Hingegen unterlag der höher gelegene Waldgürtel bzw. der darüberliegende waldfreie Bereich durch die ökonomische Waldnutzung (Bau-, Brennholz- und Harzgewinnung, Kultivierung der Kastanie, aber auch Weidenutzung) wesentlich geringerer Beeinflussung. Mit zunehmender Höhe gewinnt auch der Einfluss des Vulkans mit seiner Lavaentwicklung an Bedeutung.

Abbildung 1 lässt mittels eines Satellitenbildes (Falschfarbendarstellung 753 – Infrarot und sichtbares Rot, Aufnahmedatum: 2006–08–12) einen ersten Überblick über die heterogene Nutzungsstruktur des Ätna zu. Der Zentralteil wird von den ausgedehnten, unbewachsenen Lavafeldern (erscheinen hier dunkelblau bis schwarz) dominiert. Unterhalb zeigen sich in verschiedenen Farben Schwarzkiefern- (dunkelgrün), Birken- und ausgedehnte Buchenwälder (hellgrün). Ältere (teilweise bewachsene) Lavafelder zeigen sich in einem helleren Braun. Siedlungsgebiete erscheinen bläulich, wenn die Verbauung geschlossenen ist (mit wenig Vegetation). Großflächig zeigen sich hier Catania und die kleineren Städteagglomerationen rund um den Ätna. Streusiedlungsstrukturen lassen sich auch im intensiv genutzten Kulturland (Obst-, Wein- und Zitrusfrüchteanbau) an den unteren Ost-, Süd- und Südwesthängen des Ätna erkennen, wobei diese besonders im Südosten weit die Hänge hinauf beobachtet werden können. Landwirtschaftliche Flächen ohne nennenswerten Bewuchs (Aufnahmedatum nach der Ernte) erscheinen im Satellitenbild hell. Wasserflächen (Meer) erscheinen in Infrarotdarstellungen nahezu schwarz.

Dazzi (2007) charakterisiert etwa das Gebiet an und rund um den Ätna mit drei einfachen, traditionellen Vegetations- bzw. Landnutzungsstufen:

- **Ackerstufe mit verschiedenen Obst- und Gartenanbaugebieten:** Meereshöhe bis etwa 900 m
- **Waldgürtel:** 900 m – maximal 2 200 m
- **Gebirgsstufe mit Dominanz von Hochgebirgsvegetation:** 1 500 m – 1 800 / 2 500 m (je nach Exposition, morphologischen Bedingungen und Substrat)

Abb. 1: Die Landnutzungsstruktur des Ätna im Jahre 2006. (Datenquelle: LANDSAT TM, Kanäle 753, Aufnahmedatum: 2006-08-12; http://earthexplorer.usgs.gov; eigene Bearbeitung)

Da sich in diesem Buch ein eigenes Kapitel eingehend mit der Vegetation des Ätna beschäftigt, wird hier nur auf die Landnutzung näher eingegangen.

Die Landnutzung am Ätna

Der Fuß des Ätna mit seinen flach geneigten unteren Hängen stellt den historischen Nutzungsraum des Ätnagebietes dar und wurde durch den Menschen stark beeinflusst. Seit dem Zweiten Weltkrieg wurde dieser intensiv ackerbaulich genutzt und durch Siedlungserweiterungen stärker erschlossen. Die natürliche Waldvegetation fehlt heute meist infolge der intensiven und langandauernden menschlichen Einflüsse. Aufgrund der starken Bevölkerungszunahme und der daraus sich ergebenden Ausweitung von Siedlungs- und Nutzflächen wurden die natürlichen Wälder beinahe vollständig beseitigt. Nur kleine Reste von Steineichenwäldern bilden hier natürliche Waldgesellschaften. Sekundärwälder und Gebüsch sind weit verbreitet anzutreffen.

Wein und Olivenbäume werden weitläufig seit der griechischen Kolonisation kultiviert, während Äpfel, Birnen und Kastanien von den Römern eingeführt wurden. Die Araber haben hingegen Zuckerrohr, Baumwolle, Pistazien und Zitrusfrüchte großflächig an den Ätna gebracht. Zudem wurden während ihrer Herrschaft der Oliven-, Maulbeer- und Johannisbrot- sowie der Feigenanbau ausgeweitet. Obwohl flächenmäßig nur sehr wenig Ackerbau (wenige 100 ha) betrieben wird, dominiert dieser, kombiniert mit dem Anbau von Obst- und Zitrusfrüchten in einer „Cultura Mista", die landschaftliche Ausprägung dieser Zone. **Zitrusfrüchte** nehmen ca. 20 000 ha an landwirtschaftlicher Fläche ein, wobei die Zitrone, die Clementine und die Orange bedeutend sind (Messina et al., 2004). Zitronenhaine dominieren die warme Küstenlandschaft (Ostflanke) und die Südflanke des Ätna bis etwa 200 m Höhe, darüber werden diese von Clementinen abgelöst, die maximal bis auf 400 m hinauf gedeihen. An der Südwestflanke des Ätna reichen die Zitrusfrüchte bis 550 m hinauf (Chester et al., 1985). Die langanhaltende Wärmeabgabe der dunklen vulkanischen Böden bietet ideale Voraussetzungen für Südfruchtkulturen (Scholz, 1992).

Olivenbäume lösen die Zitrusfrüchte der unteren Hänge des Ätna im Allgemeinen in einer Höhe ab 200 – 300 m ab und kommen verstärkt an den trockeneren West- und Südwesthängen vor. Vereinzelte Vorkommen gibt es bis auf 1 000 m Seehöhe. Immer mehr werden die Oliven gemeinsam mit der Indischen Feige angebaut.

Weinanbau dominiert das Landschaftsbild des Ätna an den östlichen und südlichen Abhängen. An der Nordseite finden sich nur wenige Weinanbauflächen, an der Westflanke fehlen diese aufgrund der Trockenheit. Nicht die Größe der Anbaufläche, sie beträgt etwa 5 000 ha, sondern die Art der Kultivierung mittels Terrassensystemen zeigt sich in einem typischen Landschaftsbild. Die obere Anbaugrenze beläuft sich auf ca. 900 m (weitere Informationen: siehe Beitrag Kastberger).

Die durch Araber im 9. Jahrhundert eingeführten **Pistazien** werden vornehmlich an den Westhängen des Ätna zwischen 400 und 700 m angebaut und besitzen mit etwa 3 500 ha eine ökonomische Bedeutung für die Landwirtschaft der Region, weil es sich um das einzig nennenswerte Anbaugebiet der Pistazie in Italien handelt.

Der **Apfelbaum** verträgt Kälte besser und kann je nach Gelände bis in eine Höhe von 1 100 m vorkommen. Weitläufige Anbaugebiete liegen in einem Höhenbereich von 600 – 900 m. Im Südwesten sind es Gebiete um Pedara, Nicolosi, Ragalna, Biancavilla und Adrano, an der Ostabdachung um Zafferana, Milo und Sant'Alfio.

Neben den Apfelkulturen ist noch der **Birnenanbau** von ökonomischer Bedeutung, wobei hier verstärkt auf neue Anbautechniken und -kulturen zurückgegriffen wird. **Kirschbäume** werden an den hügeligen Küstengebieten des Ostens (Giarre, Mascali, Aci S. Antonio, Trescastagni, Pedara, Valgrande und Zafferana) zwischen 200 und 1 000 m kultiviert. **Haselnüsse** brauchen kältere Temperaturen und können deshalb an den Nordhängen zwischen Sanfilippo bis Linguaglossa auf sandigen Böden bis in eine Höhe von 1 000 m gefunden werden. Der **Feigenkaktus** wurde im 16. Jahrhundert in Sizilien eingeführt und findet sich an Grundgrenzen (meist an Steinmauern) bzw. werden die Früchte als Viehfutter und in der Volksmedizin genutzt. Avocado, Japanische Mispel, Ananas-Guave und die Pekannuss kommen vereinzelt in der subtropischen Fußstufe des Ätna vor. Andere Arten, die vereinzelt bis in 1 000 m vorkommen, sind der Granatapfel, Aprikose (Marille), Feige, Pfirsich, Mandel und die Quitte.

Intensiven **Gemüseanbau** (Fenchel, Salat, Spinat, Brokkoli, Blumenkohl (Karfiol), Pfeffer, Tomaten (Paradeiser) und Auberginen (Melanzani) gibt es an den Südwestabhängen und nahe den Stadtzentren (z.B. Adrano, Belpasso und Biancavilla).

Rasengesellschaften und Buschvegetation kommen als Sekundärvegetation hie und da vor (Poli Marchese, 2004). Der Waldgürtel liegt größtenteils zwischen 900 und 1 500 m und wird durch Baumarten wie Schwarzkiefer, Birke, Buche, Eiche und Pappel dominiert. Die Ausgestaltung und Verbreitung der Wälder wird im Beitrag (KASTBERGER) näher beschrieben. Die Waldgesellschaften über 900 / 1 000 m sind fast durchgängig laubabwerfend und vom ökologischen Habitus her bestenfalls submediterran (z. B. Flaumeiche / *Quercus pubescens*) oder gar gemäßigt (Rotbuche / *Fagus silvatica*). Kastanienwälder sind nahezu rund um den Ätna zu finden und werden nur durch die klimatische Höhengrenze eingeschränkt. Die Waldverteilung mit Flächenanteil, Hauptbaumart, Höhengrenzen und Gebietsvorkommen (in Expositionen) am Ätna zeigt die Tabelle 1.

Der ökonomisch wichtige Kastanienbaum wurde in dieser Höhenstufe angepflanzt und ist vor allem an den südöstlichen Hängen des Ätna in den Gebieten um Tarderia, Milia und Zafferana weit verbreitet. Gerade der Bereich zwischen den unteren intensiv ackerbaulich genutzten Feldern und dem darüberliegenden Waldgürtel repräsentiert eine charakteristische Landschaftseinheit (Barbera et al., 2004).

Die Bevölkerungsdichte rund um den Ätna ist verglichen mit anderen Gebieten Süditaliens sehr hoch. Die Hauptzentren liegen wie in Tabelle 2 ersichtlich im Süden und Südosten des Vulkans. Dort liegt auch um Catania die größte Agglomeration des Ätna; allein die Stadt besitzt eine Einwohnerzahl von 298.957, bei einer Fläche von rd. 180 km² mit einer Bevölkerungsdichte von 1 653 Einwohnern pro km² (ISTAT, 2008). Die Mehrzahl der Siedlungen, zwischen 100 und mehreren 1 000 Einwohnern groß, liegt bis in 1 200 m Seehöhe.

Auf der Basis der Bevölkerungsverteilung und Landnutzung haben Harris et al. (2011) die Vulkanregion in fünf Sektoren (Nord, Ost, Südost, Südwest und Nordwest – in Abbildung 2 ersichtlich) unterteilt und diesen Teilgebieten Bevölkerungsdichtewerte und vorherrschende Landnutzungen zugeteilt (Tabelle 2).

Sektoren	Bevölkerungsdichte in Einwohner (EW) pro km²	Vorherrschende Landnutzung
N	niedrig: 63 EW/km²	Gemischte Landwirtschaft
E	mäßig: 408 EW/km²	Zitrusfrüchte
SE	hoch: 940 EW/km²	Urbaner Siedlungsraum mit Olivenanbau und Obstgärten in höherer Lage
SW	mäßig: 373 EW/km²	Oliven-, Indische Feigen- und Pistazienanbau (Obstgärten in höherer Lage)
NW	niedrig: 207 EW/km²	An edaphische Trockenheit angepasste Nutzung

Tabelle 2: Die Bevölkerungsdichte und vorherrschende Landnutzung in den verschiedenen Sektoren rund um den Ätna. (Quelle: Harris et al., 2011, ergänzt und verändert)

Waldgesellschaft	Flächenanteil in %	Hauptbaumart	Höhengrenze	Vorkommen
Sekundärwald	40	Keine Angabe	1 200 m	Ganzes Gebiet
Kastanienwälder	18	Kastanie (*Castanea sativa*)	1 400 m	NE, E, SE, S, SW
Eichenwald	13	Flaum- und Zerreiche (*Quercus pubescens* und *cerris*)	1 200 m	Ganzes Gebiet
Kiefernwald	13	Schwarzkiefer (*Pinus laricio*)	1 800 m	NE, SW
Buchenwald	6	Rotbuche (*Fagus sylvatica*)	2 000 m	N, NW
Mischwald (Eichen und Kiefern)	4	Steineiche und Schwarzkiefer (*Quercus ilex* und *Pinus laricio*)	1 800 m	NE, E
Kiefernwälder und Laubwälder	3	Keine Angabe	1 800 m	NW
Birkenwälder	3	Ätna-Birke (*Betula aetnensis*)	2 000 m	NE, E

Tabelle 1: Vorkommen der Hauptwaldgesellschaften am Ätna. (Quelle: Harris et al., 2011, verändert)

Neben den recht gleichmäßig verteilten Agrarsiedlungen gibt es entlang der Süd- und vor allem entlang der Ostseite des Ätna zahlreiche auf den Tourismus ausgerichtete Orte wie etwa Taormina (Scholz, 1992). Auch der aktive Ätna selbst ist in den letzten Jahrzehnten zunehmend touristisches Ziel geworden. Über gut ausgebaute Straßen kommt man problemlos nahe an die Gipfelregion heran. Im Winter ist die Hochregion des Ätna ein schneesicheres Schigebiet.

Landschaftswandel

Der Landschaftswandel vollzieht sich am Ätna in zwei Bereichen. Einerseits wird aufgrund der Aktivität des Ätna die Landschaft durch dessen Lavaergüsse ständig umgestaltet, andererseits wird durch den ökonomischen, sozialen und kulturellen Wandel der Bevölkerung die Landschaft nachhaltig verändert. Besonders die Veränderungen in der Bevölkerungsstruktur wirken nachhaltig auf Landwirtschaft und Siedlungsentwicklung.

Die landschaftliche Veränderung soll hier am Beispiel der Lavastromentwicklung mittels Satellitenbilddaten die Entwicklung der flächenhaften Lavaergüsse des Ätna beispielhaft dokumentiert werden. Die Daten reichen bis 1972 zurück und wurden etwa in zehn Jahresschritten (Abb. 3, Abb. 4) hier eingearbeitet. Die aktuelle Situation für den gesamten Ätna (Stand 2006) ist in Abbildung 1 dargestellt. Interessant ist in dieser Abbildung die unterschiedliche Farbgebung der Lavaströme, die ein Bild der Vegetationswiederbesiedlung wiedergeben.

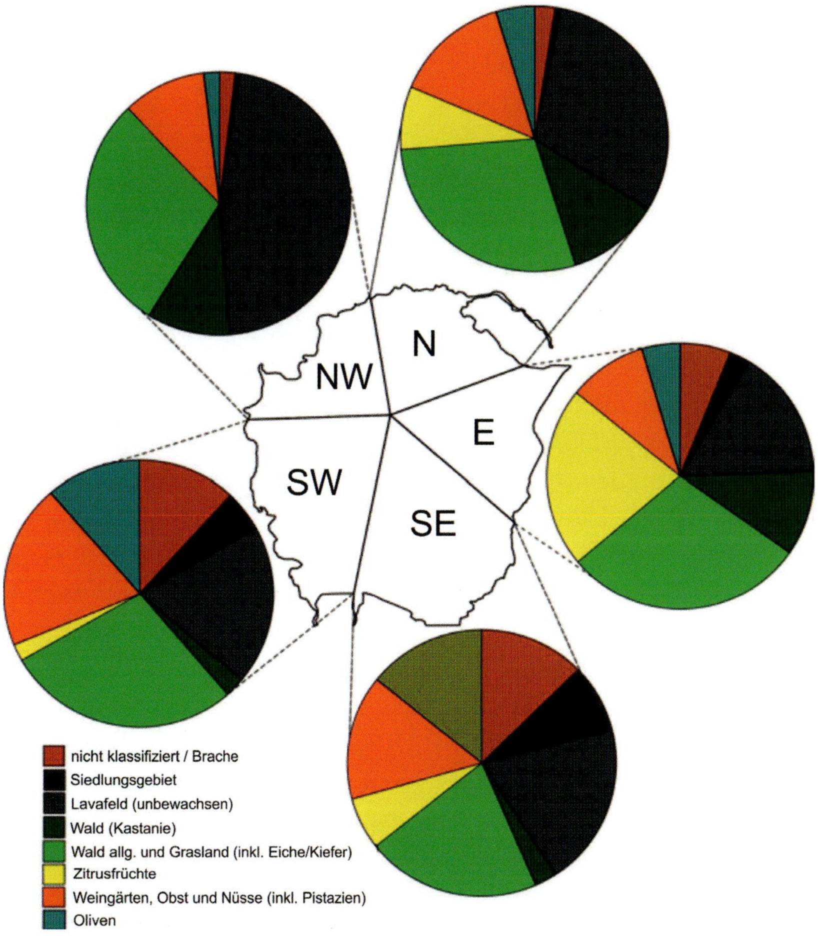

Abb. 2: Die Verteilung der Landnutzung in den einzelnen Sektoren. (Quelle: Harris et al., 2011, verändert)

Die Lavaströme können sehr exakt den einzelnen Ausbruchsperioden des Ätna zugeordnet werden (siehe Beitrag LIEB). Sie sind in den Bildern meist dunkel (ohne Vegetation) dargestellt. Es gilt hier – speziell in den niedrigeren Regionen

1977 1987 1999 2006

Abb. 3: Lavaströme am Nordhang des Ätna im Jahre 1977, 1987, 1999 und 2006. (Datenquelle: LANDSAT TM, Kanal 4, http://earthexplorer.usgs.gov; eigene Bearbeitung)

des Ätna – je dunkler die Fläche, desto jünger (weniger Vegetation) ist die Lava. Je heller die Flächen sind, desto höher ist der Vegetationsindex (die Vegetation hat Zeit, sich zu entwickeln). Fast weiße Flächen repräsentieren in den Bildern vor allem Laubwälder. Weiße Pfeile in den Abbildungen markieren klar ersichtliche Änderungen der Lavaströme zum jeweilig vorhergehenden Bild. Die Aufnahme vom Jahr 1987 zeigt im Nordteil den langen Lavastrom von 1981, der hier den Fuß des Ätna bei Randazzo erreicht. Im Satellitenbild neue, mittelgraue Flecken sind vermutlich Reste von Waldbränden, die am Ätna häufig natürlich oder durch den Menschen verursacht werden. Die Form und die Lage dieser Flächen kann auch nicht zu einem Lavaereignis zugeordnet werden. Die Aufnahme von 1999 scheint dies zu bestätigen, da die betreffenden Flächen hier wieder deutlich von (höherer) Vegetation bedeckt sind. In dieser Schnelligkeit siedeln sich Pflanzen auf frischen Lavaströmen nicht flächendeckend an. Vulkanische Aschen hingegen besitzen einen geradezu unübertrefflichen bodenverbessernden und -regenerierenden Wert. Sie verleihen dem Boden aufgrund ihres Mineralreichtums eine hervorragende Fruchtbarkeit (Scholz, 1992). Viele Lavaströme, die sich zunächst zerstörend auf die Kulturlandschaft am Ätna ausgewirkt haben, werden relativ leicht verwittert. In tiefer gelegenen Regionen nimmt die natürliche Vegetation schon bald Besitz von den Lavaströmen und nach wenigen Jahren sind sie für den ersten Anbau geeignet. Durch Erosion mittels Wind und Wasser werden vulkanische Aschen auch ins Ätna-Vorland (z.B. in die Ebene von Catania) transportiert; somit trägt der aktive Vulkan neben seiner ständigen Bedrohung auch zum Vorkommen von fruchtbaren Böden bei. Der schmale Lavastrom (weißer Pfeil im Bild für 2006), der sich im oberen Bereich des Ätna in östliche Richtung erstreckt, kann sowohl in den Aufnahmen von 2003 als auch hier in der Darstellung des Jahres 2006 wahrgenommen werden – es handelt sich um das Ereignis von 2002/03, bei dem die touristische Infrastruktur am Piano Provenzana zerstört wurde.

Die Situation am Südhang des Ätna in Richtung Nicolosi zeigt ein weitverzweigtes Netz an Lavaströmen. In diesem Gebiet gab es zahlreiche Ausbrüche, wobei die Situation von 2003 bis 2006 unverändert geblieben ist. Zwischen 1972 und 1987 hat sich ein mächtiger verästelter Lavastrom zwischen die bestehenden Ströme geschoben, worauf später die Straße zum Rifugo Sapienza neu gebaut wurde. In der Aufnahme von 1999 sind auch Teile der neuen Lavaentwicklungen des Valle del Bove zu erkennen. 2003 zeigen sich neue gefiederte Ströme im oberen Bildbereich (Ausbruch 2001) und eine langgestreckte, tief herunterreichende Lavazunge in der Bildmitte (Ausbruch 2003). Vulkanische Festgesteine (meist Basalte) und verfestigte Aschen werden in Steinbrüchen abgebaut und als Baustoff oder in der Bildhauerei verwendet.

Nicht nur flächenhafte Änderungen werden durch die vulkanische Tätigkeit des Ätna verursacht, sondern es werden auch Aufwölbungen und Einsenkungen geschaffen. Als Beispiel sollen hier die Auswirkungen der Lavaausbrüche um 2000 angeführt werden (Abb. 5), bei denen es Aufwölbungen bis zu 10 m gegeben hat. Die massiven Einsenkungen im Gipfelbereich sind vermutlich auf die Aufnahme störende

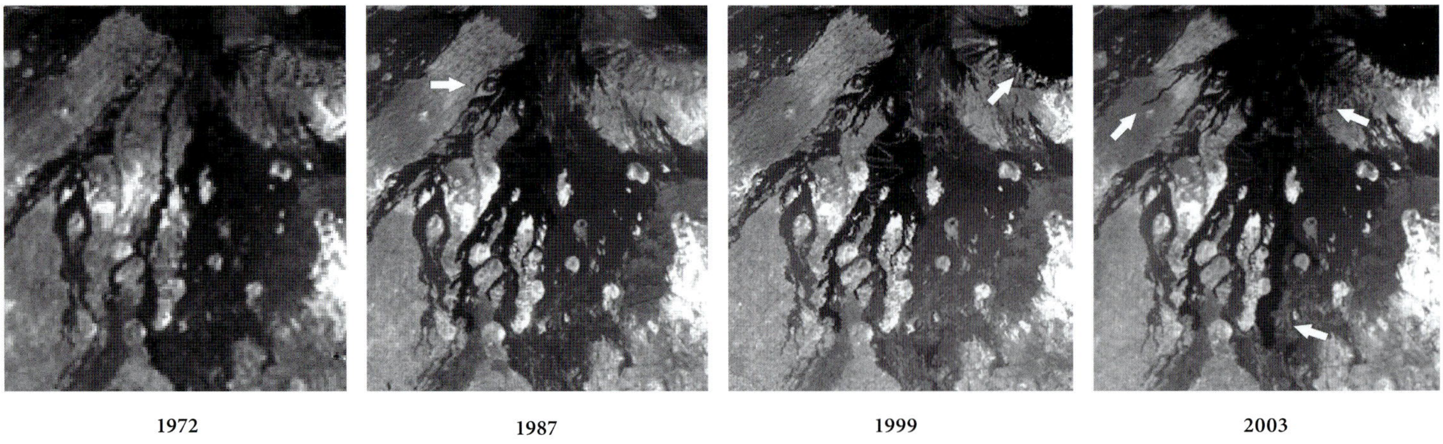

Abb. 4: Lavaströme am Südhang des Ätna im Jahre 1972, 1987, 1999 und 2003. (Datenquelle: LANDSAT TM, Kanal 4, http://earthexplorer.usgs.gov; eigene Bearbeitung)

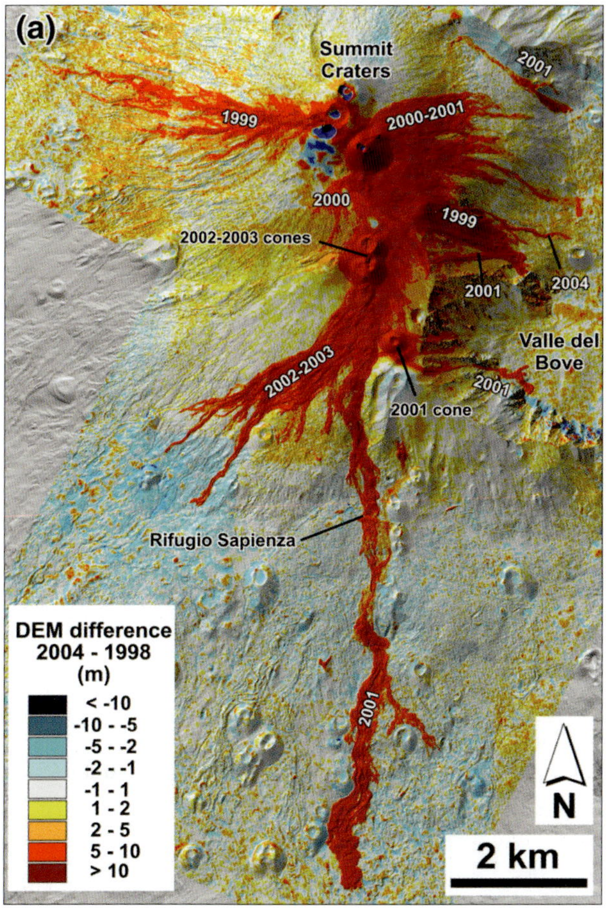

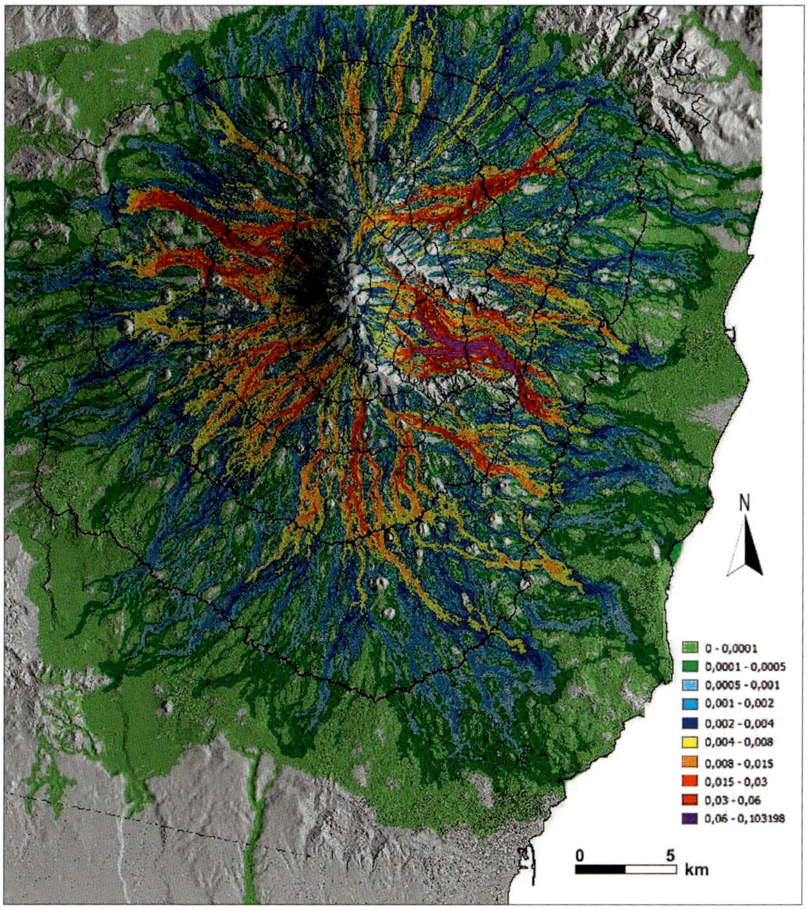

Abb. 5 (links): Darstellung der Höhenunterschiede im Gipfelbereich und an der Südflanke des Ätna (1998–2004). (Quelle: Tarquini und Favalli, 2011)
Abb. 6 (rechts): Gefährdungskarte des Ätna; Wahrscheinlichkeit der Gefährdung durch einen zukünftigen Ausbruch. (Quelle: Rongo et al., 2011)

Gaswolken zurückzuführen (Tarquini und Favalli, 2011). Abbildung 6 zeigt eine von inzwischen vielen unterschiedlichen Gefährdungskarten am Ätna. Diese Karte repräsentiert in unterschiedlichen Farben die Wahrscheinlichkeit (0 bis 1), mit der zukünftige Eruptionen die Ätna-Region bedecken können.

Die Ätna-Region war – wie bereits geschildert – einmal bis hin zur natürlichen Waldgrenze fast vollständig mit Wald bedeckt. Heute existieren nur mehr Restwälder, unterschiedliche traditionelle Kulturlandschaftssysteme (vereinzelte Bauernhöfe, hauptsächlich für den Eigenbedarf), spezialisierte Bauernhöfe mit Intensivanbau (Haselnuss, Apfel, Oliven, Wein etc.), Weideflächen und Flächen mit sowohl Baum- als auch ackerbaulicher Nutzung (agrisilvikulturell; im Allgemeinen auch als *„cultura mista“* bekannt). Die zunehmende Intensivierung der Landnutzung besitzt einen breiten Einfluss auf die biotische und landschaftliche Vielfalt, die in eine ökologische Verarmung der Region mündet (Barbera et al., 2005; Cullotta und Barbera, 2011).

Anhand der historischen Landnutzungskarten und Satellitenbilder kann die Veränderung der Ätna-Region sehr gut dokumentiert werden. Die „Carta della Utilizzazione del Suolo d’Italia“ (1:200 000) aus dem Jahre 1958 gibt einen ersten Einblick der historischen Landnutzung (Abb. 7).

Mit den Landnutzungsdaten von Corine (http://sia.eionet.europa.eu) können erstmals europaweite Entwicklungen der Landnutzung mit einheitlichen Nomenklaturen untersucht werden. Für diese Arbeit stehen zwei Erhebungszeitpunkte, 1990 und 2006, zur Verfügung. Die Veränderungen in ha für das gesamt dargestellte Gebiet (in Summe ca. 269 000 ha) sind in der Tabelle 3 aufgelistet und in Tabelle 4 grafisch dar-

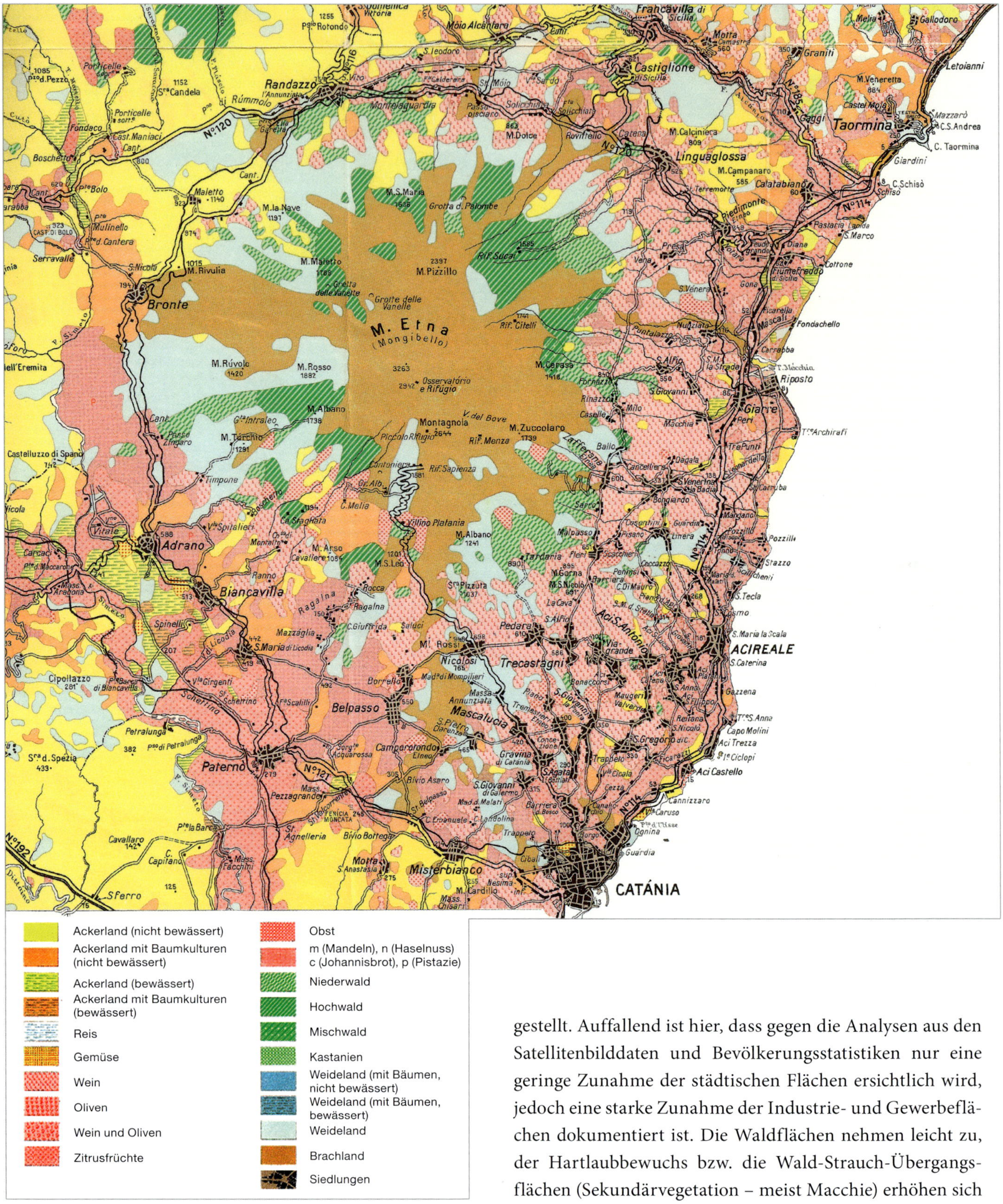

Abb. 7: Landnutzung im Jahre 1958. (Quelle: Carta della Utilizzazione del Suolo d'Italia, Foglio 22, 1:200000; Ausschnitt, verändert)

gestellt. Auffallend ist hier, dass gegen die Analysen aus den Satellitenbilddaten und Bevölkerungsstatistiken nur eine geringe Zunahme der städtischen Flächen ersichtlich wird, jedoch eine starke Zunahme der Industrie- und Gewerbeflächen dokumentiert ist. Die Waldflächen nehmen leicht zu, der Hartlaubbewuchs bzw. die Wald-Strauch-Übergangsflächen (Sekundärvegetation – meist Macchie) erhöhen sich deutlich bzw. die Ackerfläche erhöht sich in Summe leicht. Felsflächen ohne Vegetation (hier meist frische Lava) neh-

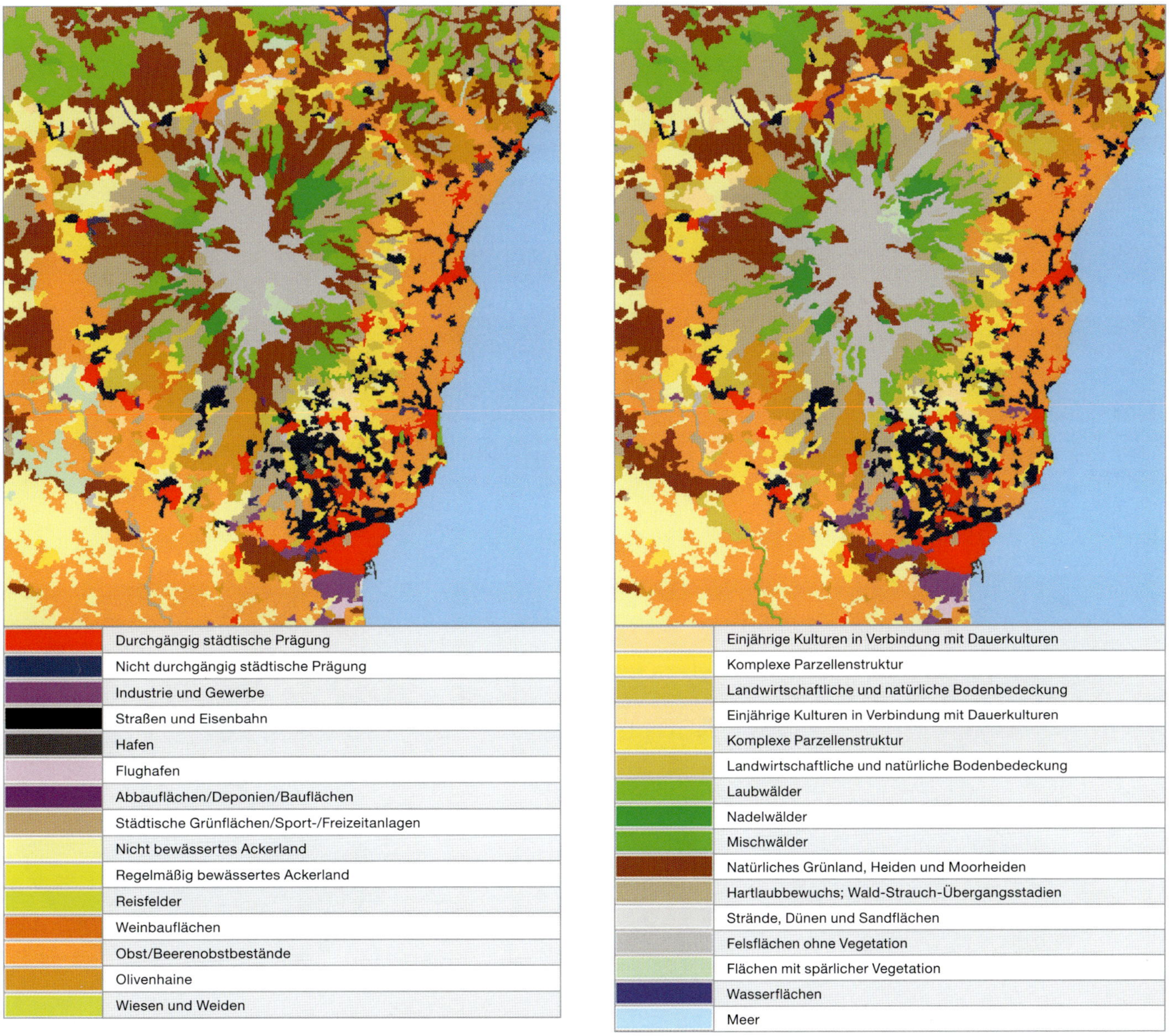

Abb. 8: Landnutzung im Jahre 1990 (links) und 2006 (rechts). (Datenquelle: http://sia.eionet.europa.eu, Zugriff April 2012; eigene Bearbeitung)

men 2006 größere Gebiete ein als 1990. Natürliches Grünland und Heiden/Moore nehmen markant an Fläche ab. Es muss hier aber auf eine gewisse Problematik der Corine-Daten hingewiesen werden. Da die Veränderungen der einzelnen detaillierten Nutzungskategorien oft nicht mit den tatsächlichen Änderungen übereinstimmen, wurden hier ähnliche Klassen zusammengefasst und dargestellt. Fehler in den Originalauswertungen beruhen meist auf einer Änderung der Nomenklaturen (Klassen) und unterschiedlichen Interpretationsverfahren.

Landnutzung (in ha)	1990	2006	1990–2006
Siedlungsflächen (allgemein)	21.371	21.688	317
Ackerland	42.075	45.586	3.511
Weinbauflächen	1.226	1.744	518
Obst- und Beerenobstbestände	46.884	47.753	869
Olivenhaine	10.200	10.297	97
Waldflächen	22.490	25.220	2.730
Natürliches Grünland, Heiden und Moorheiden	41.916	27.105	-14.811
Hartlaubbewuchs, Wald-Strauch-Übergangsstadien	24.297	27.942	3.645
Felsflächen ohne Vegetation	9.290	15.390	6.100
Flächen mit spärlicher Vegetation	3.877	824	-3.053
Wasserflächen (Land)	354	431	77

Tabelle 3: Die Veränderung der Landnutzung im Jahr 1990 und 2006. (Datenquelle: http://sia.eionet.europa.eu, Zugriff April 2012; eigene Bearbeitung)

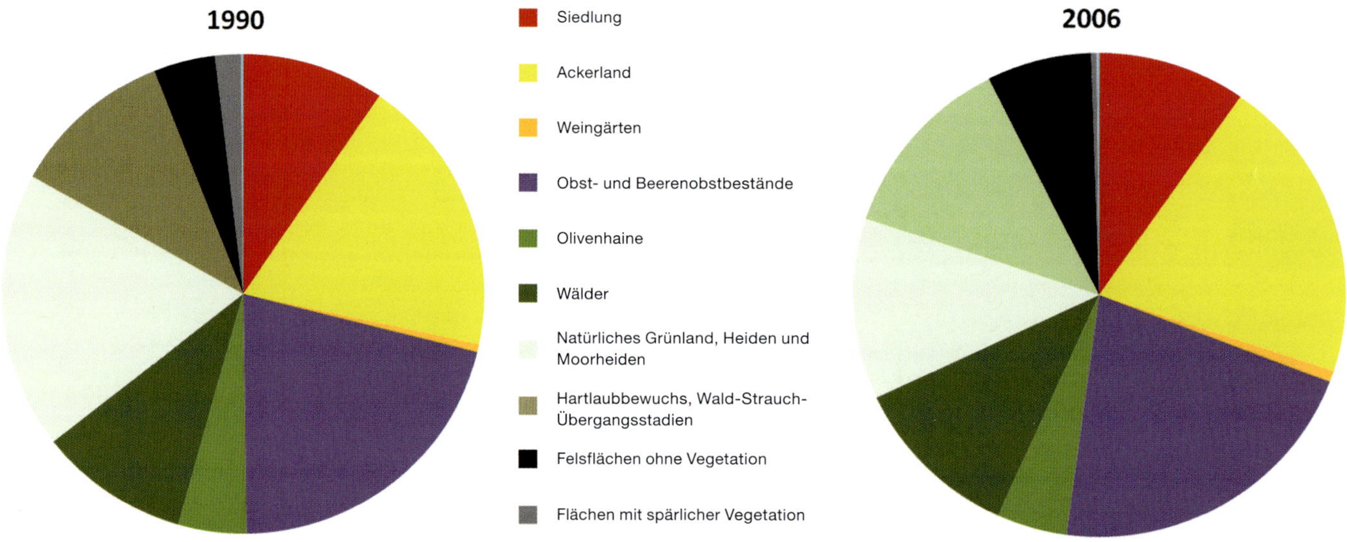

Tabelle 4: Die Landnutzung im Jahr 1990 (links) und 2006 (rechts). (Datenquelle: http://sia.eionet.europa.eu, Zugriff April 2012; eigene Bearbeitung)

Die aktuelle Verteilung der Bevölkerungsdichte (Einwohner pro km²) rund um den Ätna wurde bereits in Tabelle 2 dargestellt. Nun soll die Entwicklung der Bevölkerungszahlen im Bereich des Parco dell'Etna seit 1951 dargestellt werden.

Unter „Ätna-gesamt“ sind alle 20 Gemeinden zu verstehen, die Anteil am Regionalpark Ätna (Parco dell'Etna) haben. „Ätna-Nord“ sind die acht Gemeinden der Nordabdachung (im Uhrzeigersinn: Maletto, Randazzo, Linguaglossa, Casti-

Bezugsregion	Fläche (km²)	Bevölkerung 1951	Bevölkerung 2010	Bevölkerungsveränderung 1951–2010 (%)
Ätna-Nord	531	50.770	44.797	- 11,8
Ätna-Süd	827	121.533	192.366	+ 58,3
Ätna gesamt	1.358	172.303	237.163	+ 37,6
Provinz Catania	3.552	800.051	1,090.101	+ 36,3
Sizilien	25.703	4,486.749	5,051.075	+ 12,6

Tabelle 5: Bevölkerungsentwicklung im Bereich des Parco dell'Etna. (Quelle: www.comuni-italiani.it, Zugriff April 2012).

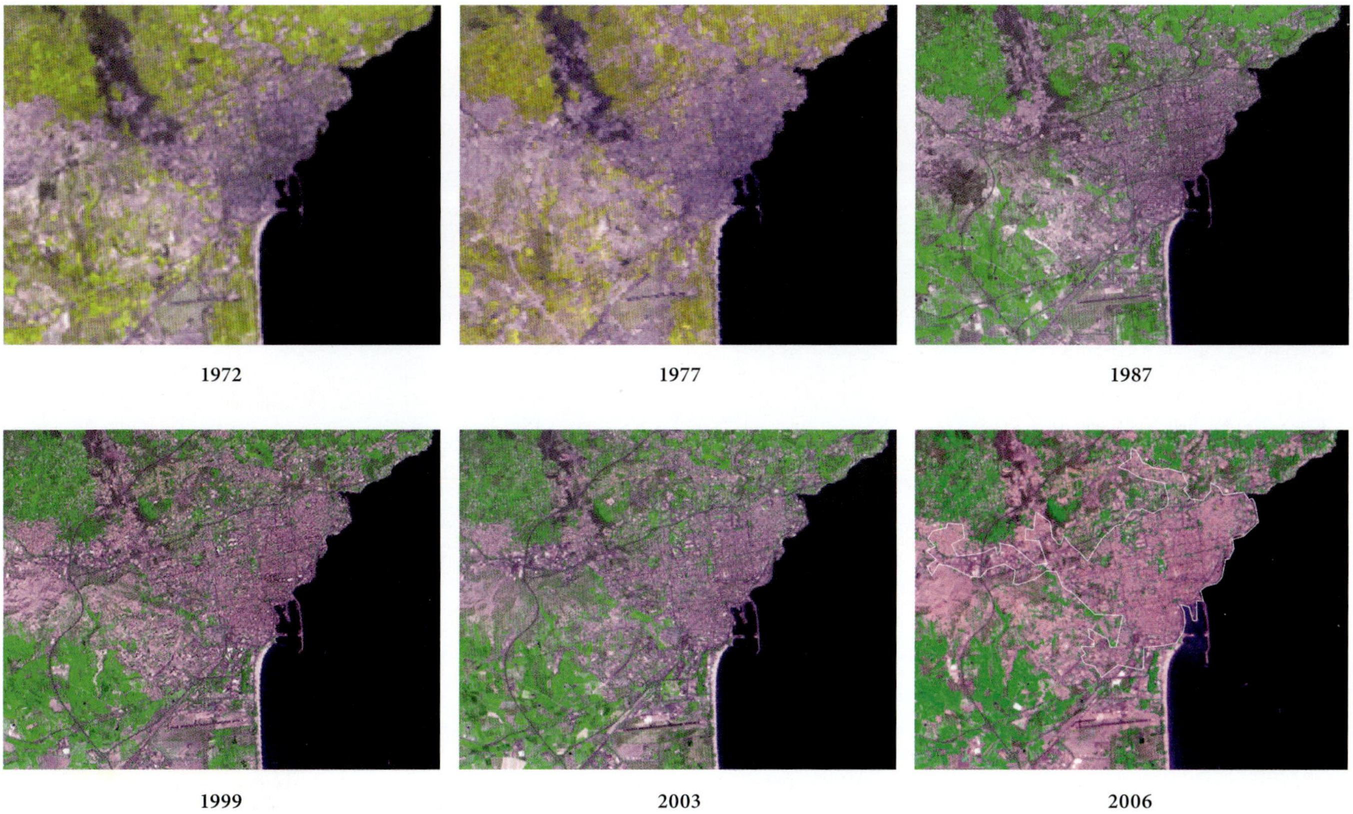

Abb. 9: Die Entwicklung der städtischen Agglomeration von Catania von 1972–2006. (Datenquelle: LANDSAT-Kanäle 342, http://earthexplorer.usgs.gov; eigene Bearbeitung)

glione di Sicilia, Piedimonte Etneo, Milo, Sant'Alfio, Máscali), „Ätna-Süd" die zwölf Gemeinden der Südabdachung (im Uhrzeigersinn: Giarre, Zafferana Etnea, Viagrande, Trecastagni, Pedara, Ragalna, Nicolosì, Belpasso, Biancavilla, Sta. Maria di Licodia, Adrano, Bronte). Deutlich zeigt sich in Tabelle 5, dass sich die Bevölkerung in der Provinz Catania und im Gebiet des Ätna wesentlich dynamischer entwickelt hat als im sizilianischen Mittel. Trotz permanenter Gefahren (Eruptionen und Erdbeben) leben am Ätna rund 175 Einwohner / km^2. Allerdings zeigen sich deutliche Unterschiede zwischen der Nord- und der Südseite des Ätna, wobei erstere sogar einen Bevölkerungsrückgang hinnehmen musste. Die Ursache dafür ist in den jüngsten sozioökonomischen Veränderungen zu suchen: Das starke Angebot an außeragrarischen Erwerbsmöglichkeiten in der städtischen Agglomeration Catania hat die Südseite des Ätna, unterstützt durch das hier sehr attraktive Wohnumfeld, zu einem Zuwanderungsgebiet gemacht. Eine weitere wichtige Facette dieser Entwicklung ist die Suburbanisierung. Diese wird besonders gut sichtbar in Abbildung 9.

Die dynamische Bevölkerungsentwicklung an der Südseite des Ätna soll an zwei Beispielen der Siedlungserweiterungen dokumentiert werden. Das erste Beispiel zeigt die städtische Erweiterung von Catania (Abb. 9). Deutlich zeigt sich hier die Zunahme der versiegelten Flächen (blau) bzw. das Zusammenwachsen von Catania mit seinen Vororten und den benachbarten Städten. Die weiße Linie im Satellitenbild von 2006 zeigt grob die Ausdehnung der geschlossen Verbauung im Raum Catania im Jahre 1992. Das Kulturland in den Satellitenbildern zeigt sich in den einzelnen Jahren in unterschiedlichen Farbtönen (z.B. gelb oder grün). Dies liegt an den unterschiedlichen Aufnahmezeitpunkten und somit an den unterschiedlichen Vegetationszuständen im Jahresverlauf.

Abbildung 10 zeigt eindrucksvoll die dynamische Entwicklung am Südhang des Ätna im Bereich Nicolosi, Belpasso, Paterno und Biancavilla. Die geschlossenen Dörfer wurden wesentlich erweitert. Bemerkenswert ist die Siedlungserweiterung (versiegelte Flächen werden bläulich dargestellt) an

1972

2006

Abb. 10: Die Siedlungserweiterung der geschlossenen Orte und des Streusiedlungsbereiches am Südhang des Ätna von 1972 auf 2006. (Datenquelle: LANDSAT-Kanäle 342, http://earthexplorer.usgs.gov; eigene Bearbeitung)

und auf den Lavaströmen bzw. die Zersiedelungstendenz an den oberen Hangbereichen des Ätna. Den Menschen ist wohl die Gefahr, die durch einen Ausbruch des Ätna ausgeht, bewusst, siedeln aber doch relativ unbeeindruckt an potenziellen Gefahrenstellen (Kelman und Mather, 2008; Harris et al., 2011). In den hier abgebildeten oberen Hangbereichen des Ätna kam es zu einem starken Rückgang der landwirtschaftlichen Flächen.

Fazit

Der Ätna zeigt in allen Höhenbereichen überall die Einflüsse menschlicher Aktivität (durch Landwirtschaft, Siedlung, Tourismus) in unterschiedlicher Intensität. Am stärksten hat er die unteren Hangbereiche bzw. die Fußfläche geprägt, wo hingegen der aktive Vulkan flächenhaft die Gipfelbereiche und die oberen Hangbereiche durch Nebenkrater und Lavaflächen einnimmt. Letztere reichen fingerförmig in das Kulturland und Siedlungsgebiet hinunter. Touristische Elemente finden sich mit Straßen und Gebäuden bis weit hinauf im Hochgebirgsraum des Ätna und sind somit in ständiger Gefahr, durch Ausbrüche zerstört zu werden.

Die landschaftlichen Veränderungen zeigen sich am Ätna sehr dynamisch. Kurzfristig kann sich die Landschaft durch die vulkanische Tätigkeit mit der Bildung neuer Krater und Lavaströme innerhalb von wenigen Wochen dramatisch verändern. Dies vollzieht sich nicht nur flächenhaft, sondern auch neue Höhen und Senken werden dadurch geschaffen. Der Mensch hat im Lauf seiner Siedlungsgeschichte den natürlichen Wald zerstört und in den unteren Hangbereichen ein intensiv genutztes Kulturland geschaffen. Die jüngsten Veränderungen betreffen vor allem die Siedlungserweiterungen, die einerseits flächenhaft die alten, geschlossenen Siedlungskerne (Catania, Paterno etc.) erfasst und andererseits einen weitläufigen Streusiedlungsbereich am Hang des Ätna geschaffen haben. Satellitenbilder eignen sich sehr gut, um diese junge Dynamik (Lavaströme und Siedlungserweiterung) zu dokumentieren. Die in diesem Beitrag verwendeten Landnutzungskarten der Corine-Kartierung basieren ebenso auf einer Auswertung von Satellitenbilddaten wie die hier eingebundenen Beispiele der Lavaentwicklung rund um den Ätna und Siedlungserweiterung an dessen Südseite.

Literatur:

Barbera, G., Cullotta, S. und G.M. Pizzuro, 2005: *Agroforestry systems of Mt. Etna, Italy – Biodiversity Analysis at landscape, Stand and specific Level.* In: M. Marchetti (editor), 2004: Monitorig and Indicators of forest biodiversity in Europe – from Ideas to Operationally. European Forest Institute (EFI) Proceedings No. 51, pp. 381–392.

Cappello, A., Vicari, A. and C. Del Negro, 2011: Retrospective validation of a lava-flow hazard map for Mount Etna volcano. In: Annals of Geophysics 54, 5, pp. 634–640.

Carta della Utilizzazione del Suolo d'Italia, 1958: Foglio 22, 1 : 200 000.

Chester, D.K., Duncan, A.M., Guest, J.E. and C.R.J. Kilburn, 1985: *Mount Etna: the anatomy of a volcano.* Chapman and Hall, London, pp. 187–228.

Chester, D.K., Duncan, A.M. and P.A. James, 2010: Mount Etna, Sicily: *Landscape Evolution and Hazard Responses in the Pre-industrial Era.* In: P. Martini and w. Chesworth (editors): Landscapes and Societies. Springer Verlag, pp. 235–254.

Cullotta, S. and G. Barbera, 2011: Mapping traditional cultural landscapes in the Mediterranean area using a combined multidisciplinary approach: Method and application to Mount Etna (Sicily; Italy). In: Landscape and Urban Planning 100, pp. 98–108.

Dazzi, C., 2007: Environmental features and land use of Etna (Sicily – Italy). In: Bartoli Arnalds F., Buurman P., Òskarsson H., Stoops G., Garcia-Rodeja E. (editors). Soils of Volcanic Regions in Europe. Springer Verlag, 2007, pp. 629–644.

Eionet (European Topic Centre on Spatial Information and Analysis): Corine Land Cover. http://sia.eionet.europa.eu. Zugriff: April 2012.

Harris, A. J. L., Favalli, M., Wright, R. and H. Garbeil, 2011: Hazard assessment at Mount Etna using a hybrid lava flow inundation model and satellite-based land classification. In: Nat Hazards, 58, pp. 1001–1027.

Informazioni e statistiche sui comuni, le province e le regioni in Italia, www.comuni-italiani.it; Zugriff: April 2012.

ISTAT, 2008: Demografia in cifre. Instituto Nazionale di Statistica, Roma, Italy. (http://demo.istat.it/)

Kelman, I. and T. A. Mather, 2008: Living with volcanoes: The sustainable livelihoods approach for volcano-related opportunities. In: Journal of Volcanology and Geothermal Research 172, pp. 189–198.

Marchese, E.P., 2004: Ätna. In: C. Burga, F. Klötzli und G. Grabherr (Hrsg.). Gebirge der Erde – Landschaft, Klima, Pflanzenwelt. Ulmer Verlag Stuttgart, S. 291–300.

Rongo, R., Avolio, M.V., Behncke, B., D'Ambrosio, D., Di Gregorio, S., Lupiano, V., Neri, M., Spataro, W. and M. Gino M., 2011: *Defining high-detail hazard maps by a cellular automata approach: application to Mount Etna (Italy).* In Annals of geophysics, 54, 5, 2011, pp. 568–578.

Scholz, E., 1992: Der Ätna – Freund und Feind des Menschen. In: Geographie Heute, 98, 23–29.

Tarquini, S. and M. Favalli, 2011: Mapping and downflow simulation of recent lava flow fields at Mount Etna. In: Journal of Volcanology and Geothermal Research 204 (2011) pp. 27–39.

US Geological Survey: Landsat Satellite images, http://earthexplorer.usgs.gov/, Zugriff: April 2012.

In der Unterwelt des Ätna – Höhlenforschung am Vulkan

Ernest Geyer

Einleitung

Die Faszination, die seit Jahrhunderten vom Ätna ausgeht, macht auch bei der Höhlenforschung nicht halt. Jeder Vulkanausbruch kann neue Höhlen entstehen lassen, aber auch bestehende wieder zerstören. Hunderte Höhlen finden sich an den Hängen des Ätna, viele davon sind bereits erforscht und dokumentiert. Die Geschichte der Vulkanspeläologie, einem Spezialgebiet in der Höhlenforschung, ist eng mit dem Ätna verbunden. Diese Höhlen bieten unter anderem im Bereich der Mineralogie, Bio- und Anthropospeläologie ein weites Betätigungsfeld. Aber auch für den Tourismus haben diese Höhlen ihre Bedeutung – gehört doch der Besuch einer Lavahöhle am Ätna zum Standardprogramm vieler Touristen.

Abb. 1: Eine Darstellung der Ätna-Eruption im Jahre 1637 des Polyhistors Athanasius Kircher.

Vulkanhöhlen – die Entstehung

Die Lavahöhlen oder Lavastromhöhlen zählen zu den Primärhöhlen – ihre Entstehung ist unmittelbar mit dem Entstehungsprozess des Gesteins verbunden. Im Gegensatz dazu stehen die Sekundärhöhlen, die sich in bereits vorhandenen Gesteinen ausbilden. Vor allem effusive Vulkaneruptionen, die auch einen massiven Lavaausstoß zur Folge haben, sind die Basis für die Entstehung der Lavahöhlen. An die 1 200° C heiße, flüssig bis zähflüssige Lava ergießt sich bei der Eruption in Form eines Stromes über die Hänge

Abb. 2: Blick vom Gipfel des prähistorischen Vulkans Mompilieri auf den Vulkan Monti Rossi, die Stadt Nicolosi, mit dem Ätna im Hintergrund, und den Vulkankegel Monpeloso im rechten Bildrand. (Foto: E. Geyer)

Abb. 3: Der große Lavatunnel in der *Grotta Intraleo,* die Höhle befindet sich am Fuße des gleichnamigen Vulkans. (Foto: E. Geyer)

des Vulkans. Die talwärts fließende Lava erstarrt in weiterer Folge von außen nach innen. Die Lavaoberfläche kühlt an der Luft ab, verfestigt sich und bildet so eine tragfähige Tunneldecke, die auch eine Isolierschicht darstellt und die weitere Abkühlungsgeschwindigkeit im Inneren des Lavastroms wesentlich beeinflusst. Das Material im flüssigen Kern der langsam erstarrenden Lava fließt im Inneren weiter talwärts. Nach Unterbrechung oder Beendigung der Lavaemission können dadurch tunnelförmige Hohlräume entstehen, die oft beachtliche Größen und Längen erreichen. Wichtige Einflussfaktoren für die Höhlenbildung sind: Dauer und Menge der Lavaemission, das Material – am Ätna vorwiegend Basalt, die Temperatur und Viskosität, die Lavaart – *Aa-Lava* oder *Pahoehoe-Lava* – und die Geländeform, auf der sich der Lavastrom bewegt. In der Literatur werden verschiedene Ausbruchsformen am Ätna beschrieben (Pichler et al., 1988): Dampf-, Schlackenwurf- und Lavawurftätigkeit. Für die Höhlenbildung jedoch interessant sind hier die subterminalen Lava-Ausflüsse, die terminalen, die lateralen sowie die sogenannten exzentrischen Ausbruchsformen. Bei den subterminalen Lava-Ausflüssen strömt entgaste Lava durch Eruptionsspalten an den Flanken des Vulkans aus. Von terminalen Ausbrüchen spricht man, wenn die Lava im Hauptschlot aufsteigt und am Gipfelkrater ausfließt. Bei den lateralen Ausbruchsformen fließt explosive Lava durch

Abb. 4: In der *Grotta del Santo* sind die Höhlengänge labyrinthisch angelegt. (Foto: E. Geyer)

Abb. 5: ***Grotta della Madonna di Mompilieri*** **– historische Kirchenmauern unter der Lavadecke. (Foto: Taraneh Khaleghi)**

Abb. 6. Kreisförmige Deckenöffnung in der ***Grotta Taddariti II.*** **(Foto: E. Geyer)**

Spalten, die in Verbindung mit dem Hauptschlot stehen, aus, es bilden sich an den Vulkanflanken Schlackenkegel. Keine direkte Verbindung zum Hauptschlot besteht bei den exzentrischen Ausbruchsformen, es bilden sich parasitäre Vulkankegel aus. Alle diese Ausbruchformen haben jedoch eines gemeinsam, es können gewaltige Lavamassen mit zerstörender Wirkung austreten, die wiederum die Basis für die Lavahöhlen bilden. Die so entstandenen Lavatunnels sind meist nicht zugänglich, außer es bilden sich bereits bei ihrer Entstehung Expansionslöcher oder Einbrüche – oft werden jedoch erst im Laufe der Zeit durch Deckeneinbrüche befahrbare Zugänge zu diesen Höhlengängen geschaffen. Aber auch beim Straßenbau werden Lavahöhlen angefahren und dadurch erst zugänglich – ein Beispiel dafür ist die *Grotta Cassone,* deren Eingang sich unmittelbar an der Straße befindet. Die Gesteinsüberdeckungen sind meist nur sehr gering. Pflanzenwurzeln dringen nicht selten durch Risse in der Tunneldecke in den Höhlenraum.

Eine weitere Form von Vulkanhöhlen sind die Blasenhöhlen – in die flüssige Lava eingeschlossene Gase verdrängen die Schmelze und bilden bei der Erstarrung der Lava kleinere Hohlräume aus. Kleinere Hohlräume entstehen aber auch, wenn der Lavastrom auf Bäume oder Gebäude trifft und sie überfließt. Die *Grotta della Madonna di Mompilieri* in Nicolosi ist so entstanden – 1669 wurde die Kirche von Mompilieri sowie das gesamte Dorf in nur wenigen Stunden vom Lavastrom bedeckt – Jahre später, 1704 konnte die Statue der Madonna delle Grazie, geschützt in einer Blase unter der Lava, unversehrt wieder geborgen werden (Patti et al., 1999). Einige Teile der historischen Kirchenmauern und -säulen blieben ebenfalls erhalten, die Decke des kleinen Raumes wird aus erstarrter Lava gebildet.

An den Flanken des Ätna finden sich viele kleinere Vulkankegel, die am Ende von Eruptionsspalten entstanden sind. Bei der Eruption tritt das Magma entlang dieser Spalten an die Oberfläche. Nach Beendigung der Emission zieht sich das Magma zurück und es können befahrbare Hohlräume zurückbleiben. Diese Höhlen haben meist vertikale Ausprägungen, führen in die Tiefe und sind technisch schwierig zu befahren – ein Beispiel dazu ist die *Grotta Palombe* bei Nicolosi, die nachfolgend näher beschreiben wird.

Höhlenforschung am Ätna

Generell kann die Entstehung einzelner Höhlen sehr genau datiert werden, da sie Vulkanausbrüchen mit entsprechender Lavaemission zugeordnet ist. Die Höhlen in den tieferen Regionen des Ätna sind oft in prähistorischer Lava ausgebildet. In der geologischen Karte des Ätna – *Geological Map of Etna Volcano* (BRANCA et al., 2011) – sind die Lavaströme eingezeichnet und datiert, sodass für jede Höhle eine genaue

Abb. 7. Der erstarrte Lavastrom am Eingang der *Grotta Taddariti II* in Belpasso – die Höhlenwand besteht aus mehreren Lavaschichten. (Foto: E. Geyer)

zeitliche Zuordnung beziehungsweise eine zeitliche Eingrenzung möglich ist. Diese Höhlen waren und sind großteils sehr einfach zu befahren – so wurden sie auch schon frühzeitlich von Menschen besucht oder genutzt – zumindest die Eingangsbereiche. In der Geschichte der Speläologie finden die Höhlen am Ätna ebenfalls ihre Erwähnung. Italienische und internationale Forscher beschäftigten sich in den vergangenen Jahrhunderten mit den Ätna-Höhlen. In ihren Publikationen befassten sich Antonio Filoteo degli Omodei – *Aetnae topographia, 1591* – oder der Jesuit Athanasius Kircher – *Mundus subterraneus, 1678* – bereits mit den Höhlen am Ätna (Halliday, 2004). Der Geologe Wolfgang Sartorius Freiherr von Waltershausen dokumentierte bei seinen Forschungen unter anderem auch die *Grotta Palombe* und erstellte eine Höhlenskizze. Der Geologe und Anthropologe Ferdinand Freiherr von Andrian-Werburg erwähnt in seinem Buch – *Prähistorische Studien aus Sicilien (1878)* – unter anderem auch prähistorische Fundstätten an den Hängen des Ätna. Die aktuellen Forschungen am Ätna werden vor allem von zwei höhlenkundlichen Vereinen durchgeführt – dem *Centro Speleologico Etneo* (CSE), der Verein wurde 1984 gegründet und ist Mitglied der italienischen Höhlenforschervereinigung – *Società Speleologica Italiana.* Bei der *Gruppo Grotte Catania del C.A.I.* (GGC) handelt es sich um eine Fachsektion des italienischen Alpenvereins – *Club Alpino Italiano* –, die bereits 1933 gegründet wurde. Die Mitglieder beider Vereine sind auch in der italienischen Berg- und Höhlenrettung aktiv – *(Corpo Nazionale Soccorso Alpino e Speleologico, SNCAS).* Seit 1975 ist Catania immer wieder Treffpunkt der internationalen Vulkanspeläologen, so veranstalteten diese lokalen Vereine 1975 (GGC), 1983 (GGC) und 1999 (CSE) das Internationale Symposium für Vulkanspeläologie. Die Höhlen am Ätna waren Exkursionsziele.

Das Auffinden neuer Höhlen ist sehr zeitaufwendig und gestaltet sich in den rauen, unübersichtlichen Lavafeldern äußerst schwierig – allein das Gebiet des Ätna-Parks umfasst bereits eine Fläche von 580 km^2. Auswertungen von Satellitenbildern sind bei der Höhlensuche hilfreich, aber auch Hinweisen aus der lokalen Bevölkerung wird nachgegangen. Neuentdeckte Höhlen bekommen eine Katasternummer – zum Beispiel die *Grotta del Fumo* SICT1236 (SI = Sizilien, CT = Catania, die laufende Höhlennummerierung beginnt in der Region Catania ab 1000). Eine besondere Herausforderung ist die Erforschung der Höhlen, die bei jüngeren Eruptionen vor allem im *Valle del Bove* entstanden sind. Viele Monate bis Jahre müssen die Forscher jedoch warten, bis die Lava so weit abgekühlt ist, dass die Höhlen befahren werden können. Temperaturen über 80° C werden oft nach Jahren noch gemessen. In einem bestimmten Feuchtigkeits- und Temperaturniveau bilden sich besondere Mineralkonkretionen aus, die nur kurze Zeit bestehen. Nach dem Auskühlen der Lavaröhre und dem Eindringen von Wasser lösen sich diese Konkretionen wieder auf (Giudice et al., & Marino, 1999). Diese Forschungen werden interdisziplinär und in Zusammenarbeit mit den entsprechenden Forschungsinstituten durchgeführt. Biospeläologische Untersuchungen werden ebenfalls durchgeführt – für Sizilien sind an die 18 Fledermausarten bekannt, einige davon leben auch in den Höhlen am Ätna.

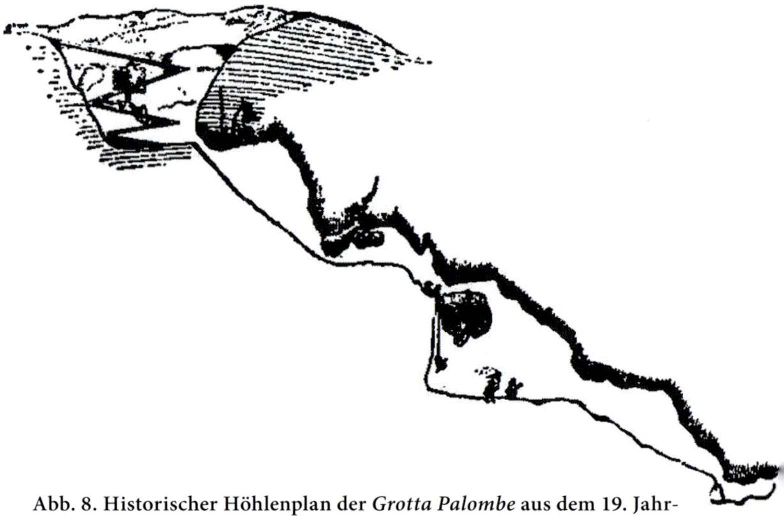

Abb. 8. Historischer Höhlenplan der *Grotta Palombe* aus dem 19. Jahrhundert von Wolfgang Sartorius Freiherr von Waltershausen.

Abb. 9: Blick in den kleinen Eingangskrater der *Grotta Palombe* bei Nicolosi. (Foto: E. Geyer)

Grotta Palombe – auf den Spuren von Wolfgang Sartorius Freiherr von Waltershausen

In unmittelbarer Nähe des Vulkans Monte Rossi bei Nicolosi befindet sich die *Grotta Palombe (Taubenhöhle)* auf einer Seehöhe von 830 m. Die Entstehung des relativ kleinen Eingangskraters ist auf die verheerende Eruption im Jahre 1669 zurückzuführen, welche Catania teilweise zerstörte. Der Krater ist ca. 45 m lang, 30 m breit und an die 15 m tief. Der Geologe Wolfgang Sartorius Freiherr von Waltershausen, er forschte ab 1834 am Ätna, war neben Marius Gemmellaro (1823) einer der ersten, der in die Tiefen des Kraters vordrang und eine Planskizze erstellte – er vermerkte dazu: „*Sie* [Skizze] *zeigt das ganze Innere des Eruptionsspalts mit dem aufgesetzten Feuerschlote und stellt ein wahres Muster für vulkanische Erscheinungen dar.*“ Zum Abstieg selbst berichtet von Waltershausen: „*… in der Finsternis hängend, an einem Seile in die schauerliche Tiefe niedergelassen …*“ und weiter „*Nicht ohne Grauen erblickt man in der Luft schwebend die oben wie unten angezündeten Kienspäne, welche das magische Gewölbe beleucheten und den Eingang in die Unterwelt in röhtlicher Gluth erscheinen lassen. Glücklich am Boden angelangt, steht man im Hauptgemach der 20 m hohen Grotte, …*“ (Waltershausen, 1880). Dieser Abstieg, der heutzutage aufgrund der Einseiltechnik relativ einfach zu bewältigen ist, hatte Mitte des 19. Jahrhunderts sicherlich Expeditionscharakter. An der südlichen Kraterwand befindet sich eine Schachtöffnung, die mit einem Metallrahmen gegen das Nachbrechen von Lavamaterial abgesichert ist. Am 24. März 2012 fand gemeinsam mit den Höhlenforschern des *Centro Speleologico Etneo* aus Catania eine Exkursion in diese beeindruckende Höhle statt:

„*… Der Abstieg in den kleinen Krater gestaltet sich relativ einfach, nur das dornige Gestrüpp ist etwas hinderlich. Tiziana und Domenico übernehmen den Seileinbau. Ein starker Ast, der sich direkt über dem Eingang befindet, dient zur Seilbefestigung. Wir folgen in kurzen Abständen und seilen uns 8 m in den ersten Höhlenraum ab. An der Höhlenwand finden sich vereinzelt hexagonale Basaltformationen. Eine ca. 3 m hohe Steinmauer, die wir abklettern, sichert den weiterführenden Höhlengang gegen das Nachstürzen von losem Lavamaterial ab. Die Kluftwände sind rötlich, aber auch schwarz gefärbt.*

Abb. 10: Schachtabstieg entlang der rot gefärbten Höhlenwand – die *Grotta Palombe* ist an einer Eruptionsspalte angelegt. (Foto: E. Geyer)

Nach einer kurzen Engstelle erreicht man einen Kluftgang, der in eine 17 m tiefe Schachtstufe mündet. Der anschließende Gang hat eine Breite bis zu 11 m und erstreckt sich über eine Länge von 60 m. Die Wände sind mit erstarrter Lava überzogen, die sich auch stellenweise vom Grundmaterial abgelöst hat. Die Eruptionsspalte setzt sich in Richtung Monte Rossi weiter fort. Hier endet auch die Planskizze von Waltershausen. Über zwei Kletterstellen führt der Kluftgang weiter zur nächsten Abseilstelle. Gaetano, unser Biologe im Team, dokumentiert die vorgefundenen Fledermäuse. Insgesamt konnten in der Höhle am Tag der Befahrung zwei verschiedene Fledermausarten beobachtet werden: Kleine Hufeisennasen-Fledermaus (Rhinolophus hipposideros), Große Hufeisennasen-Fledermaus (Rhinolophus ferrumequinum), Knochenfunde belegen das Vorhandensein weiterer Fledermausarten in dieser Höhle – Langflügelfledermaus (Miniopterus schreibersii) und Mausohr-Fledermaus (Myotis myotis oder Myotis oxygnathus). An den Wänden kann man feine Lavaformationen beobachten – filigrane Formen von erstarrter Lava, die sich aufgrund der Schwerkraft während des Erstarrungsprozesses

Abb. 11: Im Quergang kurz nach der Kletterstelle, dem Endpunkt der Planskizze von Waltershausen – *Grotta Palombe.* (Foto: E. Geyer)

Abb. 12: Am Beginn des 9 m-Schachtes in der *Grotta Palombe* – beim Weg in die Tiefe müssen Engstellen überwunden werden. (Foto: E. Geyer)

noch von der Wand lösten und nach unten gebogen haben. Die dritte Abseilstelle beginnt mit einer Engstelle und führt ca. 9 Meter in die Tiefe. Eine weitere ca. 5 m tiefe Abseilstelle führt in den letzten Raum der Höhle – in der Endkammer finden sich weiße Kristallbildungen an der Höhlenwand. Die weiterführende Spalte ist mit Lavablöcken verschlossen. ...“ (Befahrungsbericht – Geyer, 2012). Die *Grotta Palombe* hat eine Vertikalerstreckung von 70 m, die Ganglänge beträgt 400 m. Die Befahrung sollte nur von erfahrenen Höhlenforschern durchgeführt werden.

Exkursion in ausgewählte Höhlen am Ätna

Am Ätna sind an die 250 Höhlen dokumentiert und im Höhlenkataster aufgenommen. Viele der Höhlen werden für religiöse Zwecke verwendet, andere wiederum sind mit Sagen behaftet. Nachfolgend werden einige ausgewählte Höhlen vorgestellt: Die *Grotta del Santo* in der Nähe von Adrano ist in prähistorischer Lava ausgebildet und mit 924 m Länge

Abb. 13: Der riesige Eingangsbereich der *Grotta Intraleo* trennt den Lavatunnel in zwei Teile. (Foto: E. Geyer)

eine der größten Höhlen am Ätna. Das Gangsystem hat neben dem Haupttunnel viele kleine Gänge, die der Höhle einen labyrinthischen Charakter geben. Diese Höhle, in der der heilige Nicolò Politi für einige Jahre als Eremit gelebt haben soll, ist heute eine Pilgerstätte. Der Eingangsbereich ist mit einer Mauer eingefasst und im Inneren befinden sich ein Altar mit Madonna und ein Holzkreuz. Am Fuße des Vulkans Monpeloso, nordöstlich von Nicolosi, befindet sich die *Grotta Lunga di Monpeloso* am. Die Höhle ist historisch interessant, da der Vulkan bei seinem Ausbruch im Jahre 253 bereits Teile der Stadt Catania zerstörte. In der Höhle, die relativ klein ist, finden sich an den Wänden großflächig weiße Mineralablagerungen.

Die *Grotta D'Angela* in der Nähe von Paternò ist eine Durchgangshöhle mit ca. 40 m Länge – ein Restfragment eines beachtlichen Lavatunnels. Besonders interessant sind die großen, mehrere Meter langen, zylindrischen Lavaformen am Boden der Seitenwände. Vor der Erstarrung löste sich noch eine zähe Lavaschicht von der Seitenwand und rollte sich beim Absinken ein. Der Boden dieser Höhle wird teilweise aus *Pahoehoe-Lava* gebildet.

In der Nähe von Ragalna finden sich zwei Höhlen – *Grotta Catanese I* und *II.* Der Eingangsraum der *Grotta Catanese I* zählt mit 13 m Höhe und 10 m Breite zu den größten Lavatunnels am Ätna. Nach wenigen Metern endet der Haupttunnel an einem Lavaversturz. Die Deckenbereiche im linken Seitentunnel sind mit kleinen Lavastalaktiten überzogen. Diese Lavastalaktiten entstehen, wenn die Höhlendecke durch die vorbei fließende Lava nochmals aufgeschmolzen wird und abtropft. Nach einer Engstelle erreicht man den Endraum der Höhle – in der eine Kolonie von Langflügelfledermäusen *(Miniopterus schreibersii)* lebt. Zu dieser Höhle wird auch eine Legende erzählt: *„Eine Frau aus Catania wurde von Räubern ermordet und die Beute in der Höhle versteckt. Um die Beute wiederzufinden, muss jemand in der Höhle ermordet werden."* Diese Höhle ist auf eine Länge von 145 m bei einer Vertikaldifferenz von 27 m vermessen.

Die *Grotta Intraleo,* benannt nach dem in unmittelbarer Nähe befindlichen Vulkankegel, zählt zu den größeren Höhlen am Ätna. Die Höhle hat eine Länge von 300 m und ist über einen großen Einbruch zugänglich – der Höhlengang setzt sich an beiden Enden des Einbruchs fort – wobei die südlich gelegene Gangpassage zwei Etagen ausgebildet hat.

Abb. 14: Mausohr-Fledermäuse in der *Grotta Intraleo* – (*Myotis myotis* oder *Myotis oxygnathus*). (Foto: E. Geyer)

Abb. 15: Lavastalaktiten zieren die Höhlendecke der *Grotta Catanese I.* (Foto: E. Geyer)

Abb. 16: Meterlange Lavarollen befinden sich an den Seitenwänden der *Grotta D'Angela*. (Foto: E. Geyer)

Abb. 17: Der Lavatunnel der *Grotta Taddariti II* hat nur geringe Gesteinsüberdeckung und ist an mehreren Stellen aufgebrochen. (Foto: E. Geyer)

In der unteren Etage finden sich am Boden zylindrische Lavaformen. Der obere Gangteil ist bis zu 4 m hoch und teilt sich nach 35 m. Die beiden weiterführenden Gänge enden nach ca. 75 m. Der nordöstliche Lavatunnel wurde mit einer Mauer versehen, dahinter befindet sich ein Altar. Dieser Gang endet nach 40 m.

In Belpasso liegt der Wallfahrtsort *Madonna alla Roccia di Belpasso,* es soll dort eine Marien-Erscheinung gegeben haben. In dieser weitläufigen Anlage befinden sich drei Lavahöhlen. Zwei davon werden für religiöse Zeremonien genutzt und sind mit einem Zaun abgesichert. An den Zaunstreben befestigten die Gläubigen Zettel, auf denen sie Wünsche notiert hatten. Die dritte Höhle mit dem Namen *Grotta Taddariti II* ist etwas größer und hat schöne Gangformen. Teilbereiche davon sind aufgebrochen und man kann den schichtförmigen Lavaaufbau der Höhlenwand erkennen.

Zu den bekanntesten Höhlen zählt die *Grotta dei Tre Livelli,* ihre Entstehung ist auf die Eruptionen in den Jahren 1792 und 1793 zurückzuführen. Im unteren Eingangsbereich überlagern sich drei Lavaröhren. Eine Besonderheit der Höhle ist, dass sie überwiegend als Lavatunnel ausgeformt ist, aber auch Teile davon in einer Eruptionsspalte angelegt sind. Mit 304 m hat die Höhle die größte Vertikaldifferenz und ist bei einer die Ganglänge von 1 150 m die zweitlängste Höhle am Ätna. Nur wenige Meter Lava trennen sie von der – im selben Lavastrom angelegten – *Grotta KTM,* die eine Ganglänge von 643 m bei einer Vertikaldifferenz von 100 m aufweist.

Die längste Höhle am Ätna befindet sich nordöstlich im Gebiet des Monte Nero. Die *Abisso Profondo Nero* ist an einer Eruptionsspalte angelegt, die auf einen Ausbruch im Jahre 1923 zurückzuführen ist. Das System besteht aus zwei Höhlen (*Abisso di Monte Nero* und *Abisso Profondo Lavico*), die an einer Eruptionsspalte angelegt sind und ursprünglich durch eine Verbruchzone getrennt waren. Die Verbindung beider Höhlen konnte über eine klettertechnisch anspruchsvolle Umgehungsstrecke im Bereich der sogenannten *Monte Nero Abisso Galerie* nachgewiesen werden. Der Haupteinstieg erfolgt über einen sogenannten Hornito (Schlackenkegel) – beide Eingänge der Höhlen sind vertikal ausgeprägt und die Horizontalteile sind nur über Schächte zu erreichen. Die kumulative Höhlenlänge wird mit 1 170 m bei einer Vertikaldifferenz von 174 m angegeben. In der Höhle wurde unter anderem auch das seltene Mineral Portlandit nachgewiesen (Bonaccorso et al., 1999).

Abb. 18: Einer der größten Lavatunnels am Ätna ist der Eingangsbereich der *Grotta Catanese I.* (Foto: E. Geyer)

Auch eine Eishöhle gibt es am Ätna: Die *Grotta del Gelo* befindet sich an der Nordseite im Gebiet von Sciara del Follone und zählt wohl zu den südlichsten Eishöhlen Europas. Vulkanausbrüche am Ätna werden auch in der Zukunft Höhlen entstehen lassen, die dann auf ihre Erforschung warten – eine besondere Herausforderung für die Speläologen.

Den Höhlenforschern vom *Centro Speleologico Etneo* aus Catania möchte ich meinen Dank aussprechen, im Besonderen Guiseppe Conti, Gaetano Fichera und Alfio Cariola für die herzliche Aufnahme und die zur Verfügung gestellten Informationen.

Höhlenname	Länge	Tiefe	Eruption	Seehöhe	Ort	Quelle
Abisso Profondo Nero	1 170 m	175 m	1923	1 995 m	Castiglione di Sicilia	Bonaccorso et al., 1999
Grotta Tre Livelli	1 150 m	304 m	1792–1793	1 675 m	Zafferana Etnea	Bonaccorso et al., 1999
Grotta del Santo	924 m	44 m	prähistorisch	1 043 m	Adrano	Bonaccorso et al., 1999
Grotta Cutrona	870 m	97 m	1991–1993	1 860 m	Zafferana Etnea	Bonaccorso et al., 1999
Grotta KTM	643 m	100 m	1792–1793	1 549 m	Zafferana Etnea	Calvari et al., 1999
Grotta Petralia	518 m	21 m	prähistorisch	138 m	Catania	Bonaccorso et al., 1999
Grotta del Fumo	450 m	200 m	1991–1993	2 375 m	Zafferana Etnea	Giudice et al., 1999
Grotta Palombe	400 m	70 m	1669	830 m	Nicolosi	Bonaccorso R., Condarelli D.
Grotta Serracozzo	350 m	60 m	1971	1 840 m	Milo	Calvari et al., 1999
Grotta Intraleo	300 m	16 m	–	1 370 m	Adrano	Calvari et al., 1999
Grotta Cassone	246 m	– m	1792–1793	1 400 m	Zafferana Etnea	Calvari et al., 1999
Grotta Catanese I	145 m	27 m	prähistorisch	905 m	Ragalna	Bonaccorso et al., 1999
Grotta del Gelo	120 m	– m	1614 – 1624	2 030 m	Randazzo	Marino, 1999
Grotta dei Ladri	59 m	4 m	prähistorisch	1 547 m	Sant'Alfio	Bonaccorso et al., 1999

Tabelle 1: Bedeutende Höhlen am Ätna – nach der Ganglänge geordnet.

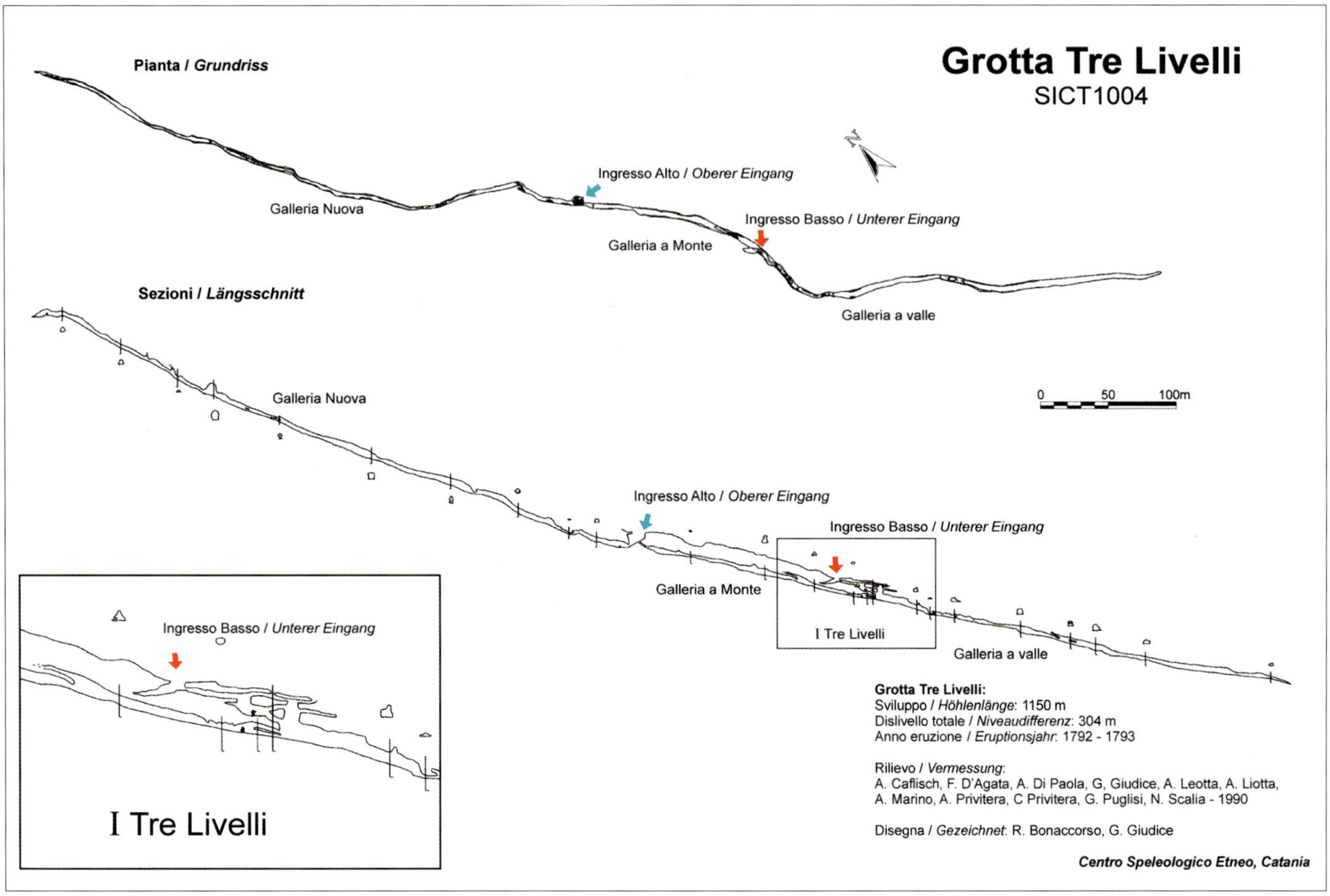

Abb. 19: Grund- und Aufriss (Längsschnitt) der *Grotta Tre Livelli*. (Plan: *Centro Speleologico Etneo*)

Literatur:

ANDRIAN-WERBURG, F. (1878): Prähistorische Studien aus Sicilien, in: Zeitschrift für Ethnologie, Berlin.

BONACCORSO, R., MAUGERI, R. (1999): Ten of the most interesting caves on Mt. Etna, in: Inside Volcanoes, Procceedings of the IX. International Symposium on Vulcanospeleology, Catania, 3 – 23.

BRANCA, S., COLTELLI, M., GROPPELLI, G., LENTINI, F. (2011): Geological Map of Etna Volcano.

CALVARI, S., LIUZZIO, M. (1999): Excursion Guide, Lava tubes and Caves on Etna Vulcano, Catania.

GEYER, E. (2012): Grotta Palombe, unveröffentl. Befahrungsbericht.

GIUDICE, G., PRIVITERA, A. (1999): The system Grotta del Fumo, in: Inside Volcanoes, Proceedings of the IX. International Symposium on Vulcanospeleology, Catania, 31 – 37.

HALLIDAY, W., R. (2004): Volcanic caves, in: Encyclopaedia of Caves and Karst Science, London, 760 – 764.

HALLIDAY, W., R. (2004): Vulcanospeleology: History, in: Encyclopaedia of Caves and Karst Science, London, 764 – 766.

KIRCHER, A. (1678): Aetnae descriptio, in: Mundus Subterraneus, Amsterodami.

MARINO, A. (1999): Secondary mineralization inside Grotta del Fumo, in: Inside Volcanoes, Proceedings of the IX. International Symposium on Vulcanospeleology, Catania, 26 – 30.

MARINO, A. (1999): The ice cave and its glaciological phenomenon, in: Inside Volcanoes, Proceedings of the IX. International Symposium on Vulcanospeleology, Catania, 191 – 196.

OMODEI, A., F. (1591): Aetnae topographia, Venetiae.

PATTI, A., POLITAN, F., SANTONOCITO, O., SANTONOCITO, F. (1999): On the ancient church of Mompilieri, in: Inside Volcanoes, Proceedings of the IX. International Symposium on Vulcanospeleology, Catania, 149 – 155.

PICHLER, H., SCHICK, R. (1988): Der Ätna, in: Vulkanismus. 2. Aufl., Spektrum der Wissenschaft, Heidelberg, 16 – 28.

WALTERSHAUSEN, W. S. v., LASAULX, A. (Hg.) (1880): XVIII Nicolosi, Monte Rossi und Umgebung, in: Der Aetna, 2. Band, Leipzig, 198 – 205.

Der Parco dell'Etna

Gerhard Karl Lieb

Der Parco dell'Etna hat den Schutzstatus eines „Parco Regionale", das ist in Italien die zweithöchste Schutzkategorie nach dem „Parco Nazionale" (wobei jedoch Unterschiede in der einschlägigen Gesetzgebung zwischen den Regionen bestehen). Die Schutzintensität kann grob mit Naturparken oder Biosphärenparken in Österreich oder Deutschland verglichen werden. Somit sind neben dem Naturschutz auch die Bildungs- und Erholungsfunktion sowie insbesondere die nachhaltige Regionalentwicklung wichtige Aufgaben des Parks. Den daraus sich ergebenden unterschiedlichen Managementzielen wird mit einer Zonierung der Parks in Teilgebiete unterschiedlicher Schutzintensität begegnet.

In Sizilien sind derzeit vier Regionalparks ausgewiesen: Neben dem Parco dell'Etna liegt noch ein zweiter im Bereich des Ätna, der „Parco Fluviale dell'Alcántara" (mit der in prächtigem Säulenbasalt eingeschnittenen Klamm des gleichnamigen Flusses), die beiden anderen umfassen die Hochlagen der beiden Gebirge Nébrodi und Madonie. Der Ätna-Park war das erste Großschutzgebiet, das auf Sizilien eingerichtet wurde, und ist bis heute das zweitgrößte auf der Insel geblieben.

Grundinformationen zum Parco dell'Etna:

- Fläche: 582 km^2
- Gründungsjahr: 1987
- Verwaltungssitz: Ehemaliges Benediktinerkloster S. Nicolò La Rena in Nicolosì (seit 2005)
- Besucherzentrum: Linguaglossa
- Gemeinden: Am Parkgebiet haben die folgenden 20 Gemeinden Anteil (Auflistung im Uhrzeigersinn: Nicolosì, Belpasso, Biancavilla, Sta. Maria di Licodia, Adrano, Bronte, Maletto, Randazzo, Linguaglossa, Castiglione di Sicilia, Piedimonte Etneo, Milo, Sant'Alfio, Mascali, Giarre, Zafferana Etnea, Viagrande, Trecastagni, Pedara, Ragalna).
- Informationen: www.parks.it, www.parcoetna.ct.it

Zonierung:

- *Zone A* (192 km^2): Dies ist die Zone mit dem strengsten Schutz („*riserva integrale*"), d. h. Schutz von Landschaft, Pflanzen und Tieren (und deren vom Menschen möglichst unbeeinflusste Entwicklung) steht im Vordergrund. Das Gebiet umfasst die Gipfelkrater und das Valle del Bove zu Gänze sowie weite Teile der Hochlagen und der jungen Lavastromlandschaft.
- *Zone B* (253 km^2): In diesem an die Zone A nach außen hin anschließenden Gebiet verbindet sich Naturschutz mit der Weiterentwicklung traditioneller wirtschaftlicher Nutzung („*riserva generale*"), womit im Speziellen die Land- und Forstwirtschaft gemeint sind, d.h. in dieser Zone geht es auch um die Erhaltung der für den Ätna typischen Kulturlandschaft.
- *Zone C* (42 km^2): Sie umfasst die touristisch erschlossenen Areale inmitten der Zonen A und B (so auch die beiden Schigebiete beim Rifugio Sapienza und beim Piano Provenzana) sowie an deren Rand. Gemeinsam mit Zone D bildet sie die „*Zona pre-Parco*", in der eine „kontrollierte Entwicklung" möglich ist.
- *Zone D* (95 km^2): Hierbei handelt es sich um eine Art Pufferzone, die sich ringförmig um den übrigen Park legt. Die Nutzung ist hier nur in geringem Maß eingeschränkt, z. B. dürfen keine gebietsfremden Pflanzen eingeführt werden.

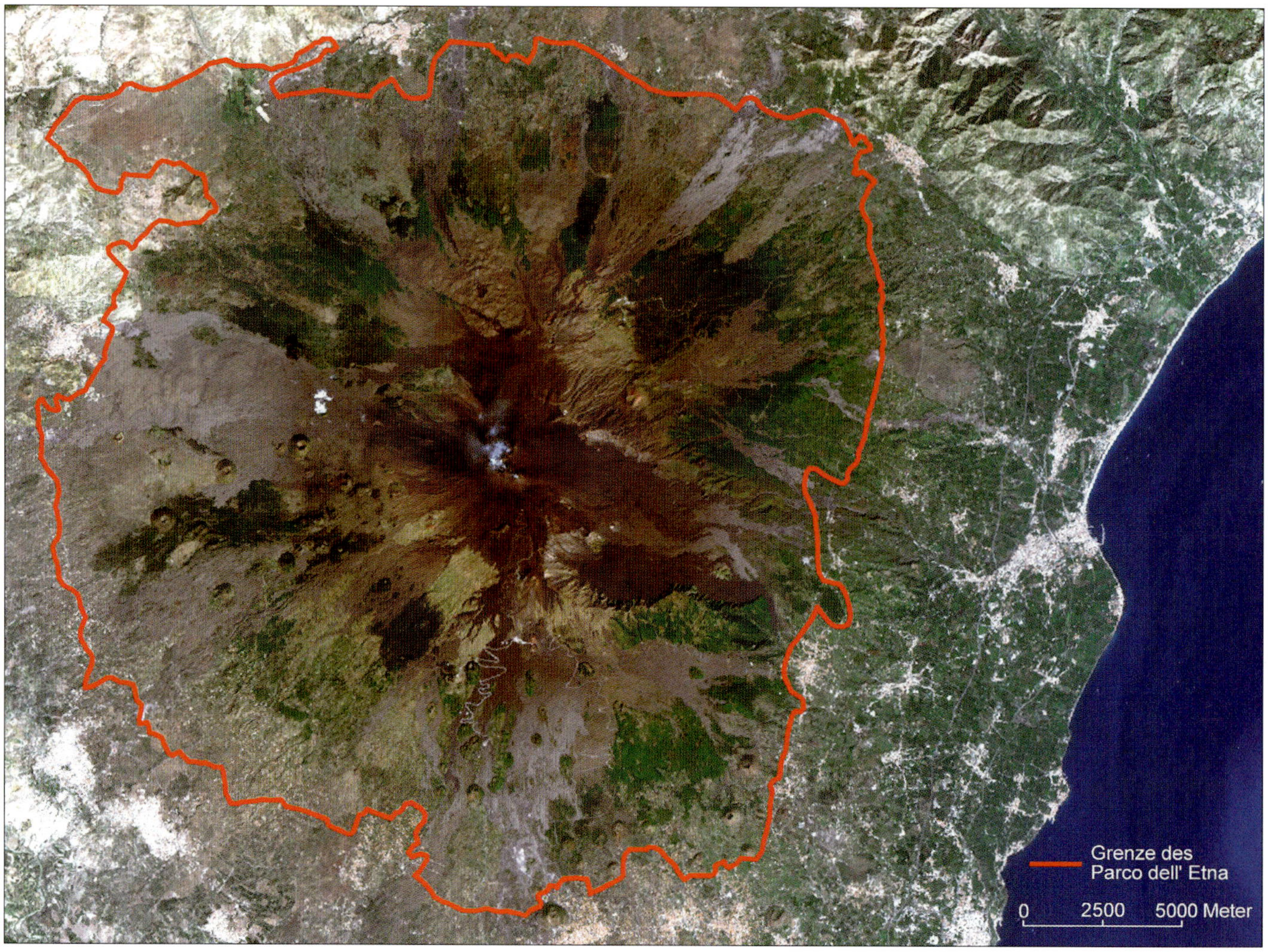

Abb. 1: Die Lage des Parco dell'Etna. (LANDSAT-Aufnahme 1999; Bearbeitung: M. Muick, W. Sulzer)

Den Ätna erleben

Gerhard Karl Lieb

Der Ätna gehört zum Fixpunkt jeder Sizilien-Reise, er ist aber auch – wie dieses Buch gezeigt haben sollte – eine eigene Reise wert. So finden sich in jedem Reiseführer über Sizilien auch Tipps zur Erkundung des Ätna, weshalb an dieser Stelle nur wenige Hinweise gegeben werden sollen. Dies geschieht in der Form, dass zuerst die Möglichkeiten zur raschen Erkundung angesprochen („Erste Eindrücke vom Ätna") und dann einige Vorschläge für Bergtouren („Den Ätna erwandern") gegeben werden. Das Kapitel schließt mit praxisorientierten Tipps für die Reise- und Wanderplanung („Nützliche Informationen") sowie mit knapp erläuterten Bilderbögen dreier von den Buchautoren vorgestellten Wanderungen bzw. Bergtouren ab.

Erste Eindrücke vom Ätna

Dank der dichten Besiedlung verfügt der Ätna besonders an seiner Südseite bis in über 1 000 m Höhe über ein dichtes Straßennetz, das die Erkundung der Städte und Dörfer an den Hängen des Berges erleichtert. Zum Gewinnen eines Gesamtüberblicks und für eine Ersterkundung können die folgenden Varianten empfohlen werden:

- *Ätna-Rundfahrt:* Hierfür gibt es verschiedene Möglichkeiten, eine davon, die durchwegs auf gut ausgebauten Straßen verläuft und die größten Ätna-Städte miteinander verbindet, ist die folgende: Catania – Acireale – Giarre – Fiumefreddo – Linguaglossa – Randazzo – Bronte – Adrano – Paternò – Catania (Tagesfahrt). Eine weitere Möglichkeit, die auf Nebenstraßen vertiefte Einblicke unter einem thematischen Aspekt ermöglicht, ist die Einbindung der „Strada del Vino dell'Etna" in eine solche Rundfahrt; die hierzu gehörigen Gemeinden liegen überwiegend an der Süd- und Ostseite des Ätna und bieten Vinotheken, Kellereien, Weinmuseen und weinspezifische Gastronomie an (Näheres unter www.stradadelvinodell-etna.it).
- *Auffahrt in die Hochlagen* – Variante (1) von Süden (mit den Ausgangspunkten Zafferana Etnea, Nicolosì, Belpasso oder Adrano) zum Rifugio Sapienza (1 892 m). Variante (2) von Nordosten (mit den Ausgangspunkten Linguaglossa oder Sant'Alfio) zum Piano Provenzano (1 802 m). An beiden Scheitel- bzw. Endpunkten der Straßen große Parkplätze, Verpflegungsmöglichkeiten und Souvenirstände. Mit öffentlichen Verkehrsmitteln ist nur das Rifugio Sapienza erreichbar (Busverbindung ab Catania einmal täglich, siehe www.orarioautobus.it, www.aziendasicilianatrasporti.it). Von beiden hoch gelegenen Ausgangspunkten besteht die Möglichkeit, jeweils bequem bis an den Fuß der Gipfelkrater zu gelangen: (1) Vom Rifugio Sapienza Seilbahn bis zum Piccolo Rifugio (2 498 m), dann Taxidienst mit geländegängigen Bussen bis nahe zum ehemaligen Torre del Filosofo, ca. 2 900 m (bei geeignetem Wetter meist ganzjährig möglich; Informationen unter www.funiviaetna.com). (2) Vom Piano Provenzano Taxidienst mit geländegängigen Bussen bis zum Piano delle Concazze (ca. 2 800 m; nur während der Sommersaison).
- *Ferrovia Circumetnea:* Wer öffentliche Verkehrsmittel bevorzugt, sollte die Fahrt mit der Ätna-Eisenbahn nicht versäumen. Die Bahn verkehrt auf der Strecke Catania – Paternò – Adrano – Bronte – Randazzo – Linguaglossa – Giarre, von wo es mit der italienischen Staatsbahn Anschluss zurück nach Catania gibt und somit die vollständige Umrundung des Ätna mit der Bahn möglich wird (nähere Informationen unter www.circumetnea.it).

Den Ätna erwandern

Ein so großes Bergmassiv wie es der Ätna ist, bietet naturgemäß unzählige Möglichkeiten für Wanderungen und Bergtouren verschiedener Längen und Schwierigkeitsgrade. Jedoch Vorsicht: wer sich im Alpen-Standard markierte Wege erhofft, wird enttäuscht, denn auch die „offiziell" – etwa vom Parco dell'Etna – empfohlenen Wanderrouten sind nur zum Teil gut beschildert und markiert, manche hingegen haben nicht einmal an ihren Startpunkten Wegweiser, geschweige denn eine durchgehende Kennzeichnung mit farbigen Markierungen. Dies wiegt umso schwerer, als das vulkanische Gelände sich als sehr unübersichtlich und – wenn man einmal von der Route abgekommen ist – auch äußerst unwegsam erweist. Hierzu kommen im Bereich oberhalb der Waldgrenze, die in etwa 1 700 – 2 100 m liegt, die üblichen alpinen Gefahren wie die Ausgesetztheit gegenüber Stürmen, plötzlich einfallender Nebel oder Gewitter (alles Dinge, auf die man am Ätna durchaus auch im Hochsommer gefasst sein muss!). Weitere zu beachtende Punkte sind der Wassermangel und das weitgehende Fehlen von Schutzhütten: Alle abseits der Straßen als *rifugi* (Singular: *rifugio*) eingetragenen Objekte sind entweder versperrt oder bieten nicht mehr als eine Unterstandsmöglichkeit! Im Winter ist auf dem Ätna oberhalb von etwa 1 500 m Höhe mit einer kompakten Schneedecke zu rechnen – sowohl beim Rifugio Sapienza als auch am Piano Provenzano befinden sich Pistenschigebiete. In dieser Zeit bieten sich die freien Hänge der Hochlagen auch für Schitouren an. Die unter „nützliche Informationen" genannten Unterlagen bzw. Quellen sind für die Tourenplanung unerlässlich. Im Folgenden wird eine Kurzcharakteristik von vier für Wanderungen und Bergtouren empfehlenswerten Teilgebieten gegeben:

- *Aufstieg zum Gipfel des Ätna:* Dieser ist vom Rif. Sapienza und vom Piano Provenzano (jeweils Tagestour) bzw. von den Endpunkten der Taxidienste (Halbtagestour) möglich, sofern die Gipfelkalotte nicht wegen explosiver Aktivität der Gipfelkrater gesperrt ist (was man von den in der Regel anwesenden Bergführern erfährt). Achtung: unwegsames, Trittsicherheit erforderndes Gelände und schwierige Orientierung; daher wird empfohlen, sich einer geführten Tour (Informationen unter www.etna-guide.com) anzuschließen.
- *Umkreis von Piano Provenzano und Rifugio Citelli:* Mehrere lohnende Tourenmöglichkeiten oberhalb und unterhalb der Waldgrenze zu Nebenkratern und jungen Eruptionsspalten sowie Lavaströmen (z.B. vom Ausbruch 2002/03); u.a. ein vom Parco dell'Etna eingerichteter Themenweg um die Monti Sartorio. Längere Bergwanderung zu den Lavahöhlen an der Ätna-Nordseite (Grotta del Gelo, Grotta di Aci) möglich.
- *Valle del Bove:* Die durch Kollaps der Ätna-Ostflanke entstandene, von den Gipfelkratern eindrucksvoll überragte Riesenmulde gehört zu den eindrucksvollsten Landschaftselementen des Ätna. Da die derzeitige Aktivität des Ätna sich so gestaltet, dass die geförderte Lava in das Valle del Bove abfließt, kann und darf dieses selbst nicht betreten werden. Als Aussichtspunkte bieten sich an: La Montagnola (2 638 m; nahe der Bergstation der Ätna-Seilbahn, siehe oben), Monte Zoccolaro (1 739 m; zugänglich von der Straße Zafferana Etnea – Rif. Sapienza) und Serra delle Concazze (2 042 m; zugänglich vom Rif. Citelli, Abzweigung von der Straße zum Piano Provenzano).
- *Nebenkrater an der Westflanke:* Von Bronte und von der Straße Adrano – Rif. Sapienza führen Stichstraßen in dieses von einer großen Zahl besonders großer Nebenkrater geprägte Gebiet. Mehrere lohnende und wenig besuchte Tourenmöglichkeiten, überwiegend auf bequemen Forststraßen unterhalb der Waldgrenze.

Nützliche Informationen

Führerliteratur:

Spezialführer für den Ätna gibt es nur auf Italienisch, z. B.

- Musumeci T. (2010): Parco dell'Etna e Isole Eolie. Trekking. FBE Edizioni, Trezzano, 168 Seiten.

Hingegen gibt es mehrere Auswahl-Wanderführer für ganz Sizilien auf Deutsch oder Englisch, die jeweils auch einige Touren am Ätna anbieten. Es können u. a. die drei folgenden (am ausführlichsten über den Ätna ist der zuerst genannte) empfohlen werden:

- Amann P. (2010): Sizilien. Wanderführer. Michael Müller Verlag, Erlangen, 204 Seiten.
- Sänger D. u. Gahr M. (2009): Sizilien mit Liparischen Inseln. Rother Wanderführer. Bergverlag Rudolf Rother, München, 2. Auflage, 192 Seiten.
- Price G. (2006): Walking in Sicily. Short and long-distance walks. Cicerone, Miluthorpe/Cumbria, 255 Seiten.

Topographische Karten:

Ähnlich wie in Gletschergebieten besteht das Problem, dass wegen der dynamischen Landschaftsveränderungen jede Karte bei ihrem Erscheinen bereits veraltet ist und entsprechend kritisch verwendet werden muss. Gleiches gilt für das jeweils eingetragene Wegenetz. Die Karten werden in unregelmäßigen Abständen aktualisiert und neu aufgelegt:

- Club Alpino Italiano (Hrsg.) (2007): Mt. Etna. Carta escurcionistica altamontana (touristic high mountain map), 1:25.000. 4. Auflage. S.EL.CA., Firenze (nur für die Hochlagen des Ätna).
- Touring Club Italiano (Hrsg.) (2003): Parco dell'Etna. Carta turistica, 1:50.000. Touring editore, Milano (mit italienischsprachigem Kurzführer).

Internet-Adressen:

In allen Wander- und Reiseführern werden Internet-Adressen für weiterführende Informationen angeboten. Für die Planung von Outdoor-Aktivitäten am Ätna sind neben den schon genannten die folgenden Websites am besten zu nutzen:

- Parco dell'Etna: www.parks.it/parco.etna/ oder www.parcoetna.ct.it
- Aktuelle Informationen zur vulkanischen Aktivität des Berges: www.vulcanoetna.com, www.vulkan-etna-update.de, www.ct.ingv.it

Eine Gipfeltour von Süden auf den Ätna

Gerhard Karl Lieb

Die Bilder auf dieser Doppelseite stammen von einer Ersteigung des Ätna im Frühling 2009. Der vorangegangene Winter war besonders schneereich gewesen, weshalb die Fahrt mit den Geländebussen bis in rund 2900 m Höhe durch mehrere Meter tiefe Schneeschluchten geführt hatte. Die Bergtour selbst begann mit einer (im Bergfahrt-Arrangement preislich inbegriffenen) geführten Kurzwanderung zu zwei beim Ausbruch 2002/03 entstandenen Nebenkratern (oberhalb des Monte Frumento supino). Hierauf erfolgte der individuelle Aufstieg zu den Gipfelkratern erst in nordwestlicher, dann nordöstlicher Richtung. Bei mäßigem Nordwestwind wurden die in mittlerer Intensität auftretenden Gasexhalationen aller Krater nach Südosten verfrachtet, weshalb nur der Besuch der jeweils westlichen Ränder der Bocca Nuova, der Vorágine Grande und des Nordostkraters möglich war. Der unter diesen an sich sehr günstigen Bedingungen – mit entsprechend großartigen Landschaftseindrücken – höchste erreichbare Punkt lag am Nordostkrater in rund 3315 m.

Abb. 1: Startpunkt zur Gipfeltour ist der Wendepunkt der Geländebusse in rund 2900 m, im Hintergrund der Zentral- (links) und der Südostkrater (rechts). (Foto G. K. Lieb)

Abb. 2: Die geführte Tour umrundet einen 2002/03 entstandenen Eruptionskrater, aus dem Dampfschwaden emporsteigen. (Foto G. K. Lieb)

Abb. 3: Der Rand des Nebenkraters bietet eine gute Sicht auf die Bucht des Ionischen Meeres bei Catania, darunter der schneebedeckte Gipfel La Montagnola (2638 m) und davor der 2001 entstandene Krater Monte del Laghetto. (Foto G. K. Lieb)

Abb. 4: Am Westrand des Zentralkegels liegt in 3250 m eine Verflachung, die von vulkanischen Auswurfprodukten (Pyroklastika) übersät ist, die Dampfwolke links entstammt der Bocca Nuova. (Foto G. K. Lieb)

Abb. 5: Am Südrand des Zentralkraters in rund 3 300 m Höhe, Blick nach Norden in die Bocca Nuova. (Foto G. K. Lieb)

Abb. 6: Blick vom selben Standpunkt wie am vorherigen Bild nach Südosten auf den Südostkrater, am rechten Bildrand La Montagnola. (Foto G. K. Lieb)

Abb. 7: Der Ätna bietet eine weite Rundsicht – hier der Blick vom Rand des Zentralkegels nach Nordwesten auf Randazzo, dahinter die Monti Nébrodi. (Foto G. K. Lieb)

Abb. 8: Schwefelreiche Mineralabsonderungen am Westrand der Vorágine Grande, Blick nach Nordosten zum Nordostkrater. (Foto G. K. Lieb)

Abb. 9: Blick vom Rand des Nordostkraters (ca. 3 315 m) nach Südwesten, die Dampfwolke links entsteigt der Vorágine Grande. (Foto G. K. Lieb)

Rundwanderung zur *Grotta del Gelo* am Nordhang des Ätna

Gerald Kastberger, Thomas Hötzl

Die Weglänge beträgt 17 km, bei einem Höhenunterschied von 830 m; mit zwei Höhleninspektionen (Grotta dei Lamponi, Grota del Gelo) benötigt man mindestens acht Stunden.

Ausgangspunkt ist der Parkplatz *Piano Cavoli*, erreichbar von *Randazzo* auf der Ätna-Höhenstraße, nach 6 km rechts auf einen Asphaltweg abbiegen (beim Schild „Comune Randazzo Bivio Piraio") und 2 km hinauf bis zum Parkplatz *Piano Cavoli*. Nach Überqueren einer Mauer hält man sich nach links, bis man eine Forststraße erreicht, die in großen Bögen sich aufwärts durch Ätna-Ginster windet. Abstecher zur *Cisternazza* (Abb. 1) auf 1 340 m, einer alten, für den Ätna hinsichtlich der Größe einmalige Zisterne (mit 11 m Wasserstand und 9 m Durchmesser), erbaut Ende des 19. Jahrhunderts. Bauern und Hirten haben am Ätna viele Zisternen errichtet, um das Regenwasser für die Tränke der Tiere zu nutzen. Unweit von hier trafen wir Forstarbeiter beim Ausstauden der Ginsterbüsche und des trockenen Farnkrauts. Sie sammeln und verbrennen regelmäßig den trockenen Unterwuchs, um unkontrollierte Waldbrände zu vermeiden (Abb. 2). Weiter auf der Forststraße bis zu einer Gabelung, links nach Süden abzweigen bis zum Ende auf den Waldweg ansteigen. Danach geht es auf einem Fußweg steil aufwärts (schwer zu finden, aber einem Taleinschnitt links des *Monte Santa Maria* folgen). Man erreicht große mehrstämmige Buchen (Abb. 2), schließlich Buchenwald (Fagetta), überquert einen Zaun über eine Holzleiter, und trifft schließlich auf eine breite Forststraße. Dort links nach Süden in Richtung *Rifugio di Monte Santa Maria.* Durch Buchenwald erreicht man weiter die Stricklavafelder der *Lave Cordate* von 1612–1624 (Abb. 3), weiter aufwärts bis zum *Passo dei Dammusi* (Pass der Gewölbe) auf 1 710 m mit einer der rund um den Ätna angeordneten vulkanologischen Messstationen. Breite Wegkreuzung, links führt der Weg weiter nach *Linguaglossa*, geradeaus zum *Rifugio Timparossa.* Rechts beim Wegweiser *Grotta del Gelo* (Abb. 4) beginnt ein Fußweg über Stricklava,

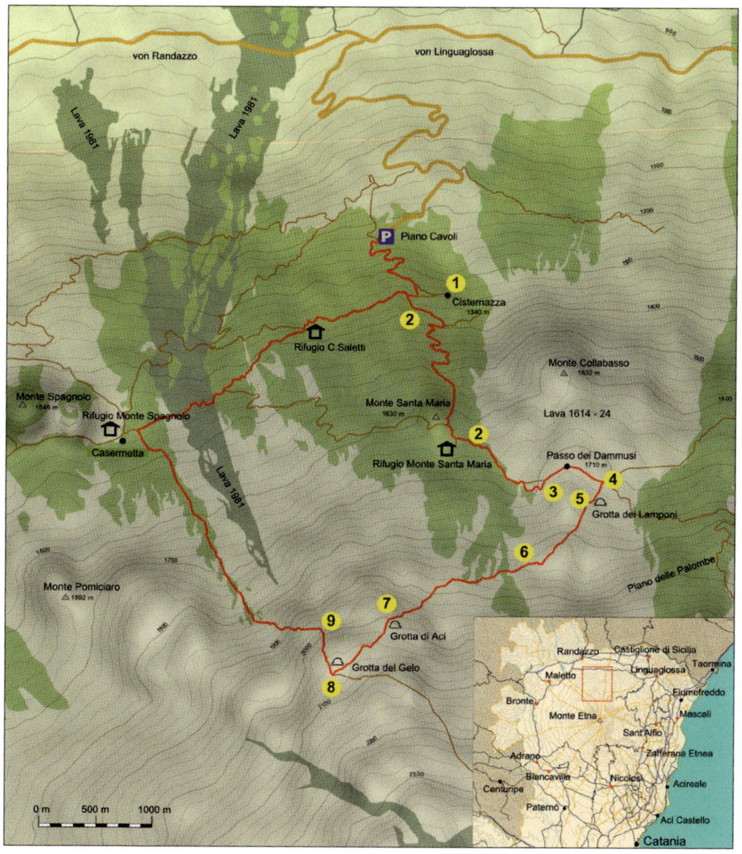

Karte der Route zur Grotta del Gelo. Rundweg über Passo dei Dammusi, Grotta dei Lamponi und Grotta di Aci. (© OpenStreetMap *(and)* contributors, CC-BY-SA, Bearbeitung Thomas Hötzl)

markiert mit weißen Punkten und Steinmännern. Nach 400 m erreicht man die *Grotta dei Lamponi* (Himbeergrotte), eine der größten Höhlen am Ätna. Sie ist, wie für viele Lavahöhlen am Ätna typisch, durch Erstarren der Oberfläche der Lava entstanden, wobei im Inneren des Ganges die flüssige Lava weiterfloss; die Höhle befindet sich auch knapp unter der Oberfläche. Der Name soll von Himbeersträuchern herrühren, die in und am Eingang wachsen. Eine andere Interpretation des Namens bezieht sich auf die bisweilen riesigen und berühmt gewordenen Ansammlungen von Marienkäfern, die man zu Hunderten oder Tausenden im Herbst in den Lichtschächten findet, die durch Einsturz der Decke entstanden sind (Abb. 5). Weiter geht es über Stricklava, an einigen Bucheninseln vorbei (Abb. 6, siehe auch Beitrag über Flora und Vegetation am Ätna in diesem Buch), und man erreicht nach wenigen Kilometern die *Grotta di Aci*, die erst 1968 entdeckt wurde (Abb. 7). Diese kann man nur mit Kletterausrüstung begehen; schon im Eingangsbereich muss man sich hier mindestens 20 m abseilen. Nach weiteren 200 m steht man am Eingang der Eisgrotte, der *Grotta del Gelo,* die eine Grundeishöhle ist, das ganze Jahr ist ihr Boden mit Eis bedeckt (Abb. 8). Nach Inspektion der Höhle geht es nach Norden steil bergab über den Felssteig Richtung Randazzo, schlecht mit weißen Punkten markiert, man kann sich aber an den Steinmännern orientieren, bis man den Buchenwald erreicht (Abb. 9). Der Waldweg wird breiter, mündet schließlich in ein Forststraße, nach links ginge es zu den Ruinen der *Casermetta* und zum *Monte Spagnolo*, nach rechts zum *Rifugio Saletti*; die ehemalige Straße wurde durch den mächtigen Lavafluss von 1981, der *Randazzo* bedrohte, unterbrochen. Auf der Ostseite dieses Lavastroms erreicht man eine mit Lavasteinen gepflasterte Forststraße und durch Schwarzkiefernwald das *Rifugio Saletti.* Dort verlässt man die ausgebaute Straße und folgt rechts einem Forstweg, bis man schließlich wieder die Kreuzung in der Nähe der *Cisternazza* erreicht. Von dort geht es in Serpentinen hinunter zurück zum Parkplatz *Piano Cavoli.*

Abb. 1: *Cisternazza* südlich von Randazzo auf 1 200 m. Diese Zisterne wird heutzutage hauptsächlich für die Pferde benutzt. Unten: Steinbecken aus Lavastein, wo hinein das Wasser für die Tränke geleitet wird. (Fotos: G. Kastberger)

Abb. 2: Oben Ginsterwald in der Nähe der Cisternazza; unten: mehrstämmige Buchen in der Nähe des Rifugio di Monte Santa Maria. (Fotos: G. Kastberger)

Abb. 3: Stricklava der *Lave Cordate* von 1612–1624. Oben: Stricklava am *Passo dei Dammusi*; unten: Rückblick zum Buchenwald am *Rifugio di Monte Santa Maria.* Singuläre Kiefer auf Stricklava. (Fotos: G. Kastberger)

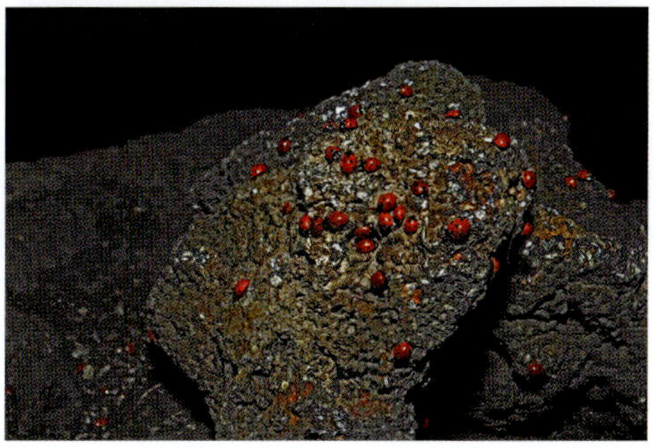

Abb. 4: *Passo dei Dammusi* auf 1710 m. Oben: im Hintergrund Buchenwald auf der Piano delle Palombe nördlich der Piano Provenzana. Mitte, Vulkanologische Messstation auf Stricklava; unten: Wegweiser bei der Abzweigung zur Grotta del Gelo. (Fotos: G. Kastberger)

Abb. 5: Grotta dei Lamponi. Oben und Mitte: 10 m breiter Lavagang, mit Deckeneinbrüchen (Lichtschächte); unten: Marienkäferansammlungen (*Coccinella septempunctata*), typisch für die Herbstsituation in Ätnahöhlen, wo sie gegebenenfalls in Tausenden vorkommen. (Fotos: G. Kastberger)

Abb. 6: Buchenwald am Weg zwischen Grotta dei Lamponi und Grotta di Aci auf 1840 m, Stricklava vom Ausbruch 1614–1624. (Fotos: G. Kastberger)

Abb. 7: Grotta di Aci auf 2003 m Höhe. Rechts: Blick in den vertikalen Eingangsschacht, der in Zwischenstufen 50 m senkrecht hineinfällt; dieser ist einer von fünf Zugängen. (Fotos: G. Kastberger)

Abb. 8: Grotta del Gelo auf 2030 m Höhe. Grundeishöhle. Oben links: Höhleneingang Richtung Norden; oben rechts: der Krater 40 m westlich des Höhleneingangs entstand bei einem Ausbruch im März 1981, der die Grotta del Gelo gefährdete. Unten: Grundeis, das nach 30 m in einem leicht abschüssigen Gelände in der Höhle das ganze Jahr über ausgebildet ist. (Fotos: G. Kastberger)

Abb. 9: Abstieg von der Grotta del Gelo nach Norden Richtung Randazzo über Pahoehoe-Lava (1614–24). Im Hintergrund das Nebrodi-Gebirge. (Fotos: G. Kastberger)

Rundwanderweg zum Vulkanologischen Observatorium an den Pizzi Deneri

Gerald Kastberger, Thomas Hötzl

Die Weglänge beträgt 15 km, bei einem Höhenunterschied von 1200 m; man benötigt dafür gut fünf Stunden. Vom Parkplatz am Rifugio Citelli geht es nach Westen hinauf durch Birkenwald. Dieser wird nach 100–200 Höhenmetern von den Spino-Santo-Polstern abgelöst. Es geht dann über einen fast unbewachsenen Lavastrom nach oben auf den Grat der Serra delle Concazze. Vorbei am von Weitem sichtbaren Steinmann auf 2150 m und noch weiter hinauf bis zum Rand des Valle del Bove (Abb. 1). An der Kante nach Norden bis zu den Pizzi Deneri, dem höchsten Punkt der Wanderung (2848 m), 100 m südlich des Osservatorio dell'Etna, des Vulkanologischen Observatoriums mit seinen Betonkuppeln. Von hier aus Blick zu den Hauptgipfeln des Ätna, den Hauptkratern (Abb. 2). Davor liegt das Valle del Leone, das zum Valle del Bove abfällt. Die Fahrpisten am Sattel stammen von den Allradbussen, die Touristen von der Piano Provenzana heraufbringen. Abwärts führt der Weg vom Osservatorio (Abb. 3) in gut sichtbaren und ausgetretenen Serpentinen, es sind alte Esel- und Maultierwege, die auch heute noch von Trekkingtouren am Rücken von Eseln begangen werden (Eselwanderung, Etna Donkey Trekking, Etna a dorso d'asino; www.etnaDonkeytrekking.com). Die Wege sind mit Hauen bearbeitet und gewartet. Entlang der Nordflanke des Monte Frumento delle Concazze geht es zwischen Spino-Santo-Polstern hinunter. Nördlich davon liegt der Monte Corvo. Schließlich erreicht man den Birkenwald und eine Wegkreuzung, die nach links zum Rifugio Monte Baracca führt. Rechts vorbei an den Monti Sartorio erreicht man schließlich die Zufahrtsstraße zum Rifugio Citelli.

Karte der Route zum Vulkanologischen Observatorium. Die Positionen, an denen die Bilder der drei Bildtafeln gemacht worden sind, sind mit den gelben Kreisen gekennzeichnet. [© OpenStreetMap *(and)* contributors, CC-BY-SA, Bearbeitung: Thomas Hötzl]

Abb. 1: Oben: Blick von den Monti Sartorio Richtung Ätnagipfel, Frühlingssituation. Der dunkle Krater in der Mitte ist der Monte Frumento delle Concazze. Die beschriebene Anstiegsroute führt links (südlich) des Monte Frumento hinauf auf das Joch an der Serra della Concazze, über den Grat führt der Weg zu den Pizzi Deneri. Östlich davon liegt das Osservatorio Vulcanologico dell'Etna. Die Abstiegsroute führt rechts (nördlich) des Monte Frumento hinunter zum Birkenwald am Fuße der Monti Sartorio. Unten: Mauereidechse (lat. *Lacerta muralis*) auf Lavagestein. (Fotos: G. Kastberger)

Abb. 2: Osservatorio Vulcanologico dell'Etna auf 2830 m. Oben links: Kuppel mit Pizzi Deneri im Hintergrund. Links unten, oben und Mitte rechts: Sicht von der Plattform des Osservatorio zum rauchenden Nordostkrater, links im Hintergrund sieht man den Südostkrater, vom Piano delle Concazze, nach Süden fällt das Valle del Leone ab, das weiter unten ins Valle del Bove übergeht; unten rechts: Informationstafel an den Pizzi Deneri, die die Lage der Krater beschreibt und mit rot die 2011 aktuellen Lavaflüsse vom Südostkrater kennzeichnet, die allesamt ins Valle del Bove führen. (Fotos: G. Kastberger)

Abb. 3: Oben: Blick vom Monte Corvo, die Abstiegsroute über die Flanke von 1 200 Höhenmetern ist größtenteils, bis auf die Gipfelpartie der Pizzi Deneri, sichtbar. Der in Serpentinen angelegte Eselpfad führt links vom kleinen Tälchen durch den hier herbstlichen Birkenwald. Mitte links: Blick von den Monti Sartorio nach Norden, man erkennt deutlich die Zonierung von Birkenwald, Kiefernwald und Spino Santo an der Abstiegsroute. Mitte rechts: Blick auf die Monti Sartorio nach Osten Richtung Linguaglossa; unten links: Monti Sartorio, unten rechts: Birkenwald bei der Einmündung am Weg, der vom Rifugio Monte Baracca nach Süden zum Rifugio Citelli führt. (Fotos: G. Kastberger)

Glossar

[Vulkanologische Fachausdrücke nach WERNER (W) oder SARTORIUS (S)]

Abbazia (ital.) – Abtei
Anachoret (gr.) – Einsiedler
anthropogen (gr.) – menschenbezogen
Asthenosphäre (gr.) – Erdmantel in 100 bis 200 km Tiefe
autochthon (gr.) – von der Erde entsprossen, bodenständig, eingeboren
Autopsie (gr.) – „Das Sehen mit eigenen Augen"
abate (ital.) – Abt oder Titel eines Priesters
Biosphäre – Von Organismen belebter Teil der Erde
bocca (ital. Sg.) – Mund, Maul, Öffnung. Bocchen sind runde oder ovale Vertiefungen im Gelände (W)
bosco (ital.) – Wald
Brockenlava – oder Aa-Lava ist eine Ansammlung von losen, unregelmäßig geformten, zackigen Bruchstücken (W)
Caldera (span.) – „Kessel". Stürzt nach einem Ausbruch die Gipfelpartie eines Vulkans ein, entstehen die großen Einbruchscalderen (Beispiel: Valle del Bove) (W)
Casa Inglese – „Haus der Engländer", 1811 mit Unterstützung der Engländer errichtetes Schutzhaus im Gipfelbereich des Ätna im oberen Teil des Piano del Lago
casudda (siz.) – Aus Lesesteinen errichtete Berghäuser am Ätna
chiesa (ital.) – Kirche
Chronist – Geschichtsschreiber
chthonisch (gr.) – aus der Tiefe (Erde)
contrada (ital.) – Stadtviertel, Ried, Weinberg
cratere (siehe Krater)
dagala (siz.) – Von Lava umflossene Gegend, gleichsam eine Insel kultivierten Bodens (S)
dammusu (siz.) – Bescheidene Behausung aus Vulkangestein, bedeckt mit einem kleinen Kuppeldach, Gewölbe
Diluvium (lat.) – „Überschwemmung". Früher Bezeichnung für das Pleistozän
Djebel Utlamat – „Herausragender Berg", arabische Bezeichnung für den Ätna
effusiv – unter effusiver vulkanischer Tätigkeit versteht man das Ausfließen von Magma (W)
Eisenzeit – Beginn auf Sizilien um 1 000 v. Chr.
Ephebe (gr.) – Junger Wehrfähiger
Eponym (gr.) – Bezeichnung für die Gestalt, nach der ein Ort benannt ist (z.B. nach der Göttin Athene als Namensgeberin Athens)
Equiden (lat.) – equus = Pferd. Equidae: Wissenschaftlicher Name der Pferde
Eruption (lat.) – Ausbruch
faraglione (ital.) – Klippe
filone (ital.) – Gang
fiumara oder **sciumara** (ital.) – Wasserriss oder trockenes Strombett, welches nur nach starken Regengüssen Wasser führt (S)
Fladen-, Seil- oder Gekröse-Lava – Sie besitzt eine einheitliche, kontinuierliche Oberfläche und ist am Ätna selten anzutreffen.
gola (ital.) – Schlucht
grotta (ital.) – Grotte, Höhle
Holozän – Die hinter uns liegenden zehntausend Jahre der Erdgeschichte.
hornito (span.) – Schornsteinartiger Ausbruchskegel, wobei aufsteigende Lava durch die bereits erstarrte Kruste nach oben gepresst wird. (W) Aschehügel
Hydrosphäre (gr.) – Wasserhülle der Erde
indigen (lat.) – eingeboren
Kissen- oder Pillow-Lava – Bei untermeerischen Eruptionen kühlt die Lava schnell ab und erstarrt zu Glas oder bildet ellipsoidale Strukturen, die man Kissen- oder Pillow-Lava nennt.
Konvergenz (lat.) – Annäherung
Krater – Vulkantrichter
lago (ital.) – See
Lahar – Erdschlammlawine
Lapilli (lat./ital.) – Auswürflinge, kleine Lavastückchen
largo (siz.) – kleiner Platz (S)
Lateralkrater – Seitenkrater, die den Hauptteil der Lava des Ätna fördern (W)
Lava – Magmaausfluss bei Vulkanausbrüchen
Lavakanäle – Rinnen, in denen die Hauptmasse der Lava ins Tal strömt (W)

Lavawälle – Langgezogene Rücken, die aus Brockenlava bestehen (W)
Lithosphäre (gr.) – Erdschale
Magma (gr.) – Glutflüssigkeit im Inneren von Vulkanen
Mesozoikum (gr.) – Erdmittelalter
Miozän (gr.) – Tertiärepoche
Mongibello – Name des Ätna gebildet aus lat. *mons* und arab. *djebel* (Berg der Berge)
Mungibeddu (siz.) – die sizilianische Form von Mongibello, o wird zu u, ll zu dd
Muntagna (siz.) – „Berg", gemeint ist der Ätna
Naumachie (gr.) – Seeschlacht, dann theatralische Darstellung einer Seeschlacht
Nebrodi – Sandsteingebirge im NW des Ätna
Neolithikum (gr.) – Jungsteinzeit
Pahoehoe – Lava (siehe Fladen-, Seil- und Gekröselava)
Paläolithikum (gr.) – Altsteinzeit
Paliken (lat. Palici) – Aus dem indigenen Sizilien stammende, auf sikulischem Territorium beheimatete Zwillingsgottheiten
per pedes (lat.) – zu Fuß
piano (ital.) – Ebene
pineta (ital.) – Pinienwald, Schwarzkiefernwald
Pithos (gr.) – Antikes Vorratsgefäß, das vor allem in der Bronzezeit in der Ägäis gebräuchlich war.
Pleistozän (gr.) – Früher Diluvium
poio oder **poggio** (siz.) – Kleiner isolierter Hügel (S)
Polis (gr.) – Im antiken Griechenland städtisches Gemeinwesen
ponte (ital.) – Brücke
pozzo (ital.) – steil geböschter Kessel, oder kleines Kraterbecken (S)
Pyroklastika – Lockerstoffe, die durch die Gase in festem oder flüssigem Zustand ausgeworfen werden. Es sind hauptsächlich Aschen und Sande (W)
Quartär – Veraltete Bezeichnung für den jüngsten Zeitraum der Erdgeschichte, gegliedert in Pleistozän, das als Eiszeitalter in Erscheinung trat, und in das noch andauernde Holozän.
regione deserta (ital.) – Oberster und vegetationsarmer Abschnitt des Ätna
rifugio (ital.) – Berghütte, Berghotel
riserva naturale (ital.) – Naturschutzgebiet
sagra (siz.) – Kirchweihfest
Schollenlava – deutsche Bezeichnung für Pahoehoe-Lava (W)
sciara (siz.) – Arab. Ursprungs. Im 15. bis 17. Jh. *xara* geschrieben. (S) Bezeichnung für den Lavastrom, aber auch die losen, porösen Gesteinsfelder der erkalteten Lava, häufig in Ortsbezeichnungen.
Serenissima republica – „Erlauchteste Republik", offizielle Bezeichnung Venedigs im Mittelalter und in der Renaissancezeit.
serra (ital., urspr. span.) – durch Erosion entstandener gratartiger Rücken oberhalb einer Caldera. (W) Gezackte Bergkette oder ein von felsigen Absätzen unterbrochener Grat. (S)
Sikaner – Volk auf Sizilien vor der Ankunft der Griechen, wurden von den Sikulern verdrängt
Sikelioten – Die neu zugewanderten Hellenen in Sizilien
Sikuler – Volk auf Sizilien, von den griechischen Kolonisten ins Landesinnere verdrängt
Speläologie (gr.) – Höhlenkunde
Spinosanto – siz. Name für *Astragalus siculus*
Stratovulkan oder **Schichtvulkan** – Entsteht durch abwechselnde Ablagerung von pyroklastischen und von Lavaschichten (typisches Beispiel: Ätna)
tacca (siz.) – Schneebehälter in der regione deserta (S), z. B. Tacca del Basile
Tephra – Unverfestigtes Lockermaterial (W)
Tetradrachme (gr.) – „Vierdrachmenstück", Silbermünze, Hauptmünze Athens und der hellenischen Zeit
Tetide – Erdkruste
timpa (siz.) – Bergspitze oder Bergsaum (S), Hügel
Trinakria (gr.) – Name der Insel Sizilien seit Homer
Tuff – Sekundär verfestiges Lockermaterial (W)
Tunika (lat.) – Römisches Kleidungsstück für Männer und Frauen
valle oder **val** (ital.) – Tal
Valle del Bove – das nach drei Seiten (N, W, S) von Bergabhängen umschlossene Tal des Ätna, auch Bue genannt; nur nach Osten geöffnet
vicolo (ital.) – Gasse
Vita (lat.) – Lebensbeschreibung einer als heilig betrachteten Person
Viten – Pluralform von „vita" im deutschen Sprachgebrauch (Heiligenviten)

Über Forschungsziel, Mitarbeiter und Autoren

Karl Gratzl

Im Februar 2011 wurden mit der Publikation des Programms zu der neuen Forschungsinitiative „Ätna – Der höchste aktive Vulkan Europas" die Grundlagen für die zu leistende Arbeit definiert. Dies geschah in Zusammenarbeit mit dem Institut für Geographie und Raumforschung der Universität Graz, zu dessen Forschungs- und Ausbildungsschwerpunkten Klima-, Gebirgs- und Regionalforschung zählen. Von Anfang war es den Initiatoren klar, dass die gestellten Aufgaben nur in überregionaler Weise bewältigt werden könnten, was bedeutete, dass auch Fachwissenschaftler der Universität Catania für das Projekt gewonnen werden mussten.

Die Ziele der Grazer Forschungsinitiative wurden während der letzten beiden Jahre konsequent verfolgt und haben dazu geführt, dass aufgrund moderner Methoden Detailforschungen in den Bereichen Topographie, Kartographie und Geographie möglich wurden. So konnten mit Hilfe von Satellitenbildern aus dem erdnahen Weltraum kombinierte Bild-Strich-Karten (CIL-Maps) hergestellt werden, die als Grundlage für die Detailstudien der beteiligten Wissenschaftsdisziplinen verwendet wurden. Univ.-Prof. Dr. Wolfgang Sulzer vom Grazer Institut für Geographie hat diese Arbeit übernommen. Univ.-Prof. Dr. Gerhard K. Lieb vom selben Institut hat sich u. a. mit den überregionalen Fragen beschäftigt und die Position des Ätna im Rahmen des europäischen Vulkanismus behandelt. Darüber hinaus befasste er sich mit der Problematik des Vulkantourismus und den Auswirkungen desselben auf die Naturlandschaft.

Als höchstem aktivem Vulkan Europas kam natürlich der Vulkanologie eine zentrale Bedeutung zu, die mehrere Wissenschaftsgebiete wie Geologie und Speläologie mit einschließt. Für diese Sparte konnte der Vulkanologe und Ätnapark-Manager Dr. Salvatore Caffo aus Catania gewonnen werden. Die letzten wissenschaftlichen Erkenntnisse auf dem Gebiet der Vulkanforschung sind auf diese Weise mit der praktischen Arbeit eines für den Naturschutz verantwortlichen Managers verbunden worden.

Biologen und Ökologen behandelten die Biodiversität in den verschiedensten Höhenstufen des Ätna. Auf diese Weise wird es auch dem Laien möglich, die Pflanzen- und Tierwelt dieses überaus sensiblen Ökosystems zu verstehen. Auch für diese Sparte konnten Wissenschaftler der Universität Catania gewonnen werden, die sich mit der Vegetation der verschiedenen Höhenstufen beschäftigt haben.

Ein besonderes Interessensgebiet der Grazer Forscher stellte auch die Nutzung der Böden des Vulkans für die Land- und Forstwirtschaft dar. Das besondere Augenmerk wurde dabei auf die Nutzung der Wälder in den höheren Lagen und der Böden im mittleren Bereich für den Wein- und Pistazienanbau gelegt.

Neben den naturwissenschaftlichen waren auch historische Aspekte des Vulkans von großer Bedeutung. Das letzte wissenschaftliche Werk, das Natur- und Kulturgeschichte des Ätna zusammenfasste, war vor rund 130 Jahren in deutscher Sprache erschienen. Seither wurde am höchsten aktiven Vulkan Europas viel geforscht und auch darüber in Fachzeitschriften berichtet. Auf dem „klassisch" zu nennenden Werk des Sartorius von Waltershausen, der auch den ersten Atlas mit Detailkarten des Ätna publiziert hat, konnte aufgebaut und die Ereignisse seit dem Jahr 1880 (Erscheinungsjahr der zweibändigen Ausgabe) aufgearbeitet werden. Besonders ergiebig waren seither die Arbeiten im Bereich der Archäologie und der Speläologie, die von einer sizilianischen Fachwissenschaftlerin zusammengefasst wurden. Aber auch die Beschäftigung der Menschen mit dem Vulkan in historischer Zeit wurde in mehreren Disziplinen behandelt. Die antiken Quellen zur Geschichte des Berges, der Zugang der Dichter und Schriftsteller in alter und neuerer Zeit wurden in komprimierter Form ebenso dargeboten wie die religiösen Vorstellungen der Menschen in Verbindung mit dem Vulkan.

Siedlungsgeschichte rund um den Ätna war ein weiteres

Anliegen der Forschung, die mit Hilfe von Profi-Fotos den Umgang der Menschen mit dem sie permanent bedrohenden Vulkan zeigen.

Die Forschungsreise im Frühjahr 2011

Eine erste Erkundungstour konnte von Graz aus zum höchsten aktiven Vulkan Europas durchgeführt werden, wobei das Augenmerk der Grazer Forscher dem höchsten Bereich des Berges galt. Auf diese Weise konnten fotografische Aufnahmen von gerade ausbrechenden sowie von in den letzten Jahren erfolgten Lavaflüssen gemacht werden. An dieser Erkundungstour nahmen die Biologen Helmut Kaiser, Gerald Kastberger und Thomas Hötzl von der Universität Graz teil.

Die Forschungsreise im Herbst 2011

Aufgrund der gewonnenen Geländekenntnisse erfolgte im Oktober 2011 eine weitere Forschungsfahrt zum Ätna, wobei das besondere Augenmerk der Teilnehmer der Siedlungsgeschichte galt. Zahlreiche Orte rund um den Berg konnten näher in Augenschein genommen werden, wobei der Heiligenverehrung ein hoher Stellenwert beigemessen wurde. Auch konnte wieder ein nächtlicher Ausbruch des Vulkans fotografisch dokumentiert werden. Bei mehreren Geländebegehungen konnten einige der wichtigsten Höhlen des Vulkans aufgesucht und erkundet werden.

Wichtig war bei dieser Reise auch die Kontaktaufnahme mit den Kollegen an der Universität und im Botanischen Garten von Catania, wobei Fachgespräche für die Beiträge in dem geplanten neuen Ätna-Buch geführt werden konnten. Auch dem Zentrum für Vulkanforschung in Nicolosi, an dem der Ätnapark-Manager Dr. Caffo als Direktor tätig ist, konnte ein Besuch abgestattet werden.

Dem Forschungsteam gehörten wieder Gerald Kastberger und Thomas Hötzl aus Graz an. Diesmal war auch der Projektleiter der Forschungsinitiative und Verfasser dieses Berichtes eingebunden.

Die Forschungsreise im Frühjahr 2012

Nach Kontaktaufnahme mit den am Ätna arbeitenden Höhlenforschern vom *Centro Speleologico Etneo* in Catania konnte Dipl.-Ing. (FH) Ernest Geyer, Vorstandsmitglied vom Verein für Höhlenkunde in Obersteier, im Frühjahr 2012 einige der wichtigsten und kulturgeschichtlich bedeutsamsten Höhlen am Ätna selbst aufsuchen. Auf diese Weise konnte der international bekannte österreichische Speläologe den letzten Stand der Erforschung der rund 250 bekannten Höhlen in Erfahrung bringen.

Dank

Unser Dank gilt den Subventionsgebern, die die Forschungsinitiative unterstützt und auf diese Weise die Herausgabe des Buches ermöglicht haben. Dank gebührt aber auch den Universitätsinstituten und ihren Mitarbeitern in Graz und Catania, die Beiträge geliefert bzw. die Übersetzungen aus dem Englischen oder Italienischen vorgenommen haben. Nicht vergessen sollen auch jene sein, die bei der Beschaffung und Bereitstellung von Unterlagen hilfreich waren. Dank gebührt auch allen, die ihre Fotos für dieses Buch kostenlos zur Verfügung gestellt haben.
Last but not least möchten wir unserem Verleger danken, der für die schöne Ausstattung dieses Buches sorgte.

Für finanzielle Unterstützung:
Amt der Steiermärkischen Landesregierung, Abt. Wissenschaft und Forschung
Karl-Franzens-Universität Graz

Das Land Steiermark → Wissenschaft
UNI GRAZ

Für fachliche Unterstützung:
Institut für Geographie und Raumforschung, Universität Graz
Institut für Zoologie, Universität Graz
Parco dell'Etna, Nicolosi
Dipartimento di Botanica, Università degli Studi, Catania
Istituto di Archaeologia Università di Catania (Enrico Procelli)
School of History, Classics and Archaeology, The University of Edinburgh (Robert Leighton)

Übersetzungen aus dem Italienischen und Lateinischen:
Dr. med. Guido Schmalix, Mürzzuschlag
Thomas Hötzl, Graz
Dietmar Baloch, Graz
Mag. Reinhard Schöllnhammer, Admont, für Übersetzungen aus der Aetna topographia des Filoteo degli Omodei

Für Beschaffung und Bereitstellung von Unterlagen:
Archaeological Park Valle del Simeto, Adrano
Buch- und Kunstantiquariat Wolfgang Friebes, Graz
Stadtverwaltung Ingelheim am Rhein
Camera di Commercio, Catania
Mag. Karl Peitler, Archäologie und Münzkabinett, Universalmuseum Joanneum, Graz
Dr. Rolf Widerhofer, Innsbruck
Christian Scheuer, Botanisches Institut der Universität Graz
Mag. Gerd Lau, Wien
Steiermärkische Landesbibliothek, Graz: Frau Dr. Ulrike Habjan, Frau Mag. Brigitta Degen und Herr Rattinger

Für Internet-Recherchen und Korrekturen:
Uta Gratzl, Graz

Die Autoren

Univ.-Prof. Dr. Salvatore Brullo

Geboren am 23. 2. 1947 in Modica (Ragusa). 1970 Abschluss des Studiums der Naturwissenschaften an der Universität Catania. 1970 Wissenschaftlicher Assistent am Institut für Botanik an der Universität Catania. 1973 Ass.-Prof. für Phytogeographie und Pflanzenökologie an der Fakultät für Naturwissenschaften der Universität Catania. Seit 1980 ordentlicher Professor für Botanik an der Universität Catania. Schwerpunkt der Forschungen auf dem Gebiet der Flora und Vegetation des Mittelmeerraumes, 350 Publikationen auf diesem Gebiet; Beschreibung von 150 neuen Pflanzenarten. Prof. Brullo ist Mitarbeiter an zahlreichen Florenwerken und schreibt nach wie vor Beiträge für wissenschaftliche Fachzeitschriften. Er ist an zahlreichen Forschungsprojekten der Universität Catania maßgeblich beteiligt.

Dr. Salvatore Caffo

Geboren am 3. 11. 1960 in Catania. 1969–1974 Besuch der Mittelschule in Catania. 1974–1979 am Lyzeum in Catania. 1980–1981 Ableistung des Militärdienstes bei der Marine. 1981–1985 Studium der Geologie an der Universität Catania in den Spezialdisziplinen der geologischen Kartierung sowie petrographische und petrochemische Untersuchungen der Ätna-Ausbrüche. 1985 Abschluss der Studien mit dem Master Degree in Geologie. 1990 Erwerb des Ph-D. in Geologie mit dem Spezialfach Vulkanologie. 1990–1994 Lehrer für Geowissenschaften am staatlichen Lyzeum von Catania. Ab 1994 Direktor der vulkanologischen Abteilung der Ätna-Park-Verwaltung. Zahlreiche Publikationen in wissenschaftlichen Fachzeitschriften.

Univ.-Prof. Dr. Gianpietro Giusso del Galdo

Geboren in Catania am 23. 11. 1972, wo er auch seine Studien in Biologie mit ausgezeichnetem Erfolg am 7. Juli 1998 abschloss. Danach Forschungstätigkeit auf dem Gebiet der Hochgebirgsforschung der großen Inseln des Mittelmeeres. 2002 Ph. D. mit dem Thema „Environmental Sciences – Phytogeography of the Mediterranean Territories". 2005 Erwerb des Master Degree in „Integrated Environmental Management" der Universität Pavia. Seit 2010 Associate Professor für Umweltwissenschaften an der Universität Catania. 50 wissenschaftliche Arbeiten in internationalen Fachzeitschriften und 45 Vorträge bei internationalen Tagungen.

Dipl.-Ing. (FH) Ernest Geyer

Geboren 1966 in Admont, Steiermark. Studierte Automatisierte Anlagen- und Prozesstechnik an der Fachhochschule Wels. Vorstandsmitglied des Vereins für Höhlenkunde in Obersteier – mit Sitz in Bad Mitterndorf. Höhlenkundliche Forschungsschwerpunkte: das Tote Gebirge und der Dachstein in Österreich. Internationale Expeditionen nach Namibia und Malaysien sowie zahlreiche Forschungsreisen in den Iran.

Dr. Valeria Grasso

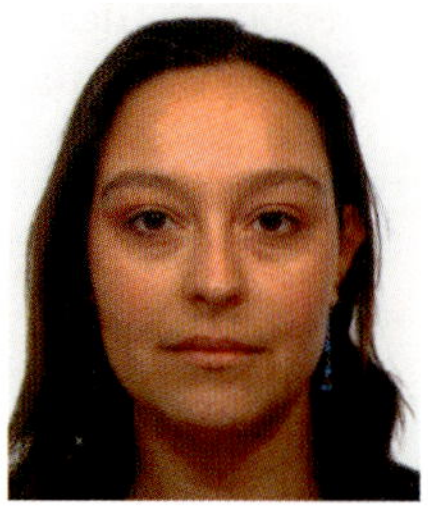

Geboren 1978. Studierte an der Universität Catania an der Fakultät für Klassische Sprachen. Danach Besuch der School of Archaeology an der Universität Catania. In der Folge bei der Soprintendenza BB.CC.AA. von Catania beschäftigt (Theater von Catania und Ausgrabungen bei Mendolito). Mitautorin an dem Buch „Il complesso archeologico del teatro e dell'Odeon" (Hrsg. M.G. Branciforti und G. Pagnano, 2008). Zusammenarbeit mit Dr. Carla Cirino, Dr. Francesca Cannizzaro und Dr. Enrico Procelli bei mehreren Fachpublikationen zwischen 2006 und 2011.

Dr. Karl Gratzl

Geboren 1934 in Gmünd, NÖ, Studium der Anglistik und Soziologie an der Universität Graz. 26 Jahre in den Abteilungen Werbung und Lektorat der Akademischen Druck- u. Verlagsanstalt in Graz. Teilnehmer an mehreren Forschungsexpeditionen in Afghanistan: 1970 im Wakhan/Nordwest-Afghanistan, 1975 im Großen Pamir/Nordost-Afghanistan, 1982 in Sinkiang/Volksrepublik China. 1987 Studienexkursion zum „Heiligsten Berg der Welt", Kailash/Tibet; 1989 Studienaufenthalt im Katharinen-Kloster am Sinai/Ägypten; 1989 Studienexkursion im Kulu-Tal und Lahaul/Nordindien; 1999 und 2000 Studienaufenthalte im Iran im Zusammenhang mit dem Buchprojekt „Damavand". 2006 Präsentation der persischen Ausgabe des Buches „Damavand" in Teheran. 1974–1982 Herausgeber der wissenschaftlichen Zeitschrift „Afghanistan Journal". Zahlreiche Publikationen zum Thema „Heilige Berge". Weltbuchpreis des Iran 2011 für „Die Bergwelt des Iran".

Thomas Hötzl

Geboren 1963 in Graz. Ab 1981 Studien an der Technischen Universität Graz in Elektrotechnik und Technischer Mathematik. Zu Gunsten seiner schon seit dem 10. Lebensjahr ausgeübten „Freizeitbeschäftigung", dem Gesang, brach er sie ab und absolvierte die Opernschule des Konservatoriums der Stadt Wien unter der Leitung von Waldemar Kmentt. Nach einer Unterbrechung in der beginnenden Karriere widmete er sich der Landwirtschaft, wurde zum Imkermeister und Naturpädagogen. Das Interesse an den Honigbienen war es auch, das ihn an das Institut für Zoologie der Universität Graz brachte. Dort lernte er Dr. Gerald Kastberger kennen, zu dessen Team, das sich mit den Riesenhonigbienen Asiens beschäftigt, er seit 1996 dazugehört.

Univ.-Prof. Dr. Gerald Kastberger

Ao. Univ.-Prof. Mag. Dr., geboren 1947 in Gmunden, OÖ, Studium der Biologie und Physik an der Universität Wien. 1990 Habilitation am Zoologischen Institut der Universität Graz bei Prof. Heran, einem Schüler des Nobelpreisträgers Karl von Frisch. In der Folge brachten ihn Forschungsaufenthalte in Indien, Nepal, Südafrika und Amazonien mit der Riesenhonigbiene und der afrikanisierten Honigbiene in Kontakt. Es entstanden zahlreiche Publikationen über Verhaltensleistungen von Honigbienen im Bereich Orientierung, Kommunikation, Verteidigung und Selbstorganisation. Preisgekrönte Fernsehdokumentationen, die weltweit ausgestrahlt wurden. Sein jüngstes Forschungsinteresse gilt dem Shimmering-Phänomen der Riesenhonigbiene.

Univ.-Prof. Dr. Gerhard K. Lieb

Ao. Univ.-Prof. Mag. Dr., geboren 1960 in Graz, Studium Geographie und Wirtschaftskunde sowie Klassische Philologie (Lehramt), Doktorat in Naturwissenschaften, Habilitation für das Fach Geographie 1996. Forschungsschwerpunkte: Geographie des Hochgebirges (Gletscher, Permafrost, Naturgefahren), Regionalgeographie (Österreich, Alpenraum, Europa), Didaktik (Fachdidaktik der Geographie und Wirtschaftskunde, Landschafts- und Umweltdidaktik). Studien- und Forschungsreisen nach Sizilien 1991, 2009 und 2010.

Univ.-Prof. Dr. Wolfgang Sulzer

Ao. Univ.-Prof. Mag. Dr., geboren 1962 in Möderbrugg, Studium Geographie, Doktorat in Naturwissenschaften, Habilitation für das Fach Geographie 2011. Forschungsschwerpunkte: Geographische Fernerkundung von Hochgebirgen (Alpen, Himalaya, Anden, Hohe Tatra) und urbanen Räumen (u.a. Graz, Istanbul, Kathmandu, Lhasa) mit Fokus auf kultur- und naturräumlichen Landschaftswandel (Landnutzungskartierungen, Gletscherveränderungen, Rutschungen, Erstellung von topographischen und thematischen Karten, Stadtentwicklung, Stadtklima).

Karl Gratzl

Die Bergwelt Kretas

Von Gramvousa bis Toplou

ISBN 978-3-7059-0220-6
22,5 x 29 cm, 168 Seiten mit zahlreichen Farb- und SW-Abbildungen, Kartenskizzen und Zeichnungen von Emil Kügler

Immer mehr Stadtmenschen zieht es in die Berge als Kletterer, als Bergsteiger oder als Weitwanderer, oft über große Entfernungen. Die Ziele, die diese Menschen verfolgen, sind im Wandel begriffen. Neben der eigenen Leistung, der Freude an landschaftlicher Schönheit, dem Blick über die Kulissen der Bergrücken, sind es in zunehmendem Maße auch Themen von der Mythologie (Heilige Berge) bis zur Volkskunde (Archaische Lebensformen), die diesen Personenkreis ansprechen. Mit diesem Buch liegt eine umfassende Darstellung vor, die aus mythologischer, religionswissenschaftlicher und volkskundlicher Sicht alles Wissenswerte über die Berge dieser Mittelmeerinsel zusammenfasst. (Robert Kostka, in: „Mitteilungen 2006 der akademischen Sektion Graz des OeAV", S. 45)